国家林业和草原局普通高等教育"十四五"规划教材
浙江省普通本科高校"十四五"重点立项建设教材

# 生物防治与生物农药

周 湘 张心齐 主编

中国林业出版社
China Forestry Publishing House

### 图书在版编目（CIP）数据

生物防治与生物农药 / 周湘，张心齐主编. -- 北京：
中国林业出版社，2024.12. --（国家林业和草原局普通
高等教育"十四五"规划教材）（浙江省普通本科高校
"十四五"重点立项建设教材）. -- ISBN 978-7-5219
-3018-4

Ⅰ. S476;S482.1

中国国家版本馆 CIP 数据核字第 2025NB9402 号

策划、责任编辑：范立鹏
责任校对：苏　梅
封面设计：周周设计局

出版发行：中国林业出版社
　　　　　（100009，北京市西城区刘海胡同7号，电话 010-83143626）
电子邮箱：jiaocaipubic@163.com
网　　址：https://www.cfph.net
印　　刷：北京中科印刷有限公司
版　　次：2024年12月第1版
印　　次：2024年12月第1次
开　　本：787mm×1092mm　1/16
印　　张：16.75
字　　数：400千字
定　　价：58元

版权所有　翻印必究

# 《生物防治与生物农药》编写人员

**主　编**　周　湘　张心齐
**副主编**　崔　峰　苏　秀
**编　者**　(按姓氏拼音排序)
　　　　　陈　莎(湖南工业大学)
　　　　　崔　峰(浙江农林大学)
　　　　　郭　恺(浙江农林大学)
　　　　　李志娟(山西农业大学)
　　　　　路新彦(丽水市农林科学研究院)
　　　　　苏　秀(浙江农林大学)
　　　　　童森淼(浙江农林大学)
　　　　　张　昕(浙江农林大学)
　　　　　张心齐(浙江农林大学)
　　　　　周　湘(浙江农林大学)

# 前　言

生物防治学主要探索有益生物在农林业有害生物控制中的作用机理及其应用方法，融合了生态学、微生物学、昆虫学、病理学、动物行为学、生物化学、分子生物学等多学科知识，而生物农药则是在生物防治实践中开发的用于有害生物控制的药剂，这两者各有侧重，又相互关联。

生物防治的核心内容源自山水林田湖草沙生命共同体理念，也就是学习并利用生物间的天然互作关系，即利用有益生物控制有害生物，来维护植物健康，在遵循生态法则的基础上实现经济产出，践行人与自然生命共同体理念。事实上，有益生物或有害生物都是从人的经济利益角度进行划分的，从生态角度看，并没有有害、有益的分别，仅仅是生态系统中发挥的作用不同罢了。因此，生物防治的根本目的并非利用有益生物杀灭有害生物，而是构建植物—有益/有害生物—环境间的平衡关系，既保障农林业生产，又维护生态安全。从这一点来讲，生物防治既关注即时效应，也就是病虫害的管控，又着眼于可持续发展，也就是生态平衡的维系。十年树木、百年树人，我们的教学更应该兼顾学生的即时收获和长远发展，从"授人以鱼"到"授人以渔"，从获得知识、学习方法到形成思想、掌握技能，培养"青山绿水"的守护人、"两山"理念的践行者。目前出版的教材将生物防治与生物农药合在一起的甚少，鉴于此，编者基于2016年开始建设的"生物农药与生物防治学"数字化课程，将生物防治与生物农药的内容进行有机整合编写了本书。

本教材主要面向林学、森林保护、植物保护和生物技术等相关专业的本科生或同等学力的从业人员，介绍农林业有害生物的生物防治措施以及生物农药的开发应用。其中，有害生物主要涉及害虫和病原物，而杂草和鼠兔等脊椎动物的防治未列其中。鉴于虫害和病害涉及的生防资源大不相同，故本教材围绕害虫生物防治、病害生物防治和生物农药3个方面展开。希望广大读者通过本教材的学习，掌握农林业病虫害生物防治的概念和意义，厘清生物防治的具体机制、策略、方法与措施，了解生物防治领域最新的研究进展和热点，明确生物农药剂型的制备方法和产品标准，获得生物防治应用的基本技能，形成对有害生物的科学认识，加强对生物防治和农林业可持续发展内涵的理解。另外，教材编写还融入了大量实例，这些案例反映了过去和当前我们所面临的生态利益与经济利益之间的矛盾冲突，以这些冲突为切入点，通过生态理念的植入引导学生进行思辨，旨在引导学生建立建设美丽中国的爱国情怀。

值此付梓之际，感谢浙江农林大学林学学科对本教材编撰及出版的大力支持，感谢智利南方大学林业科学与自然资源学院的Cristina Montalva博士提供部分实物照片等帮助，感谢研究生杨恬、刘雪萌、刘笑添等提供编写素材。

在编写过程中,我们在充分保留广适性经典内容的同时,力求增补一些实用性更强的新内容,但囿于生物防治理论和生物农药的快速发展,书中难免遗有疏漏与不当之处,敬请读者给予指正,以便进一步修改完善。

编　者

2024 年 8 月

# 目 录

前 言

**第一章 害虫生物防治概述** …………………………………………………… (1)
    第一节 害虫发生规律 ………………………………………………………… (1)
    第二节 害虫生物防治的概念与应用策略 …………………………………… (4)
    第三节 生物防治发展简史 …………………………………………………… (7)

**第二章 害虫微生物防治** …………………………………………………… (11)
    第一节 昆虫疾病 ……………………………………………………………… (12)
    第二节 昆虫流行病 …………………………………………………………… (17)
    第三节 微生物防治 …………………………………………………………… (22)

**第三章 昆虫病原细菌资源与利用** ………………………………………… (28)
    第一节 昆虫病原细菌概述 …………………………………………………… (29)
    第二节 苏云金芽孢杆菌 ……………………………………………………… (32)
    第三节 沃尔巴克体 …………………………………………………………… (43)
    第四节 细菌类杀虫剂 ………………………………………………………… (45)

**第四章 昆虫病原真菌资源与利用** ………………………………………… (49)
    第一节 昆虫病原真菌概述 …………………………………………………… (49)
    第二节 虫霉亚门菌种资源与利用 …………………………………………… (52)
    第三节 肉座菌目菌种资源与利用 …………………………………………… (62)
    第四节 真菌类杀虫剂的制备 ………………………………………………… (67)
    第五节 微孢子虫 ……………………………………………………………… (69)

**第五章 昆虫病毒资源与利用** ……………………………………………… (73)
    第一节 昆虫病毒概述 ………………………………………………………… (74)
    第二节 核型多角体病毒 ……………………………………………………… (76)
    第三节 昆虫病毒研究技术 …………………………………………………… (79)

第四节　病毒杀虫剂 …………………………………………………………… (82)

## 第六章　其他昆虫病原资源与利用
　　第一节　昆虫病原线虫资源与利用 ……………………………………………… (85)
　　第二节　昆虫病原原生动物资源 ………………………………………………… (91)

## 第七章　昆虫天敌资源与利用
　　第一节　捕食性天敌昆虫资源 …………………………………………………… (96)
　　第二节　寄生性天敌昆虫资源 …………………………………………………… (101)
　　第三节　天敌昆虫的扩繁与利用 ………………………………………………… (107)

## 第八章　植物病害生物防治概述
　　第一节　植物病害概述 …………………………………………………………… (113)
　　第二节　植物病害生物防治 ……………………………………………………… (140)

## 第九章　植物病害生物防治策略
　　第一节　植物病害防治策略发展历程 …………………………………………… (150)
　　第二节　植物病害生物防治中的拮抗作用 ……………………………………… (152)
　　第三节　植物病害生物防治中的其他作用 ……………………………………… (162)

## 第十章　植物细菌性病害生物防治
　　第一节　植物细菌性病害及其防治现状 ………………………………………… (168)
　　第二节　植物病害生物防治一般流程 …………………………………………… (172)
　　第三节　植物细菌性病害生物防治研究和应用案例 …………………………… (176)

## 第十一章　植物真菌性病害生物防治
　　第一节　植物真菌性病害及其防治概况 ………………………………………… (184)
　　第二节　植物真菌性病害生防菌种资源 ………………………………………… (185)
　　第三节　植物真菌性病害生物防治研究和应用案例 …………………………… (189)

## 第十二章　植物病毒性病害生物防治
　　第一节　植物病毒的生物学特性 ………………………………………………… (201)
　　第二节　植物病毒性病害的生防策略 …………………………………………… (203)
　　第三节　植物病毒性病害生物防治研究和应用案例 …………………………… (205)

## 第十三章　植物病原线虫生物防治
　　第一节　食线虫微生物 …………………………………………………………… (210)
　　第二节　生物源杀线活性成分 …………………………………………………… (216)
　　第三节　植物线虫病生物防治研究和案例 ……………………………………… (219)

**第十四章 生物农药剂型与标准** ·················································· (223)
 第一节 生物农药概述 ···················································· (223)
 第二节 生物农药的剂型 ················································ (233)
 第三节 我国的生物农药相关标准 ······································ (239)
**第十五章 生物农药市场及其未来发展** ·········································· (245)
 第一节 生物农药市场现况 ············································· (245)
 第二节 未来发展 ························································ (247)
**参考文献** ················································································ (251)

# 第一章

# 害虫生物防治概述

## 第一节 害虫发生规律

### 一、害虫和虫害

在农业和林业领域，害虫[①]的存在会显著影响产出，给生产者带来经济损失，甚至破坏生态平衡，降低生态功能价值[②]。这些害虫主要属于节肢动物门，多为昆虫纲和蛛形纲动物。常见的害虫种类有鳞翅目夜蛾和螟蛾、半翅目蚜虫和介壳虫、直翅目蝗虫、鞘翅目天牛、蛛形纲螨类等植食性昆虫。尽管这些害虫对人类经济活动构成严重威胁，但实际上，它们所占比例并不高，绝大多数昆虫是无害的，甚至具有经济价值，正如资源昆虫学[③]所涉及的食药用昆虫和观赏用昆虫。

我国昆虫资源丰富，农林害虫大约有 8 万多种，但并非都会引发虫害。虫口密度与经济损失是决定某一"害虫"是否成害的关键。这就要求我们认识到，作物系统对虫害有一定的耐受能力，生产者和管理者不应过度反应。面对昆虫导致的微小损失，应持续监测，判断是否达到防治阈值，而不是立即采取防治措施。

农林害虫的危害主要表现为直接危害和间接危害。直接危害主要归因于害虫种群暴发，它们通过啃食、吸食等方式大量取食植物组织或吮吸植物汁液，导致植物产量大幅下降或品质受损。例如，玉米螟咬食玉米的雌穗和雄穗，导致玉米减产或品质下降；蝼蛄、

---

[①] 本书中害虫的范围仅限于危害农业和林业的节肢动物，不涉及医学上的害虫。

[②] 生态功能价值是指生态系统及其所提供的生态服务对人类和其他生物种群的生存与发展的贡献，包括水土保持、防风固沙、涵养水源、维持生物多样性等。

[③] 资源昆虫学主要研究昆虫资源的利用、保护和管理。它涉及昆虫的形态特征、生物学习性、人工饲养技术、加工利用和保护的方法与技术等方面。资源昆虫学研究的主要目的是实现昆虫资源的可持续利用，在农业、林业、畜牧业和医药等领域都有广泛的应用，对于促进经济发展和保护生态环境具有重要意义。

金针虫等地下害虫咬食植物地下茎(如竹鞭)或根部，导致植物生长不良或死亡。间接危害则指害虫在植物周围生活，通过其分泌物、排泄物以及携带的植物病原等对植物造成污染和侵害，影响植物的正常生长和发育。例如，蚜虫等害虫排泄的蜜露落在植物表面，容易引发煤污病，降低植物的光合效率，从而影响植物的生物量增长。另外，刺吸性害虫能够传播多种植物病原，包括真菌、细菌、病毒等，这些病原体可以引起植物的各种病害，如枯萎病、黄化病、花叶病等。因此，对于农林业生产者来说，了解和识别虫害的表现及其危害方式至关重要。

## 二、害虫的类型

### (一) 根据虫口密度及其导致的经济损失情况划分

根据虫口密度及其导致的经济损失情况，害虫大致可分为以下3类：

**(1) 偶发性害虫**

这类害虫在生境中的种群数量通常较少，一般不会达到经济受损水平。只在特定条件下，如气候变暖等环境变化，或天敌对其失去控制(如过度使用广谱性农药等)，其种群数量才会过度增长并超出经济阈限，造成实际的危害，如美国白蛾等。

**(2) 周期性害虫**

这类害虫在生态系统中的种群平衡密度水平较高，仅略低于经济受损水平。它们的种群密度每隔一定时期会达到经济受损水平，如舞毒蛾、松毛虫等。

**(3) 主要害虫**

这类害虫的种群平衡密度水平高于经济受损水平，需要采取防治措施。它们在自然状态下不能得到有效控制，如苹果蠹蛾、稻飞虱、棉铃虫、桃蚜等。

从上述分类可以看出，偶发性和周期性害虫多见于森林生态系统，而主要害虫多发生于农业生态系统。害虫的类型也会随着它们所处环境发生变化。由于集约化生产模式的发展，尤其是温室种植的普及，给植物提供了稳定且适宜快速生长的环境，同时也为害虫的种群增长提供了良好的条件。在野外发生并不严重的害虫种类可能会在温室等条件下成为主要害虫。因此，害虫防治的前提不仅要了解其在自然条件下的发生规律，更要掌握其在农林业生产环境下的发生情况。

### (二) 根据危害部位和取食方式划分

根据危害部位和取食方式可将害虫分为：

**(1) 食叶类害虫**

鳞翅目的袋蛾、刺蛾、大蚕蛾、尺蛾、螟蛾、枯叶蛾、舟蛾、夜蛾、凤蝶，鞘翅目的叶甲，膜翅目的叶蜂等。它们大多取食植物叶片，猖獗时能将叶片吃光。

**(2) 刺吸式害虫**

蚜虫类(棉蚜、桃蚜、竹蚜等)、介壳虫类(松突圆蚧、湿地松粉蚧等)、木虱类(柑橘木虱、樟木虱等)、蜡蝉类(斑衣蜡蝉等)、叶蝉类(小绿叶蝉、棉叶蝉等)、粉虱类、蝽象类、蓟马类、叶螨类等。这类害虫会吸取植物汁液，掠夺其营养，造成枝叶及花卷曲，甚至导致整株枯萎或死亡。它们还是病毒病的主要传播媒介。

**(3) 地下害虫**

直翅目的蝼蛄、蟋蟀，鳞翅目的地老虎，鞘翅目的蛴螬、金针虫，双翅目的种蝇等。这类害虫主要栖息于土壤中，取食刚发芽的种子、苗木的幼根、嫩茎及叶部幼芽，给苗木带来很大危害，发生严重时造成缺苗、断垄等。

**(4) 蛀食性害虫**

鳞翅目的木蠹蛾、透翅蛾，鞘翅目的天牛、小蠹、吉丁、象甲，膜翅目的树蜂，等翅目的白蚁等。这类害虫以幼虫蛀食树木枝干，不仅使输导组织受到破坏而引起植物死亡，而且在木质部形成纵横交错的虫道，降低了木材的经济价值。

**(5) 蛀果类害虫**

梨果象甲①、桃小食心虫②、梨小食心虫、桃蛀螟、核桃举肢蛾等，它们的幼虫会在果实内部潜食，使果实容易受到其他病原菌的侵染，引发果实腐烂和落果，严重影响果实品质与产量。

## 三、影响害虫种群的主要因素

害虫种群在生态系统中呈现周期性波动。这种规律性的种群增长与衰退现象与环境因素和害虫本身的生物学特性等因素密切相关。这些影响因素可分为内因和外因两个方面。

### (一) 内因

内因主要涉及昆虫的生殖潜能（reproductive potential）和生存潜能（survival potential）。生殖潜能指每个雌虫可能产下的最大数量的下一代虫数。这与世代数、雌雄性比、交配率、产卵量密切相关，是野外昆虫种群数量变动的基础。生存潜能指昆虫在环境中存活的能力，包括获取食物的能力、对环境的适应能力，以及对天敌生物和昆虫疾病的抵御能力等。

### (二) 外因

外因包括生物因素（即密度制约因素，density dependent factors）和非生物因素（即非密度制约因素，density independent factors）。

**(1) 生物因素**

生物因素指害虫所处食物链上相邻营养级的生物状态，如所取食植物的生长情况和天敌生物种群密度等。由于害虫与生物因素之间存在此消彼长的关联，故呈现密度相关的波动变化。例如，生长良好的植株有利于害虫种群增长，但害虫种群暴发后，超出植株对其的容忍阈值，导致植株生长不良或死亡，又会抑制害虫种群。同理，天敌生物种群与害虫种群间也存在类似情况。

**(2) 非生物因素**

外因中的非生物因素主要包括气候、土壤环境、农林业栽培管理方式等。例如，作物单一化和集约化生产方式常导致害虫暴发。

---

① 成虫食果皮果肉，造成果面粗糙，幼虫则在果内蛀食。
② 主要钻蛀果实，在果内产卵，以果肉为食。

通过综合考虑内因和外因的作用，我们可以更好地理解害虫种群变化的规律，从而制定更有效的防治策略。

## 第二节　害虫生物防治的概念与应用策略

生物防治所针对的农业和林业有害生物类群繁多，包括植物病害、害虫、杂草、鼠兔等。不同的防治对象在危害方式、发生时空等都有明显区别，因而相应的生物防治原则、方法和措施也差异较大。根据防治对象不同，主要可分为害虫的生物防治和植物病害的生物防治。这两者并非完全割裂，害虫是许多植物病害的传播媒介，有些情况下害虫取食造成的损失远小于所传播病害造成的损失。因此，害虫的生物防治措施对于某些植病防治也有积极作用，需要综合考虑。本书第一章至第七章将围绕害虫的生物防治加以介绍。

天敌对害虫的捕食和病原致死害虫的现象早在我国古代就被人们所发现，并记载于各种古老典籍资料（表1-1）中。例如，"螳螂捕蝉，黄雀在后"；蝗灾过后有蝗虫"抱禾而亡"[1]等。生物防治的形成就是人们基于这些有趣的自然现象，不断从中探究内在发生规律而加以利用的过程。

表1-1　我国历史资料记载害虫生物防治的案例

| 时间 | 生物防治案例 |
| --- | --- |
| 春秋时期 | 《周礼·秋官》记载用嘉草和莽草防治害虫<br>《诗经》记载"螟蛉有子，螺蠃负之" |
| 晋代 | 记载了蚕的微孢子虫病 |
| 唐代 | 利用黄猄蚁防治柑橘蛀虫 |
| 明代 | 养鸭防治蝗虫 |
| 清代 | 益母草、苍耳等用于害虫防治 |
| 20世纪30年代 | 引进天敌生物 |

### 一、生物防治的定义

生物防治（biological control，简称生防、biocontrol）狭义上讲，主要指利用天敌或病原等生防生物来控制有害生物，即利用生物相生相克的生态关系（如捕食[2]、寄生[3]等）来抑制有害生物种群暴发，维持生态系统内群落的稳定。

生物防治的概念基于3个方面：

**（1）适应性**

利用活体生物开展生物防治，生防生物需要对外界环境胁迫有一定的耐受性。

---

[1] 实为真菌感病致死蝗虫，虫尸呈现"登高症"等怪异行为。
[2] 生物通过捕捉等行为取食其他生物个体。
[3] 两种生物在一起生活，一方受益，另一方受害，后者给前者提供营养物质和居住场所，这种种间的关系称为寄生。

**(2)专一性**

作用范围不包括环境中的非靶标生物。这意味着在实施生物防治时,需要掌握生防生物的选择性,避免对非靶标生物造成伤害,从而保障生物安全。

**(3)防效在于控制而非除灭**

有害生物是指能造成经济损失的生物,这一概念是从经济利益出发提出的。其实,在生态系统中,每一种生物都与其他生物以食物链和食物网等营养级形式形成了紧密的联系(如物质流、能量流)。不同生物之间通过这些联系维系着整个生态系统的稳定,因此,生态系统中并不存在绝对的有害生物①。生物防治的核心理论是建立在生态学之上的,对于有害生物的认识需要辩证地理解,不应以除灭为目标,而是将种群数量控制在合理水平,以降低经济损失并保障生态安全。基于这个理念,生物防治作为一种生态友好的方法,日益获得大众认可,被认为是替代化学防治的主要措施之一。

根据人为因素和防控时效的不同,可将生物防治方法归类为4种策略:自然生物防治(natural biocontrol)、保育生物防治(conservation biocontrol)、经典生物防治(classical biocontrol)和扩增生物防治(augmentative biocontrol)。

第一章至第七章将介绍主要的农林害虫生防生物资源,包括微生物和天敌昆虫等。其中,微生物指能感染害虫的病原物,包括真菌、细菌和病毒等。尽管病毒并不能算作真正意义上的生物体②,它的分类地位也并未包含在现有生物的三域系统③中,但它是一类具备遗传变异等属性的生物实体④,在自然界中是控制害虫种群的天然因子。从生物防治的狭义定义不难看出,害虫生物防治根据所利用的生防生物资源不同,可细分为两类,即天敌生物防治和微生物防治。前者利用生物间的捕食和寄生关系来控制有害生物的发生,如螳螂等捕食性天敌和寄生蜂等拟寄生物;后者通过病原诱发寄主昆虫疾病(寄生关系)来防治,如苏云金芽孢杆菌(*Bacillus thuringiensis*,简称Bt)、球孢白僵菌等。

从广义上讲,生物防治是指利用生物资源(包括活体生物及其所含活性成分)控制农林业有害生物的方法。关于生物防治的概念,不同国家、地区、国际组织和相关从业人员的理解存在一定差异。传统的生物防治研究者倾向于采用狭义的概念,即利用活体生物来控制有害生物。他们专注于研究生物之间相互作用关系、内在作用机理等科学问题,并努力挖掘生防生物资源以供应用。而产品研发团体,如生物农药生产企业,则更倾向于接受广义的概念。他们更加重视市场需求和实际应用,并尝试将生物防治技术转化为实际的产品或解决方案。政府相关机构,如农业和环境管理部门,则注重如何有效地管理、防止次生灾害⑤的发生和其他生态环境问题的出现。因此,为了区别广义和狭义的生物防治概念,广义上的生物防治有时也称为生物保护(bioprotection)(Stenberg et al.,2021)。它包括利用活体生物制剂和有效活性成分来保护经济作物。这种概念理解上的不同,需要同行间有

---

① 除非是外来入侵物种,它本不是当地生态系统的组成,会对当地生物多样性构成威胁。
② 病毒不具备生长发育、新陈代谢等生物基础属性,无细胞结构。
③ 三域系统:细菌域、古菌域和真核生物域。所含生物体都具有细胞结构。
④ 外文中有时用 biological entity 指代病毒,而非用 organism。
⑤ 传统化学农药常杀死天敌,破坏生态平衡,引起害虫抗药性、害虫再猖獗、环境污染等次生灾害。

效交流来凝聚共识。当然，随着科技的发展，生物防治的概念也可能发生新的变化。

生物防治与化学防治一样都有明显的优缺点。生物防治侧重采用可持续的方式控制有害生物种群，它对环境友好，且防治对象不易产生抗性；从长期看，防治成本也是可控的。然而，生物防治的缺点主要集中在缓效和防控不稳定。与化学防治相比，生物防治的控害效果可能不如前者见效快，有时会滞后几天或几周。此外，生物防治的效果还受到实施期间环境因素的影响，表现一定的不稳定性，如年际和地域间的防效差异。对于这些优缺点，需要辩证地来看待。例如，生物防治所存在的迟效问题并不一定代表它是无效的。后续章节中我们将介绍，生物防治对害虫种群的作用不仅体现在虫口密度的变化，还对昆虫消化、生殖、神经等系统产生负面影响，改变害虫的行为，通过拒食、抑制生殖等方式来保护植物，同样达到防治目的。因此，在选择生物防治时，需要充分考虑其优缺点，并根据实际情况进行决策。虽然生物防治可能不是立即见效的方法，但它的长期可持续性和环境友好性使它在某些情况下成为理想的选择。

## 二、生物防治应用策略

生物防治在应用过程中，目前主要形成了3种应用策略①。

**(1) 引入**

引入(importation)属于经典生物防治策略，即从外地引入优质的天敌或生防微生物来防治本地害虫或外来入侵生物②。在早期的生防试验中，有很多成功的案例，例如，美国引入澳洲瓢虫防治柑橘吹绵蚧③。然而，考虑生物入侵和生物安全的问题，管理部门关注的是外来生防生物是否对当地生物多样性产生负面影响。尽管已知的负面报道在经典生物防治案例中十分鲜见，但在天敌和生防菌野外释放前，仍需要进行风险评估。这导致相关应用研究所投入的时间和资金成本大幅增加。由此，这类研究活动在经历了20世纪70~80年代高峰期后逐渐回落。

**(2) 扩增**

扩增(augmentation)又称为增强型生物防治，是一种通过人工扩繁天敌或生防微生物，并将其投放到虫害发生区域，以提高天敌和病原的野外数量来控制害虫种群的方法。根据投放量的不同，扩增生物防治又可细分为淹没式(inundation)和接种式(inoculation)两种措施。淹没式措施指大量投放人工扩增的生防生物，以期在短时间内控制虫害，减少经济损失，类似于化学防治措施。而接种式的方法则是少量投放生防生物，利用它们自身的定殖④能力来长时间调控害虫种群。这种方法更注重长期防控目的。在实际应用中，需要考虑农业生产周期短(通常只有数月)的特点，因此，淹没式放菌更适合农业应用。而接种式更适合林业环境，因为林业经营周期较长，可以持续利用生防生物进行长期防控。此外，

---

① 未包括自然生物防治。此方法无需人为操作，防治效果非常有限。

② 由于跨境贸易、物流等因素流入的境外物种，它们在本土无天敌，导致种群易暴发，危害本土生态系统平衡。

③ 1888—1889年，美国昆虫学家查尔斯·赖利引入了柑橘吹绵蚧的天敌澳洲瓢虫，澳洲瓢虫取食吹绵蚧的成虫和若虫，对吹绵蚧的防治效果显著，从而挽救了遭受重创的美国柑橘产业。

④ 定殖是指一种生物进入一个新的地区后，在可预见的将来能长期生存并繁殖后代。

还需要考虑天敌和生防微生物在野外的生存能力。如若它们只能存活数周或数月，无法在野外过冬或长期定殖，那么它们就不适合长期防控应用。因此，在进行生物防治时，需要充分了解天敌和生防微生物的生态学习性，以确保它们能够在野外长期生存并发挥有效的防控作用。

**（3）保育**

保育（conservation）又称保护型生物防治，是一种充分利用本地原有的天敌生物和生防微生物资源，通过营造适宜的生境来维持它们野外种群稳定的策略。这种策略旨在保护和利用自然生态系统中的生物多样性，以实现可持续的虫害控制。为了实现这一目标，可以采取一系列措施来创造有利于天敌和生防微生物生长和繁衍的环境。例如，通过田间灌溉来提高环境湿度，为生防真菌感染害虫创造有利条件；在林间种植一些本地的蜜源植物，使天敌在害虫匮乏期可以取食蜜露延长寿命；在田边保留特定杂草作为无害昆虫的生长场所，这些昆虫可以充当生防菌的第二寄主和天敌的替代猎物（Zaviezo et al., 2023）。这些措施都有利于天敌和生防微生物在环境中持续存在，从而有效控制目标害虫的种群暴发。这种生境的人为操纵可以是短期季节性或永久的，也可以是大尺度景观水平上的规划（Twining et al., 2022）。目前，这种应用策略的研究在欧美地区主要保障当地可持续农业（如葡萄、蔬菜、谷物和油料作物的生产）。这些植物大多以菊科（Asteraceae）、唇形科①（Lamiaceae）为主。通过种植这些植物，可以吸引害虫的天敌（如寄生性昆虫），从而控制害虫种群的数量（Colazza et al., 2023）。这种利用本地植物资源的方法不仅可以降低化学农药的使用量，还有助于保护生态环境和促进农林业可持续发展。

除此之外，还有一种自然生物防治（natural biological control）策略。该策略完全依赖天敌和生防微生物在田间或林间自然发生来控制害虫，无需人为介入。例如，在我国长江中下游地区，梅雨季节气候适宜，野外蚜虫种群常暴发虫霉流行病。但这一策略很难在实际生产中发挥控害作用。自然发生过程中，害虫与天敌或生防菌的发生并非同步，往往是害虫种群已经暴发，天敌和生防微生物在田间或林间数量仍然不足，无法及时控害。同时，城市化进程对自然生物防治来讲是负面的（Korányi et al., 2022）。因此，需要人为干预，强化天敌和生防微生物的定殖和提高它们的田间数量。总之，传统生物防治策略的基本理论源于生态学，现代的研究多以此为基础，进一步解析生防生物与有害生物之间互作的分子机理，为农林业有害生物绿色防控提供新的思路。

# 第三节　生物防治发展简史

生物防治的应用历史远比化学防治②久远。早在4世纪，我国史书上就有利用天敌防治害虫的相关记载，如唐代岭南地区有人贩卖黄猄蚁，用于防治柑橘上的蛀虫。这些记载

---

① 本科植物以富含多种芳香油著称，其中有不少芳香油成分可供药用。
② 害虫的化学防治始于20世纪30年代应用有机磷农药。

反映了我们国家深厚的农耕文明①和人民的勤劳智慧。改革开放以来,我国的生物防治基础和应用研究得到了飞跃式发展,尤其是党的十八大后,已与发达国家的研究处于同等水平。欧美国家从18世纪开始出现生物防治应用研究(表1-2)。最为代表性案例是,1888年美国利用澳洲瓢虫防治柑橘上的吹绵蚧,获得了巨大的成功。同时期形成了生物防治这一新的交叉学科。在之后一百多年,生物防治应用研究逐渐兴起,20世纪70年代前后形成了一个高峰。同期出版的《寂静的春天》②指出了欧美国家在追求经济效益的过程中忽视自然环境,引发生态灾难,反过来又威胁人类自身的生存。当人们逐渐意识到这一问题

表1-2 近现代国际上害虫生物防治的相关事件

| 时间 | 事件 |
| --- | --- |
| 330—334 | 亚里士多德描述蜜蜂疾病 |
| 1734 | 雷蒙在《昆虫史备忘录》中首次提到害虫生物防治的概念 |
| 1835 | Bassi 发表了他发现的球孢白僵菌(Beauveria bassiana) |
| 1856 | Fresenius 提出了虫霉(Entomophthora) |
| 1857 | Naegeli 描述了来自家蚕的家蚕微孢子虫(Nosema bombycis) |
| 1888 | 雷利引进澳洲瓢虫防治柑橘吹绵蚧;Krassilstchik 尝试用金龟子绿僵菌(Metarhizium anisopliae)进行生物防治 |
| 1898 | Ishiwata 发现苏云金芽孢杆菌 |
| 1918 | Glaser 证明了多角体病毒在舞毒蛾种群中的连续传播 |
| 1923 | Steiner 在叶蜂上发现昆虫病原线虫 Steinernema kraussei |
| 1938 | 苏云金芽孢杆菌商业化产品问世 |
| 1973 | 第一种病毒产品——谷实夜蛾核型多角体病毒完成登记 |
| 1980 | 蝗虫微孢子虫(Nosema locustae)批准用于防治蝗虫 |
| 1985 | 黑甲虫病毒基因组完成测序 |
| 1987 | 报道首批导入苏云金芽孢杆菌基因的转基因植株 |
| 2004 | 昆虫共生菌沃尔巴克氏菌的基因组序列公布 |
| 2007 | 苏云金芽孢杆菌基因组序列公布 |
| 2009 | 东方蜜蜂微孢子虫(Nosema ceranae)基因组序列公布 |
| 2011 | 金龟子绿僵菌的基因组序列公布 |

① 我国农耕文化的核心内涵可概括为"应时、取宜、守则、和谐"。应时,即顺天应时,是几千年人们恪守的准则,农业生产本就是一种根据节气、物候、气象等条件而进行的具有强烈季节性特征的劳作活动,具有极强的时间性。取宜,种庄稼最重要的是因地制宜,取宜是农业生产的重要措施。传统农业强调因时、因地、因物制宜,把"三宜"看作一切农业举措必须遵守的原则。守则,即遵守准则、规范、秩序。和谐,即人与自然和谐统一的思想。简短地讲,就是顺应自然规律来开展农林生产活动。

② 《寂静的春天》是一部由美国科普作家蕾切尔·卡逊创作的科普读物,出版于1962年。在这本书中,卡逊以生动而严肃的笔触描写了因过度使用化学药品和肥料而导致环境污染和生态破坏,最终给人类带来灾难。她用生态学的原理分析了化学杀虫剂给人类赖以生存的生态系统带来的危害,并指出利用高毒农药来提高农业产量,无异于饮鸩止渴。

后，环境友好的病虫害防治手段(生物防治)获得了前所未有的重视。高峰期后，相关研究进入到一种稳定的发展状态。随着新科技的不断涌现，现代生物防治研究大多已进入微观分子水平。从早期害虫感病病症观察、生防生物鉴定和分离培养、田间应用、产品开发，到现在组学与生物大数据时代，已发展到广泛深入研究生防生物、害虫和植物三者之间的复杂关系，挖掘宝贵的功能基因资源和揭示致害与控害的分子机理等方面。

基于过去几十年的研究探索，生物防治领域涌现众多经典著作，如 *Insect Pathology*[①]。此外，还有大量生物防治相关期刊涌现，例如，*BioControl*，它是国际生物防治组织的官方期刊，主要发表生物防治的应用和基础研究论文，也包括害虫综合治理、植物抗性、耕作方式等研究论文。

现代生物防治发展的另一特点是趋向精细化，研究者逐渐对生物防治的控害作用建立了一套科学评价体系。如图 1-1 所示，实曲线代表害虫随时间的种群变化规律。如果不加控制，实曲线将突破经济受损水平(economic injury level，EIL，实横线所示)。当害虫种群达到经济阈值水平(economic threshold，ET，虚横线所示)时采取防治措施，将达到防治成本与挽回损失之间的平衡。其中两个关键参数，经济受损水平指害虫种群密度超过这一水平就会产生实质的经济损失；经济阈值即采取控制措施时的害

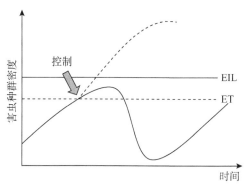

图 1-1　生物防治措施对害虫种群的控制模型
(EIL 为经济受损水平，ET 为经济阈值)

虫种群密度，其要低于经济受损水平的主要原因与生物农药迟效和缓效问题有关。生物农药需要一定时间才能发挥作用，因此需要提前采取生物防治措施，但也不宜过早实施，因为所采取的防治手段本身会产生成本问题，如若投入成本大于挽回的经济损失，则得不偿失。因此，为了确保生物防治的有效性和经济性，必须根据害虫种群的动态变化和预测模型来确定最佳的防治时机。同时，还需要综合考虑生态环境和社会因素，以确保生物防治的可持续性和长期效益。

生物防治的应用更倾向与其他防治手段相结合，融入有害生物综合管理(integrated pest management，IPM)。IPM 讲究灵活应用各种防治手段(包括化学防治)，平衡生态效益和经济效益。而生物防治在 IPM 中发挥了重要作用，并利用其他防治措施的优势来弥补生物防治的不足。要做到这点，IPM 需掌握害虫种群的田间发生规律，根据虫情监测的实际情况，拟定最佳的防控措施加以实施，以期在保护环境和维护公众健康的基础上取得经济效益。在执行过程中甚至可以牺牲部分经济利益来保障生态效益。这一理念与有机食品(绿色食品)生产相近，区别在于后者完全禁止使用化学产品。鉴于生物防治本身的优缺点，现有生物防治如何整合到 IPM 中是一个重要的研究方向。

---

①《昆虫病理学》涉及对病毒、细菌、真菌、微孢子虫、线虫和原生生物等生防生物的生态学、系统发育和分子生物学的新见解，还涉及其他昆虫病理的基础生物学、诊断、感染过程和发病机制、宿主反应、传播等方面内容。

基础研究的进展往往为研究者提供制定害虫防控策略的新思路(表1-3)。例如，通过深入了解昆虫体内共生菌与害虫之间的关系，研究者可以针对专性内共生菌对宿主发育的关键作用，开发以内共生菌为作用靶标的新型药剂来进行虫害防控。这种新的策略在医学领域也是一个热门研究方向。从某种意义上说，保护植物和保护动物有着共同之处，不同学科之间的交叉可以为研究和应用提供新的思路和方向。因此，除了在本学科领域进行深入研究外，还应积极探索跨学科的交流与合作，以开拓更广阔的研究和应用前景。

表1-3　2013—2023年生防生物的研究论文发表情况

| 物种 | 论文数量(篇) | 物种 | 论文数量(篇) |
| --- | --- | --- | --- |
| 苏云金芽孢杆菌(*Bacillus thuringiensis*) | 7 938 | 地衣芽孢杆菌(*Bacillus licheniformis*) | 204 |
| 沃尔巴克菌(*Wolbachia*) | 4 311 | 厚孢轮枝孢(*Verticillium chlamydosporium*) | 65 |
| 枯草芽孢杆菌(*Bacillus subtilis*) | 2 389 | 虫霉(Entomophthorales) | 460 |
| 蜡样芽孢杆菌(*Bacillus cereus*) | 498 | 食蚜蝇(Syrphidae) | 289 |
| 球孢白僵菌(*Beauveria bassiana*) | 2 290 | 蜘蛛(Araneae) | 540 |
| 核型多角体病毒(nuclear polyhedrosis virus) | 184 | 瓢虫(Coccinellidae) | 1 382 |
| 金龟子绿僵菌(*Metarhizium anisopliae*) | 1 733 | 寄生蜂(Parasitoid wasp) | 1 555 |
| 哈茨木霉(*Trichoderma harzianum*) | 1 675 | | |

注：截至2023年6月30日SCI收录的论文统计。

## 思考题

1. 什么是害虫，它们的特点及虫害发生的影响因素有哪些？
2. 简述生物防治的定义，广义与狭义有何区别？
3. 生物防治的主要策略有哪些？
4. 保护型生物防治有哪些优点？
5. 简述害虫生物防治的主要发展阶段。

# 第二章

# 害虫微生物防治

  昆虫是世界上种类最为丰富的生物类群，已描述物种数量超过一百万种，估计占动物种类的3/4。绝大多数昆虫对我们人类是有益的。它们提供了原材料、营养物质等资源，如蚕、蜜蜂等。只有极少数的种类被定义为害虫，它们会取食动物血液、植物组织、动植物制品等，造成直接损失，并作为媒介传播动植物疾病间接威胁农林业生产和人类健康。不过，从自然生态的角度看，昆虫并无害虫与益虫的分别，它们都是生态系统的有机组成，是食物链、食物网中的重要节点，不仅是生态系统物质循环、能量流和信息流的重要参与者，更是生态系统稳定的基石。在自然界中，有大量的微生物和低等动物（如线虫）与昆虫发生各种直接或间接的联系，形成包括共生、栖生、寄生等多种种间关系。其中，一部分会导致昆虫疾病发生的寄生物，可以在寄主昆虫种群中不断传播和侵染，甚至引发流行病，能有效控制昆虫在田间和林间的种群密度，具有开发成生物农药的潜力。

  挖掘感染和致死昆虫的各种生物资源，归属昆虫病理学（Insect Pathology）的研究范畴。昆虫病理学涵盖了生态学、生理学、生物化学、行为学、毒理学、分子生物学、系统发育学等多个研究方向（Vega et al., 2012）。例如，研究人员关注的昆虫流行病就属于生态学方向。跟医学流行病研究不同的是，研究昆虫流行病学并不是为了阻断流行，而是反其道而行，目的是通过促进流行病的发生造成大量害虫染病死亡，从而防控虫害发生。尽管目的不同，但两者的研究方法和技术都是相似的，可以相互借鉴，甚至可以说昆虫病理学中的许多概念就是来源于人畜病的研究。例如，研究病原对寄主的作用往往需要活体材料，医学实验中常用小白鼠等，昆虫病理学研究中常用小菜蛾、大蜡螟、家蚕等模式昆虫。常用的研究方法包括病原鉴定，显微观察、组织解剖、病原体外培养、毒性成分分析等，这些方法与医学实验采取的方法多有雷同。昆虫病理学是害虫微生物防治（microbial control）的理论基础，任何微生物农药的研发都是围绕它们自身与昆虫之间的相互作用关系及其杀虫有效成分开展的。

## 第一节 昆虫疾病

生物防治是化学防治的可替代方案之一,即利用昆虫病原、天敌生物等控制农林害虫种群。其中,利用病原生物①控制害虫即微生物防治。充分发挥昆虫病原的作用需要对昆虫病理学有深入的了解,要搞明白昆虫健康会出现怎样的问题,在什么情况下更容易发生疾病等。昆虫病理学家 Steinhaus 指出,一个健康的昆虫,其体内环境和体外环境处于一种和谐状态,不需要额外的能量消耗就能维持正常的生命活动(如发育、生殖等)。昆虫失去健康即处于疾病状态,是在内外因素刺激或伤害下,机体内外环境失衡的一种状态或过程,也就是昆虫疾病(insect disease)。

### 一、非传染性昆虫疾病

昆虫疾病是昆虫病理学的重要研究内容,根据是否具有传染性可分为两大类:非传染性昆虫疾病和传染性昆虫疾病。非传染性昆虫疾病通常指病因是一些物理、化学等环境因素,如昆虫被天敌捕食所受到的物理伤害、化学农药施用对昆虫的毒害等,或者由昆虫自身生理代谢、遗传突变所导致的疾病(表2-1)。这类疾病只限于昆虫个体遭遇,不具备在种群内传播的特点。

表 2-1 非传染性昆虫疾病的主要成因

| 因素类别 | 疾病发生的成因 |
| --- | --- |
| 物理或机械 | 机械伤害,如捕捉昆虫过程中导致昆虫机体残缺;射线照射影响昆虫发育和生殖活动 |
| 毒物或营养 | 化学药剂对昆虫神经、消化、生殖等组织和细胞的毒害;营养不均衡或关键营养元素摄入不足 |
| 昆虫自身 | 生理代谢失衡;基因疾病(可遗传)、肿瘤等细胞异常增生;发育畸形、发育或组织再生异常 |
| 其他生物 | 天敌昆虫寄生或捕食行为导致的伤害 |

### 二、传染性昆虫疾病

传染性昆虫疾病是指由病原(insect pathogen②/entomopathogens)导致的昆虫疾病,可以在种群个体间进行传播、交叉传染。传染性昆虫疾病是本章介绍的重点。病原物是开发微生物农药的主要成分,它们在野外流行的发生规律是害虫微生物防治的重要依据。概括起来重点关注以下8个方面:

#### (一)昆虫病原

昆虫病原可以主动或被动侵入健康昆虫体内,并实现定殖③,即利用寄主养分大量增

---

① 包括微型动物(如昆虫病原线虫)、病毒等。
② Entomopathogen 与 parasite 寄生物的不同之处是,后者通常并不致死寄主。
③ 定殖是指病原体在寄主体内定居下来并进行生长繁殖,引起机体发生疾病的过程。病原定殖需要满足一定的条件,包括适宜的寄主细胞、营养物质、温度等环境因素,以及病原体的适应性、毒力和感染能力等。

殖，并传染至昆虫种群中的其他个体，开启新的侵染周期①。昆虫病原通常包括非细胞生物(biological entity，如病毒)、原核生物(如细菌)、真核微生物(如真菌和原生生物)、多细胞微型动物(如线虫)等。不同类群的病原有其各自的特点。例如，线虫种类繁多，目前已命名3万余种，其中一部分寄生在昆虫体内并可致死寄主。它们有复杂的体内组织，包括消化、生殖组织、神经组织和外分泌组织等，这与其他单细胞或非细胞病原物具有明显的结构和功能差异。微生物农药②的剂型设计、有效成分的人工扩繁、田间施用技术等都需要充分考虑不同病原的生物学特性。

病原感染(infection)发生在昆虫体内，但并非所有进入昆虫血腔(hemocoel)环境的微生物都能引发感染，原因包括寄主本身的免疫防御，微生物自身无法适应昆虫血腔环境等。需要指出的是，病原微生物具有一定的寄主范围，即专化性(specificity)。根据专化性高低，一般可将昆虫病原细分为：

①机会性病原(opportunistic pathogen)。仅感染衰老或已发病个体。

②潜在病原(potential pathogen)。病原本身无法直接侵入虫体，须借助外力进入虫体后引发感染。

③兼性病原(facultative pathogen)。寄主范围较广③，体外培养较易。

④专性病原(obligate pathogen)。寄主范围窄，只能感染少数昆虫种类，不易体外培养④。

专化性低的病原即便寄主范围广，也不可能感染所有种类的昆虫。专化性高的病原尽管具有高致病性，但体外扩繁要求通常也较严格，市场应用范围较有限，限制了商业性开发。因此，微生物农药开发需要考虑多方面因素。

**(二) 侵入途径**

病原进入寄主昆虫体内是感染和疾病发生的第一步。大多数病原的侵入途径(portal of entry)利用昆虫口器或节间膜等，例如，病毒、细菌、原生动物、微孢子虫依靠昆虫取食行为，真菌依靠自身外分泌酶消解昆虫表皮组织从表皮薄软处(节间膜)直接侵入，线虫等能从气门或肛门等昆虫体表孔道处侵入或依靠口针穿入，进入寄主血腔。特殊情况下，还可以从昆虫表面伤口或通过卵壳组织侵入。从口器进入的病原随寄主吞咽移动到消化道中肠部位，穿过肠道表面围食膜⑤危害肠壁上皮细胞和组织。从体表侵入的病原通常直接进入昆虫血腔定殖。此外，还存在内源性感染现象，往往是由昆虫体内共栖菌引发。这类菌在健康虫体内通常功能不明，并不致病，严格意义上，它们不属于昆虫病原，但在虫体健康受损情况下可导致疾病发生，即次生性疾病。随着现代菌群分析技术的进步，昆虫与体

---

①侵染周期包括病原侵入、体内增殖、扩散传播等环节。在适宜条件下病原可以完成多轮连续的侵染，使种群内感病个体数及其占比快速提升。

②生物农药的主要类别，详见第十四章。

③又称 generalist pathogen。

④可通过额外添加胎牛血清的昆虫组织营养液进行培养。

⑤围食膜是中肠防止细菌感染的重要机械屏障。这种由中肠细胞分泌的薄几丁质层可以保护昆虫肠道上皮细胞免受微生物的接触、磨损和暴露于化学物质，而且含有抗微生物化合物。昆虫病原细菌可分泌几丁质酶来加以破坏，帮助侵染。

内菌群的关系受到的关注也越来越高。昆虫正常菌群①失衡是昆虫机体健康状况恶化的重要原因，但也可以作为防治手段加以利用，其发生机制尤其是有效的传播和侵入途径仍需研究。

### (三) 毒素

病原微生物会产生众多代谢物或基因表达产物。这些成分中有一部分具有杀虫活性，可使寄主发病，甚至导致死亡。病原物无须定殖于血腔等部位，仅依靠昆虫本身的吸收和循环系统就可以将毒素(toxins)传导到昆虫各部位，引发毒血症。这些有毒的活性成分可以是代谢过程中产生的分解产物，如具有毒性的醇、酸、碱；也可以是病原合成的，包括外毒素(exotoxins)和内毒素(endotoxins)。外毒素是病原生长繁殖过程中主动分泌到胞外的成分，多见于细菌和真菌。内毒素通常位于胞内，并不分泌到胞外，一般在菌体解体过程中才释放。目前，微生物农药中应用最广的毒素是苏云金芽孢杆菌(Bt)产生的昆虫内毒素蛋白($\delta$-endotoxin)。此蛋白在菌体形成内生孢子(芽孢)的过程中同步产生，并能聚合形成晶体结构，因此又称伴孢晶体。昆虫取食后会危害中肠细胞，出现中毒(intoxication)症状(详见第三章)。

并非所有对昆虫有毒性的物质都产生于病原物。例如，阿维菌素的生产菌——阿维链霉菌(*Streptomyces avermitilis*)，这种放线菌是一种土壤微生物，在自然界中并不感染昆虫。直接利用活性成分阿维菌素杀虫并不属于狭义的生物防治，因为防治过程并不需要活菌参与。这与Bt的应用有所区别。Bt菌剂往往是将含有内毒素的活菌孢子投入环境，内毒素和活菌协同杀虫。转基因植物表达Bt的内毒素编码基因，之前也视为生物农药的一种形式，但目前不再列入，仅作为遗传育种植物抗性相关研究的范畴。

### (四) 侵染力

侵染力②(infectivity)指病原微生物侵入易感虫体③并导致其感染的能力。病原物在自然传播过程中通过直接接触昆虫导致的疾病最为常见，称为接触性疾病(contagious diseases)。病原能否突破昆虫体表的物理阻隔(如表皮、肠道围食膜)或体内免疫的"防线"(如口腔唾液中的抑菌物质)，对于成功感染至关重要，是由病原自身侵染力决定的。

当然，虫体内存在微生物并非表明处于感染状态，可能是带菌状态④(contamination)。昆虫体内的微生物种类数量巨大，近年来，得益于高通量测序技术的发展，研究昆虫微生物组结构与功能已是一大热点。从这些研究中不难发现，大多数昆虫体内的微生物来源于它所栖身的环境，且对宿主适应环境、获取营养都是有利的，它们之间关系的建立是自然选择的结果。昆虫内生菌的生长繁殖受到宿主免疫系统的限制，通常存在于固定细胞(mycetocytes/bacteriocytes)或组织(mycetomes/bacteriome)。因此，感染和带菌状态不一定导致疾病，发病需要病原微生物在昆虫体内增殖到一定水平后引发具体的病症。害虫微生物防

---

① 昆虫正常菌群是指昆虫体内固有的、对昆虫无害的微生物群落，主要包括细菌、真菌和原生动物等。这些微生物群落在昆虫体内发挥着重要的作用，如促进消化、分解食物、合成维生素等。此外，昆虫正常菌群还可以增强昆虫的免疫力和抗病能力，从而帮助昆虫更好地适应环境。

② 微生物具有侵入易感虫体并引发感染的能力。

③ 对病原不具抗性。

④ 受到昆虫免疫系统的限制，两者僵持。

治研究的对象侧重于能使健康昆虫发病的病原生物。

**(五)致病性和毒力**

致病性(pathogenicity)指的是病原导致疾病发生的能力或潜力,是定性描述病原物引发昆虫疾病的能力。它的结论往往是确定的(能或不能)。本书所指毒力(virulence)则是定量衡量某病原物对目标昆虫的致病或致死能力,跟致病力直接相关,但并非单指病原产生毒素的能力。毒素的产生仅为病原毒力的构成之一,且不是所有病原都能产生毒素。毒力往往受到寄主、病原和环境等多重因素的影响,并非固定不变,尤其是病原微生物长期离体培养和保存过程中毒力相关的性状会出现不同程度的衰退,这给微生物农药的开发和产品质量保障造成了困难。因此,相关应用研究和产品上市前的质量检测①都需要进行生物测定毒力。

**(六)剂量效应**

化学农药的杀虫效果遵循剂量效应,即有效成分需要达到一定浓度或剂量才呈现防效。微生物农药②也具有剂量效应,即病原物需达到一定数量才能致病或致死寄主。剂量效应依赖于病原毒力和试虫的易感性,常用致死率、感染率、致死剂量(LD)、致死浓度(LC)、致死时间(LT)来表示。不同于商品化的化学农药杀虫效果常高于90%,生物农药很难达到这一水平。它的杀虫效果常用半致死剂量或浓度(median lethal dose/concentration, $LD_{50}/LC_{50}$,达到试虫种群50%致死效应的最小剂量或浓度)来衡量。同时,生物农药区别于化学农药的毒杀(见效快),病原物致病往往需要经过一定的潜伏期,因此,也常用半致死时间 $LT_{50}$(在某剂量下试虫种群死亡率达到50%所需的时间)来衡量毒力。

测算某病原物剂量效应 $LD_{50}$ 需要进行生物测定试验,至少设置5个剂量梯度和1个空白对照,利用剂量—死亡率模型进行计算。空白对照在观察期内出现死亡个体,就需要对处理组数据进行校正,消除自然死亡率的干扰,常用的为 Abbott 公式③。理想状态下,5个剂量梯度导致的试虫种群死亡率应在10%~90%区间内,避免出现无死亡或全部死亡等处理组结果。模型计算前,剂量还需进行数值转化才能使剂量与死亡率之间呈现线性关系。生物测定试验一般需要安排生物学重复,即使用不同批次④的试虫和菌体,以使结果更具可重复性。假如试虫接触病原数量无法精准衡量,如喂食处理、体表喷菌、水体环境试验等,则用半致死浓度 $LC_{50}$ 来测算。

**(七)病症和病状**

当病原感染引发昆虫疾病,就会产生可观察的病症和病状。病虫表现肉眼可辨的行为和功能异常就是症状(symptom),包括移动迟缓、对刺激的响应麻木、消化(上呕下泄、停止取食)和交配异常等。机体结构出现的异常称为病症(sign),包括体色变化、畸形、组织病变等,需要利用体视显微镜等进行组织解剖观察。感病的不同阶段,虫体表现的病症

---

① 效价,即在特定条件下对目标害虫产生致死作用的效力。
② 生物农药的一种类型。
③ 校正死亡率(corrected mortality) = (处理组死亡率−自然死亡率)/(1−自然死亡率)×100%。
④ 同一批次的重复常视为技术性重复,用于消除操作误差。

和病状都会发生变化，一般描述某种昆虫疾病时综合了一系列的病症和病状，为综合病症(syndrome)。

从病原物接触和侵入健康易感昆虫并在寄主体内繁殖，直至虫体死亡或复愈的整个过程就是感染。感染可分为潜伏期(incubation period)①、疾病早期和疾病高峰期。处于高峰期时，病原在寄主体内繁殖体达到最高密度，昆虫大概率将病死，但虫体也有可能复愈或维持长期带菌状态（图2-1）。在利于昆虫疾病发生的季节，致死感染周期②(period of lethal infection)会周而复始地出现，称为侵染循环③(infection cycle)，从而使疾病发

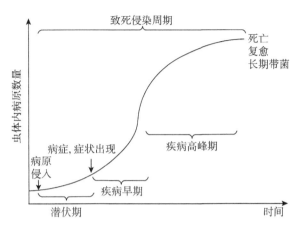

**图2-1 病原感染寄主昆虫的过程**
（从病原侵入进入虫体到潜伏期结束至第一个症状或病症出现，形成疾病，再发展到疾病高峰期，直至病死、复愈或保持长期感染状态）

生水平在种群内逐步提高，甚至暴发流行病。致死感染周期越短，说明病原的毒力和侵染力越强。需要注意的是，高毒力并不代表高传播力。如果疾病很难在个体间有效传染，就很难依赖自然流行实现控制昆虫种群的目标，而是更依赖人为操作，通过制备大量侵染体④在田间或林间释放，使病原尽可能地接触害虫，这就近似化学防治的淹没式放菌措施。

根据感染时程的不同，感染又可分为急性感染(acute infection)、慢性感染(chronic infection)和潜伏性感染(latent infection)。急性感染通常由高毒力菌株引发，发病快、致死周期短。慢性感染则由毒力较弱毒株感染，与寄主免疫系统形成长期的僵持。如果是低龄昆虫感病，还可发育到成虫或缓慢死亡。潜伏性感染多见于病毒感染，在某一条件下才会进入致死周期。微生物防治更关注引发昆虫的急性感染。

### (八) 科赫法则和病原鉴定

科赫法则(Koch's postulates)是德国病理学家科赫在19世纪总结的用于判断某微生物是否为某种疾病病原的原则。该法则广泛应用于动植物病理学研究，包括4个主要步骤：①某种疾病的感病个体体内都必须有某特定疑似病原存在；②可获得该疑似病原的纯培养物；③可将病原纯培养物成功回接到健康个体，并导致相同的综合病症出现；④从回接发病个体中可再次分离获得同一种微生物。

通过以上严密步骤，可判定某微生物是否为某种疾病的病原。当然，在实际操作过程中很难完全实现。例如，部分病原较难在发病个体中发现、难以进行体外培养等问题。随着现代分子生物学的发展，病原鉴定进入分子水平。分子技术已用于阐明毒力关键基因的

---

① 从病原侵入到早期病症或症状出现。
② 从病原侵入到病死的过程。
③ 病死的虫尸将成为新的侵染体去感染周围健康易感个体。
④ 病原致死害虫的有效部分，如真菌的分生孢子。

功能缺失与病原致病性的关系。目前，由于昆虫病原多数关键毒力基因信息尚处空白，分子科赫法则还未广泛在昆虫病理学和生物防治中加以应用。

## 第二节　昆虫流行病

在野外环境中，有时可观察到大量昆虫感病死亡的现象，其中病原多为病毒或真菌。尤其是真菌病（mycosis），感染死亡的虫尸可以保持原有形态，更容易被发现。对于这种大量集中传染死亡现象的研究属于流行病学（Epizootiology）的范畴，是昆虫病理学研究的核心内容之一。研究者关注昆虫流行病就是想充分利用这一昆虫种群自然调控机制来防治农业和林业害虫。

相对于第一节介绍的基于个体研究的昆虫疾病，本节所讲的昆虫流行病则是基于生态宏观视角，在种群水平上探究昆虫疾病的暴发规律。从昆虫疾病的发生范围和程度看，一般可细分为流行病（epizootic）和地方病（enzootic）两个水平。由于流行病发生需要一定的时空背景，解析其内在规律需要在较长时间内持续地跟踪观察。流行病发生具有暴发性特点，一旦条件具备，在短时间内病原流行水平会急剧上升，之后当种群内健康易感个体数量下降时又快速回落。根据流行水平波动，可将流行病发生分为3个阶段：流行前期、流行暴发期和流行后期。地方病可在寄主种群内长期发生，发生水平波动较小，对寄主种群的控制作用也较小。流行病和地方病之间是可以转变的，当环境条件适宜，地方病也会发展成流行病，而流行后期寄主种群崩溃后，又可重新恢复到地方病水平。流行病中出现的专业词汇与医学中的定义相似，如流行水平（prevalence）指的是某个时间点区域内的所有感病个体总数或者感病个体占种群个体总数的比例，而发病率（incidence）通常指某个时间段（如24 h）新增的感染数或比例。

影响流行水平的因素主要集中病原、寄主和环境3个方面。通过促进害虫流行病发生用于害虫防治，也主要从这3个方面着手。

### 一、病原

病原在环境中的数量或密度、扩散方式、侵染力、毒力和基因型，都会对疾病流行产生重要影响。众多应用试验表明，病原密度是诱发流行病的首要因素，即病原数量在田间或林间是否达到诱发流行病的水平。环境中的病原数量通常可用感病虫数或虫尸数来间接衡量。若数量不足，说明流行水平低，意味着流行病发生将延滞或长期处于地方病水平，病原无法有效控制害虫种群。此外，病原需在感病个体和健康易感个体间进行有效扩散传播，并能侵入和致病害虫。需要指出的是，病原的侵染力和毒力等功能表现都是由病原的基因型所决定的。

#### （一）病原密度及空间分布

病原密度（pathogen density）及其空间分布是影响昆虫流行病发生最为重要的因素。病原密度越高、分布越广，越容易诱发昆虫流行病。病原密度与病原在环境中的生存能力和繁殖率密切相关，也与侵染致死周期有关。在自然条件下，经过多轮的侵染循环，病原高密度常在流行病暴发后期出现，此时寄主种群内大部分易感个体都已发病或死亡，病原侵染体数量达到最大值。若这些病原能在环境中过冬，还将对翌年害虫发生产生抑制作用。例如，病毒在当年诱发昆虫流行病后，往往导致翌年寄主种群维持在低密度水平。基于这个规律，可在适当时机通过人工大量投放病原，人为提高田间或林间病原数量来达到控制害虫种群的目的。

### (二) 扩散和传播

微生物不如天敌昆虫那般可自由活动，但它也有特殊的扩散途径和方式，这对病原空间分布以及对寄主种群的控制产生积极作用。水生环境中的病原通常可借助鞭毛等运动结构在水中移动，如卵菌和壶菌的游动孢子等。病原线虫可借助自身蠕动来扩散(dispersal)，并根据自身移动能力采取不同的策略，如移动能力有限采取"守株待虫"，移动能力强则可以利用寄主昆虫的挥发物主动在环境中搜索。虫霉亚门的病原真菌还可以主动弹射分生孢子，根据病原所处位置和周围空气流动，可扩散几毫米至数米不等的距离。病原的被动扩散形式更加多样，包括借助水流、风吹、雨淋等，在水、空气、土壤等不同环境中实现空间转移，增大接触寄主的概率。此外，病原还可借助其他生物的活动扩散与传播。例如，蚯蚓等土壤生物移动可帮助生境中的病原扩散；带病昆虫在潜伏期照常迁飞、爬行等活动，将病原带入新的生境。

扩散往往没有方向性，仅是病原在空间范围内的拓展。相对而言，传播(transmission)具有指向性，指病原成功接触易感个体。环境中的生物活动能帮助病原进行传播。例如，天敌昆虫体表沾染病原，在捕食或寄生活动中使病原接触寄主。因此，传播根据是否需要媒介生物可细分为直接传播(direct transmission)和间接传播(indirect transmission)。另外，根据传染个体关系又可细分为纵向传播和横向传播。前者是亲代与子代间通过生殖行为进行的传播，后者指同一种群内个体间的传播。横向传播对流行发生最为直接，而影响横向传播最重要的因素是寄主种群密度，密度越高越容易发生传播。横向传播最有代表性的方式是昆虫病原线虫和真菌的传播，而病毒和原生动物在世代纵向传播上表现更为突出。纵向传播对于寄主种群密度长期处于低位时期的病原续存尤为重要，如微孢子虫可在寄主子代体内宿存等，避免因寄主匮乏而消亡。总之，病原在寄主种群内的散播(dissemination)取决于4个方面：病原的扩散能力、寄主行为、媒介生物的行为和非生物环境因素。

### (三) 侵染力和毒力

侵染力和毒力是筛选微生物防治应用菌株的重要指标。侵染力与病原传播关系密切，主要与病原侵入寄主的方式有关。有些病原具有多种侵染方式，如微孢子虫，它既可以通过消化道，也可以借助寄生性天敌的产卵行为进入寄主虫体。毒力则是定量判断病原的致病能力，毒力越高，致死昆虫所需的病原侵染体数量就越少，致死所需时间也越短。一般病原毒力高低还与它在寄主体内的增殖速率有关，增殖越快，毒力越强，这又与病原在寄主体内环境的适应能力联系密切。毒力与侵染力各有侧重，两者有一定关联性，但并非总是一致，高毒力不代表侵染能力强。一般微生物农药开发初期以筛选高侵染力和高毒力的菌株为重要工作。病原毒力在菌株间差异较大，可以通过生物测定试验定量分析菌株毒力。同时，毒力虽是由基因决定，但它是表型上的一种综合表现，跟菌体增殖、毒素分泌、胁迫响应、解毒、免疫抑制等生理机制密切相关。这也导致影响病原毒力相关的因素种类和功能多样，给人为操作提高毒力创造了条件。例如，重复过寄主①操作可提高或恢复菌株毒力。

### (四) 宿存能力

病原在自然条件下的生存，尤其是在寄主种群的低位时期如何存活，将影响下一轮虫害发生时的控制效果。在长期进化中，病原形成了多样的宿存形式，如细菌的芽孢、真菌的休眠孢子、原生动物的胞囊等。这些宿存结构的一大共性是具有厚实的壁结构保护病原细胞。同时，这种特殊结构有利于微生物农药剂型操作，如细菌类杀虫剂的剂型是以芽孢剂型为主。此外，由于环境温度、湿度、光照等对病原生存构成胁迫，病原在野外的宿存位置同样重要。例如，有些昆虫在土壤中产卵过冬，病原随虫尸落入土壤中宿存，并随寄主卵孵化而同步萌发，感染刚孵化的昆虫寄主。除了土壤，病原还可以虫尸形式存在于叶面或树皮表面缝隙(避光、保湿)等处。条件合适时，病原也可以感染替代寄主，这种方式更利于病原快速感染昆虫。病原的宿存能力影响应用方式，能力弱更适合用淹没式放菌来控制虫害。增强病原环境宿存和抗胁迫能力一直是生物防治研究和关注的重点之一。

## 二、寄主

昆虫发生疾病与其对病原的敏感性，以及昆虫个体的健康状况有直接关系，而导致大量昆虫感病死亡的流行病又与昆虫种群密度联系密切。昆虫个体对疾病的敏感性状是可遗传变异的，可以说，一个昆虫种群是由对某种病原敏感程度不同的个体所组成的群体。由于一个种群并非所有个体对某一种疾病都表现易感，这也是流行病暴发后昆虫种群内总有个别抗性个体幸存，整个种群"崩溃"而不"灭绝"的原因所在。因此，生物防治区别于化学防治，杀虫率会遇到一定瓶颈。

### (一) 寄主易感性

昆虫具有很强的繁殖力，通常具有 R 型生殖模型②特征，因此，易暴发虫害。对于某一特定病原来说，一个自然昆虫种群包含了健康的易感个体、带菌个体、潜伏期个体和抗性个体等，它们之间的占比对昆虫疾病流行发生具有重要影响。当感染个体占比超过一定比例时，极易诱发流行病。例如，部分虫霉种类感染的虫体在种群中的比例达 15%，接下来 1 周内极易发生流行病，当比例提高到 50%，流行病可在 2~3 d 内暴发(Steinkraus et al.，1995)。昆虫的易感性与多种因素相关，包括基因型、发育阶段、取食植物的营养状态、环境胁迫等，也田间管理措施有关。例如，昆虫病毒易感染低龄幼虫，昆虫取食长势不良的植物影响自身营养状态也会提高易感性。

### (二) 遗传抗性

昆虫自然种群具有丰富的遗传多样性，这为遗传抗性的形成创造了条件。寄主昆虫对

---

① 病原复壮的方法，可以让病原再次感染自然寄主，并从感病寄主中分离纯化。这一操作可以使菌株性状尤其是毒力恢复。

② 昆虫的 R 型生殖模型是一种高效的繁殖策略，适用于特定的环境条件和生物特点。这种模型有助于昆虫快速适应环境变化，扩大种群规模，从而保证物种的生存和繁衍。

病原的抗性在世代中可遗传并逐渐加强,是导致昆虫易感性下降的主要原因。尽管生物农药产生抗药性的可能性远低于化学农药,但目前已出现长期使用同一微生物农药制剂产生抗性的现象。例如,苏云金芽孢杆菌杀虫毒蛋白经过 50 多年的广泛应用,农业上的小菜蛾等害虫对它的抗性已提升数倍,大大削弱了防治效果,提高了防治成本。不过,这种抗性形成多见于长期使用单一杀虫毒素,如 Bt 转基因作物。昆虫取食这种作物,会出现自然淘汰,种群中的抗性个体得以幸存并繁衍,导致具抗性基因个体在种群中占比显著提升。然而,自然界中抗性个体本身并不多,因此,研究者尝试通过在田间保留一定空间不施药,让易感个体存活,这样能保持整个种群的抗性个体比例维持在较低水平,从而保障微生物农药持续有效。寄主抗性有时与病原致病力形成某种僵持,就会产生长期感染或带菌状态。

### (三) 行为抗性

昆虫对自身感病和环境中的病原具有一定的响应能力并反映在个体行为上。不同种类的昆虫其表现形式各有不同,可降低病原的侵染效果。例如,社会性昆虫(如蚂蚁和蜜蜂)聚居的巢穴(恒温、高湿、虫口密度高)非常适宜病原传播流行,但它们通过自我清洁、保持巢穴卫生、分泌抗生物质、驱赶感病个体甚至转移巢穴等方式来规避或降低病原的侵染风险。其他昆虫也存在个体清洁的行为,避免体表沾染病原真菌孢子等侵染体。近年来,蚁类个体间的群体免疫研究发现,个体间的互助模式也可以有效提高个体对病原的抗性。还有一些特殊的现象,如蚱蜢等昆虫可通过晒太阳或接近高温物体的方式提高体温,从而抑制体内病原。有些甲虫(如 *Phratora vitellinae*)通过释放某些挥发性抑菌物质来改变微环境,对周围环境中的病原产生抑制作用。不过,病原也可以通过改变寄主行为提高侵染和传播效率,如感病个体的"登高"等怪异行径,在虫体死亡后可帮助病原扩散。总之,昆虫行为异常可利于自身,也可能使病原获利,这都是两者长期协同进化的结果,呈现特殊的"寄主—病原"的互作模式。

### (四) 种群特征

昆虫种群的时间分布特征对流行病发生具有重要影响。如果种群处于增长阶段,种群内的易感个体将增加,与感病个体接触的可能性提高,为流行病发生创造了有利条件;反之,种群处于衰退阶段,不利于流行病发生。

昆虫种群空间分布特征对流行病发生也影响较大,尤其是群居性害虫,如蚜虫、介壳虫等。这类昆虫往往耐拥挤,不同世代聚集在一处,为疾病传染创造了有利条件;反之,分散分布的昆虫(如蛀干类害虫)个体之间接触的可能性低,不易发生疾病流行。

另外,种群内的虫龄构成、雌雄比等种群特征与种群增长有关,对疾病流行也会产生一定影响。

### (五) 替代寄主

生物种群在自然环境中处于波动状态,病原为了生存,可以采取感染多种寄主昆虫或兼性生存策略(兼具腐生的能力)。当环境中首选的寄主昆虫(primary host)数量急剧下降时,可以利用替代寄主(alternate/secondary host)作为侵染对象。这两类寄主之间虽然没有直接的竞争关系，但由于有共同的病原，两者间呈现似然竞争①。因此，有必要摸清病原的寄主范围，在环境中保留无害的替代寄主，有利于生防微生物发挥防治作用。

## 三、环境

流行病发生的两大生物因素——寄主和病原处于同一环境，因此，环境中各要素对它们都会产生影响，对流行病发挥着直接或间接的作用。例如，病原真菌在寄主种群中暴发流行病往往需要高湿度环境，因此，真菌流行病常见于梅雨季节。环境胁迫是病原在野外生存的一大问题，在自然条件下，微生物会形成特殊的结构(如细菌芽孢)来抵抗不利环境。当环境改善后，再从休眠静止状态重新进入侵染周期。

### (一) 大气环境

流行病的发生位置通常在植物的地上部分(如叶部)，病原与昆虫寄主的互作也主要在大气环境中进行。大气中的非生物环境因素如温度、湿度、紫外线等对病原宿存影响的研究很多，其中紫外线对所有病原包括昆虫病毒都具有负面作用。尤其是暴露在空气中的真菌孢子，在紫外线照射下会迅速失活。由于不同菌株产生的孢子抗紫外能力差异明显，因而可以筛选抗性菌株或通过基因工程手段构建工程菌株。大气温度和湿度对病原的宿存和侵染力都有显著影响。真菌适宜侵染和生长的温度为 20~30℃。环境低温通常会抑制生长，但有利于病原宿存。植物地上部分的茎干和花叶会提供一些适宜病原宿存的局部微环境，如叶鞘、树缝、叶背等避光保湿的空间。

### (二) 土壤和水环境

土壤是微生物的"大本营"，由于土壤的理化特征适合病原的长期宿存，因而是病原物的主要"蓄水池"。在土壤样品中可以分离到很多昆虫病原真菌、细菌等。当然，过于干燥的土壤也会使病原失活，一般土壤湿度保持在 17%~37% 对病原的影响不显著。不同病原对土壤环境也有不同要求，如线虫喜欢土壤颗粒较大(颗粒间隙大、通气状况好)的环境，球孢白僵菌在碱性的泥炭土中宿存更久。土壤生物与病原菌也有互作增效的作用，如植物根际环境提供病原宿存，蚯蚓等土壤生物活动可帮助病原扩散，跳虫可作为媒介传播真菌孢子。由于病原微生物广泛存在于土壤，可以利用昆虫诱饵法，如以模式昆虫大蜡螟幼虫为饵富集分离土壤中的病原。在水环境中，微孢子虫在极端温度或 pH 值下会失活或在未成熟状态下萌发。一般病毒粒在升温到 40℃ 时会失活。

## 四、流行病发生模型

由于影响昆虫流行病学的因素众多，数学模型②的构建有利于理解和掌握流行病发生的共性规律和预测自然种群中疾病的流行趋势。模型中的各个参数是影响流行发生的关键因子，也是微生物防治成功的关键所在。早期关于昆虫流行病发生模型的构建研究始于 20 世纪 80 年代 Anderson 和 May 的工作，并得到后续研究者的完善。Brown et al. (1987) 提

---

① 一方数量多会导致病原数量上升，从而使另一方种群增长受到抑制。
② 一种在特定系统内的理想模型。

出，在一个给定寄主与病原的系统中采用数学模型进行描述，通过传统经验设置框架来构建系统模型。在这种经验模型中，最基础的概念是，在给定时间和种群中易感个体的数量取决于易感个体与感病个体间的接触次数和传播效率。

$$S_{t+1} = S_t - pS_tI_t \tag{2-1}$$

式中，$S$ 为易感个体数量；$t$ 为时间；$p$ 为传播效率①；$I$ 为感病个体数。

感病个体数也可以用以下公式表示：

$$I_{t+1} = I_t + pS_tI_t - mI_t \tag{2-2}$$

式中，$m$ 为死亡率②，也可视为毒力。

这个公式可用微积分方程来表示，加入内禀增殖率 $r$ 描述易感个体随时间的数量变化：

$$\frac{dS}{dt} = rS - pSI \tag{2-3}$$

基于以上方程可得到的另一个关键参数是阈值③。它指的是病原在寄主种群长期维持所需要的昆虫种群密度。阈值为易感个体数量，等于死亡率除以传播率（$S_t = m/p$）。当易感个体数量超过阈值，疾病发生水平将提高，反之将下降。

随着考虑的因素越多，流行病发生模型将趋向于复杂化。近年来，研究者针对不同的病原类群构建了从简单到复杂的分析模型，覆盖了自然发生的流行病和人为操作诱发的流行病。在这些案例报道中，相对简单的模型提供了了解和预测昆虫流行病发生的工具。例如，通过多重回归分析描述微孢子虫病的流行规律，在模型中确定了流行发生位点的病原数量、降水量、水流和生境类型等要素的作用。这些模型往往是在实验室内高度控制条件下开展的研究工作。更为复杂的模型用于描述野外或温室内微生物防治的一些试验项目。这中间往往要考虑作物生长、昆虫种群发育、生物空间分布、病原活力、潜伏期、水平传播效率、环境变化等因素（Steinkraus et al.，2006）。除了描述已发生的流行摸索流行规律，部分模型具备了一定的预测功能。例如，在描述舞毒蛾噬虫霉控制北美舞毒蛾的研究中，模型引入温度、湿度、降水量、病原和寄主密度等参数，揭示了真菌孢子的扩散对于林间流行发生具有重要意义。由于流行往往在特定条件下发生，所报道的模型也呈现特定寄主与病原系统的专属性，实际应用受到限制，目前多为理论研究。

## 第三节　微生物防治

微生物防治是指利用昆虫病原来控制害虫种群，理想的是利用昆虫流行病来达到控制效果，即应用流行病学（Applied Epizootiology）。除了直接使用活体病原，部分应用也包含了利用病原微生物的基因产物或次生代谢物（如各种毒素）。微生物防治的目标有别于化学防治，它的主要防治目标是将害虫种群压制在经济受损水平之下。微生物防治的优缺点都

---

① 接触传播的可能性，例如 $P=0.05$，即 5% 的传播率。
② 假如潜伏期为 4 d，即每天的死亡率 $m$ 为 25%。
③ 该阈值是指病原在寄主种群内维持的最低寄主种群密度。

较突出；缺点包括生产成本较高、作用范围有限、对环境胁迫敏感和潜伏期较长等；优点包括不易产生抗性和次生灾害、对人畜安全、环境友好、保护天敌生物等。因此，微生物防治是发展可持续农业的重要保障。

这些优缺点往往是"一体两面"的。例如，农药上市前都需要进行环境安全性评估，微生物防治和微生物农药的安全性与所用病原的寄主范围密切相关，专化性越高，安全性也越高。但过高的专化性也导致防控对象较少，市场应用有限，相应需求也较少。绝大部分昆虫病原微生物不会感染人类，有一些种类可导致伤口感染或老幼人群体表感染，且这些零星感染人群的病例报道多发生于热带或卫生条件较差的极不发达国家和地区，无致死情况发生。另外，一部分广谱性病原还影响昆虫天敌，如昆虫病原线虫感染拟寄生物等现象。从销售的角度看，开发广谱的微生物农药更有利，但投入市场前需要进行风险评估工作。

理想的微生物农药一般具备以下特点：对靶标害虫高毒；易于生产、运输和储存；抗逆境胁迫等。影响微生物农药的市场化因素与微生物种类有关，各有不同（表2-2）。例如，昆虫病毒需活体培养，无法规模化发酵生产，导致成本较高，限制了市场应用。目前，应用最广的微生物农药是细菌类，如苏云金芽孢杆菌、球形芽孢杆菌等。它们的一大优势是可以规模化液态发酵生产，有效降低了成本。

表 2-2 昆虫病原与产品化相关的优缺点

| 病原类群 | 优点 | 缺点 |
| --- | --- | --- |
| 病毒 | 专一性（安全，不影响非靶标生物）、高毒、在土壤中宿存久可常温保存 | 专一性（适用范围小，仅针对特定害虫，市场用限）、抗紫外线有力弱、潜伏期长、生产成本高 |
| 细菌 | 寄主范围广、可规模化生产、杀虫快、可常温保存 | 抗紫外线能力弱、部分菌种潜伏期长 |
| 真菌 | 寄主范围广、可规模化生产、高毒、可体表接触感染 | 抗环境胁迫能力弱、潜伏期长 |
| 微孢子虫 | 专一性、货架期长 | 潜伏期长、致死率低、生产成本高、抗紫外线能力弱 |
| 线虫 | 寄主范围广、致死快、可规模化生产、可移动 | 生产成本高、环境敏感、抗紫线能力外和抗干燥能力弱、需低温保存 |

## 一、影响微生物防治效果的因素

病原的毒力直接影响微生物农药的防治效果。同种病原的不同菌株对特定靶标害虫的毒力差异巨大，包括潜伏期长短、致死时间等。不同病原的区别则更为明显：一般病原线虫致死较快，在感染后 24~48 h 出现死亡虫体；丝孢类真菌和昆虫病毒潜伏期较长，需要 1 周及以上才能杀死寄主；由于毒蛋白的急毒作用，部分 Bt 菌株可在几个小时内致死寄主；而大多数微孢子虫引发慢性感染，不致死寄主。

环境中的病原数量和易感昆虫数量也很重要，病原侵染体密度若没有达到阈值，会导致防治的失败。例如，真菌孢子在田间密度需达 $10^{13} \sim 10^{14}$ 个/$hm^2$，核型多角体病毒需达 $10^{11} \sim 10^{12}$ 个/$hm^2$。病原在环境中的生存能力对于微生物防治尤为重要。紫外线对所有病原类群都具有杀伤作用,因此,采取防治措施(如人工释放生防菌)一般选择阴雨天和傍晚进行。干燥对昆虫病原线虫在野外宿存影响较大,病原真菌依赖高湿度产孢和孢子萌发。湿润的土壤环境非常利于病原长期宿存,如病毒可在土壤中存在数年甚至几十年之久。可通过灌溉方式调整田间空气和土壤湿度,有利于更好地发挥微生物防治作用。

## 二、提高微生物防治效率的途径

### (一)从病原入手

筛选针对靶标害虫的优良病原,以高侵染力、高毒力、耐逆境、易培养等为重点关注指标。实验室可控条件下筛选到的高毒菌株未必可应用到野外环境,导致失败的原因与菌株适应自然环境能力弱有关。从野外感病虫尸上分离到的病原菌株可能比商品化的同种病原在田间应用效果更佳。因此,在大规模应用前有必要观察菌株在实际环境中的流行发生情况。如果候选菌株没有合适的,也可以考虑通过基因操作的方式来改良,但产品登记过程将变得复杂。目前,遗传手段可提高一些常见菌种(如各种芽孢杆菌、白僵菌等)的增殖、毒力、抗胁迫等。例如,将外源有效的毒力基因(如蝎毒素等)导入受体菌,增强菌株毒力。另外,有研究将苯菌灵抗性基因导入球孢白僵菌,防止田间施用的杀菌剂影响生防菌,避免田间施药防治植物病害过程中对生防真菌产生负面影响。

已商品化的菌种性状退化、环境适应力下降等问题需要得到足够重视,不然会影响防效稳定,导致野外应用的失败。原先优良的菌株在长期体外连续培养过程中会出现性状衰退或丧失,使所培育的菌株失去应用价值。生产厂家尤其要避免连续继代培养生产菌株,防止毒力等关键性状衰退。引起性状衰退的因素众多,包括遗传和非遗传因素。因此,需要对菌株进行积极的定期复壮。高昂的商业化和注册过程也对微生物防治应用设置了障碍。例如,注册一株新的昆虫病原真菌需要有对人体健康和环境安全的数据,这些都需要第三方平台检测提供,会产生百万以上的成本负担。

### (二)从生产和应用方法入手

通过改进生产和应用方法提高生物农药产品质量和环境适应度,降低各环节成本。例如,需要活体昆虫生产的病原线虫或昆虫病毒可以通过机械化操作提高自动化水平,减少人工成本。离体培养也可以通过提高生产自动化水平降低成本,例如,线虫生产通过生物反应器等装置提高液态培养的产出率。规模化生产最成功的例子是苏云金芽孢杆菌的液态深层发酵工艺,该工艺的广泛应用奠定了它的市场占有率。

田间施药方法和剂型制备技术直接影响微生物防治效果,如喷洒设备、灌溉设施等。优化喷洒病原物的方法和设备可以有效提高病原环境宿存和扩散,增加与寄主接触的概率。例如,制备球孢白僵菌可湿性粉剂在田间喷洒作业。剂型设计上可参考野外虫尸传病的原理,制备仿尸的颗粒等剂型,如方便线虫宿存的多孔颗粒剂。还可根据靶标害虫的生活习性特征来施药应用,如蛀干或穴居昆虫可以用膏剂封堵害虫出入口,针对在水环境生活的害虫可利用产游动孢子的病原等。针对病原普遍不耐紫外线的弱点,在剂型制备中添加可吸收紫外线的成分,提高病原在野外的生存率,或添加保湿成分减缓剂型水分散失,保持病原(如真菌和线虫)的活力。另外,可利用非靶标生物的活动来传播病原,有研究利用蜜蜂等媒介昆虫将球孢白僵菌孢子传播到温室植株的粉虱种群，或者利用病原在土壤中的宿存能力，在植株根际环境中保持长期存在，抵御有害生物。还可以跟其他防治手段协同，例如，配合引诱剂一起使用，定点放菌，吸引昆虫到固定位置来接触病原，可以提高病原传播率。也可将两种或多种病原混合使用，如利用核型多角体病毒与Bt菌剂混合施用，提高对田间鳞翅目害虫的防效。

### （三）从应用环境入手

影响微生物防治效果的因素中有不少限制性因素，如空气湿度、寄主种群密度、紫外强度等，如果忽视这些，会导致防治害虫的失败，造成经济和生态效益损失。通过降低病原暴露在有害因素（如阳光紫外线）下来增强病原的宿存、毒力、传播，可显著提高田间防效。通过改变耕作方式，如缩短植株间距，提高郁闭度，采用滴灌技术保持土壤湿度等。不同作物或植被类型所处环境不同，不能一概而论，需要针对具体应用环境制订相应的改良方案，因地制宜，以发挥微生物防治的最佳作用。

## 三、微生物防治策略

害虫微生物防治策略与生物防治类似（表2-3），主要分为以下3种（Lacey et al.，2015）。

### （一）引种定殖

由于虫害发生地不存在害虫的专化性病原或缺乏优势致病型（pathotype），可将外地优势菌种或菌株引入当地来防治害虫（包括本土害虫和外来入侵种）。将异地收集的感病虫尸或含有休眠菌体的土壤移至目标区域，或在实验室内制备一批感病寄主释放到试验区，使病原在当地寄主昆虫种群中蔓延。早前开展的引种防治试验，约49%采用昆虫病原真菌。例如，分离自中东地区的根虫瘟霉菌株引入澳大利亚，成功控制当地苜蓿蚜种群。需要指出的是，外来生物的引入往往会对当地生态环境造成潜在冲击，产生非预期的效果，即便生防菌对寄主具有高度的专化性，非靶标生物受影响较小，实施前仍要开展生态安全评估。

### （二）保育

保育是指对本地生防菌种进行保护，维持或增强其流行强度，来控制寄主昆虫种群过快增长。例如，在我国长江中下游地区越冬种植的十字花科蔬菜上，桃蚜（*Myzus persicae*）的控制可以依赖自然发生的新蚜虫疠霉流行病（Zhou et al.，2012）。由于生防微生物对环境有较高的要求，通过调整灌溉方式，维持或延长田间高湿度环境，都利于营造病原流行发生的环境条件。此外，调整种植方式，如在病原微生物的不利时期（如缺乏寄主），通过保留田间边缘的植物让无害的替代寄主繁衍，可作为病原感染对象，利于就地宿存，而后更早地侵染新一季作物上的目标害虫。田间或林间病原的发生水平可作为减少化学杀虫剂使用的重要依据。例如，感染弗氏新接霉的棉蚜在种群中超过15%时，棉蚜种群很可能在1周内明显下降，根据田间侵染率调整农药用量或基本不用，将有利于生防菌在寄主种群中发挥作用。

表 2-3 微生物防治典型案例

| 策略 | 病原物 | 靶标害虫 | 应用场地 | 成效 |
| --- | --- | --- | --- | --- |
| 引种定殖 | 病毒 | 椰子犀角金龟(*Oryctes rhinoceros*) | 椰树 | 降低寄主生殖力和寿命，对幼虫致死作用明显 |
| | 核型多角体病毒 NPV | 欧洲云杉叶蜂(*Diprion hercyniae*) | 云杉 | 流行病 |
| | 核型多角体病毒 NPV | 欧洲松叶蜂(*Neodiprion sertifer*) | 松林 | 流行病，防效 90% |
| | 舞毒蛾噬虫霉(*Entomophaga aimaiga*) | 舞毒蛾(*Lymantria dispar*) | 北美林区 | 流行病 |
| | 线虫(*Deladenus siricidicola*) | 松树蜂(*Sirex noctilio*) | 松树 | 感染率 100%，部分出现衰退 |
| 保育 | 绿僵菌 | 蝗虫、蚱蜢 | 草原等，淹没式放菌 | 油剂 |
| | 弗氏新接霉 | 棉蚜 | 棉花 | 根据流行水平调整施药措施 |
| 人工放菌 | 类芽孢杆菌(*Paenibacillus* spp.) | 日本金龟子(*Popillia japonica*) | 草坪、草皮，接种式放菌 | 毒血症 |
| | 线虫(*Heterorhabditis bacteriophora*) | 日本金龟子 | 草坪、草皮，接种式放菌 | 1 个月后死亡率达 90%以上 |
| | 苏云金芽孢杆菌 | 多种农林害虫 | 农田、林地，淹没式放菌 | 不同菌株差异大 |
| | 球形芽孢杆菌(*Bacillus sphaericus*) | 蚊类幼虫 | 水环境 | — |
| | 颗粒体病毒 CpGV | 苹果小卷蛾(*Cydia pomonella*) | 苹果等，淹没式放菌 | 出现抗性 |
| | 核型多角体病毒 NPV | 大豆夜蛾(*Anticarsia gemmatalis*) | 大豆，淹没式放菌 | — |
| | 球孢白僵菌、玫烟色棒束孢 | 粉虱、蚜虫、介壳虫、蓟马等刺吸性害虫 | 多种农林植物，淹没式放菌 | — |

## (三) 人工放菌

在害虫发生季节通过释放病原侵染体诱发流行病来控制害虫种群。与异地引种方式不同的是，助增的目的是通过提高田间侵染体数量(密度)压制虫口增长或使之降至不产生经济危害的水平。同时，助增并不寄希望于长期防效，而更看重短期控害效果。大多数昆虫病原仍难以实现商业化应用。存在的问题主要包括对病原流行规律认识不够，防效评价不全面，寄主专化性病原的侵染体繁殖和剂型化相当困难。

无论采取哪种微生物防治策略都需要基于病原、靶标害虫和环境特征加以具体分析，科学应用。目前，生物防治往往通过整合到害虫综合治理体系中发挥作用。需要指出的是，关于应用试验成功的定义还有很多的争议，如果从保护植物的角度出发，其实害虫只要取食减少、活动受限、数量可控，那么它即便未被致死，危害也不会超过经济受损水平，也就达到了防治的根本目的。而现在的误区就是过度关注害虫的杀灭，这在生物防治应用中需要反思。

## 思考题

1. 简述昆虫疾病的定义和主要分类。
2. 简述传染性昆虫疾病的主要研究内容。
3. 如何区别病症和症状？
4. 根据专化性，可将昆虫病原分为哪几类？
5. 简述昆虫疾病流行学的定义。
6. 简述影响昆虫疾病流行的主要因素。
7. 什么是微生物防治，影响其效果的主要因素有哪些？
8. 简述微生物防治的主要策略？
9. 作为微生物农药的主要成分，不同病原自身的优缺点有何异同？
10. 如何对田间害虫进行微生物防治？举例说明。

# 第三章

# 昆虫病原细菌资源与利用

昆虫与细菌的关系非常密切,涵盖昆虫的各个发育阶段。昆虫与体内外菌群的作用是昆虫学和微生物学学科交叉研究的一大热点。在环境微生物中,一部分细菌可引发昆虫疾病。昆虫病原细菌便指这一类对昆虫产生致病或致死效应的原核生物。致病效应的产生与活菌及其代谢产物(包括基因表达产物)的种类密不可分。目前,所发现的昆虫病原细菌都属于细菌域(Bacteria)。不像同属原核生物的古菌[①]大多生活在极端环境,细菌广泛存在于我们的日常生活环境中,也就是说昆虫病原细菌分布广泛且资源丰富。细菌类生物农药在微生物农药中占据了优势地位。这与它的一些显著特点有关:①菌株具有寄主选择性,作用靶标对象具有一定范围,对植物、益虫以及哺乳动物等无毒害作用;②能产生多种杀虫致病因子,对防治对象毒力高,防效较理想;③不污染环境,无残留问题;④稳定性高,已开发的细菌类剂型多以芽孢为主要成分,此成分具有很强的抗逆性(耐高温[②]、抗干旱等),便于剂型化操作和存储运输等;⑤寄主昆虫很难在短期内对病原细菌产生抗性;⑥原核生物遗传结构相对简单,遗传操作体系成熟,可通过转化、转导、接合[③]等方式进行基因重组和分子筛选等操作;⑦可以与化学防治等手段混合使用,协同增效;⑧生长速率快,可规模化生产,成本较低,利于商品化。以上这些特点也是筛选优良生防菌株的重要依据。本章重点介绍昆虫病原细菌的主要资源和代表性菌种——苏云金芽孢杆菌及其作用机理。

---

① 古菌(Archaea)通常生活在高温、高压、高盐等极端环境,是生物三域系统的其中一域(域分类级别高于界)。

② 即便在高压蒸汽灭菌锅内须维持121℃至少15 min才能除灭。

③ 转化是细菌活体直接吸收环境中游离的DNA片段,获得新的遗传性状。转导依赖缺陷噬菌体为媒介将供体菌中的基因传递到受体菌。接合需要供体菌和受体菌通过性毛结构进行单向遗传信息传递。

## 第一节 昆虫病原细菌概述

昆虫病原细菌种类众多，分散在细菌的各个门类中，但研究较多的种类集中在：革兰[①]阳性菌厚壁菌门中的芽孢杆菌属（*Bacillus*，最具代表性是苏云金芽孢杆菌）；革兰阴性菌中的变形菌门，包括沙雷氏菌（*Serratia*）、肠杆菌（*Enterobacter*）和假单胞菌（*Pseudomonas*）等。缺乏细胞壁结构的软壁菌门中也有少量昆虫病原。

### 一、分类

根据理化特征和致病条件将昆虫病原细菌分为3类（表3-1）：

#### （一）专性病原

专性病原（obligate pathogen）的特点是寄主范围非常狭窄，专化性高，通常在活体寄主中获取养分，只能在昆虫体内完成生活史，难以人工离体培养。代表性的种类有天幕毛虫芽孢杆菌。正如其名，它只感染天幕毛虫等少数昆虫。

#### （二）兼性病原

兼性病原（facultative pathogen）对营养要求并不像专性病原那样苛刻，既能在寄主昆虫体内生长，又可用人工培养基离体培养。与专性病原相比，它的寄主范围相对较广，如苏云金芽孢杆菌记录的寄主种类超过3 000种。需要指出的是，这3 000多种寄主是苏云金芽孢杆菌所有已知菌株作用对象的集合，具体到某一应用菌株，它的作用谱仍具有选择性，寄主范围相对较小，且对不同寄主的毒力存在差异。因此，在生物农药开发过程中，筛选合适的菌株往往是首要工作。这类病原细菌常存在于昆虫消化道内，致病时侵入寄主血腔，引发败血症，若感染过程中产生昆虫毒素，还会引发毒血症，加速寄主死亡。

#### （三）潜在病原

潜在病原（potential pathogen）通常无法感染健康寄主，只能在其他病原的协助下，或通过表皮伤口，或由于昆虫衰老免疫低下等情况感染寄主。多数潜在病原腐生于野外环境中，产生的杀虫毒素较少，大多数时间与昆虫形成一种共栖关系，只是机会性地引发感染。这类病原多为革兰阴性菌，与寄主的关系松散，专一性弱，可栖生于多种昆虫。一般情况下，腐生菌在昆虫体内的致病性受到寄主免疫系统、营养物质和正常菌群的限制。例如，沙漠蝗肠道菌群会产生酚类化合物，有助于寄主防御潜在的病原体。这类病原很少开发成制剂加以应用，除了致病力弱外，缺乏抗性芽孢以及存储运输不稳定等原因都限制了开发。

细菌同一菌种下会有多个菌株、亚种等，它们之间在杀虫毒力上差异较大，如球形芽孢杆菌只有部分菌株表现对蚊类幼虫的毒性。由于细菌菌株庞杂和毒力生物测定烦琐，直接根据致病性对昆虫病原细菌进行分类非常困难。基于编码16S核糖体小亚基的DNA序列

---

① 革兰氏染色是用结晶紫、藏红或品红等染料，经过一系列步骤将细菌染成紫色或红色，是细菌的染色主要方法。根据细胞壁结构差异，阳性菌呈紫色，阴性菌呈红色。

表 3-1 昆虫病原细菌部分代表性菌种

| 菌种 | | 病原分类 | 寄主/宿主① | 毒素 | 作用方式 |
|---|---|---|---|---|---|
| 芽孢杆菌属<br>(*Bacillus*)② | 苏云金芽孢杆菌③ | 兼性病原 | 超过 3 000 种 | 晶体蛋白 | 破坏中肠细胞④ |
| | 球形芽孢杆菌 | 兼性病原 | 蚊类幼虫 | Bin、Mtx 等 | 破坏中肠细胞 |
| | 蜡样芽孢杆菌 | 潜在病原 | 鞘翅目、膜翅目等 | 磷脂酶 C 等 | 破坏中肠细胞等⑤ |
| | 森田芽孢杆菌 | 兼性病原 | 双翅目(蝇)等 | — | 菌体增殖 |
| | 幼虫芽孢杆菌 | 专性病原 | 蜜蜂 | — | 菌体增殖 |
| 类芽孢杆菌属<br>(*Paenibacillus*) | 金龟子芽孢杆菌 | 兼性病原 | 金龟子幼虫 | 未知 | 败血症、乳白病 |
| 短芽孢杆菌属<br>(*Brevibacillus*) | 侧胞芽孢杆菌 | 兼性病原 | 双翅目(蚊)等 | 晶体蛋白 | — |
| 梭菌属 | 缩短梭菌 | 兼性病原 | | | 菌体增殖 |
| | 天幕毛虫梭菌 | 专性病原 | 加州天幕毛虫 | — | — |
| 假单胞菌属<br>(*Pseudomonas*) | 铜绿假单胞菌 | 潜在病原 | 蝗虫、天幕毛虫 | 蛋白酶、Tc⑥ | |
| 赛氏杆菌属 | 嗜虫黏质赛氏杆菌 | 兼性病原 | 鳞翅目幼虫 | — | — |
| 沙雷氏菌属 | 黏质沙雷氏菌 | 兼性病原 | 直翅目、鞘翅目等 | Sep、Tc | 毒血症、琥珀病 |
| 耶尔森菌属<br>(*Yersinia*) | 嗜虫耶尔森菌 | 兼性病原 | 金龟子幼虫 | Tc | 破坏中肠细胞 |
| 链球菌属 | 粪链球菌 | 潜在病原 | 舞毒蛾幼虫 | — | — |
| 弧菌 | | — | 蚊类幼虫 | 磷脂酶 A | |

已广泛用于细菌的分子鉴定和系统发育分析,但对于昆虫病原细菌而言仍存在技术局限性,如无法用于判断菌株的致病性特征。由于一些近似种的基因序列相似性非常高,利用分子鉴定技术也难以区分。有些病原菌株完全丧失致病性,可能被错误地命名为其他菌种。这种依靠单一基因水平上的分子鉴定已无法满足生防菌株的管理需要。目前,随着测

---

① 寄主主要指微生物与昆虫之间存在明确的寄生关系;而宿主一般指微生物利用昆虫作为一个生境,关系更为宽泛。

② 该属含有过氧化氢酶(好氧)细菌,周生鞭毛,杆状细胞,快速生长期呈链状排列。在不利条件下,它们会形成椭圆形的内孢子(芽孢),在某些物种中会产生副孢子体。

③ 蜡样芽孢杆菌群的一部分,该群具有高度遗传相似性,菌种之间的差异很可能与其携带的致病性质粒有关。

④ 对肠道上皮的损伤会激活防御性肠道反应,昆虫通过细胞脱落和组织再生克服损伤。

⑤ 蜡状芽孢杆菌的分离株可引起多种昆虫的自然或诱导感染。该细菌可产生多种毒力因子,限制寄主对铁的获取,躲避寄主吞噬细胞,降解寄主组织,或抑制肠道共生菌群的生长。这些毒力因子受 PlcR 转录因子调控。但部分毒素对非靶标生物或植物有潜在毒性,限制了其应用。

⑥ Tc 是高分子质量、多亚基蛋白类杀虫毒素,来源于多种革兰阴性潜在病原细菌。

序技术的发展，细菌基因组测序成本大幅下降，利用整个菌株共享核心基因组（管家基因）进行系统发育分析渐成主流。这提供了更详细的分类信息。此外，研究者还使用血清学①或酶型来区分不同菌株。

## 二、共性

细菌在有限的人工营养基质中，生长过程可分为延滞期、指数生长期、稳定期、衰亡期4个阶段②。目前，细菌类杀虫剂中芽孢杆菌占了大多数，从生产的角度看，收获芽孢通常在菌体生长到稳定期末期和衰亡期，即培养环境中养分耗尽，菌体转入休眠状态，在胞内形成芽孢结构。处于休眠状态的芽孢对外界不利环境具有很好的抗性，可以存活很长的时间。例如，从4 000万年的琥珀中提取的芽孢仍能恢复生长，在水中沸煮数小时才能杀灭芽孢。

病原所含致病相关基因不止一个，往往以基因簇（gene cluster）存在于细胞质质粒中或以致病岛③（pathogenic island）等形式聚集在核基因组上。而细菌的质粒可通过接合、转化等形式发生遗传重组，因此，野外菌株中往往含有多种质粒和致病毒力基因的组合。这一多样性优势使寄主抗性较难形成。

从感染和致病特征来看，细菌从健康昆虫口部进入虫体，这一途径依赖寄主昆虫的取食行为，因此，在药剂施用中应把菌剂分洒在植株被取食部位。病原细菌在寄主体内成功定殖还需要突破多重障碍，例如，昆虫口部唾液中的杀菌成分、消化道表面的围食膜结构和肠道正常菌群，这些都构成了昆虫的初级免疫。昆虫肠道菌群在昆虫抗逆、免疫等过程中发挥着重要作用，例如，可与入侵的病原进行营养和空间竞争，或产生抑菌成分来抵御病原定殖。昆虫体表被膜也是细菌侵入的有效屏障，如果破损，细菌可进入血腔，昆虫免疫系统将促发血细胞免疫作用，并产生大量免疫分子（如多酚氧化酶、醌类等）。细菌在血腔中可通过免疫抑制或采取逃逸等策略成功定殖，引发毒血症或败血症。

感病昆虫通常停止取食、出现中毒麻痹等症状。在这一阶段，血淋巴中出现大量的细菌细胞和在细菌毒素等致病因子作用下引发的组织坏死，导致寄主昆虫的体色和血淋巴稠度变化。感染死亡的昆虫一般体色变暗，虫体变得柔软和松弛，但虫体被膜仍保持完整。在某些情况下，颜色变化是由于细菌产色素物质或高密度厚壁细胞的高折射性引起的。例如，日本甲虫在感染灵杆菌产生灵菌红素后会变红；有些感病蛴螬血淋巴呈乳白色，主要因为存在大量的细菌芽孢。病死虫体最后会软化，并有恶臭液体流出。

---

① 利用免疫系统中抗原分子与抗体的特异性关系原理。根据抗原抗体结合情况来区分。
② 细菌在延滞期处于适应环境的阶段，不进行细胞分裂；指数生长期为快速生长阶段，此时分裂一次所需时间最短；稳定期是基质中的养分即将耗尽，出现休眠或自融；衰亡期休眠结构成熟，自融细胞数量大大超过新增细胞数，整体细菌数量明显下降。
③ 含有编码多种致病因子（毒素和酶）的基因。

## 第二节 苏云金芽孢杆菌

苏云金芽孢杆菌最早于1898年从家蚕感病幼虫中分离得到。由于幼虫感病后出现麻痹，发现者意识到昆虫毒素的存在。随后，由德国科学家Ernst Berliner再次分离到这一菌种并进行了正式命名。后续，发现苏云金芽孢杆菌产生可溶于碱性溶液的晶体蛋白，并具有杀虫毒性。1938年，世界上第一个Bt制剂——Sporeine在法国问世，到了70年代初，美国将其投入商业化应用。目前，以Bt为主要成分的杀虫剂全球有100多个产品，使用广泛，如用于控制林业害虫枞色卷蛾、舞毒蛾等。从20世纪80年代开始，陆续发现了Bt晶体蛋白的编码基因和相关质粒，并实现了毒素蛋白的基因克隆和异源表达，为这一优良的功能基因资源应用开发创造了条件。例如，Bt毒素蛋白编码的转基因棉花等作物已大面积种植，植株对害虫的抗性大幅提升，有效降低了对化学杀虫剂的依赖。此外，Bt还作为菌肥成分用来促进植物健康生长(Gomis-Cebolla et al., 2023)。

### 一、基本特征

#### (一)细胞特征

苏云金芽孢杆菌的形态呈短杆状。以苏云金亚种为例，菌体大小为 $1.2 \sim 1.8$ μm× $3.0 \sim 5.0$ μm。生活史根据生长特征可以分为3个阶段：

**(1)营养生长阶段**

整个菌体呈杆状，大小跟普通杆菌类似，两端钝圆，周生鞭毛。在指数生长期，细胞分裂较快，子细胞没有及时分离，细胞就会串联在一起。

**(2)芽孢形成阶段**

芽孢形成阶段又称为芽孢囊期。营养细胞在芽孢出现前先停止繁殖，细胞质浓缩，胞内出现液泡和微粒，并逐渐形成芽孢和伴孢晶体。由于芽孢是在细胞内形成，所以又称内生孢子(endospore)。芽孢形成后，原有细胞就形成了芽孢囊。在这个时期，需要关注的是伴孢晶体在芽孢形成过程中的出现，这是苏云金芽孢杆菌最重要的杀虫毒素。位于芽孢边缘的伴孢晶体是由毒素的多肽链通过二硫键等形式聚合而成，此时为原毒素，并无杀虫活性。

**(3)芽孢成熟释放阶段**

芽孢成熟后，芽孢囊破裂，释放芽孢和伴孢晶体。芽孢在进入虫体或遇适宜条件后即可萌发，重新进入营养生长阶段，但抗逆性也随之消失。

苏云金芽孢杆菌的芽孢形成过程中，相关基因的转录在时空上受到RNA聚合酶$\sigma$家族中一系列转录因子的调控(Vega et al., 2012)。$\sigma$因子可促发RNA聚合酶与孢子形成相关的特异性启动子结合。当面临营养耗尽、细胞密度变化或DNA损伤等环境胁迫下，会激活一个级联反应，导致$\sigma$A因子的激活。$\sigma$H因子参与形成极性隔膜，将细胞(芽孢囊)分为大隔室(母细胞)和小隔室(前孢子)。$\sigma$E因子从隔膜的形成到芽孢皮层的形成都是上调表达的，并有助于母细胞吞噬前孢子。一旦吞噬完成，$\sigma$K因子在母细胞中激活，而$\sigma$G因子则在前孢子中激活。最终，前孢子在母细胞的原生质中发育成芽孢。大多数晶体毒素

基因的表达是由 $\sigma E/\sigma K$ 因子调控的，并且伴孢体的合成定位于母细胞隔室。芽孢发育和成熟 8~12 h 后，母细胞经历程序性细胞死亡，并将成熟的芽孢释放到环境中。

### (二) 营养特征

苏云金芽孢杆菌作为兼性病原，对营养的要求相对不高，可以在多种培养基上生长。在氮素营养含量较高的培养基(如蛋白胨琼脂培养基)上长势尤为好，24 h 就可在接种平板上长出圆形的单菌落，3 d 后菌落直径可达 1 cm，此时表面由湿润变得干燥，表明已有芽孢形成。菌落边缘也变得不齐整，主要是营养耗尽，边缘的菌体依靠鞭毛向外运动所导致。随着培养时间的延长，菌落与菌落之间出现融合，长成菌苔。

苏云金芽孢杆菌的生理特征对生产工艺优化尤为重要。例如，苏云金芽孢杆菌可以利用淀粉等多聚糖为碳源，从而降低生产成本。苏云金芽孢杆菌的适宜生长温度范围为 27~32℃，对 pH 值的要求略微偏碱。由于长时间培养时培养基会出现酸化，人工培养和发酵生产时需调整 pH 值。此外，苏云金芽孢杆菌为好氧菌，生长过程中需要氧气，因此，可进行固态浅层发酵生产，或在深层液态发酵时通气。

### (三) 生态特征

熟悉苏云金芽孢杆菌分布规律等生态特征有利于从野外环境挖掘新的优良菌株资源以及进行田间应用。生态特征上，苏云金芽孢杆菌广泛存在于土壤中，但它并不是土壤优势种，在土壤环境中多以芽孢休眠形式存在。休眠状态能避免通过转化、接合等方式获取同一环境中其他病原的致病基因，降低了生防菌株的环境风险①。

根据苏云金芽孢杆菌的生态特征，能够成功分离并获得野生型的苏云金芽孢杆菌菌株。这一过程主要利用选择培养原理，即"投其所好"②。具体操作是：在目标地点的土壤中埋入昆虫(如大蜡螟幼虫)，一段时间后回收这些虫尸。如果土壤中存在苏云金芽孢杆菌，菌体便会在虫体内大量增殖。这样，从虫尸上分离到苏云金芽孢杆菌菌株的可能性大大增加。然而，土壤中存在大量的腐生菌，这给分离工作带来不小的挑战。为了提高成功率，最好选取植株地上部分新鲜的自然感病虫尸进行分离。

另外，昆虫寄主体内是苏云金芽孢杆菌繁殖和遗传变异的理想场所。在昆虫体内，苏云金芽孢杆菌生长旺盛，遗传物质等交换频繁，这会形成新的遗传型和毒株。部分菌株还会丢失携带致病基因的质粒，向与寄主共生的方向进化。不过，值得注意的是，苏云金芽孢杆菌在昆虫种群内的传播率很低，没有发现纵向传播的现象，这解释了为何苏云金芽孢杆菌流行病在野外环境中并不常见。此外，在农林产品仓储环境中分离到的苏云金芽孢杆菌菌株较多，且大多具有杀虫活性，可能与粮仓等环境适宜其水平传播有关。近期，有研究发现野生植物组织中存在多种苏云金芽孢杆菌亚种，作为植物内共生菌，但它在植物体内的功能还未知(Espinoza-Vergara et al., 2023)。用于生物农药商品化的苏云金芽孢杆菌菌株最初都是从感病虫尸上分离获得的。尽管这些虫尸是在植物叶面上被发现的，但大多

---

① 苏云金芽孢杆菌与土壤中的脊椎动物病原炭疽芽孢杆菌近缘，但两者在土壤中都以休眠状态存在，降低了两者间致病功能质粒交换的可能。

② 微生物对某类物质(养分)具有特殊的偏好，通过在选择培养基中添加此类成分可促进该种微生物生长，使其在菌群中取得生长优势，便于接下来的分离纯化。

数苏云金芽孢杆菌菌株不能有效地在植物表面定殖且大量繁殖。因此苏云金芽孢杆菌喷雾施用后，它的杀虫活性是短暂的，半衰期仅1~3 d。

## 二、菌株管理

由于苏云金芽孢杆菌广泛分布以及具有商用价值，全球开发的菌株资源已达上万株，至少对脊椎动物中4个门和节肢动物门中9个目的3 000多种有害生物表现活性。为了便于菌株管理和国际交流合作，目前主要以苏云金芽孢杆菌鞭毛抗原分子[①]的血清学反应将其划分为71个血清型和86个血清型亚种。少数无鞭毛的菌株则以其酯酶构成来进行菌株编号。

血清型和血清型亚种有何不同呢？根据国际通行规则，苏云金芽孢杆菌编号中首字母为H（指代鞭毛），之后的阿拉伯数字是血清型，同一个数字下有多种英文字母组合。这里的字母代表了与鞭毛抗原结合的抗体种类，也就是说一种抗原分子（同一血清型）上存在多个抗体结合部位，如果所结合的抗体组成有所不同可细分成血清型亚种（表3-2）。简单来说，血清型是一个大类，血清型亚种是这一大类中的小分类。同一血清型至少可以与一种抗体发生血清学反应，而血清型亚种能结合的抗体种类又有所不同。这一国际通用分类管理办法有利于进行国际交流，也有利于苏云金芽孢杆菌商品化管理。

表3-2 部分苏云金芽孢杆菌的血清型亚种

| 血清型 | 血清型亚种（亚种名） | 血清型 | 血清型亚种（亚种名） |
|---|---|---|---|
| 1 | *thuringiensis* | 15 | *dakota* |
| 2 | *finitimus* | 16 | *indiana* |
| 3 | 3a：3c(*alesti*)、3a：3b：3c(*kurstaki*)、3a：3b：3d(*mogi*)、3a：3d(*sumiyoshiensis*)、3a：3b：3e(*fukuokaensis*) | 17 | *tohokuensis* |
|  |  | 18 | 18a：18b(*kumamotoensis*)、18a：18c(*yosoo*) |
| 4 | 4a：4b(*sotto*)、4a：4c(*kenyae*) | 19 | *tochigiensis* |
| 5 | 5a：5b(*galleriae*)、5a：5c(*canadensis*) | 20 | 20a：20b(*yunnanensis*)、20a：20c(*pondicheriensis*) |
| 6 | *entomocidus* |  |  |
| 7 | *aizawai* | 21 | *colmeri* |
| 8 | 8a：8b(*morrisoni*)、8a：8c(*ostriniae*)、8b：8d(*nigeriensis*) | 22 | *shandongiensis* |
|  |  | 23 | *japonensis* |
| 9 | *tolworthi* | 24 | 24a：24b(*neoleonensis*)、24a：24c(*novosibirsk*) |
| 10 | 10a：10b(*darmstadiensis*)、10a：10c(*londrina*) | 25 | *coreanensis* |
| 11 | 11a：11b(*toumanoffi*)、11a：11c(*kyushuensis*) | 26 | *silo* |
| 12 | *thompsoni* | 27 | *mexicanensis* |
| 13 | *pakistani* | 28 | 28a：28b(*monterrey*)、28a：28c(*jegathesan*) |
| 14 | *israelensis* |  |  |

---

① 使其蛋白成分，利用蛋白复杂空间构象，其表面具有至少1个抗原决定族可与特异性抗体结合。

不同菌株对昆虫的致病性差异很大,且作用靶标范围(针对的害虫种类)也存在差异。血清型菌株管理办法依据鞭毛的抗原性,这一特征与菌株专一性和毒力没有必然联系。此方法无法用于判断菌株的作用范围以及对靶标害虫的毒力,而这两个方面又是菌株筛选工作最为关注的。虽然致病性不是一个可靠的分类学标准,但考虑人们关注苏云金芽孢杆菌的特性主要是其杀死昆虫的能力,根据其致病型对苏云金芽孢杆菌菌株进行区分是有实际意义的。从历史上看,最初鉴定的苏云金芽孢杆菌致病型为 A 型,即对鳞翅目幼虫具有致病性。后续 B 型是指苏云金芽孢杆菌以色列亚种,其对双翅目昆虫幼虫具有致病性。第三种致病型同时具有 A 型和 B 型的苏云金芽孢杆菌菌株。第四种致病型是对鞘翅目幼虫致病的苏云金芽孢杆菌亚种。此后,苏云金芽孢杆菌菌株对半翅目、膜翅目、等翅目、直翅目和线虫的致病型陆续被发现。由于所描述的致病型数量不断增加,基于致病型在苏云金芽孢杆菌菌株之间进行区分受到了极大的挑战,要判断菌株的作用对象和毒力,就需要掌握苏云金芽孢杆菌对寄主的侵染致病机制。这与菌株产生的毒素种类和含量直接相关。因此,掌握病原致病机理和毒素特性,能有效地挖掘目的性菌株资源。

## 三、致病机理

苏云金芽孢杆菌如何导致昆虫发病呢?一般认为是苏云金芽孢杆菌伴孢晶体中的昆虫毒素发挥关键作用。这些毒素会破坏昆虫中肠上皮细胞,导致肠壁受损。随后,中肠内碱性高渗内含物①进入血腔,引发昆虫血淋巴 pH 值升高,最终导致虫体麻痹死亡。例如,鳞翅目的烟草天蛾、长角天蚕以及双翅目等昆虫受苏云金芽孢杆菌感染后就会出现这种症状。此外,芽孢的存在也增强了伴孢晶体对昆虫的毒力。当芽孢在肠道萌发后,会通过受损的中肠肠壁进入血腔,并在血腔内大量增殖,引发昆虫败血症。这也是感病昆虫死亡的原因之一②。例如,地中海螟蛾、蜡螟等昆虫在感染苏云金芽孢杆菌后就会发生这种情况。另外,还有一种非典型的苏云金芽孢杆菌感染情况。在这种情况下,感病虫体血腔内没有明显的 pH 值和钾离子浓度变化,尽管有晶体毒素的作用,如菜粉蝶、粉斑螟等发生的感染。从病程上看,由毒素引发的死亡通常较快,虫体在 0.5 h 内就停止取食,然后出现呕吐和腹泻等症状,高浓度下可在 2~3 h 内发病死亡。如果仅依靠芽孢增殖作用杀虫,则因虫体大小和接种量的不同,致死周期可能在数日到数周不等。

## 四、毒素种类

苏云金芽孢杆菌产生的毒素种类多样,根据外分泌与否主要分为两大类:第一类是伴孢晶体所含毒素,为内毒素,是细菌胞内成分,只有当细胞破裂后才释放;第二类是外毒素,是菌体在营养生长阶段主动分泌③到胞外的毒素。苏云金芽孢杆菌最有代表性的毒素

---

① 并非所有昆虫肠道环境 pH 都呈碱性,如半翅目昆虫呈酸性。
② 抗性昆虫的血腔内也能检测到苏云金芽孢杆菌生长,侵入血腔不一定导致昆虫死亡。有观点认为,肠道菌群中的腐生菌借由苏云金芽孢杆菌造成的肠道破损进入血腔,引发致命的败血症。但这一现象具有偶发性。
③ 病原细菌往往有复杂的分泌系统,目前主要有 6 种,研究较多的有Ⅲ型分泌系统(Type Ⅲ secretion system,T3SS)。

种类是δ内毒素(伴孢晶体毒素)和β外毒素(苏云金素)。此外，还包括营养期杀虫蛋白、酶类、抗生素类等多种成分。

## (一)δ内毒素

δ内毒素是苏云金芽孢杆菌产生的最为重要的杀虫资源，在不同资料中有很多同义词，如伴孢晶体(parasporal crystal)、晶体毒素(crystal toxin)、杀虫晶体蛋白(insecticidal crystal protein，ICPs)等。蛋白晶体由数百万晶体(Cry)或溶细胞性(Cyt)毒素蛋白分子组成。但需要指出的是，晶体内蛋白分子需在寄主昆虫碱性肠液中消化后释放出核心功能片段，这才是真正意义上的δ内毒素，其为一种致孔毒素(pore-forming toxin)，即在细胞膜上插入形成孔道，破坏膜的半透性功能，从而导致细胞死亡。

### (1)一般特性

晶体毒素的形成与芽孢密切相关，通常伴随芽孢产生，仅在特定情况下(如低温)才能独立产生。伴孢晶体形态多样，取决于晶体中存在的毒素种类和形成条件。典型的杀虫晶体蛋白是双锥体形结构，也有球形、橄榄形等。例如，Cry2为长方体形、Cry3A为扁平矩形、Cry3B为不规则形、Cry4为球形、Cry11A为菱形。由于有些菌株内含多种毒素蛋白，因此可能同时产生不同的晶体形态。晶体中的蛋白分子按特定方式聚合成晶体结构，通常利用多肽链C末端中的半胱氨酸残基上的巯基与相邻位置的单体形成二硫键来稳定结构。晶体中特定蛋白的构成影响它在昆虫中肠的溶解性，对毒性具有关键作用。同一晶体可以含有一种或多种晶体蛋白亚单位。伴孢晶体的形态与其所含内毒素分子结构(一级多肽链中的氨基酸组成)有关。伴孢晶体不溶于水和有机溶剂，但可溶于碱性溶液，如鳞翅目昆虫的肠液。由于伴孢晶体的主要成分为蛋白，因此具有热敏感性，容易在高温下失活。

细菌生成伴孢晶体等内含物需要动用大量的代谢资源，表明这些内含物可能对细菌在自然环境中的生存具有重要意义。尽管如此，关于苏云金芽孢杆菌的伴孢晶体是否真正为菌体带来了生存优势，学界仍存在分歧。令人注目的是，晶体蛋白在细胞干重中占比高达20%~30%，这引发了人们对芽孢形成为何需要聚集如此之多毒素蛋白的疑问。问题的核心在于确定苏云金芽孢杆菌在生态环境中的主要角色：它究竟是以昆虫病原为主，还是仅仅作为一种兼性寄生菌存在。如果苏云金芽孢杆菌主要作为昆虫病原，那么其产生这些毒素在进化上显然是有利的，因为这支持了其在生态系统中作为有效病原体的地位。事实上，当环境中存在适宜的昆虫寄主时，苏云金芽孢杆菌的致病基因会受到自然选择的作用，从而证实了其毒素的产生和致病性对其生存和繁衍具有积极意义。然而，值得注意的是，自然界中苏云金芽孢杆菌并不是昆虫自然发病的主要原因。这引发了另一个问题：苏云金芽孢杆菌是如何进化的，以及它为何会产生如此大量的伴孢晶体？近期的研究揭示了晶体蛋白除了对昆虫有毒性作用外，还可能具有其他功能，这些功能有助于苏云金芽孢杆菌在不同环境中的生存和竞争。例如，某些晶体毒素显示抗菌活性，这可能帮助苏云金芽孢杆菌在与其他微生物的竞争中占据优势；另外一些晶体蛋白则能附着在苏云金芽孢杆菌芽孢表面，在进入昆虫肠道后促进芽孢的萌发。此外，还有观点指出，苏云金芽孢杆菌在昆虫体内可能发挥着更为复杂的作用。例如，它能够激活昆虫的免疫系统，增强昆虫对其他病原体的抵抗力；同时，它还可能调控昆虫体内的内生菌群平衡。这些发现为我们理解苏云金芽孢杆菌的进化及其与寄主之间的相互作用提供了新的视角。

**(2)基因特性**

晶体中所含毒素蛋白大多是质粒上编码基因的表达产物。苏云金芽孢杆菌细胞具有很强的携带质粒的能力，通常每个菌株有不止一个 *cry* 基因和质粒，例如，苏云金芽孢杆菌的以色列亚种（血清型 14，表 3-2）中的一个质粒（75 MDa）上同时含有 *cry 4A*、*cry 4B*、*cry 10A*、*cry 1A*、*cyt 1A* 和 *cyt 2A* 等多个毒素蛋白编码基因。携带毒素基因的质粒还可在苏云金芽孢杆菌菌株之间进行交换，产生新的毒素组合，因此，同一血清型的菌株所含有的质粒种类和数量上存在差异也十分常见。通常情况下，*cry* 基因是单顺反子，但在某些情况下，它们可受单个启动子（操纵子）控制，以基因簇的形式存在。部分基因两侧具有转座子边界，即典型的倒置重复 DNA 序列（IS），其多个拷贝或转座子结构可能有助于基因的水平跳跃。基因的水平移动不限于菌株内，还可以发生在物种间，例如，转座子 IS231 促进在土壤中的苏云金芽孢杆菌库斯塔克亚种的 *cry 1Ab* 基因片段转移到蕈状杆菌。此外，部分质粒和 *cry* 基因具有不稳定性，培养过程中基因可能自发丢失，从而降低或丧失对昆虫的毒力。

*Cry* 基因的表达水平与质粒载体的拷贝数有密切关系，直接影响菌株毒力。同时，基因表达受到胞内阻遏分子的抑制作用，这是菌体自我调节的一种方式，旨在避免蛋白合成过多占用营养资源。*Cry* 基因的启动子与 RNA 聚合酶的亲和力较强，在芽孢形成期间，甚至生长抑制期间仍具有高活性。基因的启动表达受到 $\sigma 35/\sigma E$ 和 $\sigma 28/\sigma K$ 因子的驱动。mRNA 的稳定性对于高水平蛋白表达至关重要。由 *cry* 基因产生的 mRNA 的半衰期比一般细菌 mRNA 的半衰期约长 3 倍，表明存在有效的 mRNA 稳定机制。例如，*cry 3A* 的 mRNA 的 5' 端非翻译区利用 STAB-SD 中的 SD 序列稳定转录后的 mRNA 结构；*cry 1A* 的 mRNA 的稳定性是由位于毒素开放阅读框之后的 *cry 1A* 转录终止子上的反向重复序列提供。该区域能够形成稳定的双链结构，从而抑制 mRNA 降解。此外，毒素编码基因可在非苏云金芽孢杆菌菌种内表达，因此无需依赖苏云金芽孢杆菌生产晶体毒素。

**(3)分类与命名**

不同晶体蛋白对昆虫的特异性作用与其所含亚单位多肽有关，也就是由其核心片段所决定。晶体毒素蛋白早期根据作用靶标昆虫种类和多肽序列同源性分成 5 类，大部分为 Cry 蛋白，例如，Cry Ⅰ 类毒素对鳞翅目幼虫具有活性，Cry Ⅱ 类毒素对鳞翅目和双翅目幼虫具有双重特异性，Cry Ⅲ 类毒素对鞘翅目幼虫具有致病性，Cry Ⅳ 类毒素对双翅目幼虫具有特异性。随着发现的晶体毒素增加，目前已达 500 多种，原有分类系统已无法满足要求，例如，Cry Ⅰ 类中的毒素被发现显示对双翅目或鞘翅目靶标昆虫的活性。

国际 Bt 毒素命名委员会在 1993 年修改了命名程序，新的分类系统根据氨基酸序列同源性来命名（Crickmore et al.，2021）。毒素蛋白名称中前 3 个英文单词分别指 3 个结构域的晶体毒素蛋白分子和单个结构域的溶细胞性毒素蛋白分子；接下来的数字代表一级序列同源性，即序列相似度大于 45% 就同一数字标识；大写字母为第二级，相似度要求要高于 78%；小写字母为第三级，同源性高于 95%。也就是说，相似度低于 45% 就是一类新的毒素蛋白。目前，已经描述了 229 种全型晶体毒素，它们分为 68 个 Cry 家族和 3 个 Cyt 家族。可访问 Bacterial Pesticidal Protein Resource Center 网站查询毒素命名程序的详细信息以及更新的毒素列表。

**(4) 蛋白结构**

20 世纪 90 年代,科学家利用 X 射线晶体衍射解析了 Cry3A 的结构,首次报道了 Cry 蛋白的三维结构。尽管这些蛋白的序列相似性较低,但它们的三维结构呈现高度保守。图 3-1 中显示的是晶体毒素的三维模拟结构。在图 3-1(a)中,可以看到代表性的 Cry 蛋白分子 Cry1Aa 由 3 个结构域构成。结构域Ⅰ由反平行的 α 螺旋组成一个束,结构域Ⅱ和Ⅲ都由反平行的 β 折叠组成。其中,结构域Ⅱ是变化最大的高度变异结构域,它与寄主细胞表面 Cry 特异性结合的受体分子有关,决定了毒素的作用范围,也影响了苏云金芽孢杆菌菌株的作用靶标害虫种类。结构域Ⅲ在 Cry 毒素中相对较为保守。值得注意的是,在 Cry1Aa 的结构域Ⅲ中,有一个独特的延伸形成的类似凝集素结合口袋的结构,该结构类似于微生物糖苷水解酶的碳水化合物结合位点,可能有利于毒素与中肠细胞表面糖蛋白的碳水化合物残基结合。因此,结构域Ⅲ也影响毒素分子的作用范围。在图 3-1(b)中,可以看到 Cyt 蛋白 Cyt2Aa 由单个结构域构成,其核心由数个 β 折叠组成,四周围绕着多个 α 螺旋二级结构。Cyt 具有溶血活性,一般认为它直接作用于磷脂分子上,通过形成寡聚体在磷脂膜上形成穿孔。

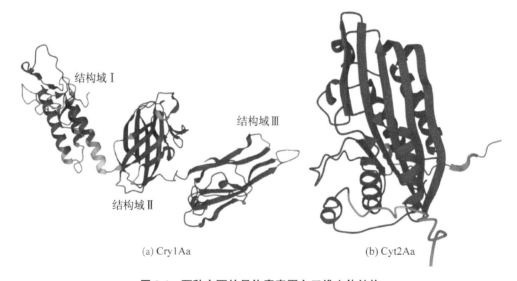

**图 3-1 两种主要的晶体毒素蛋白三维立体结构**

目前,作用在昆虫类群的毒素蛋白种类以 Cry 为主。据报道,Cry 蛋白对鳞翅目、鞘翅目、双翅目、膜翅目和半翅目 6 个目的物种都有毒性(表 3-3)。在已报道的 68 个 Cry 家族中,有 6 个 Cry 家族蛋白对多个目的昆虫有毒性。例如,Cry2Aa 毒素已被报道对 3 个目的昆虫具有毒性,如鳞翅目烟草天蛾、双翅目埃及伊蚊幼虫、半翅目马铃薯长管蚜。除了作用于昆虫,一些 Cry 毒素还被描述为对线虫或哺乳动物肿瘤细胞具有活性。

表 3-3 苏云金芽孢杆菌杀虫晶体蛋白的作用范围

| 作用对象 | | 晶体蛋白种类 |
|---|---|---|
| 节肢动物门 | 鳞翅目 | Cry1A-K、Cry2A、Cry7B、Cry8d、Cry9A-C、Cry15A、Cry22A、Cry32A、Cry51A |
| | 双翅目 | Cry1A-C、Cry2A、Cry4A-B、Cry10、Cry11A-B、Cry16A、Cry11A-B、Cry16A、Cry19A-B、Cry20A、Cry24C、Cry27A、Cry32B-D、Cry39A、Cry44A、Cry47A、Cry48A、Cry49A、Cyt1A-B |
| | 鞘翅目 | Cry1B、Cry3A-C、Cry7A、Cry8A-G、Cry9D、Cry14A、Cry18A、Cry22A-B、Cry23A、Cry34A-B、Cry35A-B、Cry36A、Cry37A、Cry43A-B、Cry55A、Cyt1A、Cyt2C |
| | 半翅目 | Cry2A、Cry3A、Cry11A |
| | 膜翅目 | Cry3A、Cry5A、Cry22A |
| 其他 | 癌细胞 | Cry31A、Cry41A、Cry42A、Cry45A、Cry46A |
| 线虫门 | | Cry5A-B、Cry6A-B、Cry12A、Cry13A、Cry14A、Cry21A、Cry55A、Cyt8A |

Cyt 蛋白目前发现的种类较少，且多针对半翅目和鞘翅目的昆虫。有意思的是，Cyt 蛋白家族基因广泛发现于病原微生物，包括真菌和细菌（图 3-2），且不局限于昆虫病原。植物病原也发现了 Cyt 毒素蛋白，如常引发农作物软腐病的 *Dickeya dadantii* 病原基因组中就有 4 个串联的 *cyt* 基因。这些基因只有当昆虫取食染病植物，*D. dadantii* 进入虫体后才表达，起到杀死蚜虫的效果。真菌中所含有的类 Cyt 蛋白研究较少，最近报道指出，昆虫病原真菌——暗孢耳霉 CytCo 蛋白可裂解大蜡螟血细胞，抑制寄主的免疫反应，帮助病原真菌成功定殖昆虫血腔。Cyt 晶体蛋白编码基因在不同物种中被发现，很可能是由基因的横向转移所导致。

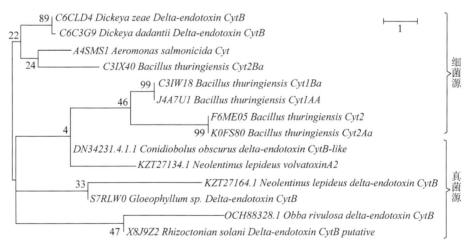

图 3-2 部分已报道的 Cyt 基因家族分子的系统进化树
（Wang et al.，2018）

## (二) β 外毒素

苏云金芽孢杆菌能产生一种具杀虫活性的小分子次生代谢物，称为 β 外毒素（thuringiensin 或苏云金素）。该化合物由腺苷、葡萄糖、磷酸和葡萄糖二酸组成（图 3-3），分子质量 701 Da，可溶于水。β 外毒素通过细菌Ⅳ型分泌系统(T4SS)分泌到胞外。它具有热稳定性，即便在 121℃ 的高温下也能保持生物活性 15 min(Liu et al.，2014)。β 外毒素的合成具有菌株特异性的，不能仅通过血清分型来预测。早期研究显示，其对蝇类幼虫有毒性，而目前报道则表明其对多种昆虫(包括双翅目、鞘翅目、鳞翅目、膜翅目、直翅目等)和植物病原线虫都有作用。它的生物合成途径已解析，并实现异源合成及纯化，这为应用奠定了基础。

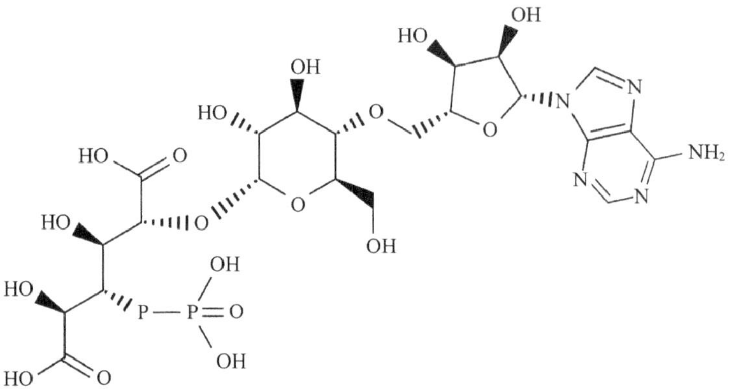

图 3-3 β 外毒素($C_{22}H_{32}O_{19}N_5P$)的结构

### (三) SIP 和 VIP 毒蛋白

除了伴孢晶体，苏云金芽孢杆菌在营养生长期会主动分泌杀虫蛋白 SIP 和 VIP(Chen et al.，2023)。这两类蛋白常在指数生长期后期产生。图 3-4(a) 显示的就是一种苏云金芽孢杆菌上发现的 SIP1Ab 毒素蛋白三维结构的示意。该蛋白顶部结构域Ⅰ由数个 α 螺旋构成，其下有 2 个结构域，这些 β 折叠能用于膜孔形成。VIP 蛋白单体分子三维结构如图 3-4(b) 所示，由 5 个结构域组成，结构域Ⅰ和Ⅱ之间存在胰蛋白酶的酶切位点，作为蛋白

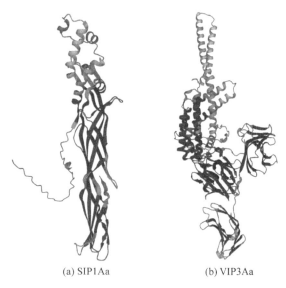

(a) SIP1Aa　　(b) VIP3Aa

图 3-4 SIP 和 VIP 蛋白三维结构示意

功能激活的关键。酶切后蛋白分子空间结构发生变化，可由 4 个单体聚合成寡聚体结构，插入细胞膜形成膜孔。蛋白结构解析是当前的研究热点，通过氨基酸序列同源建模可以比较精准地推测蛋白的空间结构，如 AlphaFold 已用于人类蛋白功能解析，成为医药开发的重要工具。生物源杀虫功能蛋白的研究也可借鉴，利于开发新的生物农药。

近年发现苏云金芽孢杆菌还能产生其他毒素种类，功能各异。例如，几丁质酶可以破坏昆虫外骨骼和肠道围食膜，帮助病原侵入；双效菌素具有广谱抑菌活性，可以用于苏云

金芽孢杆菌侵入虫体后与肠道菌群进行竞争，助其定殖；苏云金芽孢杆菌分泌的磷脂酶通过其催化活性，专门针对鞘磷脂、磷脂酰肌醇或磷脂酰胆碱，从而破坏寄主细胞膜。研究还发现，如果苏云金芽孢杆菌突变体中磷脂酶 C 的产量不足，其对靶标昆虫幼虫的毒性会显著降低。金属蛋白酶中一种被称为免疫抑制剂 A(Inh A)已被证明可以水解昆虫特异性抗菌蛋白。Inh A 在不同苏云金芽孢杆菌菌株中普遍存在，并依附于芽孢表面，是最先与寄主组织接触的部分，和相关蛋白酶一起参与昆虫防御蛋白和围食膜的降解。这些功能成分及其作用方式的发现为生物农药开发提供了新的思路。

## 五、毒素的作用机理

### (一) δ 内毒素的作用机理

δ 内毒素中的 Cry 蛋白作用机理大多以鳞翅目幼虫为模式生物加以阐释，普遍认为，Cry 毒素的主要作用是破坏中肠上皮屏障以利于细菌侵入血腔。它的作用途径由 5 个步骤组成：①晶体毒素须被昆虫取食，利用中肠碱性环境断开连接原毒素单体的二硫键，使晶体溶解，原毒素释放；②肠道消化酶①(以胰蛋白酶 trypsin 为主)对原毒素进行酶切，进一步释放活性片段，此时 Cry 蛋白被激活，并穿过肠道表面的围食膜②；③Cry 分子会与位于肠道表皮细胞毛刷状缘突起上的受体如钙黏蛋白等分子特异性结合；④形成膜孔，结构域Ⅰ可形成寡聚体③，在细胞膜上形成穿孔结构；⑤膜孔的存在造成渗透功能丧失，离子外排④，细胞裂解⑤。膜孔的形成还受环境中阳离子和 pH 值的影响。肠道受损后，菌体更易侵入虫体血腔。因此，δ 内毒素又称致孔毒素。

Cry 毒素蛋白被寄主昆虫取食，经溶解和酶解后，Cry 蛋白的结构域Ⅰ主要负责插入寄主细胞膜形成膜孔，结构域Ⅱ和Ⅲ分别负责识别和结合寄主细胞表面特异性的受体，如碱性磷酸酶(ALP)、钙黏蛋白受体(BT-R1)等，促发膜孔形成。昆虫细胞受体分子对苏云金芽孢杆菌毒素蛋白作用影响较大，决定了毒素蛋白的作用范围和菌株的毒力。已报道的苏云金芽孢杆菌生防菌剂的抗性产生大多源于毒素蛋白与受体分子的亲和力下降。

### (二) δ 内毒素受体

氨肽酶类(APNs)是首个在鳞翅目模式生物中被鉴定出来的 Cry 毒素结合蛋白。这些酶通过糖磷脂酰肌醇(GPI)锚定蛋白固定在中肠细胞表面，参与蛋白质的消化，普遍存在于昆虫的中肠刷状缘膜上。

钙黏蛋白被认为是第二类功能性 Cry 毒素受体。钙黏蛋白通常位于细胞相互作用区域，但与 Cry 毒素结合的钙黏蛋白主要定位于中肠细胞的刷状缘膜表面。这些与 Cry 结合的钙黏蛋白其具体生理作用尚不清楚。第一种被克隆的钙黏蛋白(命名为 Bt-R1)，在昆虫

---

① 昆虫产生的蛋白酶活性对毒素激活有决定作用，相关酶类的缺失将导致毒素失效。
② 通过分泌几丁质酶破坏围食膜结构。
③ 基于分子大小估计，最小的膜孔寡聚体是四聚体(4 个单体结合)，后根据晶体学分析发现 Cry4Ba 是三聚体结构。
④ 可用钙黄绿素染色观察钙离子流失。
⑤ 细胞程序性死亡或者细胞坏死。

细胞培养中表达时，被证明能特异性结合 Cry1Aa、Cry1Ab 和 Cry1Ac 毒素，并具有高亲和力。

膜结合的中肠碱性磷酸酶 ALP 是第三类被发现的 Cry 毒素结合蛋白，被认为是功能性 Cry 毒素受体。据报道，杀蚊毒素 Cry11Aa 和 Cry11Ba 能分别与埃及伊蚊和冈比亚按蚊幼虫 BBMV[①] 的碱性磷酸酶结合。ALP 表达水平降低与 Cry 毒素抗性之间的关联进一步支持了 ALP 在 Cry 毒素对鳞翅目昆虫毒性中的相关作用。

除此之外，还有其他能与 Cry 毒素相互作用的分子，包括糖脂、复合糖、ABC 型转运蛋白、金属蛋白酶和淀粉酶等。这些分子可能在 Cry 毒素的作用机制中起到辅助或调节作用，但具体的作用方式和机制仍需进一步研究。总的来说，Cry 毒素的作用机制是一个复杂的过程，涉及多种蛋白质和分子的相互作用。为了更好地了解和控制苏云金芽孢杆菌菌株对害虫的生防功能，需要进一步深入研究这些相互作用关系以及它们在毒素作用机制中的功能。

解决靶标害虫对苏云金芽孢杆菌菌株的抗性问题，需要避免长期使用同一毒素蛋白。最新的研究发现，Cyt 蛋白可以充当 Cry 蛋白的结合受体，由于 Cyt 蛋白可直接结合到细胞膜磷脂分子，其后 Cry 蛋白与 Cyt 蛋白结合后更易形成膜孔。这一现象说明，在使用中可考虑将两种或多种不同的毒素蛋白混合，起到协同增效的作用，防止抗性的产生。

**(三) δ 内毒素的其他作用机理**

毒素蛋白导致肠道细胞死亡的机制除了渗透休克外，还可通过激活细胞凋亡途径来实现。这在 Cry1Ab 毒素上得到验证，发现它与 Bt-R1 受体结合可激活一条 $Mg^{2+}$ 依赖的 AC/PKA[②] 细胞凋亡信号通路。腺苷酸环化酶 AC 会使细胞第二信使分子 cAMP 的胞内浓度上升，但它本身并没有细胞毒性，仅为细胞膜上形成膜孔所间接引发的结果之一。因此，膜孔的形成机制和诱导细胞凋亡机制两者间并不矛盾，在导致中肠细胞死亡过程中可共同发生作用。

部分 Cry 蛋白的作用方式比较特别，如 Cry34 具有二元复合功能，它可以与 Cry35 结合后对寄主昆虫产生毒性。其中 Cry35 具有与膜上凝集素分子结合的能力。该机制类似于在球形芽孢杆菌中发现的 BinA 和 BinB 杀蚊毒素蛋白。

溶细胞毒素 Cyt 不同于 Cry 蛋白，分子质量相对较小 (20~30 kDa)。研究者发现，该蛋白可使动物细胞膨胀变圆，并出现空泡结构和细胞裂解。在小鼠实验中发现，Cyt 对血细胞具有毒性。一般认为，Cyt 可直接作用于脂质分子，如含有不饱和酰基链的膜脂。例如，Cyt1A 原毒素和酶解后的毒素都可以渗透到单层脂质囊泡中，其中激活的毒素效率要高 2~3 倍。结构域中的螺旋结构表面残基的突变对活性没有影响，而 β 折叠的突变会导致毒性降低，表明 β 折叠结构在结合和膜孔的形成中发挥了关键作用。这也与 Cry 蛋白不同，Cry 是由螺旋结构聚合形成膜孔。此外，研究者也发现 Cyt 单体可在细胞膜表面形成较大的寡聚体结构，此结构功能类似洗涤剂中表面活性剂的作用，会破坏细胞膜的稳定性。

---

[①] BBMVs 用作体外生物相关模型系统来表征 Cry 毒素与中肠上皮膜之间的相互作用。
[②] 蛋白激酶 K。

### (四) 其他毒素的作用机理

营养期产生的杀虫蛋白目前有 29 种全型 Vip 毒素，分为 4 个家族（Vip1、Vip2、Vip3 和 Vip4）。其中，二元毒素 *vip 1A* 和 *vip 2A* 基因排列在单个操纵子中，从菌体产生芽孢前一直到孢子形成后都检测到高水平的表达。Vip1A 和 Vip2A 都是含有 N′端信号肽的原毒素蛋白，该信号肽在分泌到培养基的过程中被切割。Vip1A（66 kDa）参与膜受体的识别，随后形成寡聚体并插入膜内形成孔道，促进 Vip2A（45 kDa）易位到细胞质。一旦进入细胞质，Vip2A 通过 ADP 核糖基转移酶活性阻断肌动蛋白聚合，导致肌动蛋白细胞骨架丢失，最终导致细胞死亡。与这些二元毒素相反，Vip3 蛋白是在没有 N′端处理的情况下分泌的全型毒素，它对 Cry 毒素敏感性较低的鳞翅目害虫幼虫具有较好的杀虫活性，可用于害虫防治。

外毒素苏云金素的作用机理与它的分子结构密切相关。早期认为，它作为腺嘌呤核苷酸类似物，影响 RNA 聚合酶，从而对哺乳动物细胞也有毒性。最新研究认为，它应该视为一种腺嘌呤核苷酸寡糖素，对基因的转录翻译以及酶的磷酸化产生影响，也对昆虫激素产生干扰，影响昆虫发育。由于苏云金芽孢杆菌本身对苏云金素敏感，因此它在胞内作为无活性（非磷酸化）的前体合成，随后在分泌的过程中激活。

## 第三节　沃尔巴克体

原核生物中的沃尔巴克体（*Wolbachia*）可能是环境中最为常见的昆虫内共生细菌种类。据估计，陆地上 60% 的节肢动物体内都携带该菌。一般认为，沃尔巴克体可以影响宿主的繁殖、代谢、病原抗性、逆境响应、寿命、细胞分裂和凋亡等。沃尔巴克体归属于 α 变形杆菌立克次体目，革兰氏染色呈阴性，是一类在活细胞生活可母系遗传的专性寄生菌。它具有双膜结构，并被来源于宿主的内质网膜所包裹，同时还具有Ⅳ型分泌系统（T4SS），可利用宿主微管系统进行移动。基因组学研究表明，沃尔巴克体基因组大小约为 1 Mbp，编码蛋白的基因数量在 800~1 200 个，远少于正常的[1]细菌细胞，符合专性病原的特征。目前，基于 Wsp、FtsZ 和 16S rDNA 基因序列联合建树分析共识别出 8 个系统发育"超级类群"（A-H）。绝大多数昆虫感染的菌株属于超级类群 A 和 B，而超级类群 E、G 和 H 的专化性更强。超级类群 C 和 D 感染线虫，超级类群 F 感染蛛形纲节肢动物（Kaur et al.，2021）。

沃尔巴克体与宿主的关系多样。例如，在蛔虫等线虫中，它与宿主是专性互惠共生关系，对宿主的生存和繁殖很重要；而在某些昆虫体内，则为寄生关系，诱导胞质不相容[2]、雄性致死（male killing）、雌性化（feminization）等，从而影响昆虫种群增长，具有一定的生物防治应用潜能。利用胞质不相容原理，通过人工转染等方式制备带菌雄蚊，释放到野外与自然雌蚊进行生殖交配，受精卵将无法正常发育，从而控制登革热等人类疾病的

---

[1] 一般细菌所含有的蛋白编码基因数量在 5 000 左右。
[2] Cytoplasmic incompatibility most common：不同菌株不能共存于同一寄主细胞。

传播媒介——雌蚊的数量。在澳大利亚和巴西等地进行的此类试验都取得了理想结果。反之，利用带菌雌蚊来控制蚊子野外种群则行不通。一方面，雌蚊作为传播媒介，本身就是卫生害虫，不能投放。另一方面，带菌雌蚊可以与野外的雄蚊进行交配，产生后代，由于带菌的雌蚊产生的卵子对沃尔巴克体是耐受性的，因此可以正常受精；反之，野外雌蚊本身不携带沃尔巴克体，如果与带菌雄蚊交配，卵子在受精过程中被感染，无法存活。目前，对于此类相关现象的分子机理研究是一大热点，存在很多假说和模型。其中，"锁与钥匙"模型①假说接受度较高。

由于沃尔巴克体是严格母系遗传，雄性宿主最终会死亡。因为水平传播率很低，雄性感染基本上是多余的。因此，增加种群中受感染的雌性比例策略对沃尔巴克体是有利的。因此，性别比例失调的现象在被沃尔巴克体感染的多个昆虫目中都很突出，包括了雄性致死和雌性化等现象。雄性致死不仅局限于沃尔巴克体，也可以由其他共生细菌（如 *Spiroplasma* 和 *Arsenophonus*）引起。该表型的典型特征是雄性后代在发育早期死亡，导致性别比例偏向雌性。沃尔巴克体能够诱导包括双翅目、鳞翅目、鞘翅目、蜘蛛目和伪蝎目中的多种节肢动物产生雄性致死。据推测，沃尔巴克体杀死雄性个体是为了使受感染的雌性宿主相对于未感染的雌性宿主具有适应性优势。这些优势包括减少子代间竞争、避免近亲繁殖、同类相食卵和资源重新分配。这说明部分沃尔巴克体能影响宿主的性别分化，当其被清除后，部分昆虫出现原宿主产生的后代性别从全雌性变为全雄性的现象，且雄性后代中混有假两性个体，即同时具有雄性和雌性体征。雌性化现象则导致基因型雄虫转变为功能完整的雌虫。这种现象对于母系传播的共生体具有明显的优势。受沃尔巴克体诱导的雌性化影响的宿主的例子包括亚洲玉米螟（*Ostriia furnacalis*）、宽边黄粉蝶（*Eurema hecabe*）、叶蝉（*Zyginidia pullula*）等。

除了上述利用胞质不相容原理和性别比例失调机制，沃尔巴克体还通过影响宿主寿命来控制害虫，这一方法对于潜伏期较长的病原非常有用。此外，沃尔巴克体也表现"帮助"宿主抵抗其他病原的作用，通过诱导宿主免疫功能基因的上调表达，或直接与病原进行代谢竞争。例如，利用沃尔巴克体来抑制昆虫体内 RNA 病毒或人类病毒的扩增，这也具有生防价值。因为很多虫害造成的直接危害要低于昆虫传播植物病害造成的危害，利用沃尔巴克体的竞争作用替代昆虫体内有害的植物病原，具有应用意义。当然这种竞争现象并非利他行为，本身是利于沃尔巴克体在宿主细胞中生存繁衍。沃尔巴克体还被研究用于人类线虫病的防治，例如，淋巴丝虫病（lymphatic filariasis）由线虫引发，科学家发现该病原线虫体内的沃尔巴克体对其生存和致病非常关键。通过清除共生菌可诱导线虫细胞凋亡，从而影响线虫生殖和寿命，起到防治的效果。未来需要解决的问题还包括与宿主作用和与其他病原竞争的分子机制等，有助于更好地发挥它在生防中的功能。

---

① 沃尔巴克体以某种方式"修饰"精子以诱导胞质不相容，而"拯救"是指沃尔巴克体在雌性中抵消或补充精子修饰并允许成功受精的能力。"锁与钥匙"模型认为，"修饰"锁住了精子功能，需要卵子细胞内的沃尔巴克体来解锁（拯救）精子。

## 第四节 细菌类杀虫剂

芽孢杆菌类昆虫病原细菌作为市场应用最广的微生物农药，剂型种类很多，包括粉剂、悬乳剂、可湿性粉剂①等。本节介绍原药的生产，即芽孢的制备。

### 一、液态深层发酵

苏云金芽孢杆菌的生产已实现规模化工业生产，常用的方式是液态深层②发酵。基础流程包括选种和育种、保菌和复壮、菌株活化、种子液发酵、发酵罐生产、发酵液处理等。首先是选种，是指针对防治对象选育高效菌株，可以从菌株库中选取，也可以从野外分离再经育种获得生产菌株。菌株在超低温冰箱（-80℃）内常规保藏，可以将芽孢混入沙土管中保存，也可以用菌液甘油③管保存。

在生产开始之前，需要对保存的菌株进行活化处理，使其从休眠状态进入营养生长阶段。这一过程通常通过在蛋白胨培养基平板上进行划线培养。活化后的菌株会在平板上长出单菌落，然后逐步扩大培养，将其接入种子罐进行液体发酵。在这个阶段，由于所需的培养基较少，主要使用酵母粉、蛋白胨等作为营养添加。当种子液进入稳定期前，按照一定的比例④将其转入发酵罐进行大规模培养。由于苏云金芽孢杆菌的生物学特性，需要注意在培养期间严格控制温度、通气和pH值，以确保菌株处于指数生长期。为了提高生产效率，还可采用连续培养的方式，利用光密度实时监测发酵罐中的菌液浓度，通过调节新鲜培养基的加入量，可以维持在最高生长速率下培养。将溢出的发酵好的菌液收集到二级发酵罐，使之进入稳定期并形成芽孢。一旦芽孢成熟并释放，就可以将发酵液进行浓缩干燥。收集芽孢粉后进行剂型化处理。通常，商品化的苏云金芽孢杆菌菌剂每克菌粉含活芽孢 $100 \times 10^8$ 个。

在产品质量控制方面，还要进行毒力效价测定，通常使用敏感性模式昆虫（如棉铃虫和小菜蛾幼虫）进行生物测定。通过计算菌剂的半致死剂量，并与标准品进行对比，可以换算成产品毒力效价。一般而言，发酵液的初始毒力效价为每微升 4 000 IU，制成可湿性粉剂效价在每毫克 8 000~32 000 IU。

此外，在生产过程中，还需特别注意噬菌体的污染问题。由于大型发酵罐动辄以吨计，一旦被病毒污染，可能导致发酵失败，并造成巨大经济损失。因此，种子罐中的菌液在加入发酵罐前，需检测以确认是否存在噬菌体污染。具体做法：将种子液接种到敏感细菌平板上，观察是否出现噬菌斑。除了噬菌体污染外，生产成本也是需要考虑的问题之一。为了确保经济效益，需要在整个生产过程中采取有效的成本控制措施，减少浪费并提高生产效率。

---

① 生物农药剂型类别详见第十四章。
② 生产体量大成规模。
③ 甘油常作为细菌的冷冻保护液，便于长期超低温储存。
④ 通常为 1∶1 000，若缩短周期可加大接种量。

总之，生产苏云金芽孢杆菌菌剂需要经过多个环节的严格控制和优化。通过采取科学的工艺流程设计和严格的质量管理，可以确保产品的质量和生产的稳定性，为害虫防治提供安全有效的生物农药。

## 二、固态浅层发酵

这种生产方式主要使用透气竹盘等容器进行固态发酵，其工艺偏向于小作坊式，适合小企业或家庭式生产，也可以在实验室小规模试验生产。其优点在于不需要大型设备，技术要求不高且生产周期短。

整个流程相对简化，可视为一种扩大培养的过程。制备过程：首先将现成的菌粉与麦麸、豆饼粉等固体基质按比例混合，均匀铺在网盘上。在这个过程中，要控制基质的厚度，以确保菌体生长所需的氧气供应。整个培养室应保持相对湿度80%~90%和约30℃。固态培养2~3 d后芽孢即可成熟。成熟后，通过降低湿度进行干燥处理。

菌粉的来源可以是工业菌粉，按1∶100比例接入固体基质。这里要注意知识产权的问题。任何使用未授权的工业菌粉生产所获产品，都不应投入市场以牟取利润。通过这种简化的固体发酵方式，菌粉中的芽孢含量也可以达到每克$50 \times 10^8$ ~ $100 \times 10^8$个活芽孢。

值得注意的是，并非所有的细菌类生物农药都可以用液体深层发酵和固体浅层发酵的方法进行生产。例如，用于防治地下害虫的金龟子乳状病芽孢杆菌。这种芽孢杆菌尽管可以体外培养，但在人工培养基上产生的芽孢数量非常有限。因此，目前这种生防菌需要接种活体昆虫（蛴螬）进行生产。

综上所述，生物农药的生产方式多样，不同的生产方式适用于不同的细菌种类。对于在人工培养基上生长不佳的细菌，可能需要像金龟子乳状病芽孢杆菌那样借助活体昆虫等生物载体来进行生产和应用。

## 三、提升应用效果

接种用的菌株活性在很大程度上决定了制剂的应用效果。为了提高菌株活性或扩展应用对象，可以采用多种策略。首先，可以通过提高关键毒力因子（如Cry蛋白）的表达来增强杀虫效果。这可以通过优化培养条件、调控基因表达等方法实现。其次，通过不同毒素组合可以扩大靶标作用范围。鉴于天然质粒存在的兼容性问题，人工构建质粒可以大幅提高生产菌株的应用潜力。例如，在表达载体中使用苏云金芽孢杆菌转录本的稳定序列（STAB-SD）和强产孢依赖的 *cyt 1A* 启动子（即所谓的 cyt1AP／STAB结合）可以大幅增加毒素产量。然而，毒素产量的增加会导致孢子形成率的降低，这可能对商业生产和田间持久性产生不利影响。此外，通过分子修饰等手段，针对Cry毒素作用模式中的特定步骤来提高有效性。结构域Ⅱ和Ⅲ涉及结合特异性，这些区域的突变通常对蛋白作用靶标产生影响。因此，这些结构域在不同Cry毒素之间的互换可以扩大毒素蛋白的靶标作用范围。例如，蛋白关键位点的置换可以提高活性。以Cry1Ab为例，结构域Ⅱ的环结构中的三突变体（N372A、A282G和L283S）对舞毒蛾幼虫的毒力提高了36倍，这主要归因于突变体加强了蛋白与寄主细胞特异性受体的亲和力。这些策略不仅有助于提高苏云金芽孢杆菌菌株的活性，还有助于扩展其应用范围，为害虫防治提供更多选择和更有效的解决方案。

使用苏云金芽孢杆菌芽孢菌剂时，使用方法对应用效果具有显著影响。需注意以下几点：第一，环境温度是成效关键因素。如果温度超过苏云金芽孢杆菌适宜范围，芽孢萌发会受到抑制，从而影响其效果。因此，在使用时要关注气温等天气信息。第二，环境湿度也是一个重要因素。湿度较高时，菌剂更容易附着在植株表面，从而便于害虫取食。第三，阳光和降水也需要注意。为了避免阳光对菌剂效果的影响，最好在傍晚或阴天使用。这样可以避免阳光对芽孢的破坏作用。在雨量较大的情况下，避免使用菌剂，以免雨水冲刷掉菌剂或降低其效果。从中不难看出，环境因子对苏云金芽孢杆菌菌剂的效果影响较大。为了提高菌剂的应用效果和持久性，研究者进行了不少剂型方面的研究。例如，通过抑制后期芽孢释放、利用芽孢囊来保护毒素晶体免受紫外线降解或增强黑色素的产生来延长毒性等，还有将苏云金芽孢杆菌菌剂包埋在海藻酸钙微胶囊可提高其在水体或不利环境条件下的持久性。这些研究为优化苏云金芽孢杆菌菌剂的使用提供了更多选择和可能性。

通过把苏云金芽孢杆菌毒素基因重组到其他生防微生物或植物中表达，以提高其应用效果。其中，最成功的苏云金芽孢杆菌毒素表达系统是将 $cry$ 和/或 $vip$ 基因引入植物中，以生产"Bt作物"。这种作物通过内源性产生苏云金芽孢杆菌毒素来抵抗昆虫的伤害。迄今为止，编码 Cry 或 Vip 毒素的基因已被插入多种作物中，包括棉花、玉米、马铃薯、烟草、水稻、西兰花、生菜、苜蓿、大豆和茄子等。通过改造 $cry$ 基因，减少潜在的有害基因序列，并优化其在植物中的表达，解决了苏云金芽孢杆菌作物中毒素表达水平低的问题。与苏云金芽孢杆菌菌剂产品相比，转苏云金芽孢杆菌基因作物具有以下优点：更容易应用，更有效、更持久的杀虫效果，更高的抗降解能力和更好的成本效益。然而，苏云金芽孢杆菌作物也存在一些潜在缺点，包括产生更持久的残留物、潜在的基因转移到近缘物种，以及更高的发展抗性的风险。

## 四、安全性

关于苏云金芽孢杆菌杀虫技术安全性，人们主要担忧的是健康风险和苏云金芽孢杆菌作物的潜在基因水平漂变。然而，现有的研究表明，在常规田间暴露水平下，苏云金芽孢杆菌杀虫剂对动物的潜在健康风险很小，很少产生毒性或其他有害效应。同时，转基因 Bt 植物在毒理学和营养方面的研究也表明，它们与非转基因植物相当。在分析潜在的致敏性时，研究显示 Cry 毒素缺乏过敏原中的肽序列，因此 Bt 毒素并非致敏原。对已报道的苏云金芽孢杆菌产品过敏反应的调查表明，生防菌不是致病因子。尽管考虑到使用剂量，人类感染 Bt 被认为是罕见的，但确实存在个别病例报道。然而，对商业化苏云金芽孢杆菌菌剂的实验室和现场研究表明，该菌种在适当使用时是安全的。个别人中毒事件可能与免疫功能受损个体的意外暴露或感染有关。此外，苏云金芽孢杆菌菌株可能产生肠毒素，但目前还没有发现与其直接相关的食物中毒案例。尽管施药后从温室作业人员粪便中分离到了苏云金芽孢杆菌，但未检测到不良胃肠道症状。为了降低肠毒素相关潜在风险的解决方案，可以开发出不能生产肠毒素但保持杀虫特性的突变菌株。还有一些苏云金芽孢杆菌菌株产生的非特异性 $\beta$ 外毒素具有对哺乳动物的潜在毒性。

尽管苏云金芽孢杆菌是一种广泛存在的细菌，但当我们大面积应用 Bt 杀虫剂时，它会导致环境中芽孢和毒素水平的增加。这种增加可能对非靶标物种产生不利影响。然而，与化学农药的广谱毒性相比，由于 Bt 杀虫剂特异性，它被认为对非靶标生物影响较小。通过对非靶标生物的生物测定报告，表明 Bt 产品被认为是商业上最安全的杀虫剂之一。在田间研究中，比较转 Bt 基因作物和非转 Bt 基因作物，研究者并没有发现寄生蜂和捕食者等天敌生物的数量和活性出现显著变化。此外，Bt 作物能减少杀虫剂的使用，因此被视为害虫综合管理方案的最佳工具之一。然而，值得注意的是，环境因素可能会影响或改变 Bt 作物的靶标特异性，从而潜在地对非靶标物种产生影响。

Bt 产品和含有晶体毒素的 Bt 作物残留物会与土壤颗粒结合，这增强了它们在环境中的持久性。然而，目前没有证据显示 Bt 玉米、Bt 棉花或喷洒的 Bt 制剂的残留物对环境微生物产生影响。此外，多年的 Bt 作物对根际功能菌群也没有影响。另一种潜在的环境影响途径是 Bt 制剂或 Bt 作物残留物浸出到水体中。虽然没有检测到直接影响的证据，但最近的一份报告描述了 Bt 以色列亚种应用后，对长角亚目昆虫种群和鸟类繁殖产生有害影响。这表明需要进一步的研究以了解对非目标物种的潜在间接影响。总之，在研究和应用 Bt 杀虫技术时，应充分考虑这些因素，并采取相应的安全措施，以确保其对人类和环境的长期安全性。

## 五、害虫抗性

害虫抗性的出现被认为与种植 Bt 转基因作物有关，是当前人们关注的一个重要问题。尽管鳞翅目和双翅目昆虫对 Cry 毒素的抗性机制已有较多了解，但对于其他昆虫类群抗性机制，目前还没有充足的数据。随着新的针对不同靶标害虫的 Bt 转基因作物的出现，需要更深入地了解 Cry 毒素在这些昆虫中的作用方式和潜在的抗性机制，以确保 Bt 相关技术的持续有效性。除了 Cry 毒素外，新推出的 Bt 作物品种中还引入了其他 Bt 毒素，如 Vip3 毒素。然而，关于这些新毒素的受体和抗性机制的信息仍然缺乏。目前的研究表明，Cry1A 受体的改变不会影响幼虫对 Vip3A 毒素的敏感性，这意味着这两种毒素之间的交叉抗性可能性较低。但随着产生多种毒素的 Bt 作物的推广，害虫将面临更多不同 Bt 毒素的进化压力，这可能导致对不同 Bt 毒素的抗性机制的发展。为了维持 Bt 杀虫技术的有效性，需要在实验室选育的杀虫菌株中，将不同 Cry 毒素的抗性机制纳入筛选标准。这有助于及早发现和预防抗性的发展，确保 Bt 技术能够持续有效地控制害虫。

### 思考题

1. 举例可用于细菌类杀虫剂的主要细菌种类并说明其特征。
2. 简述苏云金芽孢杆菌的致病机理。
3. 简述苏云金芽孢杆菌产生的主要毒素种类及其作用机制。
4. 简述杀虫晶体蛋白的结构与功能特点。
5. 简述沃尔巴克体影响宿主的形式及其潜在应用。
6. 简述细菌类杀虫剂制备的流程及其应用注意事项。

# 第四章

# 昆虫病原真菌资源与利用

真菌界生物在陆生和水生环境中广泛存在，种类数量为150万~500万，目前已被命名的种类超过10万种。这些真菌拥有长达5亿~15亿年的进化历史，最早的化石记录可追溯到距今4亿年的泥盆纪早期。在如此漫长的进化过程中，真菌与昆虫之间形成了多种生态关系，包括共生、寄生、共栖等，这些与昆虫密切相关的真菌称为虫生真菌[①]。其中，一部分虫生真菌在自然条件下能够引发昆虫疾病，甚至导致流行病的暴发，从而在短期内造成寄主昆虫种群数量的急剧下降，有效地控制昆虫在田间和林间的种群密度，这部分真菌被称为昆虫病原真菌[②]。由于真菌感染导致的昆虫死亡往往能保持虫体的原有形态，因此在野外相对容易被发现。这使昆虫的真菌病研究具有较长的历史，累计发现的种类资源相当丰富。迄今为止，发现的最古老的昆虫病原真菌标本是距今约1亿年的白垩纪早期琥珀中因真菌感染而死亡的昆虫。真菌的生活史比较复杂，大多数种类可分为有性和无性两个世代，并能产生多种侵染体（progagules）。它们的作用方式有别于病原细菌和病毒，依赖侵染体（如分生孢子）通过与昆虫体表的接触直接侵入血腔，并利用昆虫体内的养分来维系自身的生长与繁殖所需，最后导致寄主的死亡，在特定情况下甚至可导致流行病暴发。真菌的流行病与环境因素密切相关，受到湿度、温度等多种条件的限制。目前，人为诱导真菌流行病的发生仍然具有一定的挑战性。本章将重点介绍昆虫病原真菌的种类资源，旨在增进读者对于这一领域更全面和深入的了解。

## 第一节 昆虫病原真菌概述

昆虫病原真菌并不仅限于昆虫纲生物的病原，它们的寄主范围通常包括蛛形纲节肢动

---

① 虫生真菌是一种通俗的概念，泛指与昆虫共生的真菌种类。此处的共生是广义的，包括专性共生、互生、共栖和寄生等关系。

② Insect-pathogenic fungi, entomopathogenic fungi, fungal entomopathogens，此处的昆虫是泛称，包括节肢动物门其他种类（如蛛形纲中的螨类等）。

物。这类真菌具有强致病力,能够感染健康的虫体,这与机会性病原和部分腐生菌(感染衰老和免疫能力弱的昆虫个体)有本质的区别。昆虫病原真菌在全球几乎所有陆地生态系统中均有分布,其物种多样性在热带森林最高,而在极端环境(如北极冻土和南极洲)发现的种类较少。目前,已命名的昆虫病原真菌资源超过千种,它们隶属于真菌界多个门的100多个属。如果考虑已发现的菌株资源(strain① 或 isolate②),则其数量更为庞杂,显示了巨大的开发潜力。真菌分类系统在过去经历了多次变革,特别是随着分子鉴定技术的发展,低等真菌和类似真菌生物③的分类地位发生了显著变化。例如,玫烟色拟青霉(*Paecilomyces fumosoroseus*)已更名为玫烟色棒束孢(*Isaria fumosorosea*)。对于真菌分类学家而言,新兴技术解决了很多悬而未决的大问题。例如,通过 DNA 单基因测序相似性比对,真菌学家将早期归为真菌的卵菌(oomycetes)和黏菌(slime mold)划分出去,并发现原先认为是原生动物的微孢子虫应归入真菌界(图4-1)。同时,对于那些过去只发现无性型(anamorph)的半知菌类(Deuteromycota, deuteromycetes),研究者也找到了它们对应的有性型(teleomorph)。由于早期真菌分类主要依赖形态学差异,常忽视这两者的关联,例如,球孢白僵菌的有性型为球孢虫草(*Cordyceps*)。这些发现导致了真菌分类的重大变化,原先的半知菌等概念逐渐被弃用。本章将结合传统分类和现代最新研究成果介绍昆虫病原真菌资源。近年来,随着基因组测序技术的发展,基因组信息的解析为真菌分类、次生代谢产物挖掘等提供了新的手段。这为深入研究病原真菌与寄主昆虫之间的相互作用规律,以及明确关键毒力因子(杀虫功能基因)及其作用机理提供了有力支持,由此我们可以更好地理解和利用昆虫病原真菌在生物防治等领域的应用潜力。

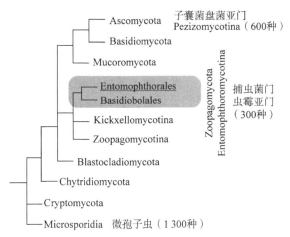

**图 4-1 真菌界门类和昆虫病原物种的主要分布**

(Kirk et al., 2008)

**(1)水霉**

早期,卵菌因其形态、异养生活习性和生境特征等与低等真菌(如壶菌)高度相似,而

---

① 具有一系列相同特征的同源生物。
② 从某一自然条件下获得的微生物纯培养物。
③ 卵菌等早期归属真菌的丝状真核微生物。

被归类为真菌。然而，随着基于 rDNA 分子系统进化树分析的深入研究，显示它与藻类（如褐藻、硅藻）亲缘关系更为紧密。在卵菌中，水霉（water mold）是一类重要的病原，能够感染水生环境中的节肢动物。目前，对于水霉的研究主要集中在感染卫生害虫蚊类幼虫的种类资源，主要包括腐霉属（*Pythium*）和细囊霉属（*Leptolegnia*）的种类。这些研究不仅有助于明确水霉的生物学特性和致病机理，还为防控蚊类提供了新的思路和方法。美国已成功开发出基于大链壶菌①菌丝和卵孢子的微生物农药，用于防控蚊类幼虫。此外，近年来还研究发现该菌的发酵产物也具有杀蚊活性，表明其中存在杀虫活性成分。

(2) 芽枝霉门

芽枝霉（Blastocladiomycota）是一类能产生具鞭毛游动孢子的真菌，曾一度归属于壶菌。它具有单双倍体的生活史，并具有一种特殊结构——厚孢子囊（meiosporangia）。在芽枝霉中，链枝菌属（*Catenaria*）被认为是一类能够感染线虫的病原菌，同时，该属中有些种也能够感染小型的蝇类昆虫。腔壶菌属（*Coelomycidium*）能够侵染介壳虫、甲虫幼虫和双翅目昆虫的蛹等。它们在形态上有别于一般真菌，如不产生菌丝，也有别于其他芽枝霉，不需要桡脚类动物作为转主寄主。目前，芽枝霉尚未有关生物农药剂型的报道。

(3) 接合菌类

在早期真菌分类中，接合菌（Zygomycetes）的特点是有性生殖产生二倍体的接合孢子。然而，基于现代分子系统进化分析，这些真菌被细分到了 4 个亚门。其中，大多数昆虫病原真菌属于捕虫菌门（Zoopagomycota）虫霉亚门（Entomophthoromycotina），约有 300 种（Spatafora et al.，2016）。虫霉的分类还存在一些需要进一步解决的问题。目前，虫霉种类分为 3 科，包括新接霉科（Neozygitaceae）、虫霉科（Entomophthoraceae）和新月霉科（Ancylistaceae）。这类真菌的显著特点是专一性强，寄主范围通常仅限于特定科的昆虫。它们可以主动弹射分生孢子去感染寄主，这利于真菌病在寄主种群内传播。在野外，这类真菌引起的昆虫流行病多发生于春夏温湿的环境。

(4) 子囊菌门

子囊菌门（Ascomycota）中外囊菌亚门（Taphrinomycotina）包含了多种植物和动物的病原菌，而盘菌亚门（Pezizomycotina）则含有与昆虫相关的菌种。盘菌生活史较复杂，通常包含无性和有性世代，其中以粪壳菌纲肉座菌目（Hypocreales）真菌最为典型。有时，同一种生物可以产生两种以上形态各异的无性型。在研究较多的昆虫病原真菌中，大多属于肉座菌目的麦角菌科（Clavicipitaceae）、虫草科（Cordycipitaceae）和蛇形虫草科（Ophiocordycipitaceae）。代表性属有麦角菌科中的绿僵菌属（*Metarhizium*）、肉座菌属（*Hypcrella*）、虫草科中的白僵菌属（*Beauveria*）、棒束孢属（*Isaria*）和轮枝孢属（*Lecanicillium*）。相较于虫霉亚门，盘菌亚门中的昆虫病原真菌具有更广的寄主范围，可达数百种。这一类真菌在自然界中扮演着重要的角色，广泛应用于害虫的生物防治。

(5) 担子菌门

高等真菌担子菌（Basidiomycota）中的昆虫病原真菌种类较少，目前，仅在柄锈菌纲（Pucciniomycetes）隔担菌目（Septobasidiales）发现。这类真菌通常为介壳虫的专性寄生菌，

---

① 大链壶菌（*Lagenidium giganteum*）寄主范围较广，能感染哺乳动物、节肢动物和植物。

致病力相对较低,并不会导致寄主死亡。

**(6)微孢子虫门**

微孢子虫(Microsporidia)是一类细胞内寄生物,最初归为原生动物,但现已划为真菌。微孢子虫是动物的专性病原体,已报道超过1 300种。它最常见的寄主是鱼类和节肢动物。近年来,微孢子虫已被研究用于生物防治,并取得了显著的效果。例如,针对欧洲玉米螟、蝗虫和蚊等寄主的生物防治中都有了成功的案例。我国在利用蝗虫微孢子虫(Paranosema locustae)防治蝗虫方面积累了丰富的经验。

## 第二节 虫霉亚门菌种资源与利用

### 一、虫霉的分类和基本特征

代表属种

虫霉原隶属于接合菌门接合菌纲,现已独立为一个亚门,多数为双翅目和半翅目昆虫以及螨类的专化病原菌,分布在温带、亚热带和热带地区。虫霉分类系统由Humber在1989年建立,主要根据细胞核、休眠孢子形成与萌发方式及营养细胞等特征分为蕨霉科(Completoriaceae)、抛头霉科(Meristacraceae)、蛙粪霉科(Basidiobolaceae)、新月霉科(Ancylistaceae)、虫霉科(Entomophthoraceae)和新接霉科(Neozygitaceae)。其中,侵染昆虫纲及蛛形纲的种类主要分布在虫霉科(195种)、新接霉科(17种)和新月霉科(10种)。近年来,基于分子系统学的研究认为,蛙粪霉科可能并非属于虫霉。虫霉各科中属的分类主要依据初级分生孢子形态和释放方式、细胞核的数目、孢壁结构、次生分生孢子的形成方式和形态、假根和假囊状体的形成等特征。代表性属有新接霉属(Neozygites)、虫疠霉属(Pandora)、虫瘟霉属(Zoophthora)和耳霉属(Conidiobolus)等。

在早期,同属不同种间的区分主要基于分生孢子的长度、宽度和长宽比等形态特征,并结合寄主种类等信息。目前,世界上已知的虫霉种类约300种,但同一种虫霉不同地理或寄主来源的菌株数量非常庞杂。这些虫霉菌株在寄主范围、毒力水平、产孢潜能以及最适温度范围等方面都存在显著的差异。因此,有效区分和遴选优质菌株是利用虫霉开展害虫生物防治研究的重要前提。针对虫霉的核糖体RNA等序列特异性的分析研究,为理解虫霉的进化生态学、群体遗传学和分类学提供了宝贵的信息。这为菌种鉴定分析和比较不同菌株之间的差异提供了新的途径。例如,小亚基核糖体DNA(SSU rDNA)序列分析已广泛应用于系统发生学研究。ITS区域结合随机扩增多态性DNA(RAPD-PCR)技术或结合ISSR、ERIC等DNA指纹技术,不仅可以用于区别虫霉种间的差异,还能在一定程度上反映种内菌株间的地理和寄主差异。这些技术为深入研究虫霉的多样性和进化提供了有力的工具。

虫霉的显著特点在于它们能够从昆虫尸体上主动弹射分生孢子,从而侵染新的寄主。在自然环境中,这种能力容易引发流行病。除了少数虫瘟霉属真菌,大多数虫霉表现高度的寄主专化性,寄主范围通常限定在科级水平。这些真菌对非寄主生物一般不会产生影响。

迄今为止,虫霉的遗传操作体系尚未建立,这阻碍了在分子水平上探索病原与寄主昆虫的互作。随着生物信息技术的发展,组学(omics)技术为揭示虫霉基因组特征、挖掘杀虫毒力相关功能基因以及解析病原与寄主间的互作关系提供了一系列新工具，从而促进了虫霉在生防上的应用。尽管许多真菌的体细胞是单倍体，但虫霉作为较低等的真菌（早期进化的真菌），其细胞通常为多核体，这给基因组拼接等工作带来了挑战。目前，虫霉基因组研究公开报道的结果大多为基因组草图，尚未精确到染色体水平。新月霉科耳霉属是最早进行基因组研究的虫霉，其基因组大小与常见真菌基因组相当，约为 40 Mbp，含有超过 $10^4$ 个蛋白编码基因（Zhang et al., 2022）。而虫霉科的基因组据估计达几百兆甚至超过 1 Gbp。例如，感染稻飞虱的飞虱虫疠霉基因组预测有 1.4 Gbp。目前尚不清楚虫霉菌种间基因组巨大差异的缘由，这有待进一步研究揭示。尽管基因组信息有限，但通过无参转录组学研究已经挖掘出众多虫霉致病相关的关键基因。这些基因包括常见的枯草杆菌素蛋白酶（subtilisin）、类胰蛋白酶（trypsin）、脂肪酶及几丁质酶等（Wang et al., 2018）。这些致病相关基因大多属于诱导酶，寄主机体组分可以促进相关基因表达，进一步说明了这些基因及其产物与病原致病性高度相关。除了蛋白编码基因外，基因组中非编码序列功能也日益受到重视。例如，暗孢耳霉的长链非编码 RNA（lncRNA），这些 lncRNA 分子参与菌株毒力衰退相关的基因表达调控（Ye et al., 2021）。综上所述，尽管虫霉的基因组研究仍面临诸多挑战，但随着技术的不断进步和研究的深入，有望更全面地了解虫霉的基因组特征和致病机制。这将有助于更好地利用虫霉资源进行害虫生物防治。

## 二、虫霉生活史和主要孢子类型

### （一）无性生活史

虫霉的生活史因种类而异，依据有性生殖存在与否大致可分为两种，即无性循环和有性循环。在无性循环中，虫霉的生命周期主要分为以下 5 个阶段：

**（1）侵染体附着寄主体表**

虫霉产孢梗利用静水压（hydrostatic pressure）主动弹射顶端的初级分生孢子或利用微循环产次生孢子。这些具有侵染性的孢子会落在易感昆虫的表面，同时利用孢子表面的黏液牢固地附着在寄主体表。

**（2）孢子在体表萌发**

分生孢子识别寄主体表微环境特征（如二氧化碳浓度），然后萌发出细长的芽管（germ tube）。少数种类在芽管末端还会形成膨大的附着胞（appressorium），这有助于菌丝侵入寄主体内。影响孢子在寄主体表产生萌发管的因素有很多。例如，昆虫体表高浓度的二氧化碳通常有利于孢子萌发并形成芽管，从而加快孢子的萌发；植物挥发物（如水杨酸甲酯）也会刺激孢子萌发。

**（3）病原穿透体壁，侵入血腔**

侵入菌丝利用外分泌降解酶消解昆虫的外骨骼成分或利用机械力穿透昆虫的原表皮和表皮细胞，进入昆虫血腔。

**（4）克服免疫屏障，快速增殖**

虫霉在寄主体内以菌丝段或原生质体形式[1]快速增殖。前期，它们主要分泌脂肪酶、

---

[1] 此时又称菌虫体。

海藻糖酶来水解和吸收昆虫的脂类和糖类物质。后期,它们还会分泌蛋白酶来水解寄主的肌肉等组织。最终,虫体内充满菌丝体,呈"木乃伊"状态。最近发现,暗孢耳霉在侵入虫体后产生类 Cyt 毒素蛋白(Wang et al., 2020)。这种蛋白能够裂解昆虫的血细胞,破坏寄主对病原的免疫抵御,从而提高侵染的成功率(Zhang et al., 2023)。

虫霉侵染循环

**(5) 虫霉重新突破寄主体壁,再产孢**

虫霉菌丝重新突破体壁并暴露在空气中,形成分生孢子梗,然后向周围弹射分生孢子,开始新一轮的侵染循环。如若外界环境不利于再侵染,部分虫霉种类可以通过有性生殖在虫尸体内形成休眠孢子①。

### (二) 主要孢子类型

**(1) 分生孢子**

分生孢子是虫霉侵染寄主的主要结构。这些孢子外被黏液,含有各种水解酶,有助于它们附着并识别寄主。不同种类的虫霉所产的分生孢子在形态和大小上存在明显的差异,这些差异特征常用于分类研究。虫霉自寄主向周围高速弹射分生孢子,如新蚜虫疠霉(*Pandora neoaphidis*)初级分生孢子的弹射速率可达 8 m/s。孢子若未接触寄主,可以萌发并弹射次一级的分生孢子②,可以多轮弹孢直至遇到寄主或胞内营养消耗殆尽。这一特性增大了虫霉感染新寄主的概率。次级分生孢子可根据形状大小和初级分生孢子的差异程度分为Ⅰ型(近似)、Ⅱ型(差异大,如毛管孢子)③和Ⅲ型④(微孢子)。除形态差别外,这些孢子在侵染力方面也有所不同,一般Ⅱ型优于Ⅰ型。

虫霉的产孢潜能和孢子弹射方式在传播和扩散过程中具有重要意义。产孢量越大、投射距离越远,虫霉遭遇到寄主的可能性就越大。产孢量与寄主的个体大小(生物量)密切相关,而孢子的投射距离受寄主个体大小的影响较小,更多地与虫尸所处位置的高度和环境条件相关。例如,在 18℃条件下,感染豆长管蚜的新蚜虫疠霉弹射孢子距离最远。在 21℃的无风环境下,蝇虫霉(*Entomophthora muscae*)从距地面 20 cm 的家蝇尸体上弹射的孢子最远可达 87 mm。值得注意的是,新接霉和虫瘟霉的初级分生孢子基本不具侵染力,仅作为投射工具,萌发产生侵染性的次级分生孢子。毛管孢子为被动释放,利用顶端黏性液滴(haptor)附着在爬过的寄主昆虫腹部并萌发侵入。这种独特的传播方式使虫霉能够更有效地感染新的寄主,从而在环境中传播。

虫霉引发的昆虫疾病的传播,按距离可分为原地传播、近程传播和中远程传播。原地传播主要是指感病虫尸上弹射的分生孢子感染周围的易感个体,或者上一次流行后宿存在土壤中的休眠孢子或分生孢子萌发而引起的侵染(即土壤传病假说)。例如,新蚜虫疠霉的分生孢子在冬(春)季土壤中宿存 80 d 后仍能诱发昆虫寄主感染。近程传播是指虫霉流行

---

① 有性生殖必然产生休眠孢子,但并非所有虫霉的休眠孢子都是有性生殖产生,部分种类有体细胞形成。

② 依次称为次级分生孢子、三级分生孢子和四级分生孢子。

③ 通常一个孢子仅产生单个次一级孢子,不同于Ⅲ型同时产生多个微孢子。

④ 有些虫霉(如耳霉)的初级分生孢子可产生数个或数十个微孢子(microconidia),提高遭遇寄主的概率。

病向邻近区域（数千米）蔓延，主要通过带病寄主或沾染分生孢子的昆虫天敌活动，或从虫尸上弹射的分生孢子随微风扩散。在流行病暴发期，田间或林间空气中能检测到相当数量的虫霉孢子。例如，植被上方空气中新蚜虫疠霉分生孢子的浓度可达 2 000~3 000 个/m³。虫霉分生孢子在空气中的浓度受环境温湿条件和寄主种群密度的影响较大，传播范围与空气流动速率和方向有关。中远程传播是指借助高空气流将病原侵染体或迁飞的带菌寄主跨地域（距离几百千米）扩散并异地定殖。

**（2）休眠孢子**

休眠孢子是虫霉应对不利环境（如缺乏寄主）时的主要存活形式。一度认为其类似细菌的芽孢，有可能开发成生防制剂。虫霉的休眠孢子可以通过有性生殖或无性生殖产生①，以弥补虫霉腐生能力②的缺失。对于一些不产休眠孢子的虫霉（如新蚜虫疠霉），它们通过特化的菌丝段或厚壁分生孢子（loriconidia）来规避严酷的外界环境，或通过侵染替代寄主存活下来。休眠孢子具两层厚壁，其内部最大的特点是含有一个或数个富含饱和脂肪酸的大油滴。目前，有关休眠孢子的形成机理并无统一认识，因为虫霉、寄主和环境之间的关系非常复杂。

一般来说，低温有利于休眠孢子的形成，但也有例外。例如，舞毒蛾噬虫霉（*Entomophaga maimaiga*）通常在 7 月高温下形成休眠孢子，这可能与舞毒蛾幼虫在 7 月化蛹后要等到翌年春季才会再次出现有关。该菌在寄主消失前形成休眠孢子。湿度和光周期变化也影响休眠孢子的形成。除了环境因素之外，低龄或饥饿的寄主不利于休眠孢子的形成，这暗示虫霉休眠孢子形成需要昆虫处于良好的生理和营养状态。昆虫的蜕皮和性别也在一定程度上影响休眠孢子形成。值得注意的是，同种虫霉的不同菌株在寄主体内产生休眠孢子的能力也会有所不同。不同菌株共同侵染寄主时产休眠孢子的比例高于单一菌株的侵染。反复连续培养的菌株产休眠孢子的概率较高。休眠孢子的形成还具有隔代性，即由休眠孢子萌发的芽生孢子③（germ conidia）所感染的寄主体内不产生休眠孢子。休眠孢子的形成并非在同一条件下的寄主体内都能形成，同一寄主体内形成的孢子也并非都是休眠孢子，有可能在同一寄主体内既产分生孢子，也产生休眠孢子。研究表明，侵染寄主的接种体浓度（单位面积寄主体壁上的孢子数）越高，休眠孢子在虫体内产生的概率越大。这一现象的出现可能与病原对周围健康易感寄主数量的判断有关，高密度的接种浓度暗示周围感病虫尸数量较多，处于流行高峰期，易感个体数量将急剧减少（Zhou et al.，2010）。因此，病原为因应接下来的寄主匮乏期调整生长状态，转变进入休眠阶段以规避不利环境。

休眠孢子通常随寄主落入土壤表层，虫尸解体后休眠孢子则宿存在土壤中。对于那些生活史中不接触土壤的寄主，休眠孢子会留在植株表面，待感病虫尸在原位液化（liquefaction）后于翌年萌发并感染叶片上出现的新寄主。有些蚜虫临死前会爬入树皮缝隙中，体内

---

① 有性生殖存在菌丝细胞融合现象，称为接合孢子（zygospores）；而无性生殖由单个菌丝细胞产生休眠孢子，类似厚垣孢子，称为非接合孢子（azygospores）。

② 耳霉属部分种类例外，常发现于土表植物脱落物上，具降解纤维素等腐生能力。

③ 在休眠孢子萌发过程中，外层的细胞壁首先解体，胞内的大油滴渐渐消失，代之以液泡，同时一端开始凸出，细胞质渐渐移往此端，并不断延伸成芽管，最后在芽管顶部形成具有侵染力的芽生孢子。

休眠孢子在此处宿存。这些宿存在不同地方的休眠孢子对虫霉的季节性流行具有重要意义。例如，利用实时荧光定量PCR(Real-Time PCR)技术可定量检测土壤表层中舞毒蛾噬虫霉休眠孢子，从而分析与预测流行病的发生。

休眠孢子一般不会即时萌发①，而是需要经过一段低温春化过程。不同种类的虫霉，其休眠孢子所需的休眠期和春化温湿度条件各不相同。例如，壳状虫疫霉(*Erynia crustosa*)的休眠孢子在4℃下贮存6个月才能在8~28℃范围内萌发。暗孢耳霉(*Conidiobolus obscurus*)需在3~7℃和≥95%相对湿度下休眠3个月。根虫瘟霉(*Zoophthora radicans*)需在4℃和100%相对湿度下休眠2个月。弗氏新接霉(*Neozygites fresenii*)需在5~14℃和高湿环境下至少休眠2周。目前仅发现块状耳霉(*Conidiobolus thromboides*)的休眠孢子萌发不需要这一过程。休眠孢子的萌发同其形成一样具有概率性(即同步性差)。即便同一寄主体内的休眠孢子，结束休眠的时间也并不一致。最先萌发的休眠孢子只是少数，随休眠时间的延长而逐渐增加，即休眠越充分，萌发率越高。有的虫霉休眠长达6个月后才大量萌发，有的(如蝉团孢霉)甚至休眠几年后才萌发。休眠孢子的萌发不需要外源营养，也不受寄主活动的影响。目前，还没有有效方法来调控休眠孢子的萌发节奏，仅发现芳香族化合物和混合酶(glusulase)可以促进块状耳霉休眠孢子的萌发。休眠孢子萌发的不同步和不可控性为其生防应用造成了障碍，使其不能像细菌类杀虫剂那样开发芽孢等休眠结构制成菌剂来使用。然而，休眠孢子的优良抗逆性仍然值得进一步研究其休眠机制。

部分虫霉还具有特化的菌丝形态，如假囊状体(cystidium)和假根(rhizoid)等(图4-2)。这些特化的菌丝形态在虫霉的生活史中起着重要的作用。假根最先突破感病死亡的寄主腹部，并将虫尸牢固地黏着在植株上。这有利于虫霉侵袭附近或爬经弹孢范围的新寄主。对于不具假根的虫霉，它们通常利用昆虫口器或下颚固定在植株的原位。假囊状体被认为是没有发育完全的分生孢子梗(顶端不膨大)。它先于和帮助分生孢子梗突破体壁，推测具有探知外界环境及空气湿度的作用。在高湿度环境下，不少含休眠孢子的虫尸体表在死后数小时内长出假囊状体，其丰沛程度与寄主体内休眠孢子所占比例有关，如感染努利虫疠霉的桃蚜。这些特化的菌丝形态不仅有助于虫霉的传播和侵染，还揭示了它们与环境之间的紧密关系。

 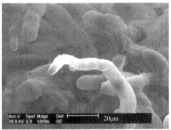 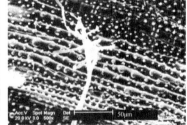

(a)分生孢子梗顶端膨大形成分生孢子　　(b)背部伸出假囊状体　　(c)虫尸腹部产生的假根，末端分叉

**图4-2　飞虱虫疠霉感病致死的虫尸表面的特化菌丝形态**

---

① 不同于芽孢，该特征不利于将休眠孢子进行剂型化开展实际应用。

## 三、虫霉体外培养和菌种保存

### (一) 体外培养

由于虫霉对寄主的专化性高、体外培养较为困难,目前仍有相当部分的虫霉无法进行体外培养。其中,耳霉属真菌相对较易培养,常用萨氏培养基①。一部分具腐生能力的菌种可在马铃薯葡萄糖培养基(PDA)上进行培养。虫疠霉和虫瘟霉等菌种可在添加蛋黄和牛奶的萨氏培养基上进行培养。此外,在萨氏培养基上添加油酸和植物油(如芝麻油)等也是可行的,但油脂含量需要适度控制,以免破坏菌体细胞膜的稳定性。例如,新蚜虫疠霉在添加0.02%油酸的培养液中生长良好,但如果油酸含量高于0.2%会产生毒性。主要因为菌体需要释放足够的胞外酶分解油酸,当培养液中的生物量不足时,酶的释放无法及时降解油酸,导致油酸积累并产生抑制生长效应。新接霉和虫霉属的菌种对培养条件的要求更高,需要在含小牛血清的昆虫组织培养液中进行培养。在昆虫组织培养液中加入蛋白胨和酵母粉可提高新接霉的生物量。总体而言,不同虫霉对无机盐离子、单糖和氨基酸的需要没有太大区别,而对维生素的需求则不明显。

部分虫霉(如耳霉和一些虫疠霉)也可以发酵生产菌丝,用于剂型化研究。然而,连续培养常造成菌丝生长速率和产量下降,同时菌株致病力也会衰退。有些虫霉只能在昆虫组织培养液中以原生质体的形式进行培养,但其生物量产出率相对较低。深入研究虫霉在培养液中的生长动力学,建立模型定量分析培养基成分对生物量产出的影响,对发展虫霉恒化器连续培养具有积极作用。上述培养仅针对虫霉菌丝,休眠孢子的体外培养仅限于个别种类(如暗孢耳霉),而舞毒蛾噬虫霉的休眠孢子在昆虫组织培养液中仅能少量形成。

### (二) 菌种保存

从野外分离的虫霉菌株在体外继代培养或保存过程中,随着培养和存储时间的延长,其性状会表现不同程度的退化。为了恢复这些衰退的菌种活力,可通过重新侵染寄主的方法实现复壮。尽管如此,如何有效保藏菌株仍然是虫霉研究中经常面对的挑战。在常规研究中,虫霉菌丝块通常被接入萨氏培养基斜面上,在4℃下冷藏。为了保持菌株的活性,须每半年转接一次。值得注意的是,在4℃下,部分虫霉菌丝块在硅胶上存活不超过3个月,在矿物油中可保存3个月,而在去离子水中可保存18个月。对于一些难以在体外培养的菌种,可在原寄主虫尸内进行保存,如将感染弗氏新接霉的棉蚜虫尸置于-14℃下保存,68个月后60%的虫尸仍能够产孢,尽管其产孢量呈现大幅下降。需要注意的是,将虫霉菌丝置于-20℃下会迅速失活。

目前,最有效的长期存储菌种的方式,是将菌种浸没在10%甘油冷冻保护剂中,然后置于-196℃下的液氮中进行存储。这种冷冻保护剂在超低温环境下能够保持虫霉细胞膜的完整性,并防止结晶体的形成以及降低盐分对细胞的毒性。实验证明,10%甘油最适合液泡在胞内体积比较高的菌种,而二甲亚砜也可用于部分虫霉菌种,但浓度不宜过高。在超低温环境下,菌株处于一种稳定的状态,基本性状可以保存数年不变。然而,尽管有冷冻

---

① $(w/v)$:4%葡萄糖、1%蛋白胨、1%酵母粉。

保护剂的保护，菌株在降温冷冻和升温复苏的过程中，仍然会受到损害。为了减少这种损害，通常利用程序降温仪等设备使降温速率控制在1℃/min。菌株需要使用时，可以在37℃水浴下快速解冻。即便在如此严苛的条件下存储，仍有报道指经数年存储的舞毒蛾噬虫霉菌株产生分生孢子及休眠孢子的能力下降，而且在寄主体内的潜伏期延长。这种液氮贮存方法对于大多数实验室来讲并不可行，因为需要专门设施和专业维护。因此，可以利用-80℃超低温冰箱作为替代来存储虫霉菌种。具体操作过程类似液氮存储，只是降温过程是将存储物置于盛有异丙醇的聚丙烯容器内，该方法能够控制降温速率1℃/min 直至-80℃。例如，利用萨氏培养基作为努利虫疠霉分生孢子悬液的保护基质，在超低温冰箱中可以稳定虫霉菌种的性状，孢子活力的半衰期长达14个月。

## 四、影响虫霉流行的因素

虫霉引发的昆虫真菌性病害的流行对寄主种群具有重要影响，不但可以导致虫口数量在数日内大幅下降，还会降低寄主生殖力。例如，麦长管蚜种群密度的下降，主要归因于虫霉病流行，表明虫霉病的影响远大于其他天敌的作用。虫霉病的传播和流行不仅受到非生物环境因素的影响，还与寄主、寄主天敌昆虫及虫霉自身特性等多种生物因素密切相关，当然还包括这些因素之间的相互作用。

### (一) 非生物因素

温度、湿度及光照是影响虫霉生长和繁殖的重要环境因素。

**(1) 温度**

温度不仅影响产孢量和弹孢距离，还决定了侵染和致死速率。不同种类的虫霉有其适宜的温度范围，即便同一种菌株之间也存在一定的差异。例如，新接霉和虫瘟霉在25℃下产孢最多，孢子萌发率最高，侵染和致死速率最快，而虫疠霉通常在18~21℃下表现最旺盛，其中新蚜虫疠霉在20℃下侵染力最强。在常温下，虫霉致死寄主所需时间为3~7 d。在变温环境下，温度变化的幅度越大，越不利于虫霉侵染寄主。新蚜虫疠霉在英国冬季致死蚜虫需13.6 d，有研究认为，4℃为其侵染致病的临界温度。温度也影响分生孢子的存活时间和致病力，一般在适宜的温度范围内，温度越低越有利。例如，暗孢耳霉的分生孢子在20℃下可存活12 d，10℃下超过32 d，5℃下60 d后仍可感染蚜虫。

**(2) 湿度**

湿度也是影响虫霉的关键因素。与温度对生长、发育、弹孢、萌发和致死等速率的影响不同，湿度更像是一个"开关"，对产孢、弹孢、孢子萌发、侵入等虫霉侵染周期各环节产生制约。大多数虫霉在饱和或近饱和的湿度中才能正常侵染。例如，新蚜虫疠霉在湿度低于93%时基本不产孢。鬼笔状虫瘟霉 (*Zoophthora phalloides*) 的初级分生孢子在98%~100%的相对湿度下萌发率最高，低于94%则停止萌发。湿度对虫霉流行的决定性作用随温度变化而增减，安徽虫瘟霉 (*Zoophthora anhuiensis*) 在较高温条件下受到的湿度影响最大。有报道认为，新接霉和虫瘟霉得益于毛管孢子较强的抗旱能力，能耐低湿度环境。在饱和湿度和20℃下，落在寄主体表的孢子需要平均4.5 h的侵入时间。感病寄主的死亡时间一般集中在傍晚时分，便于虫霉利用夜间高湿度弹射分生孢子并侵入寄主。虫霉流行病的形成需要连续数日维持高湿度即每天9 h超过90%的湿度。显然，阴雨季节是虫霉病流行的最佳时期,但雨量过大会冲刷虫尸和孢子而降低侵染概率。湿度也是影响虫霉孢子野外存活的关键因素。在60%~75%湿度环境中,根虫瘟霉的多数孢子会在数小时内失活。有意思的是,新蚜虫疠霉孢子在70%的湿度下迅速失活,而在40%~50%的湿度下反而存活较长时间。毛管孢子一般在低湿环境如40%的湿度下存活较久。

**(3) 光照**

光照对虫霉的影响主要体现在紫外线对暴露的分生孢子的杀伤作用。在庇荫处(如叶片下表面或土壤表层),分生孢子根据环境温度可存活数日至数月。然而,在太阳直射下,它们仅存活数小时,这对虫霉的侵染循环极为不利。此外,有研究指出,在新蚜虫疠霉侵染豆长管蚜的过程中,短光照下的侵染速率最快。但也有报道指出,一方面,在分生孢子梗形成阶段的光照有利于提高虫霉的侵染力;另一方面,光周期的变化可以诱导部分虫霉在寄主体内产生休眠孢子,并影响虫霉的生理节律。

**(二) 生物因素**

**(1) 寄主数量**

作为昆虫专化病原真菌,虫霉在自然界中的流行依赖寄主的状态。理论上,寄主种群密度越高,虫霉弹射的分生孢子接触到新寄主的机会越大,从而增加了单位面积的感病虫数和虫尸密度,这直接关系接下来虫霉侵染体的数量是否达到发生流行病的水平。另外,寄主昆虫种群崩溃对虫霉的持续发生是不利的。当寄主体壁上附着的虫霉孢子密度增大时,虫尸产生休眠孢子的频率也相应增大,这可能是虫霉长期进化过程中所形成的一种对寄主种群变化的预警机制。

**(2) 流行水平**

虫霉按毒力和流行潜力与寄主的关系大致可分为3种情形:一是暴发流行型,指虫霉侵染传播速率快于寄主种群增长速率,寄主感病个体数超过了健康虫数,此时昆虫种群可迅速下降到低水平。这一类型通常季节性发生,历时较短。二是地方流行型,即地方病,虫霉侵染率随寄主种群变化而变化,感病与健康寄主个体的比例在寄主种群增长期间稳定在1:100左右,而在种群衰退期间不超过1:10。这一类型在田间最为常见。三是机会性侵染型,即虫霉侵染率不依赖寄主种群的变化,其在寄主种群中的发生始终保持在低水平,对寄主种群的影响甚微。在筛选应用菌种时,除了选择高毒力菌种、菌株外,还应调查其在野外的流行潜力,如田间利用耳霉通过接种式放菌防治蚜虫失败主要归因于耳霉属于机会型病原,易在寄主体内产生休眠孢子而中断侵染循环。

**(3) 寄主特征**

寄主的发育阶段、表皮特征、生物型以及行为方式等都会影响虫霉在野外的流行。通常低龄若虫比高龄易感染,不同性别的寄主易感性有差异。体表被蜡粉(如甘蓝蚜)或刚毛(如美国白蛾)的虫体则不易感染。有些有翅型蚜虫感病率较高。不同菌株对寄主的侵染力差异较大,主要寄主比替代寄主更易感染。其他特征如侵染速率、野外存活能力等菌株间差异也存在,这些特征与菌株毒力强弱密切相关,但孢子萌发和弹孢速率与毒力关联不大。

**(4) 天敌活动**

寄主天敌昆虫对虫霉流行的影响主要表现在觅食行为促使虫霉寄主更加活跃,或天敌昆虫自身作为传播媒介,从而提高虫霉与易感昆虫接触的机会。另外,寄主天敌昆虫与虫霉存在竞争关系，有时其存在也会对虫霉侵染寄主产生负面影响，如虫霉感染体内存在拟寄生物的寄主，虫尸产孢量将大为减少。反之，虫霉的存在也影响天敌昆虫的行为，如增加了昆虫自我清洁的时间，或造成寄生蜂个体变小甚至不能完成发育而死亡。

(5) 其他病原物

虫霉与寄主其他的病原微生物（如病毒、细菌或原生动物等）的关系也存在竞争性，但它们的交互感染有利于提高寄主死亡率并缩短潜伏期。有意思的是，取食不同植物的同一种寄主对虫霉的易感性也存在差异，这可能受寄主营养状况或体内共生细菌的影响，植物体表的微环境差异也会影响虫霉的孢子萌发和侵入。天然或转基因植物对害虫都有一定的抵抗力，通过分泌代谢产物来驱离害虫、吸引寄主天敌或促进虫霉孢子萌发，或汁液中所含次生代谢物使害虫生育力下降和寿命缩短，对虫霉病流行也会产生一定的影响。

(6) 寄主行为

感病寄主的行为方式往往发生变化，可能是虫霉侵入寄主神经系统所造成的结果，或寄主自身的适应性改变。例如，感染新蚜虫疠霉的豆长管蚜与健康个体相比，更倾向出现在叶片下表面和植株上部（登高症）的位置，这有利于虫霉孢子的扩散，可视为虫霉诱导的改变。有的虫霉感染还会诱导蚜虫释放报警信息素（alarm pheromone），促使蚜群移动，从而增加虫霉接触新寄主的机会。感病昆虫出现离开原有种群的现象，以减少病害在种群内的扩散。蝇虫霉感染前期的家蝇往往趋于高温环境，抑制或杀死体内的真菌，而感染后期的个体则待在阴凉处，利于虫霉再侵染。这类现象普遍存在且表现形式多样，可以认为，这是虫霉与寄主间为各自生存而长期协同进化的结果。某些虫霉与寄主间甚至形成了一种类似共生的关系，向非致死的寄生关系方向进化。

(三) 人为因素

人类活动对虫霉的影响是多方面的，这一点在农田生态系统中尤为明显。虫霉除受到开垦和灌溉的直接影响外，使用杀虫剂、除草剂和杀真菌剂等化学物质对虫霉的流行构成极大威胁。这些化学物质的使用因产品成分和用量而对虫霉的影响各异。有报道指出，化肥的使用间接利于昆虫种群的增长，可提高虫霉的传播和流行。此外，土壤污染（如重金属污染）也对虫霉在环境中的宿存构成威胁。在大棚和温室种植中，由于温湿条件易于控制，这为发挥虫霉的虫害控制作用提供了有利条件。

## 五、虫霉剂型化及应用

自 20 世纪 70 年代起，虫霉的致病机理以及在寄主种群中的巨大流行潜力，就吸引了研究人员不断探索应用虫霉防治农林害虫的策略。一是直接利用虫霉开展生物防治。二是将虫霉作为生防因子融入害虫综合管理策略之中，充分利用捕食、寄生性天敌和病原菌在害虫种群不同发展阶段发挥作用，以最大程度地减少化学杀虫剂的使用。探索虫霉与寄主及其他生物（如捕食者、寄生者等）之间的相互关系和对害虫种群的影响，以及多因素间的协同关系已成为研究热点。以豆长管蚜的控制为例，瓢虫和蚜茧蜂的活动可提高新蚜虫疠霉的感染率，从而降低蚜虫种群数量。在麦长管蚜的自然控制中，小麦次生代谢产物羟肟酸可刺激寄生蜂的搜索行为，而天敌行为也有利于新蚜虫疠霉传染。在小菜蛾防治中，利用信息素吸引寄主到根虫瘟霉侵染体的释放点活动，通过提高传染概率而取得防治效果。

三是虫霉和选择性化学杀虫剂的搭配使用也是重要的尝试。为了充分发挥虫霉的作用，除了深入研究其流行规律之外，关键是开发出低成本的虫霉侵染体扩繁和剂型化技术。

应用虫霉防治害虫的道路仍在不断摸索中，主要障碍在于缺乏适用的生产与剂型化技术。目前，全球开发的近200个害虫生防真菌制剂中，仅有1个是基于虫霉菌种的制剂，且应用效果不稳定。为了研发虫霉制剂，除了筛选毒力和流行潜力俱佳的菌株之外，还需要选择适宜的侵染体形态，如分生孢子、菌丝体或休眠孢子。分生孢子是虫霉唯一具有侵染力的结构，但无法直接生产，而且对环境十分敏感，稳定性差。休眠孢子具有双层厚壁，可长期存储，野外存活效率高，似乎是理想的剂型化形态。然而，利用发酵生产的耳霉休眠孢子在野外不易萌发，用于田间的效果不及预期。由此，可发酵生产的菌丝成为剂型化研究的主要对象。虫霉菌丝能形成分生孢子梗而弹射分生孢子，同时虫霉的优势种（如新蚜虫疠霉等）可通过液相发酵大量生产菌丝，因此，近几十年来的虫霉剂型化研究基本围绕菌丝体进行。

虫霉菌丝剂型颗粒

虫霉制剂的商品化需要满足两个条件，即防治效果和货架期。防治效果是衡量制剂对目标害虫控制程度的指标，可以通过检测制剂的产孢潜能和毒力来间接评价①。虫霉的毒力常用半致死浓度 $LC_{50}$ 和半致死时间 $LT_{50}$ 来衡量，数值越低表明毒力越强。时间—剂量—死亡率模拟分析可揭示生测试验中的时间效应、剂量效应及其互作效应。目前，孢子浴(spore shower)是测定虫霉毒力的常用接种方法，接种浓度用附着到寄主体表的孢子密度（即单位面积孢子数）来估算，与寄主个体大小和体壁形态有关。虫霉的传播效率也是衡量防治效果的重要指标，初始侵染源的密度和寄主种群密度能显著影响传播效率。货架期是衡量制剂能否商品化的重要指标，存储条件越简单、货架期越长越好。可通过测定产孢潜能，定量分析虫霉菌丝制剂的存活时间和半衰退时间，作为评价货架期的主要参数。

目前报道的虫霉菌丝制剂包括枯干菌丝、海藻酸盐颗粒、吸水凝胶颗粒和黍米培养物。菌丝枯存技术主要通过发酵培养匀质菌丝液，在细目筛上经过滤和风干形成菌丝垫，再将其粉碎成菌丝粉。然而，在干燥、冷冻和粉碎等处理过程中，菌丝的活力会受到很大影响。为了减少对菌丝的损害，干燥过程不宜过快，应在较高湿度环境下缓慢脱水。此外，可加入10%麦芽糖或蔗糖作为菌丝保护剂，以减少干燥过程对菌丝的损害。同时，所制备的菌丝只宜在0℃以上的低温下进行冷储，贮存期通常不足3个月。粉碎过程严重损伤菌丝，应尽量避免。目前，这一技术多限于实验室研究，田间应用的实例很少。

新鲜菌丝无法直接应用的主要原因是菌丝对环境敏感且容易失活，而以往的研究显示其防治效果逊于感病虫尸。为了解决这一问题，研究者将虫霉菌丝用海藻酸盐或高吸水凝胶进行包埋处理，模拟虫尸②体壁对菌丝的保护作用(周湘，2010)。单纯的海藻酸盐菌丝颗粒或吸水凝胶颗粒与蚜虫个体大小相仿，但产孢量不及天然蚜尸。在颗粒中添加淀粉、甲壳素或葡萄糖，可大幅提高产孢潜能。然而，努利虫疠霉海藻酸盐颗粒的贮存期和半衰期都明显不及天然虫尸，经不同干燥处理后冷贮，最多只能贮存70 d，半衰期仅数日，远低于虫尸在4~5℃和16%~20%相对湿度下的8个月贮存期。在应用实验中，海藻酸盐颗

---

① 直接评价须进行大田试验。
② 感病虫尸体内的菌丝向外穿透体壁而形成分生孢子梗，再向周围弹射分生孢子。

粒对温度变化的适应还不及干菌丝。另外，海藻酸盐颗粒保水能力有限，而吸水凝胶虽然保水能力较强，但菌丝外露抗逆性较差。尽管如此，这种菌丝包埋技术易制备使用，即便体外培养十分困难的虫霉（如新接霉）也可通过此方法而剂型化。

黍稷（*Panicum miliaceum*，又称黍米、大黄米）是干旱地区常见的作物，尤其在我国北方广泛种植。黍米颗粒略大于蚜虫，可作为培养基质用于生产虫霉颗粒剂，如飞虱虫疠霉、新蚜虫疠霉和根虫瘟霉的黍米颗粒剂，其性状甚至优于天然蚜尸和发酵培养的菌丝。例如，新蚜虫疠霉在黍米培养物上的单颗产孢量是天然蚜尸的 2~3 倍。在最佳条件下，黍米颗粒剂的产孢持续时间长达 6 d，比天然蚜尸高 1 倍，且毒力还略优于发酵培养的菌丝。黍米是目前所知是适宜虫霉生长的最佳天然营养基质。不但如此，在饱和湿度和 5℃ 下，黍米培养物颗粒的储存期达到 160 d。在 5℃ 和 52%~99% 变湿条件下贮存 80 d 后，其产孢潜能也仅轻微下降，与同样条件下贮存的蚜尸相当。

此外，将黍米作为营养添加物制成虫霉海藻酸颗粒剂和凝胶复合颗粒取得了显著的效果。例如，努利虫疠霉凝胶颗粒剂（含有 10%聚丙烯酰胺保水剂）在 20℃下培养 8 d，可在 100% 湿度下连续产孢 6 d，平均每毫克干重可产生高达 $58.5×10^4$ 个孢子，是蚜尸产孢量的 10 倍以上。该剂型在 6℃ 下可储存超过 4 个月，且产孢半衰期超过 1 个月（Zhou et al.，2009）。努利虫疠霉的海藻酸黍米颗粒每颗能产生 $28×10^4$ 个孢子，当释放在田间网笼内蚜群中时，其诱发的流行水平可达 13%。

这些常见的虫霉剂型共同之处在于模拟天然感病的虫尸，结合菌丝扩繁技术，实现大量制备侵染体。这些人工侵染体随后被释放到田间或林间，人为提高虫霉侵染体在野外虫害发生区域中的密度。虽然它们各有优缺点，但通过整合它们的优点，来设计更适合应用的虫霉制剂，将是一项意义重大且兼具创新性和挑战性的研究工作。

## 第三节　肉座菌目菌种资源与利用

肉座菌目（Hypocreales）真菌在早期分类中由于有性世代不明确，曾归入半知菌类。现代分子鉴定分析显示，该目实际上归属于子囊菌门。这类真菌的特征在于它们经常引发昆虫僵病，使虫尸组织充满菌丝体而变得硬实，表面覆盖着不同颜色的孢子层，因分生孢子着色而呈现白色、绿色、红色、黄色等。从进化角度看，肉座菌更接近植物病原真菌，而非哺乳动物病原菌。部分种类被报道可以与植物形成内共生关系。与虫霉亚门病原真菌的高度专一性不同，肉座菌目真菌的寄主范围通常更为广泛。例如，白僵菌能够感染几百种昆虫，包括鳞翅目、鞘翅目、半翅目、双翅目、直翅目、膜翅目等昆虫。尽管肉座菌目真菌与虫霉在多方面存在差异（表 4-1），但它们侵染寄主的基本步骤却非常相似。其中，穿透寄主表皮和定殖血腔的能力是寄主与病原相互作用的关键环节，这也直接关系病原真菌的作用范围，因此，这也是目前分子水平上的研究热点（Hong et al.，2023）。

肉座菌目下的昆虫病原真菌主要集中在 3 个科。

①麦角菌科（Clavicipitaceae）。该科的代表性的种属如绿僵菌、座壳孢等。其中，冬虫夏草（*Cordyceps sinensis*）是一个非常著名的例子。冬虫夏草是由麦角菌科真菌感染蝙蝠蛾科幼虫形成的菌虫复合体，这种复合体（子座）内含有丰富的氨基酸、虫草素等营养成分。然

而，由于人工接种的侵染率较低，目前还无法实现规模化生产。

②虫草科(Cordycipitaceae)。该科的代表性种属如白僵菌、棒束孢等，是目前真菌类杀虫剂的主要菌种。

③蛇形虫草科(Ophiocordycipitaceae)。该科的特征在于其细长弯曲的子实体。这类真菌的繁殖结构可以从寄主头部伸出，导致寄主在死前的行为与正常行为出现极大的反差。最近的研究表明，真菌可以影响昆虫的神经系统，从而改变寄主的行为，这有利于病原真菌自身的连续侵染。

表 4-1 肉座菌目与虫霉亚门昆虫病原真菌的异同

| 特征 | 肉座菌目 | 虫霉亚门 |
| --- | --- | --- |
| 寄主范围 | 较广，可针对多种农林害虫 | 专化性高，科级水平 |
| 侵染体 | 分生孢子，产孢量高，可生产 | 分生孢子，细胞较大，产孢量较低 |
| 致病力 | 较低，寄主需接种数十个以上孢子 | 高，理论上单个孢子即可引发感染 |
| 侵染周期 | 致死寄主需 1 周左右 | 相对较短，快则 1~2 d |
| 产毒素 | 侵染后期产毒性次生代谢物 | 报道较少，集中在耳霉属产毒蛋白 |
| 传播流行 | 传播力有效，野外流行水平低 | 主动释放侵染体，季节性暴发流行 |
| 体外培养 | 较易，对营养要求相对较低 | 较难，对营养要求严格 |
| 剂型化 | 已开发多种实用剂型 | 以菌丝剂型为主，但未广泛应用 |
| 研究水平 | 代表性菌种基因组多已公布，可进行遗传操作 | 基因组报道少，目前仍无法进行基因敲除等分子操作 |

# 一、球孢白僵菌

已开发的真菌类生物农药制剂中，白僵菌属真菌是数量最多的。以球孢白僵菌(*Beauveria bassiana*)为例，这种真菌已被报道能够感染 15 个目 149 个科的 700 种昆虫和 13 种螨类。球孢白僵菌的生长发育周期分为 4 个主要阶段：分生孢子阶段、营养菌丝(又称菌丝体)阶段、芽生孢子阶段和气生菌丝阶段。白僵菌的无性型主要通过无性生殖方式繁殖，能产生大量的分生孢子。当菌株在固体培养基上涂布分生孢子培养 72 h 后，就能进入产孢阶段，气生菌丝体形成锯齿状的分生孢子梗。随后，这些分生孢子梗上会形成含有大量分生孢子的孢子团。随着培养时间的推移，孢子球的大小、密度和数量迅速增加。

球孢白僵菌
生长特征

白僵菌属兼性寄生菌，在萨氏培养基上生长良好，能形成白色毛绒状菌落，气生菌丝纤细、透明、光滑。在虫尸上，它同样生长出白色气生菌丝，后期逐渐变为淡黄色，有的很快形成粉层状孢子层，而有的则保持絮状。白僵菌的分生孢子单胞、透明、壁薄、并积聚成白色粉末状。这种真菌的孢子非常微小，直径仅有几微米，呈近球形。产孢细胞可以持续产生分生孢子，这是白僵菌能够成功实现剂型化的主要优势。当孢子脱落后，产孢轴呈现"之"字形，这是该菌典型的形态特征。分生孢子的表面存在一层棒状疏水蛋白，导致孢子具有高度的疏水性，因此常被制成乳油剂型。在萨氏培养基平板上，白僵菌的产孢一般始于培养的第 3 天，随后产孢量快速增长，第 7 天左右达产孢高峰，产孢量约 $5.5 \times 10^8$ 个/cm$^2$，此时，具有侵染能力的分生孢子遍布整个平板(图 4-3)。白僵菌的有性生殖很难发生。依靠现代分子鉴定技术发现,在东南亚热带地区的球孢虫草实际上就是球孢白僵菌的有性型。除此之外,白僵菌还能够通过准性生殖进行遗传重组,这种重组主要经过异核体、二倍体和单倍化 3 个阶段,从而实现有限的基因重组,这也是不同菌株之间性状差异的主要来源。

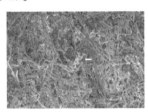 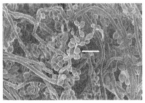 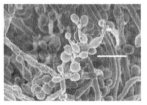

**图 4-3  球孢白僵菌野生菌株在 25℃和 12∶12 光周期下培养 7 d 时的扫描电镜图**

(图示产孢状况与菌丝密度,从左至右逐级放大;标尺 5 μm)

白僵菌引发的僵死昆虫

球孢白僵菌的分生孢子具有较强的毒力。在致病过程中,分生孢子接触到昆虫体壁后,依靠其表面的疏水特性(黏附蛋白 Adh2)附着在昆虫体表。接着,分生孢子萌发形成芽管并侵入寄主的血腔。在寄主体内,白僵菌以昆虫血淋巴为营养来源不断生长发育。分生孢子在这个过程中实现二型转化,成为芽生孢子,即虫菌体,继而发育成为营养菌丝。初期,芽生孢子主要以圆筒形为主,后期则以梨形为主(曾称为短菌丝或圆筒孢子)。寄主死亡后,在尸体表面形成气生菌丝。这些气生菌丝分化成为分生孢子梗和小梗,最后形成新的分生孢子,完成一个生长周期。由此可见,球孢白僵菌的侵染主要依靠气生的分生孢子。实验证实,无论通过体壁侵染还是血腔注射,分生孢子在侵入虫体后 96 h,即可在昆虫的血液里形成数量可观的芽生孢子(图 4-4),从而引发昆虫死亡。这些芽生孢子可液生,壁薄,通常不具有侵染性,因而不能用于生物农药剂型制备,但可用于遗传操作进行转化实验。在人工注射寄主后,它们也能够诱发感染。由白僵菌引发的僵死昆虫,其虫尸组织内充满菌丝体从而变得僵硬。在湿度较大情况下,虫体体表会出现较厚的孢子层。

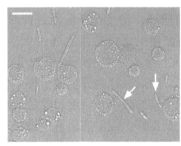 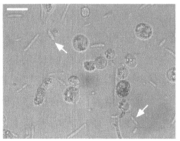

**图 4-4  球孢白僵菌感染后 96 h 后昆虫的血淋巴**

(箭头所指为芽生孢子;标尺 20 μm)

球孢白僵菌对温度的适应范围较广,可以在 5~30℃温度范围内生长,最适生长温度为 25℃。孢子在相对湿度 90%以下的环境中难以萌发。不过,球孢白僵菌侵入昆虫体内后,引发疾病的阶段对相对湿度的要求较宽,相对湿度为 70%最好,在 40%以下时不适合发育。致死寄主后,虫尸内菌丝需要在潮湿条件下才能穿出体壁并长成气生菌丝,进而在顶端形成分生孢子。相对湿度 40%以下时,对分生孢子活力的保存有利,因此,孢子可以进行干燥处理，以延长其货架期。光照对白僵菌生长有一定的影响，长时间的阳光暴晒（超过150 h）会使分生孢子完全丧失活力。暴晒时间在90 h内，反而有刺激分生孢子的活力。其他环境因素如氧气（对菌丝生长有利）、pH值（4.0~6.0下生长较好）和营养条件（在蛋白胨、豆芽、马铃薯培养基上生长良好）也对白僵菌的生长有一定的影响。一般来说，白僵菌在虫体上可存活6个月。

据报道，白僵菌可以产生几种不同的环缩肽次生代谢物（肽内酯）。这些环缩肽与钾离子或钠离子具有选择性相互作用，可作为离子载体抗生素，从而改变细胞膜的通透性。目前研究最多的球孢白僵菌产生的环缩肽分子是白僵菌素（beauvericin）。这种物质最早是从液体培养物中分离得到的。白僵菌素对草地贪夜蛾（Spodoptera frugiperda）的细胞系具有毒性，并对尖音库蚊（Culex pipiens）幼虫超微结构产生不利影响。除了白僵菌素，白僵菌还产生其他次级代谢产物，包括3种非肽色素：卵孢菌素（一种红色的二苯醌）、黄色2-吡啶酮类化合物软白僵菌素（tenellin）和白僵菌黄色素（bassianin）。这些毒素的产生，有利于缩短侵染周期。尽管这些毒素具有明显的生物活性，但由于毒性较强且选择性差，故不适宜开发成生物源农药。

## 二、金龟子绿僵菌

绿僵菌属真菌在研发上仅次于白僵菌。绿僵菌对营养的要求比白僵菌更高，在察氏组合培养基上生长较慢，但在添加蛋白胨和酵母粉的萨氏培养基上生长较好。绿僵菌的营养菌丝呈白色，产孢后变成绿色。代表性种为金龟子绿僵菌（Metarhizium anisopliae），其分生孢子呈卵圆形，一端稍尖，一端略钝。大小为（3.0~4.0）μm×（2.5~3.0）μm，淡绿色，表面含有疏水的黏附蛋白（如Mad1）和黏性聚糖（galactosaminogalactan），这有助于真菌孢子在寄主表面附着。产孢分生孢子头呈帚状，与青霉类似。绿僵菌的最适生长温度为22~24℃，最适pH值为6.9~7.2。

绿僵菌通过识别寄主表面的信号分子、疏水性和硬度等来促发萌发管末端附着胞的形成，从而进行侵入。基因组学分析表明，大量G蛋白偶联受体编码基因参与了真菌识别不同寄主的过程。在识别寄主后，一系列的下游通路和基因被激活，如MAPK（mitogen-activated protein kinase pathway）途径上 Fus3 会激活核内转录因子 Ste12 和 Aftf1 来控制附着胞的形成；PKA（protein kinase A pathway）途径则控制附着胞的成熟。此外，组蛋白赖氨酸甲基转移酶等也参与了附着胞的形成过程。随后，PKA途径和钙离子—钙调素—钙依赖磷酸酶途径（calmodulin-calcineurin（$Ca^{2+}$-CaM-CN）pathway）参与体壁侵入过程中。附着胞内巨大的膨压与其胞内脂滴关系密切，受 Mpl1 等基因控制，脂滴中的中性三酰基甘油降解成甘油，从而提高渗透压。为了解除昆虫体壁毒性物质（如苯醌）的作用，病原菌还会产生大量的细胞色素 $P_{450}$ 分子等进行解毒。同时，有大量丝氨酸蛋白酶（如类枯草杆菌素蛋白酶）和几丁质酶生成。

近年研究表明，除了表皮中的有毒成分外，昆虫表面的细菌菌群也构成了真菌侵染的障碍，发挥一种真菌定殖抗性的作用。因此，病原真菌会分泌一些抗菌肽等成分来抑制虫体表面菌群。同时，产生的嗜铁素等成分来与细菌竞争微量元素，抑制生长。在侵入血腔的过程中，昆虫机体通过Toll途径感知真菌细胞壁成分如β-葡聚糖和几丁质，产生免疫防御反应，如血细胞包裹、黑化反应、分泌抗菌肽等。绿僵菌对此也会作出响应，如罗伯茨绿僵菌(*Metarhizium robertsii*)侵入寄主血腔后细胞表面的 $\beta$-葡聚糖和几丁质含量会显著下降，同时，类似胶原蛋白 Mcl1 分子会覆盖真菌菌丝段表面来进行"伪装"，起到免疫逃逸的作用。罗伯茨绿僵菌还能产生金属蛋白酶 M35 家族分子来降解昆虫免疫蛋白原酚氧化酶。躲过寄主免疫系统攻击后，虫菌体将进入快速繁殖阶段，类似单细胞酵母芽殖产生大量的子细胞。菌丝和单细胞两种不同细胞形态的切换(dimorphic switching)是这类昆虫病原真菌的显著特征。

绿僵菌还能产生多种毒性次生代谢产物，其中最具有代表性的是非核糖体环六脂肽类化合物破坏素(destruxin)。这种化合物可以通过打开昆虫肌肉膜中的钙离子通道，导致虫体麻痹，从而进行杀虫。同时，破坏素还可以抑制寄主多酚氧化酶和抗菌肽生成，进一步削弱昆虫的免疫防御。最新研究还表明，破坏素还会攻击果蝇的神经系统。尽管绿僵菌产生的这些次生代谢产物对昆虫具有显著的毒性，但对哺乳动物表现出强毒性，因此不适宜开发为生物农药。近年来发现，该毒素可以对癌症、阿尔茨海默病和肝炎等疾病模型表现医药活性，其研究受到关注，生物合成途径已被我国研究人员解析(Wang et al., 2012)。此外，与白僵菌相比，金龟子绿僵菌的寄主云化性更高，对特定昆虫的侵染能力更强，在生物防治研究中具有重要价值。

## 三、其他已开发的种类

**(1) 拟青霉**

拟青霉(*Paecilomyces*)是一种在结构上与青霉相似的真菌，其分生孢子头呈倒三角形。其中，淡紫拟青霉已成功开发并应用于农业上对根结线虫的防治。

**(2) 棒束孢**

棒束孢(*Isaria*)的代表种玫烟色棒束孢主要针对黏虫、粉虱等小型害虫。在感染后，这些害虫的尸体表面形成孢子层，呈肉色。值得注意的是，早期文献中玫烟色棒束孢归属于拟青霉属，现已得到修正。

**(3) 轮枝孢**

轮枝孢(*Lecanicillium*)的代表种蜡蚧轮枝孢专门感染蚜虫、粉虱等刺吸性昆虫。需要留意的是，这个属里有不少植物病原。

蜡蚧轮枝孢

**(4) 座壳孢**

座壳孢(*Aschersonia*)的特点是在虫尸上形成复杂的繁殖结构(瓶状的分生孢子器)，分生孢子梗长在分生孢子器内壁上，顶部有孔，可以释放分生孢子。

**(5) 被毛孢**

被毛孢(*Hirsutella*)的显著形态特征是菌丝可以平行聚集形成孢梗束，而分生孢子梗则垂直产生于其侧面，不分枝，底部膨大，上部细长。分生孢子为单胞，纺锤形。已开发的菌种(如汤普生被毛孢)用于螨害防治。

## 第四节 真菌类杀虫剂的制备

在昆虫病原真菌中，发挥杀虫作用的关键细胞结构是无性繁殖体分生孢子，这也是已商品化的真菌类杀虫剂的主要成分。目前，分生孢子主要包括以下剂型：

①粉剂。可以直接喷粉或拌土使用。例如，白僵菌粉剂一般要求每克干粉含 $50×10^8$ ~ $70×10^8$ 个活孢子。

②可湿性粉剂。与粉剂不同的是，这种剂型中添加了润湿剂等助剂，可以兑水稀释后喷洒使用。

③油剂。使用矿物油等作为载体，使表面疏水的分生孢子更好地混合均匀，且油剂的黏着性好，使药剂成分在植株表面保持更长时间。常见的有20%的绿僵菌孢子油剂用于灭蝗。

④悬乳剂或乳油剂。与油剂不同，乳油剂需兑水稀释使用。这种剂型由于添加了亲水亲油的乳化剂等助剂，有助于孢子分散在水相中。这是目前主流的剂型。

此外，还可以制备颗粒剂以及和化学农药混配剂型等。关于生物农药剂型分类详见第十四章。

第二大类真菌剂型主要以菌丝为主要成分，通过液相发酵菌丝与载体混合制成，或直接接种固体基质培养后制备不同剂型。常见有海藻酸颗粒剂和天然谷物颗粒剂。这种菌丝剂型常用于产孢有限的生防菌，通过颗粒剂释放后菌丝产孢来发挥作用，每个颗粒可以视为一个感病虫尸，作为侵染源。此外，还有其他种类的剂型，如用于林业害虫防治的无纺布菌条、针对蚧干类或穴居害虫的膏剂、肉座菌目产生的休眠体微菌核剂型等。

在生产这些剂型时，类似于细菌类杀虫剂的生产，可以进行液态深层发酵、固态发酵和两者结合的固液双相发酵。固液双相发酵方式的优点在于可以利用液态大体量快速收获菌丝，然后在固态浅层发酵中让菌丝产孢，从而收获大量活性分生孢子，用于剂型制备。生产过程中，需要关注以下几个方面（以球孢白僵菌孢子粉生产为例）。

菌株来源：可以野外收集感病虫尸分离纯化，但需要进行生物测定毒力；也可以使用实验室保存的菌种，但需要注意毒力退化的问题。长期保存应选择合适的方式，如液氮、超低温冰箱等；还可以向菌种保藏机构购买等。

营养物的选择：种子液培养基可以使用营养丰富的蛋白胨、酵母粉等，大量生产则选用麦麸、豆粕、天然谷物等成本低廉的基质。扩大培养需逐步扩大，一般按10%的接种量进行转接。

固体浅层发酵：规模较小时可以用浅盘，大规模发酵时可以采用发酵床。发酵过程需要控制温度、湿度、通气，避免杂菌污染等。目前，产孢箱已实现小型化，箱内是多层金属浅盘，温度可由培养室空调控制，其顶部连通管道用于加湿，可以串联多个产孢箱同时生产。

固体基质产孢盛期过后进行后处理，即收获孢子粉的阶段。此时需要降低湿度，可以利用鼓风机快速干燥，防止杂菌污染。干燥后利用收孢机或金属筛等收集分生孢子。收获的分生孢子粉可以通过冷冻干燥后长期保藏，也可以制成剂型。收孢机靠抽取空气的方式将分生孢子从表面覆盖孢子层的固体基质中吸出来，类似吸尘器原理。这种方式收获的孢子粉得率达1%~5%，纯孢子粉活孢子浓度为$10^{11}$个/g。

白僵菌和绿僵菌是目前国际上研究和利用最为广泛的昆虫病原真菌。它们的防治对象包括多种农林害虫。这两类的代表性菌种已建立了遗传操作体系，并可以使用分子技术进行菌种改良，以提高抗逆性和毒力。应用方式方面，目前报道的主要是淹没式放菌。这种方式符合商品化操作，田间推荐用量是每公顷$10^{13}$个孢子，可多次施用以达到防治目的。而接种式放菌更适合耐害性强的林间使用，常用无纺布菌条等剂型来减少大面积施用带来的潜在环境风险。为了提高生防真菌的侵染率，田间环境调控也需要注意。例如，通过调节灌溉措施在某个时间段增加环境湿度，有助于真菌孢子萌发和侵入。

影响真菌剂型应用效果的因素有很多，包括非生物环境因素，如温度、湿度、降雨、风和光照等。例如，温度能影响分生孢子的萌发、菌丝的侵入、病情的发展速度等。大多数病原真菌的适宜生长温度为20~30℃。在炎热气候中，庇荫处气温较低，形成适于真菌发育和侵染的条件。不同地理环境分离的菌株适应生长温度会有所不同。例如，从南极洲分离到的白僵菌可在10℃以下萌发。但即便从热带地区分离的菌株也不会在人体体温（37℃）下生长，这对剂型登记所需风险评估是有利的。相对湿度方面，多数病原真菌要求95%~100%的相对湿度。在高湿的地区和季节，使用真菌制剂往往可获得高效。而病原真菌防治害虫的失败常归因于湿度不足。降水，既有助于提高环境湿度促进产孢和孢子萌发，但也会把孢子从植物体和虫体上冲洗下来，降低侵染体密度。风则能降低环境湿度，但对真菌孢子的传播非常重要。光的因素包括光线的强度、波长和光照时间长短，对真菌病原均有影响。光照能提高气温和降低湿度，紫外线（波长280~315 nm）能杀死真菌孢子，亚致死紫外线辐射也可引起生理或遗传改变，从而降低毒力，降低和延迟孢子萌发。使用通过反辐射（如荧光增白剂）或作为UVA/UVB吸收剂（如染料刚果红、氧苯酮、天然色素）作为遮光剂加入剂型来保护分生孢子。孢子形成和萌发也受日照影响。此外，病原真菌和寄主方面的因素也影响防效，详见第二章。

经过多年的研究与发展，对昆虫病原真菌的理解已经从观察病原真菌致死寄主昆虫的规律，深入到利用这些生防生物资源开发为有效的生防制剂。这一发展历程涉及经典分类学的演进、致病机制的基础研究、生产和制剂的方法探索等。尽管如此，仍有许多其他方面需要进一步探索。例如，环境因素在生防真菌控害效果上的作用，气候变化对昆虫病原真菌的具体影响，昆虫病原真菌作为植物内生真菌的可能用途。从微观上看，深入了解真菌侵染体孢子表面特性，可以为生防菌剂的野外保存、储存、配制和应用提供新的见解和指导。通过新兴组学技术对昆虫病原真菌不同属的基因组进行测序，可以揭示生防真菌关键功能基因、蛋白质、毒力、代谢物生物合成和遗传关系等方面的重要信息。这将为进一步改良和优化生防真菌提供科学的依据。为了更有效地将昆虫病原真菌应用于田间防治，开发新的施药方法也是必要的。这也有助于摆脱原有参考化学防治应用过程中遇到的困扰。综上所述，昆虫病原真菌作为一种天然的生物防治资源，具有巨大的应用潜力和发展前景。通过不断地深入研究和创新应用，有望在未来看到昆虫病原真菌在害虫防治领域发挥越来越重要的作用。

## 第五节 微孢子虫

微孢子虫(Microsporidia)是一类特殊的病原体,目前在分类上归入真菌界。分子鉴定显示它与较原始真菌亲缘关系更近。然而,微孢子虫在形态、生理生化及与寄主互作等方面与常见的真菌存在巨大差异。许多文献中仍然将微孢子虫单列说明,以强调其独特性。根据寄主栖息地(淡水、海洋和陆地)可将微孢子虫分为3个主要类群,这比原先基于形态和生活史特征来划分更符合系统进化关系。然而,关于微孢子虫的分类还存在许多争议。在未来,微孢子虫的许多属种在分类系统中的地位可能还会有较大的调整。这种调整是基于更深入的分子生物学研究和系统发育分析的结果。

微孢子虫在自然系统和生物防治中发挥着重要作用。它们几乎能感染所有的昆虫和其他节肢动物。在已描述的约186属1 300多个物种中,大多数是无脊椎动物的病原体,其中近90个属的微孢子虫的寄主是昆虫。此外,少部分微孢子虫的寄主包括脊椎动物,但感染人类的极为罕见,迄今没有发现侵染植物的种类。

微孢子虫是一类个体较大的病原体,使它们容易被观察到。早在19世纪,昆虫病理学家就发现了第一种感染家蚕的微孢子虫——*Nosema bombycis*。后续的研究中,人们还在蜜蜂等人工饲养的昆虫中发现这类病原。微孢子虫具有诱发昆虫流行病的潜力,这使它们具有生防作用。目前,已开发用于害虫种群调控的微孢子虫种类有:*Paranosema* (*Nosema*) *locustae* 用作蝗虫微生物杀虫剂;*Vavraia* (*Pleistophora*) *culicis* 被引入尼日利亚的库纹属(*Culex*)种群;*Nosema pyrausta* 能感染欧洲玉米螟(*Ostrinia nubilalis*);*Nosema portugal* 是欧洲舞毒蛾(*Lymantria dispar*)病原菌。针对蝗虫和蚊类的微孢子虫研究较多。例如,感染蚊类的微孢子虫已发现有150种,大多集中在 *Amblyospora* 和 *Parathelohania*。它们共同的特点就是感染蚊类幼虫的脂肪体,导致脓肿形成,此时虫尸内部充满微孢子虫的孢子。

### 一、一般特征

微孢子虫作为专性胞内寄生的病原,展现独特的生物学特征。它们缺乏过氧化物酶体、高尔基体和线粒体等细胞器,这使它们无法离开寄主独立生活,只能利用寄主组织来进行生殖和发育。微孢子虫的生活史复杂,存在2个或3个生殖和营养阶段。这些阶段分别产生成熟的、有抗逆性的、有传染性的孢子。其他特征包括:①孢子类型,可能产生1~4种不同孢子;②组织趋向性,它们能从利用一个或少数几个寄主组织到感染寄主全身;③对受感染寄主的影响,从明显的良性到高度毒性不等;④最典型的传播途径是取食侵染性孢子,或被感染的雌性传给后代,或同时通过这两种途径;⑤寄主特异性,从高度寄主特异性物种到一般寄主特异性物种,寄主范围通常在一个昆虫目内。

微孢子虫具有独特的细胞结构。孢子前端通常具有一个平板或锚定圆盘相连的细胞器,即极丝。极丝盘绕在孢子内部,并可以伸出胞外。微孢子虫可通过极丝侵入寄主细胞。成熟的孢子具有致密的孢子壁,由蛋白质和 α-几丁质组成,在相差显微镜下外观呈现均匀的亮度。孢子通常呈椭圆形、长椭圆形、卵形和纺锤形,长度为 2~6 μm。用吉姆萨染色后成熟的孢子呈白色,周围的孢子壁呈蓝色,未成熟的孢子则呈灰色,这可能与其孢子壁形成阶段有关。在寄主体内还会产生一种初级孢子，呈圆形，壁薄。由于每种微孢子虫都能产生多种不同类型的孢子，因此，不能仅靠孢子形状来进行分类鉴定。成熟且具有侵染性的微孢子虫孢子在体外生存的时间不超过1年。

微孢子虫的细胞核为单核或双核。作为专性病原，微孢子虫的基因组较小，通常为 7~20 Mbp。基因组缺乏重复序列和转座元件，并且蛋白编码基因数量仅数千个。研究表明，部分蛋白编码基因与寄主有关，可能是进化过程中基因水平转移从寄主基因组中获得的。

大多数微孢子虫的繁殖是无性繁殖。当微孢子虫的休眠孢子被寄主取食后，孢子会在寄主的肠道中萌发。在萌发过程中，细胞吸水膨胀，导致极丝外翻，并迅速从孢子中伸出，刺破寄主细胞。孢子内容物，包括细胞核、细胞膜和其他细胞成分，通过极丝进入寄主细胞的细胞质中。由于微孢子虫缺乏线粒体，它可直接利用寄主产生的 ATP 作为通用能量，满足自身生命活动所需。营养生长 30 min 后就开始细胞分裂，可通过二分裂或者先形成多核的原生质体（原质团）。原质团分裂后产生的子细胞可进入到孢子生殖阶段。孢子在成熟前，需经历产孢体、产孢母细胞、孢子囊等阶段。

微孢子虫对寄主的感染通常是慢性的，毒力较低，少数可导致寄主死亡。这种亚致死的影响往往导致幼虫发育迟缓、蛹重降低，无法交配、成虫存活期缩短等。微孢子虫进入昆虫体内后，先侵入消化道或脂肪体，随后引发全身性的感染。有些微孢子虫甚至能通过感染卵巢，传播给下一代寄主。受微孢子虫感染的昆虫细胞常出现细胞核和细胞质的增生或膨大，极少数甚至能形成肿瘤，此时在昆虫机体内出现黑化现象。在种群水平上的感染通常依赖于寄主昆虫的种群密度。受微孢子虫感染的昆虫更易受到环境胁迫或其他生物的影响，进一步缩短寿命。

## 二、生防应用

微孢子虫最适合的作用是作为自然控制手段辅助其他防治措施更好地发挥作用。它们在害虫防治中的大规模应用受到限制，主要原因有两点：①致病过程缓慢，致死效应相对较弱；②微孢子虫是专性寄生虫，体外扩繁困难。目前，美国环境保护局登记了一种蝗虫微孢子虫（*Paranosema locustae*）作为微生物农药使用。探索微孢子虫的害虫防治应用等相关研究仍在继续。例如，微孢子虫是双翅目昆虫（如蚊蝇等）的常见病原，尤其是针对水生的蚊类幼虫。

研究发现，*Amblyospora connecticus* 是褐色盐沼蚊（*Aedes cantator*）的病原，以水体中的桡足类动物为中间寄主。*Amblyospora connecticus* 的生活史包括在蚊类寄主体内的水平传播和垂直传播。在被感染的成虫中，蚊子取食血液后会诱发微孢子虫形成双核孢子，并将病原经卵巢传递给子代。受感染成虫中的一些雌性和大多数雄性后代会发生致命的脂肪体感染。*Amblyospora connecticus* 的季节性流行发生在每年秋季（10~11月），感染率最高达 100%。被认为对 *Amblyospora connecticus* 种群的维持至关重要的重大事件是：秋季的流行病导致了褐色盐沼蚊幼虫大量死亡，同时也导致了桡足类中间寄主感染，为寄生物越冬提供了条件；春季的流行病形成时，桡足类寄主形成孢子，水平传播到褐色盐沼蚊幼虫并导致成虫感病。从中发现，在春季和秋季清除这些栖息地的幼虫，会破坏微孢子虫流行病。

因此，微孢子虫的应用更适合作为自然调控昆虫种群的一部分。

蝗总科含有 10~15 种主要农牧业害虫，隶属于蝗科（Acrididae）的 4 个主要亚科。蝗虫种群暴发的强度和频率变化很大，暴发时可蔓延数百万公顷，且较难预测，导致危害严重。长期以来，人们一直使用各种杀虫剂喷洒和诱饵等对其进行控制。蝗虫微孢子虫是目前唯一商业化生产并登记用于在草原中蝗虫防治的微孢子虫。这种微孢子虫的寄主范围较广，可侵染 120 种直翅目昆虫。它主要感染寄主的脂肪体细胞，导致寄主慢性衰弱，并影响发育和繁殖。蝗虫微孢子虫对若虫的致死率高，且可进行水平和垂直传播，但对成虫的毒力较低，种群密度降幅不超过 30%，活体带菌在 20%~40%，控制作用有限。目前，相关饵剂作为防治的辅助手段（生防增强剂）效果理想，作为一种生物防治措施纳入有害生物综合防治计划或在能够承受一定程度损害的地区是有应用价值的。在国内也开展了相关的治蝗应用，发现蝗虫微孢子虫的饵剂可降低种群密度并可维持 10 年的有效性。

红火蚁（Solenopsis invicta）是一种原产于南美洲的检疫性有害生物。由于其对人类具有攻击性，其毒液威胁人体健康甚至生命，且危害本土动植物，因此是城市和森林环境中需要重点防控对象之一。利用微孢子虫（Kneallhazia solenopsae 和 Vairimorpha invictae）的多种孢子对红火蚁进行生物防治已取得了广泛的成果，尽管微孢子虫在红火蚁种群中的水平传播方式还未确定。通常采用微孢子虫感染的虫卵来开启群体感染，进行垂直传播。感病蚁后产卵量会减少 80% 以上，种群在半年至一年内消亡。因此，对红火蚁的防效更侧重在长期调控。

**表 4-2  微孢子虫多型孢子感染红火蚁的特点**

| 种名 | 孢子类型 | 感染红火蚁的主要阶段 | 孢子形态 |
| --- | --- | --- | --- |
| Kneallhazia solenopsae | 单核的八孢型子囊孢子 | 成年工蚁，蚁后，有翼蚁（蛹） | 孢子囊中的 8 个孢子，3.3 μm×1.95 μm |
| | 无双核或 Nosema-like 孢子 | 成年工蚁、雌虫（幼虫、蛹） | 游离孢子或小孢子八分体，4.9 μm×1.85 μm |
| | 双核初生孢子 | 蛹（幼虫） | 初生孢子，巨大的后液泡，4.5 μm×2.3 μm |
| | 双核大孢子 | 蚁后、有翼雌虫、工蚁、幼虫和蛹 | 初级孢子和较大的大孢子，6.2 μm×3.6 μm |
| Vairimorpha invictae | 单核减数孢子 | 所有等级的成虫（蛹） | 无孢子囊的分生孢子，6.3 μm×4.2 μm |
| | 二核游离孢子 | 各种姓的成虫、蛹 | 芽孢形游离孢子和卵球形减数孢子，11.2 μm×3.1 μm |

相较于农业环境，森林环境对化学药剂的使用管制更为严格。在自然生态系统中，抑制害虫暴发和消除入侵物种，同时避免对本地物种种群的损害，对于维系自然生态系统稳定具有至关重要的作用。微孢子虫作为外来林业有害生物天敌/病原防控体系的重要组成，已经研究了森林害虫如云杉卷夜蛾、舞毒蛾、象甲的微孢子虫病原体对寄主种群的影响。目前，感染舞毒蛾的几种微孢子虫已被广泛用于害虫生物防治。

总体来说，微孢子虫具有作为天然昆虫种群的重要调节因子和害虫经典生物防治及其增效剂的潜力。由于微孢子虫感病虫体显症不明显，未来的研究方向侧重于在分子和基因组水平掌握病原与寄主之间的互作关系和致病机理，以及微孢子虫在野外的流行生态规律。同时，需进一步探究微孢子虫的增效作用过程中与其他天敌和病原的关系。此外，风险评估并不可少。尽管罕见，确有报道指感染微孢子虫的蚊虫叮咬人体后导致人类感染现象的报道。因此，在利用微孢子虫进行生物防治时，需要充分考虑其对人类健康和环境安全的影响，并进行全面的风险评估。

## 思考题

1. 简述昆虫病原真菌侵染寄主的优势。
2. 简述主要的昆虫病原真菌种类及其异同。
3. 什么是昆虫病原侵染周期？
4. 简述球孢白僵菌的特征。
5. 简述真菌类杀虫剂的主要剂型及制备流程。
6. 简述真菌类杀虫剂使用的注意事项。
7. 分析病原和寄主对真菌类杀虫剂应用效果的影响。
8. 简述微孢子虫的主要形态特征及与致病的关联。

# 第五章

# 昆虫病毒资源与利用

昆虫病毒是一类专门感染昆虫的特殊病毒,能够引发致死效应。与常见的人畜病毒不同,昆虫病毒对人类和其他动物无害,却对昆虫种群具有天然的控制作用。人们最早对昆虫病毒的认识始于家蚕和蜜蜂疾病。我国是最早记录昆虫病毒病的国家,早在1149年陈旉所著的《农书》中就记载了家蚕患有"高节""脚肿"等病症,即由昆虫核型多角体病毒引起。国外对昆虫病毒的最早记录可追溯到1808年Nysten写的关于家蚕黄疸病的观察。1913年,Wahl等通过实验证明了这些昆虫疾病是由一种"滤过性病毒"引起的。到目前为止,累计发现了2 000多种昆虫病毒,寄主范围涉及11个目和1 000多种昆虫和螨虫。我国发现的昆虫病毒有200余种,部分已进行了产品登记,如棉铃虫核型多角体病毒得到了广泛应用。

昆虫病毒的结构与其他病毒类似,无细胞结构,由蛋白质外壳和包裹的核酸(一般为DNA或RNA)组成核衣壳。大部分种类在蛋白质衣壳外还具有包膜结构,主要由脂类分子和刺突蛋白组成,是有别于植物病毒的显著特征。昆虫病毒具有高度专一性,即寄主范围狭窄,每一种只能感染特定种类的昆虫,对其他昆虫、脊椎动物和人类无害。同时,昆虫病毒易诱发流行病,在自然界中长期调节害虫种群数量方面发挥着重要作用,引起研究者的关注(Smith,1967)。早在20世纪40年代,就有成功利用昆虫病毒控制害虫的案例。例如,欧洲云杉叶蜂在加拿大东部和美国东北地区猖獗肆虐,对云杉林构成巨大威胁,一种核型多角体病毒通过寄生蜂偶然从欧洲引入加拿大,迅速传播并在叶蜂种群内暴发流行病,有效地控制了叶蜂的危害。到了20世纪50年代,昆虫病毒已经广泛用作微生物杀虫剂[①]进行大量的田间试验。70年代初,联合国粮食及农业组织(FAO)和世界卫生组织(WHO)推荐将昆虫杆状病毒(baculovirus)用于农作物害虫防治。目前,已有至少20多个国家对30多种病毒杀虫剂进行了商品注册和应用。

然而,由于病毒杀虫剂对寄主昆虫的高度专一性和缓慢的杀虫效果,其应用推广受到限制。同时,大部分昆虫病毒使寄主昆虫长期处于带菌状态,只有部分病毒种类具有致死

---

① 病毒类杀虫剂是以昆虫为寄主并对昆虫有致病和致死作用的病毒所制成的微生物农药。

作用。近年来,通过对不同株系的筛选、生产和应用方法的研究,以及利用基因工程技术改良某些昆虫杆状病毒,已经取得了许多重要的进展。

## 第一节 昆虫病毒概述

### 一、昆虫病毒的一般特性

**(1)寄主专一性**

大多数昆虫病毒通常只能感染一种或几种特定的昆虫种类。这种寄主专一性是由于病毒与寄主昆虫细胞之间的相互作用机制和适应性所决定的,是长期协同进化的结果。

**(2)口服感染**

昆虫病毒主要通过昆虫的取食过程进入寄主体内。当昆虫摄食时,病毒粒或多角体被摄入并溶解在碱性肠液中。释放的病毒粒①会初次感染②肠道细胞,接着以次级感染③形式在寄主体内扩散,破坏昆虫的其他组织。

**(3)形成包涵体结构**

在感染过程中,昆虫病毒在寄主细胞的核内或细胞质形成典型的包涵体(包括多角体和颗粒状物质)。包涵体是由多个病毒粒聚合并被蛋白质成分包被而成,往往形成于侵染后期,此时寄主体内细胞已破坏殆尽。包涵体对于病毒的野外宿存和传播起着重要作用。

**(4)病征表现**

由于不同种类的昆虫病毒对寄主造成影响的不同,因此病征表现也各不相同,但存在一些共性。昆虫感染病毒后出现虫体消瘦、行为异常(如登高症)、食欲减退、生长受限、体色变化等现象。

**(5)环境稳定性**

昆虫病毒在各种环境条件下具有较好的稳定性。例如,病毒颗粒可以在寄主虫尸中长时间保持活性,这有助于其在野外宿存和长期调控寄主种群。

### 二、昆虫病毒的主要种类

**(1)杆状病毒科**

昆虫杆状病毒是一类专门寄生在节肢动物中的病原,也是目前开发最多的昆虫病毒种类。这种病毒的核衣壳呈杆状,大小通常为 $(40\sim60)$ nm $\times (200\sim400)$ nm,并且有包膜。其核心包含双链 DNA(dsDNA),质量占比为 $8\%\sim15\%$,分子质量为 $58\times10^6\sim110\times10^6$ Da。衣壳蛋白分子由 $10\sim25$ 个多肽组成,分子质量 $1\times10^4\sim1.6\times10^4$ Da。这类病毒对乙醚和热敏感。在杆状病毒科下,主要分为 4 个属。其中,侵染鳞翅目核型多角体病毒(NPV)和颗粒体病毒(GV)是数量最多的属,同时还有分别感染膜翅目和双翅目的核型多角体病毒。

---

① 结构完整,具有独立侵染能力的病毒个体。

② 由包涵体来源的病毒粒所引发。

③ 由出芽型病毒粒引发的感染。

这些病毒具有高度的寄主特异性,不会感染脊椎动物,因此对人畜和环境安全。病毒粒被包埋在蛋白质晶体内使其十分稳定,作为杀虫剂在虫害的生物防治中具有显著的经济效益和生态效益。

核型多角体病毒和颗粒体病毒在感染过程中都能形成包涵体。颗粒体病毒的包涵体常呈椭圆形,每个包涵体内仅含有一个病毒粒,偶尔会有两个。而核型多角体病毒的包涵体则呈多角形,有两种主要的包埋形式。一种是多角体内包含了许多单个的病毒粒(单粒包埋型),另一种是单个包膜内包裹着多个核衣壳(一般称为病毒束),成束地被包埋于多角体蛋白基质中(多粒包埋型)。核型多角体大小常为 0.5~15 μm,可用光学显微镜进行观察。当昆虫感染杆状病毒后,通常会在其幼虫阶段出现病症。这些幼虫常常会以腹脚或尾脚倒挂于叶片或枝条上死亡。它们的尸体会变得柔软,一触即破,并会流出脓液,但没有恶臭,与细菌病有所不同。

(2)痘病毒科

昆虫痘病毒的形态各异,大小不一。感染鞘翅目的痘病毒,其病毒粒呈卵圆形,大小为 450 nm×250 nm。感染鳞翅目和直翅目分离的痘病毒大小为 350 nm×250 nm。双翅目的痘病毒最小,呈砖形。病毒粒含有 5% 的 dsDNA,分子质量为 $140×10^6 \sim 240×10^6$ Da。这些病毒能形成椭圆形和纺锤形两种包涵体,直径为 12~20 μm。感病后,幼虫外表呈现白色,病毒主要在血细胞和脂肪细胞的细胞质中增殖。昆虫痘病毒与脊椎动物痘病毒在形态结构上相似,但它们之间没有共同的抗原。用昆虫痘病毒对乳鼠进行腹腔注射无法感染,接种于鸡胚绒毛尿囊膜上也不会形成痘斑。

(3)虹彩病毒科

昆虫虹彩病毒被划分为两个属:昆虫小虹彩病毒属和昆虫大虹彩病毒属。昆虫小虹彩病毒属的病毒粒直径为 120 nm,提纯的病毒呈现蓝色虹彩。昆虫大虹彩病毒属,也被称为绿虹彩病毒属,其病毒粒直径为 180 nm,呈现黄绿色虹彩。这些病毒的衣壳呈二十面体,接近球形,没有包膜,并且不会形成包涵体。虹彩病毒在寄主细胞质中增殖,主要集中在脂肪体中,但其他组织也能被感染。在发病后期,病毒的含量几乎占整个幼虫干重的 25%。感染虹彩病毒的昆虫幼虫具有显著特点:它们组织呈现蓝绿色、橙黄色或紫色的虹彩光泽。该科病毒具有广泛的寄主分布,包括半翅目、鳞翅目、鞘翅目、膜翅目和双翅目等多种昆虫。

(4)小 DNA 病毒科

该科代表性的浓核症病毒属,其病毒粒具有二十面体的蛋白衣壳,无包膜,直径为 18~25 nm。病毒粒含有 37% 单链 DNA(ssDNA),分子质量为 $1.2×10^6 \sim 1.8×10^6$ Da。它们对乙醚和氯仿具有抗性,并且耐热。此类病毒主要在昆虫细胞核内增殖。虽然从昆虫中分离的小 DNA 病毒数量不多,但在自然环境下,混合感染的情况较为常见。例如,大蜡螟浓核症病毒常与核型多角体病毒混合感染大蜡螟幼虫,两种病毒甚至可以在同一个细胞核内增殖。鹿眼蛱蝶浓核症病毒也常与颗粒体病毒同时感染鹿眼蛱蝶幼虫。此外,大蜡螟浓核症病毒还能感染家蚕卵巢的原代细胞,并且可以感染离体培养的小鼠 L 细胞,但对新生的小鼠没有致病性。

(5)呼肠孤病毒科

该科病毒主要为质型多角体病毒(CPV)。病毒粒含有 25%~30% dsRNA,分子质量为

$13\times 10^6 \sim 16\times 10^6$ Da。病毒粒衣壳呈二十面体，直径为 50~65 nm，没有包膜结构。蛋白质占病毒粒的 70%~75%，单个衣壳粒分子质量为 30~151 kDa。这些病毒能在寄主的细胞质内形成多角形的包涵体，大小范围为 0.5~15 μm。该科病毒主要感染幼虫的中肠部位，但也能蔓延到其他组织。感病幼虫会出现食欲缺乏、下痢、吐液、脱肛、体积缩小等症状。

（6）小 RNA 病毒科

该科病毒粒呈现二十面体，直径为 22~30 nm，没有包膜，并且不形成包涵体。病毒粒含有 ssRNA，分子质量为 $2.5\times 10^6$ Da。这些病毒主要在昆虫细胞质中增殖。代表性的种类包括蟋蟀麻痹病毒、果蝇 C 病毒和枯叶蛾病毒等。其中，枯叶蛾病毒和蟋蟀麻痹病毒的相应抗体天然地存在于猪、牛、绵羊、马、狗、鹿和苍鹭的血清中，表明该类病毒有可能感染这些动物。在野外利用这些昆虫病毒控制害虫时，应注意环境的安全性。此外，蜜蜂急性麻痹病毒、蜜蜂囊雏病毒、蜜蜂 X 病毒、家蚕软化病病毒、果蝇 P 病毒和 A 病毒等小 RNA 科病毒的分类地位尚未明确。

（7）弹状病毒科

该科代表性病毒种类是水疱性口炎病毒。病毒粒呈子弹状或圆柱状，长度约为直径的 3 倍，大小为 (150~180) nm × (50~70) nm。该科病毒具有包膜结构，包膜上均匀密布长约 10 nm 的刺突蛋白。病毒核心含负链 RNA(ssRNA)。水疱性口炎病毒可在埃及伊蚊、白纹伊蚊、果蝇的体内或体外细胞系中增殖。这种病毒对光、高温、常见消毒剂都较为敏感。在土壤中，它可存活数日；在含有 50% 的甘油缓冲液中 4~6℃ 可存活 4~6 个月；冻干的病毒在 4~6℃ 的条件下可存活 5 个月。

（8）野田村病毒科

该科病毒粒呈球形，直径为 29 nm。每个病毒粒含有 2 个 ssRNA 分子，分子质量分别为 $1.15\times 10^6$ Da 和 $0.46\times 10^6$ Da，约占病毒粒重量的 20.5%。从三带喙库蚊分离的野田村病毒除了感染蚊类外，还感染大蜡螟和蜜蜂，可导致寄主死亡。此外，这种病毒还能感染小鼠，引起麻痹与死亡，其症状与柯萨奇病毒感染小鼠的症状极为相似。这是第一个既能使昆虫致病又对脊椎动物有病原性的已知病毒。然而，隶属该科的其他昆虫病毒（如东方蜚蠊病毒等）却无法在脊椎动物细胞内增殖。

## 第二节　核型多角体病毒

核型多角体病毒（NPV）是首个被发现且被广泛研究和应用的昆虫病毒。在全球范围内，已发现 464 种能感染昆虫的核型多角体病毒，其中我国就有 124 种（78 种为首次发现的新病毒株）。在欧美各国，已批准作为生物杀虫剂注册的有美洲棉铃虫 NPV、黄杉毒蛾（*Orgyia pseudotsugata*）NPV、苜蓿丫纹夜蛾（*Autographa californica*）NPV、松锯角叶蜂（*Neodiprion sertifer*）NPV 等。在我国，棉铃虫 NPV、斜纹夜蛾 NPV 和甜菜夜蛾 NPV 等多个病毒杀虫剂也已登记注册，并进行大批量生产和应用。

### 一、核型多角体病毒的一般形态特征

此类病毒具有较大的包涵体，通常又称多角体或多角形包涵体（polyhedral inclusion

body, PIB)。这些多角体是在感染细胞的核中形成的,是一团保护病毒粒的蛋白质结晶。多角体的直径为 0.5~15 μm,但大多在 2~3 μm。它们的大小因虫种而异,即使同种昆虫,甚至在同一寄主细胞内,多角体的大小和形状也有差别。核型多角体的外观呈六角形、五角形、四角形或不规则形等(图 5-1),具体形状取决于寄主种类。例如,黏虫 NPV 多为六角形和五角形,而僧尼舞毒蛾(*Lymantria monacha*)NPV 则为四角形,隐纹稻苞虫 NPV 则为不规则多面体等。多角体的形态可以在普通光学显微镜下观察到,很容易与细胞内常见的脂肪粒或其他颗粒区别开来,在相差显微镜下清晰可辨。

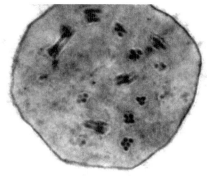

(a)多角体包涵体　　　　　(b)包涵体横切面

**图 5-1　NPV 的多角体包涵体及其横切面**
(由右图可判断为多核衣壳核型多角体病毒;Slack et al., 2007)

多角体表面具有一层膜,称为多角体膜(PE)。核型多角体病毒的核衣壳呈杆状,直径 20~70 nm,长度 200~400 nm。这种病毒粒具包膜,又称外膜或囊膜,呈现典型的脂质双层膜结构。衣壳的主要成分是蛋白质,而衣壳内部被紧束的是髓核,由双链 DNA 组成,以超螺旋环状分子形式存在。囊膜可以包被一个或多个核衣壳,当一个囊膜内有多个排列成束的衣壳时,常称为病毒束(virus bundle),每个病毒束核衣壳的数量可多达数十个。根据囊膜包被核衣壳的数量,核型多角体病毒可以分为两个亚型:单核衣壳核型多角体病毒①(single-capsid NPV,SNPV)和多核衣壳核型多角体病毒②(multi-capsid NPV,MNPV)。

核型多角体病毒的病毒粒有两种表现型:出芽型病毒(budded virus,BV)和包涵体来源型病毒③(occlusion derived virus,ODV)。这两种类型病毒粒的差别可归纳为:①形态和蛋白质组成差别,BV 的囊膜具有刺突蛋白,呈杆状,一端膨大,而 ODV 的囊膜上则没有这种蛋白,呈多角形。②囊膜内的核衣壳数量,BV 的囊膜中通常仅含 1 个核衣壳,偶含多个,而 ODV 的囊膜内通常含有多个核衣壳。③囊膜的来源不同,BV 的囊膜来源于寄主细胞质膜,而 ODV 的囊膜来源于昆虫细胞核膜。④对细胞感染特性不同,ODV 主要针对昆虫中肠上皮细胞,在血腔中很少感染,而 BV 在昆虫血腔中可感染各类细胞,但经口服一般不会侵染寄主昆虫的中肠上皮细胞。

---

① 单粒包埋型 NPV(single embedded NPV)。
② 多粒包埋型 NPV(multiple embedded NPV),如图 5-1 囊膜内包裹多个核衣壳。
③ 多角体来源型病毒(polyhedra derived virus,PDV)。

## 二、核型多角体病毒的理化性质

核型多角体病毒对不同的化学药剂具有相当高的抵抗力,不溶于水及多种有机溶剂,如乙醇、乙醚、三氯甲烷、苯、丙酮等。这些病毒不能被细菌或蛋白酶分解破坏,但在pH值2.0~2.9的酸性环境下,可以被胃蛋白酶消化其蛋白成分,并破坏病毒粒。多角体也易溶于碳酸钠、氢氧化钠、硫酸和醋酸的水溶液。来源不同的多角体对酸或碱处理的抗性是不同的。

多角体具有较强的折光性,在相差显微镜或普通显微镜下均明亮可辨。完整的多角体不易被染料着色,但经酸或碱处理后可为一些染料所染色。例如,涂片经1%氢氧化钠处理1 min,多角体则易为伊红水溶液染成鲜红色;涂片经1 mol/L的盐酸处理后,多角体也很容易为溴酚蓝染成深蓝色。

核型多角体病毒的比重通常大于水,例如,家蚕的多角体比重为1.268。将感染病毒死亡的虫尸悬浮于盛水的瓶中时,经过一段时间的静置,多角体可以从腐烂的虫尸中释放出来,自然沉降至瓶底。这时,可见瓶底有一层白色沉淀物,就是核型多角体病毒的多角体。为了进一步分离这些多角体,可以使用低速离心机经多次差速离心进行初步分离,并经蔗糖密度梯度离心做进一步纯化。

由于外有包涵体蛋白的保护,核型多角体病毒粒可在自然条件下存活多年而不会失活。这些病毒对低温有较高的耐受力。例如,家蚕NPV在-150 ~ -135℃条件下反复冻结融解5次,其感染力仍然保持不变。然而,核型多角体病毒对高温的抵抗力相对较差,不同种类的耐热性也存在差异。例如,经过热处理10 min,粉纹夜蛾NPV的失活温度为82~88℃,棉铃虫NPV的失活温度为75~80℃,黏虫NPV则在100℃失活。

## 三、核型多角体病毒对昆虫的侵染过程

核型多角体病毒主要通过口服感染,整个侵染循环过程的步骤如下(吕鸿声等,1985):

①多角体释放。因病致死的寄主(被感染的昆虫)将多角体释放在寄主种群所处环境,如植物叶部等昆虫取食部位。

②多角体摄入。易感昆虫个体在进食时,可能摄入这些释放的多角体。

③多角体溶解。在易感虫体的碱性肠道环境条件下,多角体的蛋白质晶体结构被溶解,释放其中的病毒粒(ODV)。

④细胞膜融合和初级侵染。病毒粒穿过肠壁表面的围食膜,与中肠上皮细胞膜的微绒毛上特异性受体结合,包膜融合,使病毒粒能够侵入细胞并形成初级侵染。

⑤核内复制。核型多角体病毒核衣壳进入细胞质,并与核孔相互作用,最终进入细胞核。在核内,病毒基因开始表达和DNA复制,在细胞核内形成网状病毒发生基质,并组装子代的核衣壳。

⑥核膜穿出和囊膜获取。部分子代病毒核衣壳从核膜穿出,并获得源自核膜的囊膜,进而转运至细胞膜。

⑦出芽型病毒的形成。在细胞质中,后代核衣壳失去从核膜所获的临时囊膜,然后从

细胞膜获得特异的 BV 囊膜,其上有刺突蛋白分布,通过出芽形成成熟的 BV 病毒粒。

⑧次级侵染和循环复制。释放的 BV 病毒粒能够侵染虫体中的各类细胞,如脂肪体、肌肉、气管间质、血细胞和上皮细胞,形成次级侵染。

⑨多角体的形成。到了感染后期,虫体内未被感染的细胞大量减少。其中,一些在虫体细胞核中初复制产生的子代核衣壳在中肠细胞核中获得囊膜,并与多角体蛋白随机包封形成多角体。

⑩多角体病毒释放。虫体最终瓦解,成熟的多角体病毒被释放到周围环境中。

## 第三节 昆虫病毒研究技术

当前,昆虫病毒的研究主要集中在两方面:一是对有益昆虫(如家蚕、蜜蜂等)的病毒病进行防控;二是利用昆虫病毒防治农林害虫。因此,快速、有效地诊断昆虫病毒并挖掘新的病毒资源,对加强防控措施、保障农业生产安全具有重要意义。然而,由于病毒与细菌、真菌等生物体的特性差异显著,常用的微生物研究方法不能满足病毒研究的需要,导致相关研究成果并不多。

传统的病毒检测方法主要包括生物学测定法、电子显微镜观察法、血清学检测法①、PCR 检测法等。这些传统的方法在病毒研究中发挥了重要作用,但都存在一定的局限性。生物学测定法和电子显微镜观察法主要用于病毒的初步检测,利用电子显微镜观察法可以直观地观察到病毒粒子存在,但是要求病毒在寄主中具有较高的浓度,而且此方法无法用于分类鉴定。血清学方法和 PCR 技术虽然能够鉴定大量病毒,但需要预先了解病毒的生物学特性、血清学特性、基因组结构、核酸序列等信息,是针对特定或者某类病毒的特异性检测方法(洪健等,2006)。在针对未知病毒的非特异性检测时,这些方法则缺乏优势,检测时间长,极大限制了对病毒的研究。为了有效克服传统检测方法的局限,现代高通量测序技术(high-throughput sequencing,HTS)应运而生。它所具有的非序列依赖性及高灵敏性,为病毒诊断带来了重大的革新。本节以下介绍高通量测序的方法及其在昆虫病毒检测、资源发掘及进化研究中的应用。

### 一、高通量测序技术检测病毒的应用

在分子生物学领域,核酸测序技术作为核心工具,极大地推动了生物学研究的发展。DNA 测序技术经历了从以 Sanger 法为代表的第一代测序技术,到以高通量测序技术为代表的第二代测序技术(next generation sequencing,NGS),再到以单分子测序技术为代表的第三代测序技术的发展过程。1977 年,Sanger 发明了双脱氧链终止法测序技术,为 DNA 测序奠定了基础。1987 年,荧光自动测序技术将 DNA 测序带入自动化时代。这些技术统称为第一代 DNA 测序技术。随着 2000 年人类基因组计划(human genome project,HGP)的完成,新一代测序技术应运而生。这种技术称为高通量测序技术或深度测序(deep sequencing),也称为第二代测序技术。与第一代技术相比,第二代测序的优势在于一次并行对

---

① 以酶联免疫吸附反应为代表。

几十万到几百万条 DNA 分子的序列进行精确测定,极大地提高了测序的规模和效率。该技术主要包括 Roche 公司的 454 焦磷酸测序、Illumina 公司的 Solex 聚合酶合成测序和 ABI 公司的 Solid 连接酶测序技术。这些技术使 DNA 测序进入了高通量、低成本的时代。

目前,基于单分子读取技术的第三代测序技术已经出现,该技术测定 DNA 序列速度更快、更精确。对于不同的研究和应用需求,这三代测序技术各有其优势。第一代测序对于少量的序列来说,仍是最好的选择;第二代测序技术 NGS 已经成熟,测序价格日益平价;第三代测序技术在速度和精确度上有优势,但商业化运作时间尚短,成本仍较高。其中,Illumina 公司的 Solexa 和 Hiseq 是目前全球市场使用最广泛、应用最成熟的第二代测序平台。它们以高质量的数据、简单的流程、低样品需求以及灵活性为主要优势。NGS 技术给生命科学研究带来了深远的影响,也革新了病毒的检测方法。它在昆虫病毒的生态学、流行学等方面的研究起到了重要的推动作用。

目前,NGS 在昆虫病毒检测及资源发掘中的应用主要体现在以下 3 个方面(战斌慧等,2018):

**(1)病原诊断及新病毒的发现**

基于 NGS 非特异性检测病毒的优势,农业生产中的许多疑难杂症可以通过 NGS 进行精确诊断。例如,21 世纪初,蜜蜂的蜂群崩溃失调病(colony collapse disorder, CCD)席卷欧美等地造成了严重危害。CCD 的主要症状是大量成年工蜂在短时间内突然消失在蜂巢外,没有任何尸体,只有蜂王、卵、未成年工蜂残存在蜂巢中。为了探究 CCD 的病因,Cox-Foster 等从患 CCD 的蜂群和健康蜂群中提取总 RNA 构建文库进行测序。通过生物信息学分析,从患 CCD 的蜂群中发现了 7 种病毒,而从健康蜂群中发现了 5 种病毒。比较发现,以色列急性麻痹病毒(Israeli acute paralysis virus, IAPV)与 CCD 的相关性最大。近年来,通过 NGS 技术鉴定了许多不引起明显症状的潜隐性病毒,极大地丰富了病毒的资源。这些潜隐性病毒可能在特定的环境或生理条件下引发疾病,或者与其他病原协同作用。

**(2)病毒组的鉴定**

宏基因组学(Metagenomics)是以测序为手段分析某个特定生态环境中整个微生物群体的基因组特征。在病毒学研究领域,基于 NGS 的宏基因组学分析为研究特定生态系统或种植系统中的所有病毒提供了可能。这种包含病毒的整个群体称为病毒组(virome)。2009 年,Roossinck 等开展了一项病毒生物多样性的调查。他们从美国俄克拉何马州东北部的高原草原保护区(植物多样性较低)和哥斯达黎加西北部关纳卡斯帝保护区(植物多样性较高)收集植物材料,用于宏基因组测序。这项研究涉及 15 个科的 400 多个样品。生物信息学分析显示,高达 70% 的样品中存在病毒的同源序列,包括雀麦花叶病毒科、花椰菜花叶病毒科、分体病毒科、马铃薯 Y 病毒科等 11 个科的病毒,还包括一些未分类的病毒。

**(3)病毒准种的构建**

由于病毒(特别是 RNA 病毒)具有较高的突变和重组效率,其进化速率非常快。在某一寄主中,病毒群体并不是单一的序列,而是包含许多不完全一致但相似度极高的病毒基因组序列,称为病毒的准种(quasispecies)。了解准种的遗传信息对于了解病毒的变异、进化、传播、毒性、躲避寄主的防御反应等均具有重要的意义(Lauring et al., 2010)。目前,利用 NGS 构建病毒准种、了解其群体变异主要集中在与人类疾病相关的病毒研究中，如登革病毒、手足口病毒、乙型肝炎病毒等。还有学者通过 NGS 研究了蜜蜂畸翅病毒和 IAPV 的群体遗传变异，揭示了不同区域不同样品之间的单核苷酸多态性谱与侵染滴度和寄主种群之间的关联，为其进一步防治打下基础。

## 二、昆虫杆状病毒的分子研究

野生型昆虫杆状病毒杀虫剂具有许多优点，如对人畜和环境安全，且不易导致害虫产生严重抗性。然而，其缺点也不容忽视。首先，这种杀虫剂的杀虫谱相对狭窄。与化学农药的广谱性相比，杆状病毒通常只对几种昆虫有效。例如，家蚕病毒 BmNPV 不会感染柞蚕，而柞蚕病毒 ApNPV 也不感染家蚕。即使有些病毒能够交叉感染其他寄主，但其感染力显著降低。其次，杆状病毒杀虫剂的潜伏期长，杀虫速率相对缓慢。对害虫的田间致死时间一般需 7~14 d，这远不及化学农药的快速杀灭效果。

基于杆状病毒进化生物学研究结果表明，这类病毒具有共同的起源。从这一共同的祖先开始，杆状病毒的差异程度随着病毒基因组上的许多单基因或基因片段的获得或缺失不断增大。随着分子生物学研究的不断深入，为了克服野生型昆虫杆状病毒杀虫剂的缺点，科学家开始尝试各种分子生物学改造以获得重组昆虫杆状病毒。通过这些改造，科学家们希望能够扩大杆状病毒的杀虫谱，缩短潜伏期并提高杀虫速率，从而使其在害虫防治方面更具效力和竞争力。

**(1) 修饰病毒本身基因**

通过改变病毒基因，可以增强其对寄主的作用。例如，杆状病毒的 $egt$ 基因在个体水平上调控着感染寄主的生长发育。当 $egt$ 基因缺失时，重组病毒会导致幼虫的生长发育和代谢失调，加速感病虫体的死亡。另一个例子是银纹夜蛾核多角体病毒的一个早期非必需基因（蜕皮甾体尿苷二磷酸葡萄糖转移酶基因）。这个基因受早期启动子控制，编码的一个由 506 个氨基酸组成的蛋白能阻止幼虫蜕皮和化蛹，并促进病毒自身的增殖。当这个基因缺失时，重组病毒比野生型病毒能提早 27.5 h 杀死粉纹夜蛾幼虫，并且受感染的幼虫取食量也减少了 40%。

**(2) 插入外源非病毒基因**

通过将其他杀虫相关功能基因导入病毒基因组，可以显著提高杀虫效率。例如，植物蛋白酶抑制因子相关基因可作为植物抵抗害虫的天然防御因子。把慈姑蛋白酶抑制剂 B 基因插入家蚕 BmNPV 基因组，得到的重组 BmNPV 对家蚕的致病能力比野生型病毒更强，半数致死时间可提早 10 h 左右。

**(3) 用异源病毒基因重组来扩大杆状病毒杀虫谱**

通过异源杆状病毒之间的基因重组，实现扩大杆状病毒杀虫范围。例如，从粉纹夜蛾颗粒体病毒基因组中的 P96 刺突蛋白编码基因整合到棉铃虫核型多角体病毒基因组，可显著提高后者对棉铃虫幼虫的毒力。

## 第四节 病毒杀虫剂

病毒杀虫剂是一种利用昆虫病毒作为活性成分来控制害虫的微生物农药,是生物防治的重要手段。在农业和园艺中,病毒杀虫剂具有巨大的应用潜力,可以作为可替代化学农药的一种环保且可持续的选择,有助于控制害虫并降低对环境的不良影响。

### 一、病毒杀虫剂的主要种类及特点

在我国,登记的病毒杀虫剂主要有棉铃虫核型多角体病毒、斜纹夜蛾核型多角体病毒、甜菜夜蛾核型多角体病毒、苜蓿银纹夜蛾核型多角体病毒、油桐尺蠖核型多角体病毒、茶尺蠖核型多角体病毒、草原毛虫核多角体病毒、松毛虫质型多角体病毒、菜青虫颗粒体病毒、黏虫颗粒体病毒、小菜蛾颗粒体病毒。这些昆虫病毒杀虫剂具有的特点:①高度专一性;②生物环境友好;③相对较慢的杀虫速率,但害虫一旦感染病毒,它们通常会减少或停止取食,从而减轻害虫对作物的危害;④可持续性,一旦引入害虫群体中,病毒杀虫剂通常能够在害虫个体之间进行传播,从而实现较为持久的防治效果。这有助于减少农药的使用频率和数量,实现可持续的害虫管理。

### 二、病毒杀虫剂生产的基本流程和要点

由于病毒无法离体培养,病毒杀虫剂的生产依赖于活体接种。因此,实现规模化生产还需要大量健康的昆虫作为接种的来源。少数情况下,可以用人工饲养的幼虫(2龄或3龄)接种病毒增殖。为了便于半机械化操作,可以使用人工合成饲料进行饲养。饲养过程中,需要注意环境消毒和温湿度的控制。由于致死周期较长,低龄幼虫接种后需要数周才会死亡。当它们死亡时,通常已经发育至末龄幼虫阶段,此时病毒粒产量最高。可以收集这些虫尸进行低温储藏,然后通过集中抽提、差速离心纯化、过滤除菌浓缩等步骤最终制成应用剂型(如粉剂和液剂)。

在生产过程中,还需要检测产品质量。为了确保病毒杀虫剂的质量,需要进行生物测定毒力。可以通过接种敏感试虫(如小菜蛾)计算半致死剂量,也可以接种昆虫细胞平板,计数空斑来衡量。在使用病毒杀虫剂时,需要注意以下几点:由于病毒的作用谱很窄,需要明确产品的作用靶标范围,否则无法产生预期效果;使用时需注意病毒包涵体易沉淀的特性,务必摇匀;喷洒时,应主要针对取食部位进行施药;施药期应在寄主的易感虫期(幼虫阶段),避免在晴天使用,且不能和碱性农药混用。

### 三、病毒杀虫剂在害虫防治中的应用

利用昆虫病毒进行农林害虫防治是害虫生物防治的重要内容。在自然界中,昆虫病毒存在于寄主种群中,通常只在寄主种群密度相当高时才引发流行病。然而,这时害虫可能已经对植物造成了巨大危害和损失。因此,为了控制害虫种群的短期或长期增长,有必要人为引入和大量生产病毒并在田间释放。

目前,已有大约50余种昆虫病毒进行过大田防治试验。其中,研究较多且应用较广

的是美洲棉铃虫 NPV。早年有报道称,使用该种病毒防治棉铃虫,每亩用感染病毒的老龄死虫 20~30 头兑水喷雾。在棉花生长期发生害虫时,每隔 4~5 d 喷 1 次,共喷 9 次,能有效控制棉铃虫,使棉花产量比对照区显著增加。美洲棉铃虫 NPV 制剂是世界上第一种正式注册的病毒杀虫剂,商品名为 Elcar。在 1978 年,一家公司生产的棉铃虫核多角体病毒 Elcar 可供防治面积达 $120×10^4$ ~ $160×10^4$ $hm^2$,棉花使用面积约 $8×10^4$ $hm^2$。棉铃虫 NPV 制剂对防治棉花、玉米、高粱、烟草、番茄等作物上的美洲棉铃虫和烟芽夜蛾等害虫的效果与常用化学农药相当(Wylei et al., 2012)。此外,应用 $10^{10}$ ~ $10^{12}$ $PIB/hm^2$ 防治粉纹夜蛾,效果与化学农药近似。用 GV 防治苹果蠹蛾,在产卵孵化期使用可使幼虫死亡率达 90% 以上,并发现下一代幼虫仍有 70% 的感染率。

在巴西,利用杆状病毒进行农作物害虫生物防治取得了非常成功的经验。黎豆夜蛾核多角体病毒(*Anticarsia germmatalis* NPV,AgNPV)制剂 Multigen 被用于防治大豆害虫黎豆夜蛾。每公顷使用病毒制剂 20 g(含有约相当于 50 头病死幼虫所产的多角体),从 20 世纪 80 年代起至 2005 年,应用面积已达 $200×10^4$ $hm^2$,这是目前世界范围内利用一种昆虫病原体防治单一种农作物害虫面积最大的例子。

我国对利用病毒防治害虫的研究始于 20 世纪 70 年代,发展迅速。1973 年,我国在华东地区发现了松毛虫核型多角体病毒,随后在江苏进行了田间防治试验。通过使用 $1.5 × 10^4$ $PIB/mL$ 浓度的病毒悬液进行喷雾,发现第 5 天感病幼虫开始发病死亡,10 d 内死亡半数以上。15 d 后又出现了感染后的高峰,甚至经过 7 个月到翌年春季,越冬幼虫仍然有感病死亡的情况。这表明昆虫病毒具有自然流行和持效的特点。1988—1993 年,我国在湖北、新疆、河南、河北等省份利用松毛虫 CPV 防治松毛虫,总计面积约 $7×10^4$ $hm^2$,防治效果相当于当前的高效化学农药。此外,我国另一项应用广泛的病毒是棉铃虫 NPV 病毒。20 世纪 70 年代,我国产棉区广泛开展了利用棉铃虫 NPV 防治棉铃虫的田间试验,并在湖北兴建了第一座年产能力 30 t 的棉铃虫 NPV 制剂工厂。1973—1974 年,湖北荆州筛选出一批棉铃虫 NPV,1975 年,大田防治第二代棉铃虫效果较好,防治第四代棉铃虫的效果也基本相同。病毒对棉田害虫的天敌(如草蛉、瓢虫、蜘蛛等)未见有任何影响。

菜粉蝶颗粒体病毒 PrGV 也进行了系统深入的基础和应用研究。该病毒制剂在我国 29 个省市 216 个单位进行了 $1.33×10^4$ $hm^2$ 田间试验,标志着其应用研究和产业化基本模式已经形成。广州首次分离到斜纹夜蛾核型多角体病毒 PiNPV 后,于 1998 年生产出商品化的'虫瘟一号'病毒杀虫剂,杀虫效果良好,年产量达 30 t 以上。

在大田害虫防治策略中,任何一种单一的防治措施都有其局限性,利用昆虫病毒防治害虫也不例外。由于病毒感染的潜伏期较长,一般从感染到致死需 7~14 d 或更长时间,且病毒对寄主的专一性较强,杀虫谱较窄,对短期作物上的害虫,尤其在几种害虫同时发生时,应用效果往往不理想。因此,在害虫综合治理计划中,病毒防治应与其他杀虫微生物制剂、植物源杀虫剂、天敌昆虫、高效低毒化学杀虫剂以及其他防治措施交叉协调应用,才能达到更有效控制害虫的目的。例如,通过剂型混配来克服昆虫杆状病毒杀虫剂杀虫谱窄、杀虫速率慢的缺点,逐渐成为国内应用研究的热点。目前,已经有 10 余种混配产品投入市场,如'绿洲杨康'为菜青虫颗粒体病毒和苏云金芽孢杆菌混配,'秀田蛾克'为苜蓿银纹夜蛾核型多角体病毒和苏云金芽孢杆菌混配等。

需要指出的是，对利用病毒防治害虫效果的评价，不能像化学杀虫剂那样单看当代害虫的死亡率，而应该对其短期效果和长期效果综合做出正确的评估。利用病毒或病毒杀虫剂防治害虫的策略与方法，也应与使用化学杀虫剂有别。利用病毒防治害虫，除了短期防治作用外，通过多次使用甚至一次使用以后，都有可能使病毒长期存在于农林生态系统，作为一类生态因子而起调节害虫种群密度的作用。此外，由于昆虫病毒一般不伤害天敌，病毒防治区内的生物多样性得以保护，天敌的种类和数量都会比化学防治区丰富和稳定，这有利于对害虫种群的控制。

## 思考题

1. 昆虫病毒是如何感染寄主昆虫的？
2. 昆虫杆状病毒感染寄主昆虫后会导致哪些病征表现？
3. 简述核型多角体病毒在寄主昆虫体内的侵染过程。
4. 浅谈为什么昆虫病毒在农业害虫的生物防治中具有重要的应用潜力。

# 第六章

# 其他昆虫病原资源与利用

昆虫病原生物的种类繁多,尽管已开发的种类大多集中在细菌、真菌、病毒中,但在其他生物门类中也分布着独具特色的昆虫病原。它们在自然生境中发挥着调控寄主种群的重要作用。本章主要介绍昆虫病原线虫和原生动物①。

## 第一节 昆虫病原线虫资源与利用

线虫是动物界中第二大门,含有3万~5万种,在生态系统中发挥着重要作用。例如,90%的伊氏线虫集中在土壤表层15 cm范围内,并参与氮循环;异小杆线虫属(*Heterorhabditis*)和斯氏线虫属(*Steinernema*)中存在昆虫病原,它们与共生细菌——发光杆菌(*Photorhabdus* spp.)和致病杆菌(*Xenorhabdus* spp.)协同作用下致死寄主昆虫。

### 一、概述

线虫是后生动物的分支,属蜕皮动物(包括线虫、节肢动物、线形虫动物等)。线虫是水生生物,在缺水状态下休眠。线虫动物门中有自由生活的种类,如秀丽隐杆线虫(*Caenorhabditis elegans*),也有植物或动物的专性寄生虫。线虫的生命周期通常包括卵、4个幼虫阶段②和成虫阶段。寄生虫在任何一个阶段都有可能传播。线虫与昆虫的关系多样,有些种类是单宿主寄生,如索线虫科(Mermithidae);有些则依赖共生菌,如异小杆线虫和斯氏线虫;还有一些把昆虫作为传播媒介,如感染动物的蟠尾丝虫科(Onchocercidae)、感染植物的滑刃科(Aphelenchoididae)中的松材线虫③。此外,还有以无害形式存在于昆虫体内

---

① 原生动物和显微藻类等单细胞真核生物都归属于原生生物,前者缺壁。
② 当其中一个幼虫阶段负责传播时,通常称为感染期幼虫,有时也称预寄生虫(pre-parasite)。成虫也可以作为感染阶段。
③ 松树等针叶树种的一种病原,引发松树的萎蔫病。依靠松墨天牛为传播媒介,在昆虫体内是处于停止取食的dauer状态。

的种类。因此，根据线虫与昆虫的关系大致可分为兼性寄生①、单主专性寄生②和昆虫病原线虫3类。

与昆虫相关的线虫在系统发育上具有多样性，分属于线虫动物门的13个亚目。由于线虫种类繁多，差异巨大，本节主要介绍昆虫病原线虫，其他与昆虫相关的线虫，如Phaenopsitylenchidae、索线虫科和Iotonchiidae 3个科中仅部分寄生于昆虫体内，不作详细介绍。昆虫病原线虫主要集中在异小杆线虫科(Heterorhabditidae)和斯氏线虫科(Steinernematidae)。从进化角度看，异小杆线虫通常认为与脊椎动物的一类圆线目(Strongylida)寄生虫关系最为密切，都是由以细菌为食的营自由生活的祖先演化而来。而斯氏线虫则被认为与Panagrolaimoidea最为接近，与食真菌线虫和植物寄生线虫同属一个分支。在分类上，细菌和昆虫病原线虫常放在一起考虑，因为它们在自然界中通常是成对出现的。例如，斯氏线虫与致病杆菌属细菌共生，而异小杆线虫与发光杆菌属细菌共生。发光杆菌和致病杆菌是肠杆菌科(Enterobacteriaceae)③中的系统发育姐妹群，与变形杆菌属(*Proteus*)亲缘关系最接近。每种线虫都只与一种细菌相关联，例如，小卷蛾斯氏线虫(*Steinerma carpocapsae*)与嗜线虫致病杆菌(*Xenorhabdus nematophila*)相关联。

## 二、昆虫病原线虫

昆虫病原线虫(entomopathogenic nematode, EPN)是指那些具有共生菌、单主寄生的昆虫致死性线虫。自20世纪30年代美国研究者发现感染EPN的金龟子幼虫以来，这类线虫就作为生物防治制剂进行研究。EPN的感染期幼虫(IJ)是其生活史中唯一存在于寄主之外的阶段，也是其传播阶段。这些IJ不进食时，它们的咽部和肠道都会出现陷缩变窄。在异小杆线虫属中，IJ可以通过代谢发育过程中存储的脂质来维持生存能力，时间从几个月到几年不等。IJ是大多数商业产品中用作生物防治剂的阶段，但也有一些配方以受感染的昆虫为主。与所有线虫一样，EPN的生活史包括6个阶段。IJ是一种特化的第三阶段幼虫，类似于秀丽隐杆线虫的dauer④阶段。虽然dauer阶段的出现受到复杂的信号与基因网络调控，但与EPN相关的研究目前还较少。IJ的最终功能是感染新的寄主。它们被包裹在第二阶段幼虫产生的"鞘"的角质层内。这个鞘被认为能对极端环境提供额外的耐受性。

当IJ通过寄主的自然孔口(如口腔、肛门或气门等)进入其体内时，部分种类可以利用线虫口器在角质层上钻洞侵入。一旦进入寄主血腔，IJ就会在几小时内蜕皮并释放共生细菌。这些细菌通过毒血症杀死昆虫，因此共生菌存在对于EPN来说至关重要。多项研

---

① 兼性寄生线虫是一种能与宿主产生寄生关系，但在宿主缺失时也能独立生活和繁殖的生物。例如，已成功用作针对松树蜂(*Sirex noctilio*)的经典生物防治用菌 *Beddingia siricidicola*。在缺乏相应宿主时，可取食树干中的真菌 *Amylostereum chailletii*。

② 单主专性寄生线虫(Monoxenous parasites)，特点是在单一宿主内完成其生命周期，如食蚊罗索线虫(*Romanomermis culicivorax*)，可感染多种蚊子，已开发为蚊子的生防制剂，但在防蚊成本上不如苏云金芽孢杆菌。

③ 肠杆菌科是革兰阴性菌中研究较多的一个科，包括大肠杆菌(*Escherichia coli*)、沙门菌(*Salmonella*)和耶尔森菌(*Yersinia* spp.)等重要的哺乳动物病原菌。

④ "Dauer"一词意为"持久"。

究表明，EPN 的功效既取决于线虫对寄主的定位、识别和入侵能力，也取决于细菌对昆虫的毒力。在 IJ 形成之前，线虫需要繁殖 1~2 代，具体次数取决于寄主的大小。根据线虫种类、寄主种类、寄主体型以及温度的不同，从初次感染到首次出现 IJ 的时间从小于 10 d 到多于 30 d 不等。线虫的性别多样，包括雌雄同体、雌性和雄性。对于 Steinernema 属具两性的种类，每个 IJ 会发育为雄性或雌性，因此需要交配才能繁殖。

昆虫病原线虫被认为是以细菌为食的线虫。根据对其生物学特性的研究，发现它们与非寄生性的秀丽隐杆线虫非常相似。一旦这些线虫进入昆虫的血腔，会通过反流（regurgitation）或排便释放共生细菌。这些细菌随后在昆虫体内大量增殖，而线虫则通过取食细菌来促进自身的生长和发育。值得注意的是，线虫本身并不能有效地杀死昆虫，而共生细菌也缺乏高效的传播机制。因此，两者需要合作，共同完成对昆虫的寄生。除此之外，还有一些线虫与致病菌共生，其生命周期与 EPN 非常相似，但它们并不会感染昆虫。最著名的是 Phasmarhabditis hermaphrodita，它是一种软体动物的寄生虫，已在欧洲商业化应用，来控制蛞蝓和蜗牛的数量。

昆虫病原线虫是极为常见的土壤生物，几乎在除南极洲以外的所有大陆都有发现。它们的分离方法相对简单（Heryanto et al., 2022）。通常，土壤样品被采集并送回实验室，然后按照重量加湿 6%~10%。接着，将几个大蜡螟的末龄幼虫置于土壤中。一旦这些昆虫死亡，它们被放置在一个诱捕器中。随后，将可能被感染的昆虫放置在铺有滤纸的培养皿中，感染期幼虫 IJ 会从寄主中出来并进入培养皿中的水中。通过这些步骤，可以分离到假定的 IJ。最后，再根据柯赫法则确定它们是否为昆虫病原体。尽管分离方法相对简单，但鉴定的过程却充满挑战，目前仅有少数发现新的昆虫病原线虫分离株的报道。

## 三、共生细菌

昆虫病原线虫的共生细菌主要包括发光杆菌和致病杆菌。在异小杆线虫属和斯氏线虫属的 EPN 中，每个感染期幼虫携带的共生菌数量为 100~300 CFU[①]。通常情况下，一个种群中有超过 90% 的 IJ 都会被共生细菌定殖。致病杆菌似乎会在斯氏线虫 IJ 肠道前部一个特殊的盲肠样囊泡[②]内定殖。而异小杆线虫体内不含有这样的囊泡，但其发光杆菌则附着在 IJ 位于咽部正下方的肠前瓣膜细胞上（Ogier et al., 2020）。为了在 IJ 中定殖，发光杆菌必须首先结合并侵入位于雌雄同体成虫肠道末端的直肠腺细胞。在直肠腺细胞的空泡破裂前，这些细菌会在里面进行繁殖，然后进入线虫的体腔。这一过程导致雌雄同体线虫停止产卵，而剩余的卵会在其体内孵化，这种现象称为噬母现象。这些幼虫会在母体的体腔内发育成 IJ，并与发光杆菌接触。值得关注的是，允许细菌定殖的 IJ 发育阶段持续时间相对较短，这表明有特定的调控因子参与了这部分线虫与细菌的相互作用。在两个系统中，最初仅有一个或两个细菌细胞能够定殖 IJ 中，但这些细菌定殖后可以达到共生水平。

---

① 菌落形成单位，细菌在培养基平板上生长出的单菌落。
② 包含一个称为管内结构的无核体。

## 四、侵染周期

EPN 感染寄主的过程包括 4 个关键步骤：寻找寄主栖息地、寻找寄主、寄主识别和寄主接受。不同 EPN 的 IJ 在寻找寄主时，展现出不同的觅食策略，从潜伏①到巡游②模式都有（Labaude et al.，2018）。目前，关于 EPN 行为生态学的大部分研究工作主要目的是提高线虫作为生物农药的实用效果。一些线虫在实验室中能够依靠巡游杀死特定的昆虫物种，但在野外实际应用中效果却不如预期。由于 IJ 这一阶段不进行取食和交配，其所有活动都是为了寻找和感染新的寄主，因此，可以将 IJ 的所有行为理解为提升它们遇到合适寄主的概率。线虫的觅食方式在一定程度上可以预测它们可能遇到的昆虫种类。例如，一种在土壤表面潜伏觅食的线虫物种不太可能找到在土壤深处定居的昆虫。

对于寄主信号的敏感性会因物种和个体而异。一旦 IJ 发现并接触到潜在的寄主，它必须在入侵前对寄主进行评估。当有几十到几百个个体最终感染一个寄主时，只有第一个侵入的 IJ 会根据对未感染寄主的评估来决定是否侵染。后续侵入的 IJ 必须对已感染寄主的可利用质量进行评估。因此，寄主识别可以分为两类：识别寄生物种以及识别其中质量最好的寄主。大多数关于 IJ 如何识别寄主的研究都是基于它们对未感染寄主的反应。由于入侵或感染寄主的决定是不可逆的，即 IJ 在释放细菌并恢复发育后不能离开寄主，这给那些进入不合适寄主的个体施加了强大的选择压力③，导致这些线虫被自然淘汰。因此，对于整个线虫种群而言，具有更强寄主识别能力的个体将占据优势。

作为第一个入侵寄主的个体，IJ 需要冒着一定的风险。这包括可能受到寄主免疫系统的攻击以及进入寄主体内而可能找不到配偶的情况。一旦寄主被同一物种的 IJ 感染，其对于体外 IJ 的可利用价值就会增加。这是因为免疫反应很快就会减弱，并且细菌在 IJ 进入寄主后的几个小时内就会释放，从而为 IJ 提供了现成的食物供应。相关研究表明，与未被感染寄主相关的挥发性物质信息相比，受到感染寄主产生的挥发性物质信息更具有吸引力（Zhang et al.，2021）。对于包括 EPN 在内的许多寄生线虫来说，这些信号可能包括二氧化碳（作为寄主呼吸作用的副产物）和昆虫产生的挥发性化合物。

一旦 IJ 发现潜在的寄主并决定进行感染，它通常会通过昆虫角质层中的自然孔口，如气门、口腔或肛门进入寄主，并渗透到昆虫血腔中。在血腔中，IJ 释放共生细菌。例如，斯氏线虫会分泌丝氨酸蛋白酶来帮助自身进入血腔，而异小杆线虫则依赖背部齿状突起来破坏昆虫节间膜，从而侵入血腔。共生细菌的释放是线虫恢复发育过程中的第一步。目前，昆虫血淋巴中负责启动 IJ 恢复发育的信号尚未确定，可能是一种具热稳定性的小分子化合物。最近的研究表明，发光杆菌属细菌会产生控制线虫发育的信号④，而异小杆线虫

---

① 线虫移动相对较少，通常在地表或近地表等待经过的寄主。它们将其 99% 的身体长度从基质上抬起，然后几乎保持静止不动，有时一次保持数小时。从功能上讲，这种直立行为有助于 IJ 脱离基质，以附着到经过的潜在寄主上。此外，还有摇摆和跳跃等行为，都是直立的 IJ 在受到各种环境条件（如空气流动）或挥发性的宿主信号刺激时表现出来的。
② 线虫在整个土柱中移动，以寻找移动较少的寄主。该类型线虫无法直立。
③ 识别不适合的寄主将使线虫繁殖失败而淘汰。
④ 3',5'-二羟基-4-异丙基二苯乙烯的分子及其类似物。

头部的感觉神经元 ASJ 则是接收信号所必需的。

昆虫的免疫系统受到 Toll①和 Imd②信号通路控制，以抵御病原体的感染。由于发光杆菌和致死杆菌对昆虫的免疫系统非常敏感，如果事先通过注射非致病菌来激活免疫系统，这些细菌对昆虫的毒力将会大大降低。线虫则能够削弱寄主的免疫功能，这可能是通过免疫抑制来实现的，如抑制多酚氧化酶活性和/或影响血细胞功能。共生菌也具有影响昆虫先天免疫的作用，例如，通过特有的分泌系统向寄主细胞运送毒素、效应蛋白和胞外酶等分子，从而抑制免疫血细胞的吞噬作用。

在 EPN 和共生细菌协同侵染昆虫的过程中，共生细菌的主要作用之一是将昆虫寄主的组织和器官转化为支持线虫生长发育的营养基质。这一现象有点类似原始的"农业"形式，相同例子如切叶蚁③与其繁育的真菌共生体系。异小杆线虫的生长发育严格依赖于发光杆菌，这种联系已经进化到线虫只在与其同源或亲缘关系非常近的细菌上生长的程度。而斯氏线虫与致死杆菌的关系则没有那么严格。之所以异小杆线虫与发光杆菌间形成严格的专性共生关系，主要因为细菌在生长过程中，特别是在指数生长后期，会产生一些活性物质，这些物质对线虫的生长发育至关重要，称为共生因子。近期的研究发现，这些共生因子的产生受到一种名为 HexA 的转录调节因子的协同调控，并对 EPN 的毒力产生影响。另外，还有研究认为，在昆虫血淋巴中含量较高的脯氨酸被发光杆菌视为它们正处于昆虫寄主体内的信号。这些营养信号可能是 EPN 共生细菌在致病和共生之间调节的关键因子。然而，目前还没有明确的研究表明 EPN 为共生菌提供了哪些必需营养成分。

## 五、环境宿存

当寄主死亡后，尸体上的养分消耗殆尽，EPN 大多会进入土壤环境。然而，与其他昆虫病原在土壤中的存在不同，土壤复杂的生物环境对 EPN 的生存造成了压力。土壤生物对 EPN 存活的影响长期以来一直被认为是导致 EPN 作为生物农药应用持久性差的原因。研究表明，土壤中的螨虫种群可以减少果园中线虫的数量。因此，即使在被认为比自然生态系统更简单的农业生态系统中，生境的复杂性也使 EPN 的生存变得难以预测。另外，EPN 是在农业生态系统中研究土壤动物种群的理想模型。人们关注 EPN 的种群结构和分布，主要是为了提高在农业中作为生物农药应用的成功率，同时，这些研究也表明 EPN 是土壤环境中生物食物网的关键组成之一。

从开发 EPN 用于害虫生物防治的角度来看，EPN 的持久性和空间分布的不可预测性是一大挑战。即使知道目标害虫容易被侵染，田间的防治效果在空间和时间上仍然存在显著差异，即防效的不稳定。防治的成功关键在于 EPN 的移动能力、生存率和毒力保持，以确保它们能够接触并感染寄主的能力。为了有效利用 EPN 来控制农林害虫，线虫需要具备移动到目标地点、长时间存活以及在到达后仍能感染目标害虫的能力。目前，尚不清楚 EPN 在某些情况下为何能够持续更长时间，但可以肯定的是，这与线虫的种群动态有

---

① Toll 通路参与识别真菌和革兰阳性菌。
② 免疫缺陷（immune deficiency，Imd）通路，识别革兰阴性菌，产生带正电荷的抗菌肽。
③ 一种食真菌的蚂蚁，fungus-harvesting ants。

着密切关联。

EPN的寿命对其应用效果具有重要影响。在机体衰老的研究中，生物标志物经常被用作自变量，替代时间。目前，用于评估线虫寿命的生物标志物包括脂质含量、肌肉组织退化情况、乙酰胆碱酯酶活性、酯酶和磷酸酶活性以及比重。研究表明，随着IJ脂质含量的下降，它们在昆虫体内寄生的概率也会降低。IJ的寿命常与能量储备密切相关。通过利用图像分析密度测定法（image analysis densitometry）估算IJ中残留的中性脂质分子的含量，可以进一步估算IJ的寿命。这种方法需要获取IJ的数码显微图像，并测量各照片中脂质部分的像素密度。它的优点在于能够估算出单个线虫的剩余能量储备。一些种类的线虫在面临不利的环境条件（如干旱）时，会进入休眠状态以延长寿命。这种状态称为滞育或静止（quiescence）。

由于线虫是水生生物，需要虫体周围有一层水膜，因此环境干旱对其影响很大。尽管EPN可以通过脱水具有一定的抗旱能力，但它无法承受快速脱水。脱水过程必须在相对湿度较高但无自由水的条件下进行。大多数关于EPN干旱耐受性的研究都是以提高基于IJ阶段的生防制剂的储存稳定性（货架期）为目标。然而，这些产品的有限保质期一直被认为是推广使用的主要障碍。为了延长IJ寿命，利用干燥技术是关键，首先要了解干燥如何影响它们的生物学特性。研究发现，分离自沙漠地区的虫株对干旱条件的耐受性均高于同种虫株。存活下来的线虫在干旱条件下表现出典型的聚集和盘绕行为。一般认为，对那些在聚集中心的个体来说，聚集行为可以在一定程度上保护IJ免受干旱影响；而卷曲盘绕可降低表面积与体积比来减缓水分散失。同时，线虫和许多其他后生动物在干旱条件下发生的主要生化变化是海藻糖和/或糖原浓度的增加。海藻糖是昆虫血淋巴中的主要糖类，广泛存在于有脱水休眠经历的动物中。海藻糖的作用是在脱水过程中保持动物细胞膜的稳定。当这类动物暴露于环境压力（包括极端温度和干旱）时，体内海藻糖浓度会相应增加。另外，研究发现EPN即使留置在寄主虫尸内，暴露在完全无湿气的环境中数日，虫尸严重脱水，内部的EPN仍能存活。这一现象有助于未来EPN产品的应用或开发可行的储存方法。

极端环境温度是线虫在野外环境中需要面对的另一种胁迫。在低温环境中，线虫主要两种生存策略：耐冻（freeze tolerance）和避冻。耐冻是指线虫组织在经历0℃以下冰晶化时仍能存活；而避冻则是线虫处于过冷状态，但其体液实际上不会结冰。低温保存是线虫培养物常用的保存方式。通常，线虫在体积比约15%的甘油溶液中预处理48 h，之后通过洗涤除去甘油，将线虫放入冷冻管并放入液氮。这种技术可以使线虫在几年内保持较高的存活率，因此被广泛使用。在野外环境中，线虫通常可以借助昆虫尸体越冬。然而，高温通常对线虫是致命的。线虫对高温的耐受程度因物种和虫株而异，尤其取决于菌株分离的环境条件。耐旱型虫株也被发现能耐较高的温度，可在37℃的环境中短期存活。体内产生热休克蛋白[1]是线虫对高温作出的生理反应。它们的作用是保护其他蛋白分子免受高温和其他不利条件造成的降解或错误折叠。

当前，关于EPN的研究存在几个问题：①分类鉴定工作进展缓慢。这导致所研究的

---

[1] 几乎所有动物在受到刺激（高温、低温、毒素或其他应激源）时都会产生热休克蛋白。

物种单一,集中在少数几个已知种。②大多数关于 EPN 行为、生态和生理学的研究都是基于群体水平,忽略了个体间的变异性。这导致研究结果误差较大,稳定性有待提高,如何从单个线虫中获得实验数据是未来研究需要考虑的重要方面。③EPN 在土壤生态中的功能有待进一步厘清。现在针对 EPN 的内生细菌功能开发受到关注,挖掘发光杆菌和致病杆菌中杀虫功能的次级代谢物资源,解析其合成代谢路径和功效。这些新化合物可作为新型杀虫剂或杀线虫剂的先导化合物,也可开发为农用抗生素。

## 第二节 昆虫病原原生动物资源

原生动物是那些没有细胞壁①的单细胞真核生物,它们展现出形态和功能上的多样性。这些微生物通常生活在水中或半水生环境,其生活史中至少有一个阶段依靠鞭毛、纤毛、伪足或弯曲驱动来进行运动,这使它们非常适合内共生的生活方式。原生动物通过裂殖生殖②或原生质体分割③的方式进行无性繁殖,同时也可通过配子生殖进行有性生殖,包括减数分裂和随后的配子融合形成受精卵,再经历孢子生殖。

原生动物作为一个种类极其丰富的群体,与昆虫之间存在着从互利共生④、共栖⑤到寄生⑥的各种关系。这个类群包括所有不适合归入其他分类群的单细胞真核生物。由于其起源的多系性,原生动物的分类一直存在争议和多次重新分类。本节主要介绍含有昆虫病原的原生动物,如变形虫门(Amoebozoa)、顶复虫门(Apicomplexa)、纤毛虫门(Ciliophora)、眼虫门(Euglenozoa)和螺旋孢子虫门(Helicosporidia)中的种类(Vega et al., 2012)。

大多数由昆虫病原原生动物引起的疾病是慢性的而非急性的。这些病原主要通过昆虫的口腔摄入进行水平传播。纤毛虫 *Lambornella clarki* 是一个例外,它在蚊类幼虫体表会形成包囊,并穿透寄主体表的角质层。原生动物的感染很少有明显的外部病症或症状,不会引起明显的颜色变化或体外生长。与许多昆虫疾病相比,原生动物致死的虫尸诊断较为容易。新鲜的虫尸通常是柔韧的,被刺破后会流出一种含致病原生动物的乳白色液体。原生生物很容易在光学显微镜下观察到,而且大多数都有独特的形状和特征。部分病原仅存在会限于特定昆虫组织(如肠上皮或马氏管)。由于大多数原生动物引起的疾病不致死寄主,很难形成昆虫流行病,导致相关研究较少。本节主要介绍原生动物形态、发育、传播、寄主范围、寄主与病原体关联以及在害虫生物防治中的潜在用途。尽管原生动物昆虫病原体通常在自然界中普遍存在且具有持久性,但由于寄主专化性较高以及难以大规模生产,目前不被考虑用来生产微生物杀虫剂。

---

① 许多原生动物被一层薄膜覆盖,具有宿主识别和附着作用,并进一步作为化学屏障。
② 在裂殖生殖过程中,胞质分裂前胞质膨胀,细胞核和其他细胞器重复复制,接着形成多个相同的单核子细胞。
③ 在原生质体分割中,子细胞含有不止一个细胞核。
④ 例如,昆虫消化道中提供营养的原生生物,在某些情况下已经进化到相互依赖的程度,寄主已经发展出促进特定共生群体传播和维持的结构和行为。
⑤ 这种关系对寄主没有明显的积极或消极的影响。
⑥ 大多数病原体具有寄主专化性,只感染少数近缘种,但也有少数种类寄主范围较广。

## 一、变形虫门

变形虫曾经被归入肉足虫纲（Sarcodina）、根足亚纲（Rhizopoda）或肉鞭动物亚门（Sarcomastigophora），但现归于变形虫门（Amoebozoa）。这种生物最显著的特点是其流动的、可变化的体形，仅在形成包囊时才具有固定外形。其中，伪足（false feet）是用于运动和/或取食（吞噬）的细胞质突起。变形虫的体型变化很大，从几微米到几毫米不等，结构相对简单，昆虫病原的种类都是没有鞭毛的裸细胞。它们通常通过二分裂、裂殖或原质团分割进行无性繁殖，生活史相对简单。

变形虫作为营自由生活的生物，广泛存在于各种环境中，包括陆地、海洋和淡水水域。一般在湿度相对较高的地方有大量的种类存在，但其存在并不完全受限于湿度。许多物种能形成抗性的包囊，这有利于它们的持久存在和扩散，使它们的地理分布相对广泛。变形虫与动物的关系从共生到致病都有。大多数与昆虫有关的变形虫属于内阿米巴属（*Entamoeba*）、肠阿米巴属（*Endamoeba*）和内蜒属（*Endolimax*），被认为是蟑螂、白蚁消化道中的共生生物。目前已知的昆虫病原性变形虫仅有6种，包括蝗虫中发现的两个种 *Malameba locustae* 和 *Malamoeba indica*、小蠹虫中发现的 *Malamoeba scolyti*、蜜蜂中发现的 *Malpighamoeba mellificae*、跳蚤中发现的 *Malpighiella refringens* 和石蛃（bristletail）中发现的 *Vahlkampfia* sp.。除简变虫属（*Vahlkampfia*）外，这些物种都能形成包囊并感染寄主的马氏管和中肠。通常通过显微镜观察其特征性的包囊来对昆虫体内的变形虫进行检测。

蝗虫变形虫是研究最多的昆虫病原变形虫，也是影响昆虫马氏管病原中的一个模式种，最早在黑蝗属（*Melanoplus*）中发现。该种分布广泛，在北美、南美、非洲和澳大利亚的蝗虫种群中都有记录。它的寄主范围很广，包括至少55种自然或实验上易感蝗虫、蚱蜢和1种蟋蟀。与大多数昆虫病原原生生物一样，蝗虫变形虫的毒性并不强，它造成的主要是慢性疾病，特点是寄主活力下降。早期或轻度感染的寄主不会表现外部症状或体征。然而，当感染较为严重时，会出现许多异常现象，包括胸部与腹部的腹面和侧面出现黑斑、嗜睡、躁动、食欲缺乏、过早死亡、无法保持直立姿势，以及后腿强直性抽搐。尽管还未有相关产品商品化，但它易传播，能感染多种寄主，野外宿存力强等特点还是有研究者从事相关开发工作。

## 二、顶复门

顶复门（Apicomplexa）中的 Eugregarines 是节肢动物寄生虫中物种最丰富的类群，广泛分布于各种环境。Eugregarines 约有1 656个已命名种，分布在244个属中，其中大部分都来自昆虫。这些寄生虫大多为单主寄生，也就是说，它们在一个寄主身上度过整个生活史。在几乎所有的昆虫调查中，都有可能发现至少一种 Eugregarine 的存在。Eugregarines 的描述、分类和分级在很大程度上依赖于其生命周期的几个关键阶段，特别是滋养体、产配子体和卵囊的形态特征。这些特征通常在光学显微镜下观察获得，因为大多数 Eugregarines 的描述是基于形态性状和寄主范围。Eugregarines 的生活史中缺乏无性繁殖阶段，因为它们的感染强度与易感寄主摄入的活卵囊①数量直接相关。这些寄生虫并不侵入寄主的组织或器官,而是停留在寄主体腔内的配子囊中,直到通过粪便排出进行传播。这种传播方式表明 Eugregarines 与宿主存在共生关系。Eugregarines 中只有无隔膜的簇虫属(Ascogregarina)的成员被认为是潜在的生物农药。例如,感染伊蚊的台湾簇虫(Ascogregarina taiwanensis)和家蚊簇虫(Ascogregarina culicis),但由于簇虫需要寄主发育为成虫后才能进行传播,因此降低了它们作为可持续生物农药的潜力。

新簇虫(neogregarines)以前称为裂簇虫(schizogregarines),几乎只存在于昆虫中。它们的特征是产配子体具有隔膜,在其生活史中除了配子生殖和孢子生殖外,还存在卵片发育(裂殖生殖)。大多数分类群都没有留存的模式种材料,相关分类研究的有效性受到质疑。寄主昆虫分布在 11 个目中,但主要分布在鳞翅目、膜翅目和鞘翅目中。与 Eugregarines 一样,新簇虫也是通过被污染的食物传播的。新簇虫的裂殖提供了巨大的增殖潜能,并导致新簇虫具有比 Eugregarines 更高的致病性。大多数物种在寄主的脂肪体组织中增殖,寄主细胞发生空泡化并退化,并将卵囊释放到血淋巴。卵囊可以在寄主组织内萌发,开始新的生命周期,这一过程称为自体感染。最终大量增殖的菌体会杀死寄主,破坏昆虫组织和器官,尤其是脂肪体、马氏管和消化道。尽管如此,它们引起的昆虫疾病通常也是慢性的。新簇虫中的 Mattesia 包含了几种主要害虫的重要病原菌。它们有一个便于识别的特征,即严重感染的寄主在紫外线下会发出荧光。研究较为透彻的 Mattesia grandis 是棉铃象甲(Anthonomus grandis)的病原物,但以诱饵形式对其进行田间防效试验时,结果并不理想。Mattesia trogodermae 在防治包括具有破坏性的谷斑皮蠹(Trogoderma granarium)在内的贮藏害虫皮蠹虫方面有巨大的潜力。在红火蚁中也发现了一种特殊的未被描述的 Mattesia 种,会引发黄头病(yellow-head disease)。

## 三、纤毛亚门

纤毛虫(Ciliophora)是一种常见的淡水囊泡虫(alveolata),其显著特征是拥有与鞭毛结构相似但更短且数量更多的纤毛。它们都有一个复合的椭圆形表膜下纤维层(compound subpellicular infraciliature)。纤毛虫具有异核状态,每个细胞通常有一个或多个多倍体的大细胞核,以及一个或多个二倍体的微核。纤毛虫的无性生殖是通过二分裂进行的。在这个过程中,微核进行有丝分裂,而大核则伸长并进行无丝分裂。有性生殖是通过互补交配型的结合进行的。在核配和减数分裂后,配对的细胞会分裂成 4 个新的细胞。大核在有性生殖过程中被破坏,而新的大核由微核发育形成。在自由生活形态下,纤毛虫通常有一个带纤毛的口腔沟(或称细胞口)。它们还有一个胞咽,通过这个结构,微生物和碎屑组成的食物被扫入口中。大多数纤毛虫是营自由生活的,与昆虫有关的纤毛虫大多是共生关系。仅有少数几种具有致病性,能够穿透寄主角质层并侵入体表下的组织。常见的共栖类如 Balantidium,栖息在昆虫(尤其是蟑螂和白蚁)的消化道中。已知的昆虫病原纤毛虫感染膜口

---

① 受侵染寄主体内的产孢子体数量永远不会高于摄入的卵囊释放的子孢子的数量。这一特性引出了一个问题,即 Eugregarines 该被视为真正的病原体还是典型的寄生虫。病原体(有时也称为微寄生虫)的一个显著特征是它们在寄主体内的繁殖率极高。

目节肢动物，如蜉蝣若虫。这些感染破坏多个组织，并导致雌虫绝育，此外，还有报道称摇蚊和黑蝇也会受到纤毛虫的感染。

尽管纤毛虫致病力不强，大多为昆虫的机会病原，但它们在控制蚊虫数量方面发挥了重要作用。例如，Tetrahymena pyriformis 是一种以细菌为食的物种，已被提议作为微生物杀虫剂苏云金芽孢杆菌以色列亚种（Bti）的递送载体。在这个策略中，苏云金芽孢杆菌的伴孢晶体和芽孢被包裹在 Tetrahymena pyriformis 的食物泡中。通过让蚊子取食这种纤毛虫，可以控制蚊子幼虫的数量。这种方法的效果仅取决于它作为蚊子食物的地位，而不依赖其致病性。研究还发现，被摄入的芽孢与 Tetrahymena pyriformis 之间的相互作用为 Bti 的再循环创造了天然场所。在这个循环过程中，芽孢在 Tetrahymena pyriformis 排出的食物泡中萌发、生长和产孢，形成新的活性杀虫晶体蛋白，从而提供了一种控制蚊子的策略。

## 四、眼虫门

眼虫门（Euglenozoa）中的原生动物主要是鞭毛虫（mastigotes），它们具有 1 条或 2 条（少数有更多个）鞭毛，这些鞭毛从细胞顶端或顶端下的称为储蓄泡（reservoir）的袋状内陷中生成。这些眼虫主要通过纵向二分裂进行无性繁殖。在眼虫门中，动质体纲（Kinetoplastea）中的 Trypanosomatidae 科包含了许多对昆虫致病的鞭毛虫，如锥虫[①]。大多数锥虫是单主寄生，具嗜昆虫性（entomophilic），主要生活在昆虫消化道、马氏管或唾液腺中。有些锥虫甚至入侵昆虫的血腔。这些锥虫通过从受感染昆虫粪便中释放并被新寄主摄入的方式进行传播。寄主昆虫涵盖了多个目，包括半翅目、双翅目、膜翅目、蜚蠊目、鳞翅目、蚤目和无尾目。与许多其他昆虫病原原生生物一样，锥虫对昆虫的感染通常是持久和慢性的，而非急性的。锥虫对昆虫寄主有多种影响，其中大部分与寄生虫负荷直接相关，包括行为改变、食物摄取的调整、器官破坏、发育迟缓、寿命缩短，以及生殖率降低。这些效应往往会因其他生物或非生物胁迫而加剧。

总的来说，由于这类生物具有高度的寄主专化性，限制了其商业应用的可行性，且难以大规模生产，因此昆虫病原原生动物一般不被认为可开发为微生物杀虫剂，除非在未来研究中能很好地解决其应用上的障碍。此外，加强分类学和流行病学研究对于理解该类病原的生态功能和生防潜能也是至关重要的。

### 思考题

1. 简述昆虫病原线虫的主要类群。
2. 简述昆虫病原线虫的杀虫机理。
3. 简述昆虫病原线虫共生菌的作用。
4. 简述昆虫病原原生生物的特点与局限。

---

① 锥虫（Trypanosomatids）体型较小（一般为 4~15 μm），异主或单主寄生，渗养型（osmotrophs）或吞噬型（phagotrophs），有 1 条鞭毛，没有鞭茸（mastigonemes），从储蓄泡的前部或侧部出现。除了基部附着点外，鞭毛还可附着在细胞表面的其他几个点上，从而构成一层起伏的膜。锥虫的另一个特点是具有独特的糖体（glycosomes），这种糖体很小（0.2~0.3 μm），呈球形或卵圆形，内含糖化酶。

# 第七章

# 昆虫天敌资源与利用

昆虫种群波动受到多种内外因素的影响。其中，内因主要是昆虫自身的生殖潜能①和生存潜能②，而外因则包括密度制约因素（生物因素，density dependent factors）和非密度制约因素（非生物因素，density independent factors）。在现代生态学理论中，各种生物在同一生态系统中维持着相对平衡，这是因为它们的相互关系。害虫种群也受到多种因素的制约，其中天敌生物发挥了重要的作用。天敌的种类繁多，其中昆虫类天敌占比最大。根据与害虫的关系不同，昆虫天敌主要分为捕食性天敌和寄生性天敌。利用这些有益生物（害虫天敌）使接近经济阈值或经济损失水平的害虫种群压低到远离虫害暴发的新平衡，从而长期控制虫害，这是此应用的主要目的。

实现这一理想的害虫防治策略是生物防治和有害生物综合治理的重要内容。天敌控制存在天敌的跟随现象或滞后效应③，以及天敌有效控制密度（相容忍控制④和不相容忍控制⑤）等现象。为了取得理想的控制效果，需要确保天敌与害虫之间的种群动态同步，并且它们的生境分布要紧密。此外，天敌自身生殖潜能最好为 R 型，增长快，同时搜索能力强，捕食量大或寄生率高。尽管我国生物农药登记中已移除了天敌生物，但这并不表示它们在害虫防治中重要性的下降。实际上，我国每年繁育的天敌不但用于国内生物防治，还用于出口。

---

① 生殖潜能（reproductive potential）是指每个雌虫可能产下的下一代最大数量的虫数，与世代数、雌雄性比、交配率、产卵量密切相关，是数量变动的基础。

② 生存潜能（survival potential）是指昆虫生活和存在的能力、取得食物和保护自身的能力、对环境的适应能力，以及对天敌和疾病的抗性等种内竞争。

③ 包括发生时间的滞后和发生数量的滞后。

④ 相容忍控制（tolerant control）是指害虫在任何密度水平下，天敌均有控制作用。只存在于大部分次要害虫中。

⑤ 不相容忍控制（intolerant control）是指害虫种群密度处于一定范围内天敌才有控制作用。该类常是严重发生的害虫。

# 第一节 捕食性天敌昆虫资源

捕食者与猎物之间的互动关系是生态系统中一个非常复杂且关键的部分。这种关系不仅影响每个物种的生存和繁殖，还对整个生态系统的平衡和稳定起到至关重要的作用。对于捕食者而言，寻找和捕获猎物的效率受到多种因素影响，如捕食者的搜索效率、视觉或嗅觉等感知能力、捕食者对猎物的偏好和选择效应、处理时间、饥饿状态，以及"学习"后的判断和经验积累等。同时，捕食者之间的相互干扰，如争夺食物或领地，也可能影响其捕食效率。对于猎物而言，猎物暴露在捕食者面前的时间长短、所具备的抗御机制（如逃避、伪装等）、社会性行为（如群体免疫、合作防御等）等影响其被捕食的概率。此外，捕食者和猎物种群各自对环境因素的适应、种内和种间的竞争作用以及种群自身的调节作用也深刻影响着捕食者——猎物系统。总之，该系统是一个多因素交织、动态变化的复杂系统。要深入理解这一系统，需要综合考虑生物因素和非生物因素以及它们之间的相互作用。这样的理解对于有效管理和利用捕食性天敌昆虫进行有害生物控制具有重要意义。

## 一、捕食性天敌昆虫的主要类群

**（1）蜻蜓目**

蜻蜓目（Odonata）归属节肢动物门昆虫纲，种类均具有捕食性。成虫以各种善飞的昆虫（如蚊、蝇、蛾、蝶、叶蝉等）为食，甚至还包括寄蝇、茧蜂、姬蜂等有益昆虫。它们的幼虫（稚虫）则生活于水中，捕食水生昆虫及其他小动物，如鱼卵及幼鱼等。

**（2）捕食性半翅目**

捕食性半翅目（Hemiptera）昆虫的食性相当复杂。这一类群具有特化的前足，用于捕捉猎物。它们的喙短而有力，唾腺常分泌碱性物质，取食时将该物质注入猎物体内起麻痹和毒杀作用。该类昆虫主要分布在猎蝽科（Reduviidae）、姬猎蝽科（Nabidae）、盲蝽科（Miridae）、花蝽科（Anthocoridae）等。

**（3）扁翅亚目**

扁翅亚目（Planipennia）昆虫幼虫大部分生活在陆地上，少数为水生或寄生性。它们的口器构造特殊，镰刀状上颚与下颚合拢成管状，用于夹住食物并吸取体液。例如，草蛉科（Chrysopidae）中的多数种类以此方式捕食害虫。

**（4）捕食性鞘翅目**

捕食性鞘翅目（Coleoptera）昆虫种类众多，习性各异，不少种类是重要的害虫天敌，如瓢虫[①]等。成虫生活在地面，行动迅速，善于飞行，捕食各种昆虫。例如，虎甲能在山区道路上活动，低飞捕食。步甲则无法飞行，仅能在地面行走。有些种类的幼虫甚至穴居，用上颚夹住经过的猎物并拖入穴内取食。

**（5）捕食性双翅目**

捕食性双翅目（Diptera）昆虫主要分布在食虫虻科（Asilidae）和食蚜蝇科（Syrphidae）。

---

① 瓢虫分为肉食性和植食性两大类。肉食性种类约占80%以上，常见的有七星瓢虫、异色瓢虫、龟纹瓢虫、澳洲瓢虫等。瓢虫成虫和幼虫主要捕食蚜虫、介壳虫、粉虱、螨类等害虫。

例如，食虫虻（robber flies，又称盗虻）的成虫和幼虫都是捕食性的。而食蚜蝇的幼虫则为蛆形，捕食蚜虫、介壳虫、粉虱、叶蝉、蓟马、小型的鳞翅目幼虫等。成虫则在花丛或芳香植物上飞舞，能悬飞和迅速疾飞，取食花粉、花蜜及蚜虫等分泌的蜜露。

### （6）蜘蛛目

蜘蛛目（Araneae）隶属节肢动物门蛛形纲。蜘蛛是稻田、棉田和果园内农林害虫的主要捕食性天敌之一。不完全变态，生活史包括卵、幼蛛和成蛛3个阶段。年发生代数因种类和地区而异，少者1年1代，多者1年8~10代。蜘蛛的寿命一般为1~2年，有些种类甚至可以达20~30年。它们是肉食性动物，一般喜食活食，主要食物为昆虫。在没有食物的情况下，它们甚至会捕食其他种类的蜘蛛或同种残食。

### （7）捕食性螨类

捕食性螨类隶属节肢动物门蛛形纲蜱螨亚纲。有别于害螨①，益螨能寄生或捕食农业害螨和害虫。这类捕食螨的生物学特性包括世代周期短②、食性多样且量大③、耐饥饿、繁殖率高、扩散能力强④等。

## 二、捕食性天敌昆虫的捕食过程

捕食性天敌昆虫的生存与繁衍主要依赖于捕获猎物，因为猎物为其提供了主要的能量来源。然而，寻找和捕获猎物的过程是一种获得能量的前期投入，即能量消耗，并且伴随着未知风险，如遭遇天敌或恶劣的气候。获得猎物过程包括：寻找搜索猎物的生境；感知和选择猎物；捕获和取食猎物。为了有效地完成这一过程并节省能量，捕食性昆虫采取了多种策略，例如，它们会优先选择猎物数量充足的环境，这样可以确保食物来源的稳定；有的会根据捕获猎物的效益来选择目标等。

### （一）寻找搜索猎物的生境

猎物搜索与捕食性天敌的食性密切相关。一些捕食性天敌昆虫广泛取食各类猎物，而另一些则仅选择特定种类的猎物，即专一性。这些天敌通常选择不活跃的猎物（如刺吸性昆虫）作为食物来源，因为一旦找到合适的目标，它们可以持续取食，从而节省能量。例如，一些专门捕食蚜虫的天敌昆虫在蚜虫种群旁边产卵，以确保幼虫有充足的食物来源。这说明幼虫的食物来源在很大程度上依赖成虫对生境的选择。然而，大多数捕食性天敌昆虫并不能如此方便地获得猎物，它们更多依赖于本身的捕食能力，包括对猎物的接受能

---

① 害螨为害各种农作物及贮粮干果，寄生于人畜体上且传播各种疾病。自20世纪大量使用DDT和一些其他有机合成杀虫剂引起叶螨大猖獗以来，人们就开始摸索害螨的治理方法。利用植绥螨防治叶螨获得成功，被认为在害虫防治史上可与1888年引进澳洲瓢虫防治柑橘吹绵蚧相媲美。

② 在适温条件下（25℃），大多数植绥螨的发育历期为4~7 d。

③ 食源包括植食性螨类、粉虱、蓟马、小型节肢动物、花蜜和花粉等，但对肉类食源有较强的选择性，喜吃肉食，并且先吃卵，后吃若虫和成虫。一只捕食螨一生能捕食红蜘蛛300~350只，或锈壁虱1 500~3 000只，或粉虱、蓟马80~120只。

④ 拟长毛钝绥螨的分散能力很强，当棉株内叶螨密度大致相仿的情况下，呈随机分散；接螨后第二天，从散放点可分散至全株30~60%的果枝上。株间的分散速率，1周内最远可迁至2 m远处，3周内可分散至4 m×4 m范围。

力、捕食效率等。

捕食性天敌昆虫的猎物专一性或广食性受搜索效能的影响。在同一时空环境中，捕食性天敌昆虫与同种的其他个体(种内)或不同种类的个体(种间)竞争猎物①。在食物资源丰富的情况下，多食性天敌昆虫的食性范围会变窄，表现更高的专一性。而当食物稀缺时，它们的捕食专一性会降低，甚至出现同类相残(cannibalism)的现象，以确保种群内部分个体能够存活。由于在自然群落中，任何一种猎物不可能长时间维持高密度的种群水平，以支撑捕食性天敌昆虫的种群，因此，总的趋势是捕食性天敌昆虫由专一性向广食性转变，逐渐拓宽其猎物种类。

在搜索猎物的过程中，捕食性天敌昆虫通常首先寻找猎物存在的生境，然后再到生境内寻找具体的猎物。例如，瓢虫会在甘蓝地搜索并捕食蚜虫。在这种情况下，生境就是甘蓝地，而更具体的范围则是蚜虫危害的植物(甘蓝)和蚜虫正在取食的甘蓝叶片。为了减少能量消耗，捕食性天敌在搜索食物时并不是随机的，而是具有明显的区域选择。许多捕食性昆虫将搜索的重点严格限制在最近一次成功捕获或发现猎物的地方。例如，一些雄性蜻蜓在特定的地块停留1~3周。

许多捕食者采取回形搜索路径，以提高在已捕获过猎物或当前可以发现猎物的区域内的搜索频率。在搜索过程中，一些捕食者采用旋转寻觅的方式，如搜索过程中的瓢虫、食蚜蝇和草蛉幼虫等一边搜索一边停下来，身体前端上举，头部左右摆动，以更广的角度(160°~220°)感知可能的猎物。一旦捕获到猎物(如蚜虫)，捕食者的搜索活动会变得更加集中，旋转或搜索的频率会增加，并对猎物分布区域进行更为彻底的搜索。为了提高捕食效率，多种食蚜蝇、草蛉和瓢虫把卵产在含蚜虫的生境内。

总之，要实现有效的捕食，必须满足的条件是：所搜索的生境内有足够多且值得捕获的猎物。这与捕食性天敌能否掌握捕食时机和付出的能量有密切关系。

### (二) 感知和选择猎物

大多数捕食性天敌具备方向性的感觉机制，这涉及猎物与捕食性天敌的相对位置。它们感知和选择猎物的方法多种多样：①利用触觉，通过身体接触猎物，如瓢虫幼虫等；②结合触觉和视觉，如蜻蜓目豆娘幼虫等；③完全依赖视觉，如蜻蜓成虫、蝶角蛉、食虫虻等；④利用嗅觉来发现猎物释放的特殊挥发物②，如七星瓢虫成虫和幼虫、绿草蛉幼虫等感知刺吸性害虫排泄的蜜露散发的气味，有助于它们发现近处的猎物。

此外，瓢虫可以利用蚜虫释放的报警信息素③作为化学指示物质来发现猎物。通过这种方式，它们寻找蚜虫所花费的时间可以减少一半，从大约1 cm的距离就能探测到蚜虫的存在。欧洲湿地甲(*Notiophilus biguttatus*)捕食弹尾目昆虫主要通过光的强度变化来感知猎物的运动。它们所捕食的两种弹尾虫(*Orchesella cincta* 和 *Tomocerus minor*)具有不同的生活习性：前者在白天活动，而后者大多在夜晚活动。因此，欧洲湿地甲更倾向于捕捉前

---

① 似然竞争，不同天敌因捕食同一猎物而形成的竞争关系，通常它们之间无直接生态关系。

② 捕食性天敌昆虫也可以靠猎物产生的利它素(kairomones)或自己本身产生的异种传信素(allomones)发现和捕捉猎物。

③ 蚜虫受到攻击后释放的挥发物，用于警示种群内其他个体逃避。

者,尽管这种弹尾虫受地甲袭击时易逃脱。只有当前者数量显著下降时,欧洲湿地甲才选择后者作为食物来源。

在捕食过程中,天敌的饥饿状态与其感知猎物的能力密切相关。例如,螳螂主要依赖复眼的视觉来感知猎物,在饱腹状态下,蝇类猎物在其前方 4 cm 范围活动时才能被清晰地视觉捕捉;但在较饥饿时,则能发现 17 cm 外的蝇类活动,其反应范围随饥饿程度增加而扩大。当捕食性天敌与猎物相互接近时,天敌对猎物的攻击与否主要也受到饥饿状态的影响。

多种捕食性天敌能够捕获和利用不同种类、大小、年龄级别的猎物,从而获得有价值的营养。虽然许多捕食性天敌是多食性的,但猎物质量的差异对其捕食行为和最终收益(如天敌的发育速率、成虫大小、繁殖力等)产生显著影响。当食物供应不足时,捕食性天敌昆虫的幼虫可能无法完成发育而死亡。猎物的大小是由捕食性天敌昆虫捕获能力和利用能力所决定的,因此,不同天敌所选择的猎物大小也会有所差异。个体较小的猎物虽然容易捕食和消化,但对于捕食性天敌昆虫来说,它们可能并不适合。例如,有些种类的蚜虫对瓢虫是有毒的,被取食后会导致瓢虫发育慢和繁殖力降低。

需要注意的是,接受猎物和猎物适宜是两个不同的概念。捕食性天敌的食物来源可以分为主要猎物和替代猎物两种类型。前者能够保证幼虫完成发育,使成虫具备生殖能力;而后者则仅仅起到提供能量和延长寿命的作用,并不能提供发育和生殖所需要的足够营养。衡量猎物适宜性的一个重要指标是天敌发育成虫个体的大小。取食不同的猎物会导致其后代大小有所不同。例如,草蛉雌虫只有在取食棉蚜时才会产卵,而取食桃蚜却不会产卵。

### (三) 捕获和取食猎物

捕食性天敌昆虫捕获猎物的过程包括:搜索和定向、袭击或追击、捕获和取食。捕食性昆虫的捕获方式多样,其中大部分使用机械或物理方法制服猎物,但也有少数情况下会用化学的方法。通常情况下,活动搜索的捕食性天敌和伏击性的天敌更倾向于使用物理的方法。这两类天敌都具有相似的捕食适应能力,其机体结构和行为特点是在长期进化过程中逐渐形成的。

捕食性天敌昆虫在不同生长阶段的捕食效率[①]是不同的。其关键影响因素是捕食性天敌昆虫与猎物之间的相对大小和力量强弱。不同种类的天敌捕食相同的猎物时的捕获率也有差异。此外,捕食效率还受捕食性天敌种群密度的影响。

捕食性天敌昆虫在取食同种昆虫或相互残杀方面非常普遍。当同种昆虫和猎物都能刺激捕食性天敌进行猎食时,多食性天敌昆虫无法区分两者,因此同类相残成为多食性天敌昆虫不可避免的结果,这是一种很普遍的现象。例如,多种瓢虫和草蛉幼虫都有同类相残的行为。相反,单食性的天敌类群不会取食同种的幼虫。

同类相残的生态学结果具有双重性。当食物资源丰富的情况下,同类相残会导致不利影响,但在其他猎物稀少时,能够保障种群的延续,从这个角度看,它具有积极的适应性价值。对于饥饿的种群来说,同类相残并不是一种异常行为,而是天敌对多种环境因素的

---

① 当猎物与捕食性天敌遭遇时,猎物被成功捕捉的概率。

正常反应，对天敌昆虫的自然种群至关重要。例如，许多瓢虫的卵是群集分布的，孵化时间存在先后差异。先孵化的个体可能会取食附近的卵。研究表明，大约1/4的瓢虫卵会被同种的瓢虫取食。这种同类相残有助于延长1龄幼虫的寿命，并有助于它们寻找其他食物。

多数草蛉的带柄卵可以减少同类相残现象[1]。此外，草蛉的不同产卵类型，无论是产单个卵还是产一束卵，都会影响亲缘种之间发生同类相残的可能性，产集群卵的草蛉的同类相残概率相对较高。这反映了捕食性天敌的生态策略：在R/K选择中更倾向于K选择的特点。这种策略在种群水平较低时能够抑制自身的数量波动，增强种群的稳定性。

### 三、捕食者的捕食策略

猎物与捕食者之间的相互适应是物种长期协同进化[2]的结果。为了在捕食者的取食行为下存活，猎物进化出了多种应对策略。这些策略包括：伪装[3]、警戒色[4]、拟态[5]、骨骼或非骨骼障碍[6]、化学防御、惊吓、逃跑、攻击等。然而，这些反捕食策略并非完美，因此猎物通常会采用多种策略组合的防御系统。在协同进化的"军备竞赛（arm race）"中，捕食者也会对猎物的防御系统形成适应，衍生出包括化学线索、吸引[7]和其他特殊技能等策略来提高捕获效率。

#### （一）化学线索

尽管视觉在捕食者定位猎物中起到了至关重要的作用，但由于猎物采用了伪装、拟态等反捕食策略，这种能力的效果被大大削弱。捕食性的节肢动物经常使用化学线索来定位猎物，它们通过探测猎物用于吸引配偶的性激素，就能轻松地找到成虫猎物。而对于昆虫幼虫或其他节肢动物，捕食者则会采用不同的搜寻模式。幼虫通常对信息化学物质不敏感，但当它们取食植物时，植物释放防御性化学物质，这些化学物质可作为捕食者定位猎物的信号（Kansman et al., 2023）。

#### （二）吸引

并非所有的节肢动物都积极地搜索猎物，有些采取伏击的策略。刺蝽就是其中一种，它的前足覆盖着一层腺毛，可以分泌高黏性的蜜露般的物质。当刺蝽发现果蝇等小的、快速移动的猎物后，会将前足平行地放于地面，这种蜜露般的物质会吸引果蝇，使其被刺蝽捕获。吸引还有其他方式，例如，流星蛛常结出黏性圆球，散发类似蛾类性激素的气味，

---

[1] 因为孵化的幼虫要爬下到卵柄底层，再攀登上其他卵的细长卵柄才能取食亲缘种的卵。
[2] 协同进化（coevolution）是指一个生物群体对另一群体长期的、进化式的调整。它是决定群落结构的重要因子。
[3] 伪装或隐蔽，即通过模仿生境的背景特征从而达到伪装或隐蔽的目的。
[4] 警戒色是某些具备有效防御系统的动物的特征，它涉及毒性，还包括刺、叮等忌避捕食者的方法。常以鲜艳的颜色引起天敌的恐惧，从而逃避捕食。
[5] 包括贝氏拟态和缪氏拟态。前者是指可食的物种模拟不可食的物种，两个物种都展现警戒色；后者是几种不相关但均有保护措施的物种互相模仿。拟态者大多时间还必须处在与被拟态者相同的生境中。
[6] 许多昆虫所产生巢、茧、穴、网等非骨骼障碍会起到防御作用。
[7] 化学生态学的研究范畴。

这种气味会吸引蛾类昆虫并使其被黏球粘住,便于蜘蛛捕食。还有一些捕食者会利用外形和体色进行拟态,来吸引并捕获猎物。例如,兰花螳螂外形和体色与兰花相似,一些受花朵所吸引的昆虫就成了该螳螂的猎物,这一现象称为侵略性拟态(aggressive mimicry)。

### (三) 其他特殊技能

捕食性昆虫通常具有快速、敏捷和出其不意的能力。例如,食虫虻和蜻蜓以敏捷而著称,能在半空中捕获猎物。蜻蜓和豆娘4扇翅膀可以分别控制①,展示出独特的机动性。它们的复眼也利于搜索猎物。螳螂能够保持单一姿势数小时,一旦发现合适的猎物,可以在一刹那进行捕获。而且,螳螂的复眼在晚上呈灰色,使它们在昏暗的环境下更加敏锐。它们似乎总是不停地向前探望,使自己能够观察到各个方向的情况。

某些昆虫幼虫还会设置陷阱来捕获猎物。例如,蚁狮会挖掘一个狭窄的锥形沙坑,自己则藏在沙坑底部。当蚂蚁或其他小昆虫经过时引起沙粒滚落,蚁狮会随之引发一场"滑坡",从而捕获到猎物。水生昆虫石蝇会在水中构建一个网来捕获水生生物。此外,当猎物有硬骨骼或体被棘刺时,捕食者有时会采用一种肠外消化的方法。例如,蚁狮不会直接把猎物吞食下去,而是利用自身中空的颚当作"注射器",将体内的消化液注入猎物体内。之后,它们再将猎物被消化的组织吸入消化道内,吸收养分。

## 第二节　寄生性天敌昆虫资源

### 一、寄生性天敌昆虫

寄生性天敌昆虫主要分布在膜翅目(包括57科,如寄生蜂)、双翅目(20科)、鞘翅目(12科)、捻翅目和鳞翅目(寄蛾科)。这些寄生性天敌昆虫包括寄生物(parasite)与拟寄生物(parasitoid)。前者是指昆虫中的某些种类在生活史的某个时期或终身附着在其他动物(寄主)的体内或体外,并以摄食寄主的营养物质维持生存。后者专指寄生于昆虫(拟寄生,parasitoidea)的寄生性昆虫,又称捕食性寄生虫。生物防治中常采用拟寄生虫来进行防治。

拟寄生虫的主要特点包括:①寄生的结果会导致寄主的死亡,从而对害虫种群起到控制作用;②寄主多为昆虫纲动物,仅少数寄生于蛛形纲等节肢动物;③仅在幼虫期附着在寄主身上营寄生生活,而成虫期一般独立生活,可自由活动;④可寄生在比自身大的寄主个体上;⑤无异主寄生(heteroecism)现象,即此类寄生物生活周期只需单一的某个寄主种。

### 二、寄生性天敌昆虫与捕食性天敌昆虫的区别

寄生性天敌昆虫与捕食性天敌和昆虫在食性、习性和形态上存在诸多不同(表7-1)。寄生性天敌昆虫对于虫害的控制更接近于病原微生物,通常需要经过一个潜伏期,不如捕

---

① 每扇翅膀都可伸高、降低以作扑翅飞翔,或向前向后运动,或沿着翅的长轴倾斜,因此这类昆虫可翱翔,可上升,可下降,或操纵纤细的身体向前或向后以任何角度运动。

食性昆虫控制作用的即时性。尽管如此，寄生性天敌在自然界控制昆虫种群过程中发挥着重要作用，尤其是针对外来入侵生物的控制。例如，日本松干蚧在早期入侵我国沿海省份时曾造成重大危害，经过20年的演化，本土的寄生蜂已经能够对其种群实现有效的控制。

表7-1 寄生性天敌昆虫与捕食性天敌昆虫的差异

| 特征 | 寄生性天敌昆虫 | 捕食性天敌昆虫 |
| --- | --- | --- |
| 食性 | 在一个寄主上，可育成一头或更多个体；成虫和幼虫食性不同，通常幼虫为肉食性；寄主被破坏一般较慢 | 每一捕食期均需多个猎物才能完成发育；成虫和幼虫常同为捕食性；猎物被破坏较快 |
| 习性 | 与寄主关系密切，至少幼虫期生长发育在寄主体内或体外；成虫搜索寄主主要为了产卵；限于一定的寄主范围 | 与猎物关系不密切；成虫、幼虫搜索寄主是为了取食；为多食性种类 |
| 形态 | 身体一般较寄主小；幼虫期因无须寻找食物，足和眼都退化，形态上多变化 | 身体一般较猎物大；除了捕捉及取食的特殊需要，形态上其他变化较少 |

## 三、寄生性天敌昆虫的类型

### (一) 根据寄生在寄主不同发育阶段划分

根据寄生在寄主发育阶段的不同，寄生可分为单期寄生(single stage parasitism)和跨期寄生。单期寄生指寄生昆虫只寄生在寄主的某一虫期并完成发育，包括卵寄生①、幼虫寄生②、蛹寄生③、成虫寄生④。而跨期寄生则需要经过寄主的2个或3个虫期才能完成发育，包括卵—幼虫寄生⑤、卵—幼虫—蛹寄生⑥(卵—蛹寄生)、幼虫—蛹寄生⑦。

### (二) 根据寄生昆虫在寄主上取食的部位划分

根据寄生昆虫在寄主上取食的部位，可分为外寄生(ectoparasitism)和内寄生(endoparasitism)。外寄生即寄生昆虫生活在寄主体外，通常以生活在与外界隔开的茧以及孔道、巢房等处的幼虫为寄主，一般产卵在寄主体表。内寄生指寄生昆虫幼虫的生长发育在寄主体内完成，与卵是否产于寄主体内、老熟幼虫是否仍在寄主体内化蛹等无关。

### (三) 根据寄主上寄生昆虫的种类划分

根据寄主上寄生昆虫的种类，可分为独寄生(eremoparasitism)和共寄生(multiparasitism)。独寄生是指寄主上的寄生昆虫仅有1种，不管此种育出的个体数量。共寄生则指一个寄主上有2种及以上寄生昆虫同时寄生的情况，这种情况极为少见。这些不同种的幼虫

---

① 寄生于卵内。
② 寄生于幼虫。在寄主幼虫体内或体外摄食营养为生。
③ 寄生于蛹。寄生昆虫的卵、幼虫和蛹一般都在寄主蛹内。
④ 寄生于成虫。寄生昆虫的幼虫以寄主成虫体内营养为生。
⑤ 产卵在寄主卵内，寄主卵孵化为幼虫后，寄生蜂卵才孵化，在寄主幼虫体内完成发育。
⑥ 寄生昆虫产卵于寄主卵内，但直至寄主的蛹期才孵化为幼虫取食而完成发育。
⑦ 寄生昆虫开始寄生于寄主的幼虫，但寄主仍可化蛹。寄生昆虫在寄主蛹期完成发育。一般都在体内寄生。

在同一寄主上取食,其发育结果有 4 种情况:①同时存活;②仅 1 种存活,另外的寄生昆虫或在争斗时被咬死,或因生理抑制而间接死亡;③聚寄生的种类部分存活,部分死亡;④都不能生存。

### (四)根据寄主上育出的同种寄生性昆虫数量划分

根据寄主上育出的同种寄生性昆虫的数量,可分为单寄生(monoparasitism 或 solitary parasitism)和聚寄生(gregarious parasitism 或 polyparasitism)。单寄生指一个寄主上只育出一个寄生性昆虫。而聚寄生指一个寄主上可育出两个及以上的同种寄生性昆虫。

### (五)根据寄生性昆虫完成发育情况划分

根据寄生性昆虫完成发育的情况,可分为完寄生(hicanoparasitism)和过寄生(hyperparasitism)。完寄生是指寄生性昆虫在寄主上能顺利完成发育并成为成虫。而过寄生则是指由于寄生性昆虫数量太多,寄主体内营养物质不能满足需要,导致一部分或全部寄生性昆虫不能完成发育而死亡,或发育极度不良,失去繁衍后代的能力。

### (六)根据寄生性昆虫寄生关系的次序划分

根据寄生性昆虫寄生关系的次序,可分为原寄生(protoparasitism 或 primary parasitism)和重寄生(epiparasitism 或 hyperparasitism)。原寄生指直接以昆虫等为寄主的寄生关系,此种寄主与寄生性昆虫的关系较为单纯,上述各种寄生现象均属此类。重寄生是指一种寄生性昆虫寄生在另一种寄生性昆虫上,包括二重寄生、三重寄生,甚至四重寄生等。在引进外来天敌时,需要避免携带重寄生性昆虫。

### (七)根据寄生蜂寄生后的生活方式划分

根据寄生蜂寄生后的生活方式,可分为阻育寄生(抑性寄生,idiobiont)和续育寄生(溶性寄生,koinobiont)。阻育寄生指寄生性昆虫寄生后,其寄主的营养足够其完成发育所需,天敌幼虫老熟后能化蛹,而寄主的发育受到抑制,死亡通常较早。大部分外寄生均属于此类寄生。续育寄生是指寄生昆虫寄生在活跃的幼龄或未老熟幼虫,寄主幼虫被产卵寄生后能继续发育一段时间才会死亡,此时寄生性昆虫多已完成发育。大部分内寄生属于续育寄生。根据寄主范围的大小,又可分为单主寄生①、寡主寄生②和多主寄生③。

## 四、寄生蜂成虫的习性

寄生蜂是害虫生物防治中的重要天敌,了解其雌蜂的寄生习性和生活习性对于保护和利用寄生蜂具有重要意义(Fei et al.,2023)。

### (一)搜索行为

尽管寄生蜂的寄生对象和范围各不相同,寄生方式也多种多样,但是对于每一只刚羽化的雌蜂,都面临着相似的问题:必须寻找合适的产卵场所繁殖后代。这种生存本能促使

---

① 单食性寄生、单择性寄生(monophagous parasitism)寄生昆虫限定在一种寄主上寄生的现象。
② 寡食性寄生、寡择性寄生(oligophagous parasitism)寄生昆虫只能在少数近缘种类上寄生的现象。
③ 多食性寄生、多择性寄生(polyphagous parasitism)寄生昆虫可在许多寄主上寄生。因分散寄生力量,寄生率不易提高。

它们产生一系列搜索行为，包括寻找寄主生境、寻找寄主和接受寄主。在寄主寻找过程中，寄生蜂倾向于在特定栖息地进行搜索，并逐步缩小搜索范围，直到找到寄主。寄主昆虫所取食的植物或食物的气味对某些寄生蜂具有强烈的吸引力，它们依靠这些植物所产生的挥发性物质作为线索来先找到寄主的生境，再搜索所能接受的寄主。植物的发育阶段不同，对寄生蜂的活动会产生显著影响，主要在于不同阶段产生的化学挥发物对寄生蜂的引诱或驱避的效果不同。此外，温度、湿度、光照强度、植物高度等环境因素也影响寄生蜂的生境选择。利用这些现象可将对天敌有强吸引力的植物种植在田间，也是一种实用的生物防治措施。

一旦找到了寄主的生境，寄生蜂通常依靠嗅觉、视觉或触觉与寄主靠近。寄主取食植物的受伤组织、寄主本身的气味或粪便、鳞片等都可能是寄主的短距离信号。例如，寄生在卷叶害虫的寄生蜂首先寻找害虫造成的植物卷叶，再寄生卷叶内的害虫；而寄生于钻蛀性害虫的寄生蜂则依靠寄主粪便的气味寻找寄主。某些寄生蜂的成虫或幼虫会附着在寄主虫体上，由其携播，直到产卵时才爬下产卵，这种寄生方式称为寄附，如螳螂黑卵蜂。

寄生蜂在找到一个寄主后，有时还会进行选择。如果寄主昆虫的条件不适合，它们不会接受这个寄主。所需的条件可能包括寄主的气味、住所大小、形状或运动。许多寄生蜂具有识别已被寄生过的和未被寄生过的寄主的能力，从而避免过寄生。这可能是第一个接触寄主的寄生蜂在寄主上做了某种"记号"。在选择寄主行为上，寄生蜂还通过其他作用物识别标志，以便于识别产卵位置和迁移。这些标志对于寄生蜂种群的生存和繁衍具有重要意义，可以避免将卵过多地产到同一个寄主上。这有助于降低后代之间的竞争，避免由于产卵过多而引起寄主过早死亡，节约寄生时间，并促使寄生蜂在生境中合理分布。

**（二）寄生蜂搜索行为的差异及其影响因素**

不同种类的寄生蜂之间在搜索行为上存在差异，这是寄生蜂在长期进化过程中为适应不同环境和寄主条件而演化形成的。一些寄生蜂倾向于群体生活，具有较强繁殖力和较广的寄主范围，因此对环境的耐受力相对较高，受寄主密度变化的影响也较小。另外一些种类的寄生蜂种群特征则正好相反，它们更适应于较为稳定的生境或寄主资源较为丰富的情况。导致个体间行为差异的因素包括外界因子和内部因子。外界因子如气候条件、寄主密度、寄生蜂所在生存环境的变化以及疾病因子等。内部因子如寄生蜂的遗传物质组成、生理状态和学习行为等。

气候因素（包括温度、湿度、风、光照等）对寄生蜂的行为具有显著影响。多数寄生蜂对温度和湿度的变化非常敏感，一旦超出适宜的范围会停止搜索行为。风力作用不仅影响信息化学物质在空气中分布和扩散，而且风速过高还会妨碍寄生蜂的飞行。在田间环境中，黑头折脉茧蜂仅在强光下搜索寄主。寄主和寄主植物所释放的化学物质是寄生蜂寻找寄主的主要线索。在自然状态下，这些化学物质的成分、数量和质量随着寄主的发育阶段和植物是否受损伤等情况而发生经常性的变化。

内因中的基因型（即寄生蜂遗传信息的构成）是决定其行为表现的根本原因。寄生蜂天生就具有对某些气味的反应能力，这种能力是由寄生蜂的基因型所决定。不同寄生蜂对不同气味所产生的反应以及反应强度都有所不同。寄生蜂种群的数量庞大，种内不同个体间的基因型存在差异。这种遗传多样性主要源于物种的基因重组和突变、空间隔离和自然选择的作用。生活在不同地区的寄生蜂，在长期适应当地气候和环境过程中，某些基因型个体的行为适应更好，遗传多样性也随之变化。这表明遗传多样性也是对不同生境特征的一种反映。即使同一地区的物种，由于基因突变和有性生殖过程中染色体的交换，同种不同个体间遗传物质的构成也存在不同。这种遗传多样性是寄生蜂适应环境和寄主的基础，有助于其在各种生境中生存和繁衍。

生理状态方面的因素包括寄生蜂的取食情况、饥饿程度、交配和产卵经历以及发育日龄等。在不同发育阶段，寄生蜂对刺激物的反应存在明显差别。经历和学习行为因素主要指的是寄生蜂为适应多变的环境，在很大程度上依赖学习来调整自身行为。近年来，研究者们对寄生蜂在不同情境下的学习行为进行了深入研究，逐渐认识到经历与学习对寄生蜂行为的影响以及在生物防治中的重要性。

实验证明，羽化后的经历和学习是导致寄生蜂行为变异的重要因素。从生境定向到发现寄主并产卵的每个过程都受到经历和学习的深刻影响。即使相同种类的寄生蜂，由于羽化后的经历不一样，其行为差异也较大。根据寄生蜂对外界刺激作出的反应特点，可将寄生蜂学习行为分为非条件化学习[1]和条件化学习[2]两种情况。

不同种类寄生蜂的学习能力存在较大差异。寄主范围较广的种类通常具有较强的学习能力，而寄主较为专一的种类则相对较弱。对于不同的刺激信号，寄生蜂的学习程度也不尽相同。直接来自寄主的刺激信号通常包含可靠、准确的信息，因此寄生蜂对这些信号的反应天生就较为强烈，其学习潜力相对较小。例如，刚刚羽化的赤眼蜂对寄主源的利他素，尤其是接触利他素，表现强烈的反应。而来自植物的信息素或寄主周围的物理信号与寄主的联系相对不那么紧密，所含信息的可靠性和准确性较低，寄生蜂对这些信号的反应则较弱或者不产生反应。有过产卵经历的寄生蜂能迅速将这些信号与寄主联系起来，显著提高其反应能力，并成为寻找寄主的有效线索。此外，寄生蜂也可以间接地获得学习经验，而不需要与寄主直接接触。

### (三) 寄主的适合性

寄主的适合性(host suitability)问题是限制寄生蜂适应某些寄主种类的关键因素。即使寄生蜂已经在某个虫体上产卵，这并不意味着该寄主适合其生存和发育。从寄生蜂的角度来看，存在3种不适合的情况：

**(1) 物理的不适合**

这涉及寄主个体大小和体壁厚薄等因素。过大的寄主，体液过多，而过小的寄主太小则营养不足，均不利于寄生蜂的发育。例如，瘤姬蜂(*Pimpla examinator*)雄性幼虫在过大的寄主体内无法正常发育。

**(2) 营养的不适合**

由于寄主体内的营养成分不适合，绒茧蜂(*Apanteles congregates*)在取食烟草的烟草天蛾幼虫体内育出的蜂数减少。

---

[1] 一般指寄生蜂长时间或者重复地接受某一刺激后，在行为上表现为对该刺激逐渐适应。
[2] 通过经历和学习，寄生蜂能够将一些原先反应比较弱的刺激信号与寄主相联系，而在以后对这些刺激信号的反应明显增强，并成为寄生蜂寻找寄主的重要线索。

### (3) 生物的不适合

如果寄主死亡，寄生蜂的幼虫也会随之死亡。例如，金小蜂(*Pteromalus egregius*)在产卵时，如果杀死寄主绒茧蜂(*Apanteles*)，其幼虫也无法存活。寄主的运动也可能导致寄生蜂死亡，如上述金小蜂的卵及幼龄幼虫，即使由于寄主稍微活动而改变了其在寄主体内的位置，也无法成活。此外，寄生蜂的卵或幼虫有时会被寄主体内的吞噬细胞包围成囊状的现象，即被囊，这导致寄生蜂无法正常发育。寄主取食的食物可能会影响寄主，从而对寄生蜂产生抗性。

### (四) 产卵后行为

寄生蜂产卵后通常会有梳理或清扫行为，这些行为在单卵寄生和多卵寄生的寄生蜂中都有体现。对于一些单卵寄生的寄生蜂，如棉平突蚜茧蜂和印三叉蚜茧蜂(*Trioxys indicus*)，它们在连续寄生10余头蚜虫后会休息片刻，梳理触角，然后继续寻找新的寄主进行产卵。而对于多卵寄生的寄生蜂，如红铃虫金小蜂(*Dibrachys cavus*)等，它们在产卵器刺入幼虫体壁后会连续产卵3~5粒。完成一次产卵后，它们会抽出产卵器休息数分钟，然后再刺入寄主体内继续产卵，在一个寄主上可连续产卵2~3次。这种行为被称为寻找—产卵循环(seeking-oviposition cycle)。根据观察和推测，寄生蜂在每次产卵前梳理触角可能是为了清除寄主物质的污染，这样有利于再次寻找寄主和进行产卵。这种推测的合理性在于，在自然界中，寄生蜂需要不断地寻找新的寄主进行繁殖，而清理触角可能是它们为了提高寻找和寄生效率而演化出的一种适应性行为。

### (五) 成虫的取食行为

小型寄生蜂在羽化时体内的卵已经全部成熟，这意味着它们不需要补充营养就能直接开始产卵寄生。这些寄生蜂只要饮用露水就能满足产卵需求，但如果有食料提供，它们的寿命还会延长。一些寄生蜂还可以通过摄取食物来增加产卵数量。大多数寄生蜂在整个成虫期都会持续产卵，这意味着它们需要饮水和摄取食物来维持生命活动。对于大型的寄生蜂，在羽化时体内的卵尚未成熟，因此它们需要补充营养。如果不能获得食料的补给，它们的卵巢将停止发育，影响到性器官的成熟和交配行为。有些寄生蜂即使刺入也不产卵。寄生蜂如果得不到足够的富含蛋白质的食物，或者找不到寄主产卵，卵巢中的卵将被自身吸收，这种卵子吸收现象，对充分利用营养物质、延续个体寿命是有利的。

为了获取营养，寄生蜂会摄取各种食物，包括花蜜、花粉、寄主的体液、蚜虫的蜜露、介壳虫的分泌物或植物流出的汁液等。其中，寄主的体液是许多寄生蜂营养的重要来源。寄生蜂吸食寄主体液的方式有3种：①产卵后顺便取食从伤口流出的体液，这是许多寄生蜂都有的习性；②特意用产卵管刺伤寄主，取食流出的体液；③用口器咬破寄主，取食体液。

### (六) 交配与生殖行为

通常寄生蜂成虫雌蜂比雄蜂多，故雄蜂会多次交配。由于雄蜂的羽化时间较早，它们经常在雌蜂蛹的附近等待，一旦雌蜂羽化完成，雌蜂就会立即与之交配。与雄蜂不同，雌蜂通常一生只交配1次。然而，有些种类的雌蜂可能由于雄蜂的追逐而多次交配。在某些特殊情况下，如蝇蛹小蜂为了确保卵子受精，雌蜂需要交配多次。寄生蜂的交配时间一般很短，大多在白天进行。交配后，雄蜂的精液会被贮藏在雌蜂体内的贮精囊中。这些精液可以在雌蜂体内长时间存活，并在雌蜂排卵时流出，使卵子受精。

寄生蜂的生殖包括：

①两性生殖(sexual reproduction)。在寄生昆虫中，多为此种方式。

②孤雌生殖(parthenogenesis)。或称单性生殖(unisexual reproduction)，又可分为产雄孤雌生殖①(arrhenotoky)、产雌孤雌生殖②(thelytoky)和产雌雄孤雌生殖③(deuterotoky)。

③多胚生殖(polyembryonic reproduction)。有些寄生蜂，从一个卵中可以发育出许多寄生蜂，这是由于蜂卵在发育早期发生分裂，而且形成了大量完全独立的胚胎，每个胚胎又继续发育成为独立个体的结果。

## 第三节 天敌昆虫的扩繁与利用

### 一、天敌昆虫的选择

用天敌昆虫来防治有害昆虫，首先要确定靶标害虫是本地物种还是外来种。如果是本地种则选择当地主要天敌进行扩繁投放。外来种则需要进行一系列的天敌引进工作，包括国外调查，采集天敌材料的检疫，天敌的大量繁殖，天敌的野外移殖，最后对天敌影响害虫种群进行评估，对引进天敌进行风险评价(林乃铨，2010)。

#### (一)作为外来害虫需要查明的事项

防治工作者面临的一个难题是如何确定一种害虫是外来种。如果害虫确实是外来种，那么使用生物防治方法成功的可能性就较大，如果它是本地种，则用外来天敌防治成功的可能性就小。一旦确定此害虫是外来种，防治工作者可在此基础上去查明原产地，去寻找适合的天敌种类。

#### (二)外来害虫原产地的确定

确定害虫的原产地是寻找其天敌的关键步骤。在大多数情况下，害虫的原产地信息可作为判断是否是外来种的依据，可以揭示其原产地的信息。通过综合分类刊物、博物馆资料、害虫对寄主植物的喜爱以及昆虫学者的意见，可以更准确地反映这种害虫的原产地。重要的是，要避免仅凭单一标准来判断害虫的原产地。

#### (三)天敌的国外调查

工作者需要经过一定的训练，对目标害虫及其近缘种或这些害虫已知的和可能的天敌有广泛的认知；掌握害虫的各个生活阶段特征，了解害虫的种群生态学、物候学和个体生态学信息等，有助于熟悉害虫的生活习性和活动规律；需要具备一定的野外调查经验。进

---

① 该类蜂亦可两性生殖。未交配的雌蜂产卵的后代全为雄蜂(未受精的卵发育为雄蜂)，如赤眼蜂。这一特性可使种群自行调节其性比。

② 真正的孤雌生殖，世世代代都行孤雌生殖，所生后代全为雌性。

③ 极少数寄生蜂，通常行孤雌生殖，但也产出少数雄蜂。少数雄蜂对种的延续不重要。

入田野后，能够迅速找到害虫的栖息地，知道在什么环境条件下更容易发现它们的踪迹；了解害虫与其天敌之间的相互关系，这有助于选择合适的天敌种类；运送天敌是在其不活动阶段或极少活动的阶段，如蛹、滞育幼虫或正在寄主中发育的幼虫。如果需要运送成虫，需要提供营养和水分，以确保它们的存活。

### (四) 检疫

为了防止有害种类的偶然输入，在对所需有益种类做进一步繁殖和/或移殖之前，需要在检疫实验室进行严格的检疫工作。这些工作包括从输入样品中饲育寄生物和捕食者的成虫，把它们按种分开，并进行仔细分类鉴定。接着，把鉴定后的有益种类放在当地发生的原寄主上饲养，以观察它们饲养所需的条件和生活特性，包括生殖习性、寄主选择、性比、成虫食物需要等。在确保所有个体都经过鉴定、培养并且保证没有携带专一性重寄生昆虫之后，这些天敌昆虫才能被允许离开检疫实验室。

### (五) 引进天敌作用的评价和风险评估

在引入天敌并使其定殖之后，寄主害虫种群的抑制是否完全归功于这种天敌？早期生物防治对天敌作用的评价主要通过害虫数量的减少来衡量，另一种方法是以新定殖天敌对害虫寄生率或捕食率的增加作为衡量天敌效力的标准。

引进外来物种本身就存在一定的风险。是否存在寄主转换，其安全性和可靠性如何，是当前国内外研究的热点。尽管引入的天敌食性通常是专一的，但它是否攻击(寄生)非目标生物？当目标对象无法得到有效控制时是否对整个群落产生影响，这都是需要关注的问题。对于某些非常有用的外来天敌尽管存在一定的风险，但可以通过风险评价程序加以合理应用。这包括风险分析和风险控制，以判别风险损失与收益，并对风险进行监控和管理。为了更好地评估天敌风险，需要分析与量化引进天敌的风险因子，即风险发生渠道和发生的可能性。目前，现代生物防治的焦点集中在生防天敌的风险评估。具体而言，这一评估涉及以下4个方面：寄主专一性测定方法的可靠程度；引进天敌对本地生物、生态环境的影响、风险及生态后效，特别是利用基因工程构建、改良的天敌；有益生物资源利用过程中的利益冲突；寄主转换的可能性分析。

在过去，国外生物防治领域在引进天敌的评价方面，大部分采用非选择性或选择性的单一室内实验来判断安全性和推断风险，而没有深入的风险定量和风险评价的研究方法。常规评价和筛选生防天敌的方法主要关注"取食"与"不取食"、"产卵"与"不产卵"的常规实验，而极少结合有关引进天敌因子的发育适合性、生态适合性、遗传特性、对寄主的选择特性、生物气候限制因子等方面的综合研究。为了解决这一问题，研究引进外来天敌昆虫的风险评价理论与方法，制定确保引进天敌昆虫安全性和风险评估的标准化研究程序与方法是风险评价的重点任务。只有这样，才能更好地理解和控制引进外来天敌昆虫的风险，确保其在生物防治中的有效性和安全性。

## 二、天敌昆虫的扩繁和移殖

### (一) 扩繁

大量繁殖与散放天敌昆虫是利用本地天敌的一种有效方法。通过这种方式，可以增加天敌在虫害发生区域的数量。特别是在害虫为害的前期，天敌的数量往往较少，不足以控制害虫的发展趋势，此时及时增加天敌的数量可以取得显著的防治效果。对于天敌的引进，也需要解决大量繁殖技术问题。天敌引进后需要隔离饲养若干世代，以避免引入重寄生及其他有害种类，同时，需要获得足够的数量的天敌以供散放。室内大量繁殖出来的天敌散放到田间时，需要按照不同的条件和要求决定散放的时期、数量和技术。散放后的效果评价也是其中一个值得研究的问题。

天敌大量繁殖的方法是按照天敌昆虫的生物学特性和所能创造的条件决定的。以下介绍常见的几种方法：

①利用天敌的自然寄主或猎物繁殖天敌。对于一些专一性较强的天敌昆虫，可以利用其自然寄主进行大量繁殖，以生产出足够散放的数量。

②利用替代寄主或猎物繁殖天敌。对于一些寄主范围较广的天敌昆虫，可以选择容易大量饲养的替代寄主进行培养。例如，赤眼蜂的寄主范围较广，可用于防治多种鳞翅目害虫。这种卵寄生蜂的大量繁殖常应用麦蛾、米蛾、地中海粉螟、烟草粉斑螟等仓库害虫的卵。在中国常应用柞蚕、蓖麻蚕、松毛虫、米蛾的卵大量繁殖赤眼蜂。

③利用半合成人工饲料培养寄主。常用麦芽、豆芽、大豆浸出液、麦胚、谷胚、谷芽、酵母等作为半合成人工饲料的重要成分。防腐剂常采用尼泊金、山梨酸、苯甲酸钠、甲醛等。例如，赤眼蜂和其他卵寄生蜂人工培养的研究，已取得明显进展。采用模拟卵卡，用双层薄膜，其中一层压成直径 2.2~3.0 mm 的半圆形凸出的模拟卵壳，内放入半合成人工饲料，另一层用于封盖。每一卵卡可育出赤眼蜂 1 000 头以上。

## (二) 移殖

天敌昆虫移殖的要求一般包括：

①选择合适的移殖地点。在移殖天敌昆虫时，需要考虑移殖地点的气候条件、植被等环境因素，以确保为天敌昆虫提供最适宜的活动条件。

②保证足够的释放数量。为了达到防治害虫的效果，每次释放需要使用足够数量的天敌昆虫。这可以确保天敌昆虫在田间有足够的种群密度，以提高其对害虫的控制效果。

③连续释放。在每个地点进行连续的释放，可以保证天敌昆虫在田间持续存在，从而实现长期控制害虫。

④建立多个移殖点。为了扩大防治范围，需要在多个地点建立移殖点，以覆盖更大的区域。

⑤大规模生产。在养虫室内进行天敌昆虫的大量繁殖是必要的。这可以确保在多个移殖点都有足够的天敌数量可供释放，以满足防治需求。

⑥动态调整。地点、释放数量和在每个地点所要释放的天敌数量应根据养虫室的供给能力和搜寻速度进行动态调整。这样可以根据实际情况灵活应对，提高防治效果。

## 三、天敌昆虫保护利用的途径和方法

按照 MacArthur et al. (1967) 提出的 R 选择和 K 选择理论，可将害虫按生殖力、扩散力和竞争力等，划分为 R 选择害虫和 K 选择害虫。R 选择害虫具有高生殖率、短世代期、强扩散力和广食性，而 K 选择害虫则具有较低的生殖率、较长世代期、较弱扩散力和专食性。Ehlers et al. (1978)证明自然界的天敌也可分为 R 对策天敌和 K 对策天敌等。R 对策天敌能够有效控制 R 选择害虫；并且认为 R 选择害虫之所以经常暴发成灾，是滥施农药压制了 R 对策天敌的生物控制能力所引起的后果(吴云峰，2016)。R 对策天敌遭受农药的压制是值得重视的原因，恢复天敌的生物控制作用可采取以下措施：

**(1)直接保护天敌**

把已经存在于田间或森林里的天敌，在适当的时间用人为的方法把它们保护起来，使其能够保持较多的数量。如保护瓢虫越冬，制作"人造蜂房"保护胡蜂等(Segoli et al., 2023)。

**(2)通过应用农业技术有效增加天敌数量并提升其效能**

例如，在利用赤眼蜂防治甘蔗螟虫，通过间作绿肥，不仅能增加甘蔗的肥料来源，还能改变田间小气候，起到降温增湿作用，从而有利于赤眼蜂的生存和对蔗螟的寄生。又如，森林的地面植被也对寄生蜂的寄生效率产生显著影响，植被覆盖度越高，寄生蜂的寄生效率也越高。调查发现，松林里的植被覆盖度为 95% 的地块，松毛虫幼虫寄生率为55.5%，而覆盖度降到 30% 则无寄生现象。种植果园防护林带也是一项有效的措施，它可以降低风的强度，有利于小型寄生性天敌昆虫的活动。同时，林带中经常滋生着许多对果树无害的昆虫，这些昆虫往往都是替代寄主。

**(3)增加自然界中天敌的食料**

例如，林下植物产生的花蜜可供赤眼蜂取食而延长其寿命。许多食虫昆虫，特别是大型寄生蜂与寄生蝇往往需要补充营养，才能促使性器官成熟。在有些金龟子的繁殖基地分期播种蜜源植物，能不断吸引土蜂。

**(4)与其他防治方法结合以维持天敌的数量**

例如，在使用农药时，必须注意保护天敌，防止造成过多伤害。在农药使用时最好避开天敌繁育季节和区域。在必须用药时，应优先选择对害虫高效而对天敌低毒的农药种类。一般来说，内吸性药剂和残效期短的杀虫药剂较为理想，用药应避开易感虫期。选择合适的防治方法。一般来说用毒饵法对害虫天敌最为安全。此外，喷雾比喷粉对天敌的危险性更小。采用种子处理、土地灌注、树干缚扎等方法也可以避免或减少对天敌的不良影响。在用药时，选择适当的施药时间和用药地点对保护天敌颇为重要。

**(5)人工大量繁殖天敌昆虫**

人工大量繁殖天敌昆虫是一种有效补充野外环境中天敌不足的方法。在自然界中，本地天敌可能无法有效控制虫害发生，尤其是在害虫发生前期，由于天敌数量少，对害虫的控制力很低。为了解决这个问题，人们可以通过人工方法在室内大量繁殖天敌，并将它们大量释放到田间，以取得显著的防治效果。在人工大量繁殖天敌时，解决天敌的食料问题(寄主或其他食物)是首要任务。一般有下列几种方法解决：用植物的某些部分如瓜、果、块茎、叶等来饲养寄主；用人工饲料来饲育寄主，用昆虫营养所必需的一些糖类、无机盐、维生素、酵母等来饲养一些害虫，再以此来繁殖害虫的寄生蜂。

## 思考题

1. 列举天敌昆虫的主要种类。

2. 捕食性天敌与寄生性天敌在习性、食性和形态上有哪些区别?
3. 天敌昆虫如何搜索猎物/寄主?
4. 外来天敌物种引入如何确保生态安全性?
5. 简述天敌昆虫大量繁殖的主要方法。
6. 野外天敌昆虫的保育措施有哪些?

# 第八章

# 植物病害生物防治概述

植物疾病是指植物生长偏离正常状态的一种现象，一般表现为组织结构或生理代谢上的异常，可以由传染性病原物的侵染引起，如真菌、细菌、病毒、线虫等，也可以由非传染性的胁迫因子造成，一般为非生物因子，如气候变化、环境污染等导致的极端温度、旱涝灾害、土壤理化参数失调（缺素或中毒）等。

植物病害（plant disease）一般是指由传染性病原物的侵染和传播造成的大范围内的植物患病，往往导致植物产品的质量或产量明显下降。在自然环境中，患病的植物较为常见，但很少发展成为病害，造成严重的生态和经济损失。这是因为病害的形成与植物、病原物、环境（包括所有非生物因素和非病原的生物因素）密切相关，也即遵循病害三角理论（disease triangle）。植物所在环境中的生物多样性是防止病害形成的天然屏障。然而，传统的农林业生产以获取食物、饲料、木料等为目的，通常成片密集地种植同一品种的植物，物种单一、生态系统脆弱，为病原物的入侵、富集和传播提供了环境条件。因此，植物病害防治（disease management or disease control）工作在农林业生产中是不可或缺的。

植物病害防治的目的是预防病害发生或控制病害发展，从而避免或减少相应的经济损失。依据病害三角理论，要达到这个目的，可以直接对病原物进行治理，包括减少病原物的数量，降低病原物的致病性，也可以从寄主入手，如提高植物的抗病性，以及从环境角度破坏病原物繁殖、侵染和传播的条件，即打断病原物的生活史或病害循环（disease cycle）。植物病害防治的方法分为直接法和间接法，前者针对病原物，包括化学防治、物理防治和生物防治，后者针对寄主植物或环境，包括抗性选育、抗性诱导、栽培方式、经营管理模式等，直接法可用于病害的预防和治理，而间接法通常用于病害的预防。

植物病害生物防治（biological control of plant disease）是利用有益生物杀灭或抑制植物病原物的方法。这里的有益生物通常是指有益的微生物，也即利用微生物生防制剂（microbial biological control agents，MBCAs）的捕食、寄生、抗生、竞争和抗性诱导作用直接或间接地拮抗病原物。

## 第一节 植物病害概述

植物病害防治的前提条件是能对病害进行有效地预测或者正确地诊断,因此需要掌握一些基本的植物病理学知识,包括病因(即病原物的种类、特性和来源等)、症状(即感病植物的典型反应及侵染病原物的具体表现)和环境(如季节、地域、土壤性质等)的影响。尤其对于生物防治来说,施用的有益微生物必须能够在植物相关环境中系统定殖并且保持活性,同时能够与病原物或植物之间建立有效的互作关系,因此,掌握准确的病害信息是采取有效防治措施的基本依据。

植物病害三角理论描述了病害发生的三要素,即毒力病原物、易感寄主植物和有利环境(图 8-1)。病害发生的首要条件是病原物与植物间的直接接触、其次是病原物能够成功地侵染植物,其中,病原物与植物间是否为寄生关系是内在的决定因子,即植物是否在病原物的寄主范围内,而环境是外在的决定因子,既影响植物的感病性(susceptibility)或抗病性(resistance),也影响病原物的致病性(pathogenicity)。同时,环境因子还决定了病害的发展。当病原物寄生植物后,只有在持续的适宜环境条件下,才能随着时间的推移完成生物量的积累、扩散及传播。此外,若进一步采取人为干预,如品种改良、耕耘灌溉、施肥用药等因素,都会对三要素产生相应影响,此时,病害三角体系转变成为病害四面体体系(disease tetrahedron)(图 8-2)。

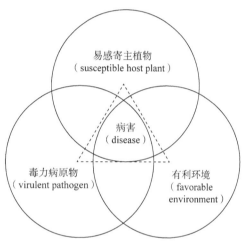

**图 8-1 病害三角理论示意**

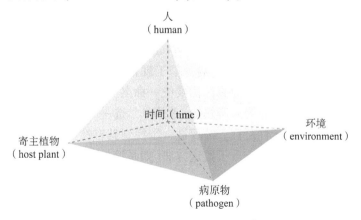

**图 8-2 病害四面体理论示意①**

---

① 植物病理学中关于病害四面体的描述有两种,分别以人和时间作为第四要素,图 8-2 同时包含了这两个因素。

## 一、植物病原物的种类

植物病原物包括真菌、类真菌、细菌、病毒和线虫，其中前4类属于微生物，而线虫属于动物。与动物病原菌一样，植物病原真菌、类真菌、细菌均为化能异养型，具有寄生性，但只有少数为专性寄生，大部分能够在环境中作为腐生菌(saprophyte)独立生活。病毒是特殊的一类病原微生物，是无细胞结构的分子生物，为专性寄生。线虫和昆虫都属于动物界，因此在一些植物病理学文献中将线虫划分为害虫，而本书将其划分为病原物。

### (一) 真菌

真菌是植物病原物中最大[①]的类群，属于真核微生物。植物病原真菌多为丝状，形成菌丝体(mycelium)或叶状体(thalli)、子实体(fruiting body)、孢子(spore)等典型结构，有的还能形成休眠体(resting body)，均为物种鉴定时重要的表型依据。通常以菌丝片段或无性孢子进行无性繁殖(asexual reproduction)，也可以通过同宗(homothallic)或异宗接合(heterothallic fusion)[②]产生有性孢子而进行有性繁殖(sexual reproduction)。少数植物病原真菌为非丝状的单细胞形态，如酵母类，可直接芽殖(budding)或裂殖(fission)，也能产无性或有性孢子。很多病原真菌能够根据生长环境的不同而选择无性或有性生活史，甚至生活史中兼有有性和无性阶段，由于不同的繁殖方式会形成不同形态构造的子实体和不同种类的孢子，也就是说，同一种病原真菌在不同的生活条件下可能具有不同的表型特征，因此给病害鉴定工作带来很大的困难。

由于真菌生活史的复杂性以及随着分子鉴定手段的发展，使真菌的系统分类不断变化。在目前真菌界的5个门中，仅球囊菌门(Glomeromycota)由丛枝菌根(arbuscular mycorrhiza, AM)真菌组成，它们是植物根部的有益共生真菌，是生物防治的重要资源，而其余的4个门均有病原菌的分布，表8-1列举了5个门内的一些代表性的病原真菌及其造成的植物病害。

需要说明的是，早期基于形态特征进行分类的结果，使不少真菌的无性型和有性型分别具有不同的名字。同时，由于很大一部分真菌目前只能观察到其无性阶段，而对其有性阶段一无所知，因此曾被暂时划分为半知菌[③](imperfect fungi)。这两个分类学问题在植物病原真菌的鉴定和命名中也存在很大影响，基于现代真菌分类学"一种一名(one fungus, one name)"的原则，不少重要的病原真菌需要统一命名，如镰刀菌属(*Fusarium*)、茎点霉属(*Phoma*)多以其无性型名字而为人所熟知，如何"二选一"仍需研究。同时，也有不少病原真菌被观察到的是它们的无性阶段，需要进一步找到其有性型的分类依据，才能准确地基于表型特征进行鉴定，或者基于分子鉴定方法(如系统发育分析)明确其分类地位，工作

---

[①] 种类多、占比大，据估计占植物病害发生的一半以上。

[②] 同宗接合是指同一个个体的配子间发生质配和核配的现象，也即自交；异宗接合是指两个不同的但具有性亲和性的个体间发生质配和核配的现象，也即杂交。

[③] 半知菌门包含了所有有性阶段未知、分类地位未明的真菌，因此是一个未获得有效分类地位的暂时的分类单元，与子囊菌门、担子菌门同属于双核菌亚界(Dikarya)。目前该定义在真菌分类中逐步弃用。

十分艰巨。

总体而言,真菌性病害是植物病害中最常见的一类,植物病原真菌物种多样(表8-1),生活方式多样,不仅包括无性生活和有性生活,还包括专性寄生①、兼性寄生②、半生物营养型(hemibiotroph)③。此外,绝大多数病原真菌属于微真菌(microfungi),即使担子菌门中的病原真菌,绝大多数也不形成大型的菌丝体或子实体,不易观察。上述特征均增加了真菌性病害的诊断和防治难度。

**(二)类真菌**

类真菌属于真核微生物,由于一些形态和生活特征与真菌非常相似,因此经常出现分类错误,其中就包括一些重要的植物病原菌,如腐霉属(*Pythium*)在很长时间内被视作病原真菌,但实际属于类真菌。按照目前的生物分类系统,类真菌主要归属于两界:色藻界(Chromista)和原生动物界(Protozoa),而能引起植物病害的类真菌主要分布在色藻界的卵菌门(Oomycota)和枝黏菌纲(Phytomyxea),以及原生动物界的绒泡黏菌目(Physarales)(Tronsmo et al., 2020)。

**(1)色藻界的植物病原菌**

与真菌一样,卵菌能够形成菌丝体,但菌丝通常为二倍体的单细胞,而真菌菌丝通常为单细胞或多细胞,每个细胞含一个或多个单倍体核。卵菌也可以进行有性繁殖和无性繁殖。在有性繁殖阶段,通过藏卵器(oogonium)和雄器(antheridium)的接合形成二倍体的卵孢子(oospore),卵孢子可以萌发形成菌丝体并侵染寄主,也可以分化成孢子囊,依据环境条件的不同,分化出来的孢子囊可以释放二倍体的游动孢子,也可以像孢子一样直接萌发形成芽管并侵染寄主。在无性繁殖阶段,由菌丝顶端膨大分化成孢子囊,与卵孢子分化的孢子囊一样,也可以释放二倍体的游动孢子或者直接萌发。与真菌中的壶菌不同,卵菌的游动孢子带有2条形态不同的鞭毛,而壶菌的游动孢子只有1条鞭毛。游动孢子借助鞭毛进行趋化运动,鞭毛脱落则休止成囊,随后萌发形成菌丝体。卵菌门中的植物病原菌基本集中在霜霉菌纲(Peronosporea),代表性的包括:

①白锈菌目(Albuginales)。包含引起白锈病(white rust)的一些专性寄生菌,如十字花科白锈病的病原 *Albugo candida*。

②霜霉目(Peronosporales)。该目的霜霉科(Peronosporaceae)包含了不少重要的植物病原菌,其中疫霉属(*Phytophthora*)是最具经济和社会影响力的,如引起马铃薯晚疫病(late blight)的致病疫霉(*Phytophthora infestans*),在19世纪40年代的欧洲导致了举世震惊的"爱尔兰大饥荒"事件。橡树猝死病原菌(*Phytophthora ramorum*)在20世纪90年代中期摧毁了美国加利福尼亚州和俄勒冈州的橡树种群。疫霉可以造成寄主根、茎(块茎)、枝干上的腐烂、枯萎或溃疡等病害,是双子叶植物的主要病原菌,寄主范围广且涵盖重要的作物和林木,经济危害大。此外,盘梗霉属(*Bremia*)、霜霉属(*Peronospora*)、假霜霉属(*Pseudoperonospora*)、透明霜霉属(*Hyaloperonospora*)、轴霜霉属(*Plasmopara*)等均为引起双子叶

---

① 即需要在寄主体内或体表完成整个生活史。
② 即既可以通过寄生,也可以通过腐生完成整个生活史。
③ 即生活史的部分阶段为寄生,部分阶段为腐生。

表 8-1 真菌界的植物病原菌分布

| 门 | 纲 | 目 | 病原菌特征 | 病原菌代表 | | 侵染特征 | 病害 |
|---|---|---|---|---|---|---|---|
| | | | | 属 | 种 | | |
| 壶菌门 (Chytridiomycota) | 壶菌纲 (Chytridiomycetes) | | 专性植物寄生菌;产游动孢子囊(zoosporangia)或休眠孢子囊(resting sporangia)或休眠孢子(resting spores);游动孢子(zoospore)休止成囊(encystment)后侵染寄主;休眠孢子囊或休眠孢子可长期蛰伏存活 | 油壶菌 (Olpidium) | O. brassicae O. virulentus O. bornovanus | 专性根寄生菌;游动孢子携载的病毒使寄主发病 | 生菜巨脉病(lettuce bigvein disease),甜瓜坏死斑病毒病(melon necrotic spot virus disease) |
| | | | | 集壶菌 (Synchytrium) | S. endobioticum | 专性寄生特定的茄科植物,诱导寄主细胞膨大和增生 | 马铃薯癌肿病(potato wart) |
| | | | | 节壶菌 (Physoderma) | P. maydis | 可侵染玉米全株,主要在叶中部有明显症状 | 玉米褐斑病/茎腐病(physoderma brown spot/stalk rot of corn) |
| 接合菌门 (Zygomycota) | 接合菌纲 (Zygomycetes) | 毛霉目 (Mucorales) | 腐生或弱寄生菌;产孢囊孢子(sporangiospore)和休眠的接合孢子(zygospore);孢囊孢子通过空气传播 | 根霉 (Rhizopus) 毛霉 (Mucor) | | 侵染干果,采后果蔬等,造成软腐或霉变 | 储藏霉菌病害 |
| | | | 孢子以菌落形式附生于寄主体表越冬;孢子萌发后侵染幼嫩组织,菌丝体延伸,同细胞间在寄主体在寄主体内形成 | 笄霉 (Choanephora) | C. cucurbitarum | 多子高温潮湿条件下侵染花朵,并从雌花侵染果实 | 花腐病(blossom blight)/蒂腐病(blossom-end rot) |
| 子囊菌门 (Ascomycota) | 外囊菌纲 (Taphrinomycetes) | | | 外囊菌 (Taphrina) | T. betulina T. deformans T. pruni | 存在单细胞阶段(侵染阶段)和菌丝阶段;通过分泌植物激素诱导寄主形成水泡状、袋状增生(瘿)或帚状分枝 | 桦树"女巫扫帚"病(witchs broom on birch),桃叶卷病(peach leaf curl),李袋果病(plum pocket) |
| | 酵母菌纲 (Saccharomycetes) | | 多数为单细胞类酵母状,特定形成菌丝体 | 假囊酵母 (Eremotheciuim) | E. ashbyi E. gossypii E. coryli | 通过半翅类昆虫进食传播,造成果仁酸腐,湿黏 | 棉花,柑橘,大豆,美洲山核桃等的柱头霉病(stigmatomycosis) |

(续)

| 门 | 纲 | 目 | 病原菌特征 | 病原菌代表 | | 侵染特征 | 病害 |
|---|---|---|---|---|---|---|---|
| | | | | 属 | 种 | | |
| 子囊菌门 (Ascomycota) | 锤舌菌纲 (Leotiomycetes) | 柔膜菌目 (Helotiales) | 形成子囊盘；约10个属为植物病原菌 | 核盘菌 (Sclerotinia) | S. sclerotiorum | 侵染400多种植物；在寄主体内或体表形成白色菌丝体和黑色菌核；主要以子囊孢子侵染 | 白霉 (white mould)、绢腐 (cottony rot)、软腐 (watery soft rot)、茎腐 (stem rot)、冠腐 (crown rot)、花腐等 |
| | | | | 葡萄孢属 (Botrytis) | B. cinerea | 可在采摘前后侵染多种蔬菜花卉；主要以分生孢子侵染 | 灰霉病 (gray mold disease) |
| | | | | 链核盘菌 (Monilinia) | M. laxa | 在树上果实表面形成分生孢子座 (sporodochia)；在落地果上形成子囊盘 | 果树花腐病和褐腐病 (brown rot) |
| | | | | 喙孢霉 (Rhynchosporium) | R. graminicola | 侵染禾本科 | 叶斑病 (leaf blotch) |
| | | 白粉菌目 (Erysiphales) | 专性植物寄生菌；形成吸器 (haustoria) 和闭囊壳 (chasmothecia) | 统称白粉病菌，由多个属构成，如白粉菌属 (Erysiphe)、又丝单囊壳属 (Podosphaera)、布氏白粉菌 (Blumeria) | E. necator P. pannosa B. graminis | 侵染禾本科；菌丝体和分生孢子分布在寄主体表，形成特征性的白色粉层；以子囊孢子初次侵染寄主，形成的大量分生孢子传播至新菌寄主形成二次侵染 | 白粉病 (powdery mildew) |
| | 粪壳菌纲 (Sordariomycetes) | 肉座菌目 (Hypocreales) | 形成子囊壳 (perithecia)，子囊壳独立形成子座，或着生于子座 (stroma) 内部或表面，或埋在松散的菌丝垫中 | 麦角菌 (Claviceps) | C. purpurea | 子囊孢子模拟花粉粒寄生开放授粉的禾本科；菌丝体取代子房并产生蜜露，吸引昆虫取食并传播分生孢子；菌丝发育为菌核 (含毒素麦角生物碱)；菌核萌发形成子座 | 麦角病 (ergot) |

(续)

| 门 | 纲 | 目 | 病原菌特征 | 病原菌代表 属 | 病原菌代表 种 | 侵染特征 | 病害 |
|---|---|---|---|---|---|---|---|
| 子囊菌门 (Ascomycota) | 粪壳菌纲 (Sordariomycetes) | 肉座菌目 (Hypocreales) | 形成子囊壳 (perithecia), 子囊壳独立形成于子座 (stroma) 或着生子座表面, 或埋在松散的菌丝垫中 | 镰刀菌 (Fusarium) |  | 常见的谷物类病原菌; 寄主的各个生长阶段皆可侵染; 合成真菌毒素 (mycotoxins); 子囊孢子和分生孢子皆可侵染 | 苗枯病 (seedling blight), 猝倒病 (damping off), 根腐病 (root rot), 叶斑病, 赤霉病 (fusarium head blight) |
| | | 巨座壳目 (Magnaporthales) | 同肉座菌目 | 顶囊壳属 (Gaeumannomyces) | G. tritici | 黑色葡匐菌丝 (runner hyphae) 沿根表延伸, 以附着枝侵染根的内皮层和维管组织, 使根系深褐色, 短而脆, 寄主发育不良, 出现白穗; 以菌丝侵染邻近植株 | 小麦全蚀病 ('take-all' disease) |
| | 座囊菌纲 (Dothideomycetes) | 黑星菌目 (Venturiales) | 形成子囊座 (ascostroma), 内部为假囊壳 (pseudothecia) | 黑星菌 (Venturia) | V. inaequalis | 假囊壳在落叶上越冬; 以子囊孢子初次侵染寄主的嫩叶; 在寄主上形成分生孢子座后, 以分生孢子多次侵染寄主 | 苹果黑星病 (apple scab) |
| | | 格孢腔菌目 (Pleosporales) | 同黑星菌目 | 核腔菌 (Pyrenophora) | P. teres P. graminea | 以假囊壳在麦茬中越冬; 能通过种子传播; 主要以分生孢子传播侵染 | 大麦网斑病 (barley net blotch), 大麦条纹病 (barley leaf stripe) |

（续）

| 门 | 纲 | 目 | 病原菌特征 | 病原菌代表 | | 侵染特征 | 病害 |
|---|---|---|---|---|---|---|---|
| | | | | 属 | 种 | | |
| 担子菌门 (Basidiomycota) | 柄锈菌纲 (Pucciniomycetes) | 柄锈菌目 (Pucciniales) | 锈病菌（rust fungi）：专性寄生植物地上部分；具有较高的寄主专一性；多期侵染菌种寄主的转主寄生锈菌（heteroecious rust），少数为侵染一种寄主的单主寄生锈菌（autoecious rust） | 柄锈菌 (Puccinia) | P. graminis | 寄生禾本科；包含春孢子、夏孢子、冬孢子、性孢子、担孢子 5 个时期 | 秆锈病（stem rust） |
| | | | | | P. horiana | 寄生菊属；只含冬孢子、担孢子 2 个时期 | 白锈病（white rust） |
| | | | | 胶锈菌 (Gymnosporangium) | G. sabinae | 寄生梨和刺柏；包含 5 种孢子时期 | 梨锈病（pear rust） |
| | 黑粉菌纲 (Ustilaginomycetes) | 黑粉菌目 (Ustilaginales) | 黑穗病菌（smut fungi）：寄生禾本科；菌丝在种子中休眠越冬，随寄主一起生长而无明显症状，至抽穗期侵染子房，破坏谷粒，产生的黑色孢子堆积成煤灰状 | 黑粉菌 (Ustilago) | U. nuda | 侵染组织直接被孢子填满 | 大麦散黑穗病（loose smut） |
| | | | | | U. maydis | 侵染组织发生增生后再致孢子填满 | 玉米黑粉病（corn smut） |
| | | 条黑粉菌目 (Urocystidales) | 也属于黑穗病菌，可侵染寄主的茎、叶、花；双核菌丝和单倍体菌丝均可侵染，但只有前者引发症状 | 条黑粉菌 (Urocystis) | U. occulta U. eranthidis | 侵染黑麦的茎或兔葵的茎和叶 | 条纹黑穗病（stripe smut） |
| | | 腥黑粉菌目 (Tilletiales) | 与黑穗病菌类似，寄生作物类；孢子任种子或土壤中越冬，与寄主种子一同萌发，以双核菌丝侵染幼苗，在寄主病穗上形成包裹的孢子堆（bunt） | 腥黑粉菌 (Tilletia) | T. controversa T. caries | 造成寄主发育不良，异常分蘖且矮化极端，产生三甲胺，具有鱼腥臭味 | 小麦矮腥黑穗病（dwarf bunt） 小麦网腥黑穗病（stinking bunt） |
| | 外担菌纲 (Exobasidiomycetes) | 外担菌目 (Exobasidiales) | 形成吸器；担子延伸至表皮细胞层之上，与子囊菌相似，造成杜鹃花科植物的肥大增生 | 外担子菌 (Exobasidium) | E. vaccini | 侵染欧石楠属植物，造成叶片的肥大增生，通常形成花状结构 | 叶瘿（leaf galls） |

(续)

| 门 | 纲 | 目 | 病原菌特征 | 病原菌代表 属 | 病原菌代表 种 | 侵染特征 | 病害 |
|---|---|---|---|---|---|---|---|
| 担子菌门 (Basidiomycota) | 伞菌纲 (Agaricomycetes) | 鸡油菌目 (Cantharellales) | 部分成员为兼性植物病原菌 | 丝核菌 (Rhizoctonia) | R. solani | 兼性植物寄生菌;寄主广泛,可形成菌核;侵染种子及地上、地下部分,引起多种病害;能在土壤营腐生生活,并造成猝倒病 | 马铃薯丝核菌病（black scurf）、水稻纹枯病（sheath blight）、肚腐病（belly rot）、根腐病、猝倒病、草坪褐区病（brown patch）等 |
| | | 伞菌目 (Agaricales) | 部分成员为植物的机会病原菌或兼性病原菌 | 软韧革菌 (Chondrostereum) | C. purpureum | 落叶树病害;通过伤口感染寄主,定殖于木质部,分泌毒素导致叶片表皮分离,呈现银色光泽 | 果树银叶病 (sliver leaf) |
| | | | | 核瑚菌 (Typhula) | T. ishikariensis  T. incarnata | 在副极地气候区,对多年生牧草或冬小麦等禾本科造成冬季侵染 | 雪霉病 (snow mould) |
| | | 阿太菌目 (Atheliales) | 个别成员为兼性植物寄生菌 | 阿太菌 (Athelia) | A. rolfsii | 土壤腐生或植物寄生,寄主范围广,包括谷物、蔬菜、水果、观赏植物等;主要在热带和亚热带形成危害 | 南方枯萎病 (southern blight) |

植物霜霉病(downy mildews)的病原。霜霉目中的腐霉科(Pythiaceae)在土壤和表层水中广泛分布，多为腐生菌，但也不乏重要的植物寄生菌，如可引起各种植物猝倒病、根腐病、茎腐病、采后果实软腐病的腐霉属。

③枝黏菌纲。属于丝足虫门(Cercozoa)，为单细胞生物，植物的专性内寄生菌，能形成游动孢子和休眠孢子。游动孢子以弹丸状结构穿透寄主细胞壁，并将孢子内含物注入寄主体内，进而在寄主细胞内形成特征性的多核变形体(multinucleate plasmodium)，并最终转变成游动孢子囊，主要干扰植物的激素代谢，从而造成增生或疮痂。代表性的病害如十字花科蔬菜的根肿病[clubroot，病原为芸薹根肿菌(*Plasmodiophora brassicae*)]和马铃薯粉痂病[powdery scab，病原为马铃薯粉痂菌(*Spongospora subterranea*)，该菌也是马铃薯帚顶病毒(potato mop top virus)的载体]。

(2) **原生动物界的植物病原菌**

原生动物是一类单细胞、能运动、无细胞壁的原始真核生物，其中黏菌门(Mycetozoa)①的绒泡黏菌目中存在一些影响植物生长的黏菌(slime mould)，包括复囊钙皮菌属(*Mucilago*)、绒泡黏菌属(*Physarum*)和煤绒菌属(*Fuligo*)。

黏菌能像变形虫一样运动，也能产游动孢子，从而附生到植物体表，形成斑块，当完全覆盖时，影响植物的正常生长，危害贴地生长的草本植物，如草莓等。

总体而言，真菌和类真菌在形态和生活史上具有相似性，但在细胞水平上则有明显差异，如在细胞结构上，真菌细胞壁的主要成分为几丁质，而类真菌为纤维素和$\beta$-葡聚糖，因此，在进行病害防治时，对病原真菌有效的药剂可能对类真菌无效。

(三) **细菌**②

植物病原细菌以杆菌为主。细菌中的放线菌为特殊的丝状体构造，是抗生素的主要产生菌，也是重要的生防菌之一，但也有少数放线菌为植物病原菌，如部分链霉菌。根据细胞壁组成和结构的差异，细菌可划分为革兰染色阳性和阴性两类，病原菌以革兰阴性菌居多，此外还有一类特殊的缺壁细菌，如植原体(phytoplasma)，为专性的植物病原菌(Nair et al.，2021)。表8-2列举了不同细菌类群中代表性的病原菌及其引起的主要病害。

与真菌和类真菌不同，绝大多数细菌是非丝状体构造，不能通过菌丝延伸的方式靠近寄主体表或在寄主体内扩散，也不能利用特殊的侵染结构，如附着胞(appressorium)或附着枝(hyphopodium)侵入寄主，或通过菌丝直接刺入。一般情况下，高温潮湿的环境更容易引发细菌性病害，这是因为此时土壤间隙或植物体表连续的水膜为细菌提供了迁移的条件，使其能够利用鞭毛实现自主游动。而植物体表天然的开口或伤口则是细菌主要的入侵通道，天然开口包括叶片上的气孔和叶边缘的排水器、花蜜腺和花粉管、树皮和块茎上的皮孔等；天然的伤口主要来自耕作时的器械损伤、冰雹和霜冻造成的天气损伤，以及昆虫、线虫叮咬造成的微小生物损伤。此外，一些病原细菌进化出了独特的入侵方式，如丁香假单胞菌能够在细胞膜上合成冰核蛋白(ice-nucleation protein)，把细胞变成冰核，造成植物在非冰点温度下的冰冻损伤，从而为自己创造伤口。当细菌侵入寄主后，高效的体内

---

① 有建议将黏菌门划分至变形虫界(Amoebozoa)。
② 与原核生物同义。

表 8-2 细菌域的植物病原菌分布

| 细胞壁类型 | 门 | 纲 | 代表属 | 病害特征 |
|---|---|---|---|---|
| 革兰氏阴性菌 | 假单胞菌门 (Pseudomonadota, 异名变形菌门, Proteobacteria) | α-变形菌纲 (Alphaproteobacteria) | 土壤杆菌 (Agrobacterium) | 冠瘿病 (crown gall)：根癌土壤杆菌 (A. tumefaciens)、悬钩子土壤杆菌 (A. rubi) 等的诱癌质粒 (Ti plasmid) 诱导蔷薇科植物的侵染组织过度增生，形成瘿瘤或癌肿；发根病 (hairy root)：发根农杆菌 (A. rhizogenes) 的诱癌质粒诱导双子叶植物的根过度分枝 |
| | | | 异根瘤菌 (Allorhizobium) | 冠瘿病：葡萄异根瘤菌 (A. vitis)（原葡土壤杆菌）的诱癌质粒诱导葡萄形成瘿瘤 |
| | | | 韧皮部杆菌 (Candidatus Liberibacter) | 柑橘黄龙病或青果病 (citrus greening disease)：病理复杂，主要由3种近缘细菌引起，即亚洲、美洲、非洲黄龙病菌 (Ca. Liberibacter asiaticus, Ca. Liberibacter americanus, Ca. Liberibacter africanus)，以柑橘木虱为载体 |
| | | | Rhizorhapis | 木栓化根 (corky root)：R. suberifaciens 在生菜的主根和侧根根表面造成褐色、粗糙、开裂区域，至发病严重时，根部变脆易断 |
| | | | 鞘脂单胞菌 (Sphingomonas) | S. melonis：造成甜瓜 (Cucumis melo) 的褐斑病 (brown spot)；未分类的 Sphingomonas 菌株：引起水稻和淡竹叶的细菌性叶枯病 (bacterial leaf blight) |
| | | β-变形菌纲 (Betaproteobacteria) | 嗜酸菌 (Acidovorax) | A. anthurii：引起侵染红掌 (Anthurium andraeanum) 的细菌性叶斑病 (bacterial leaf spot)；<br>A. catlleyae：引起兰科植物的褐斑病；<br>A. citrulli：引起葫芦科植物的细菌性果斑病 (bacterial fruit blotch)；<br>A. konjac：引起魔芋的叶枯病；<br>A. oryzae（原 A. avenae subsp. avenae）：引起水稻褐条病 (brown stripe)；<br>A. valerianellae：引起生菜的黑斑病 (black spot) |
| | | | 伯克氏菌 (Burkholderia) | B. cepacia：最早分离自洋葱，引起洋葱皮腐病 (skin rot)，也是人的致病菌；<br>B. gladioli：分为4个致病变型 (pathovars)，B. gladioli pv. agaricicola 引起平菇软腐病，B. gladioli pv. alliicola 引起洋葱鳞茎腐烂病 (bulb rot)，B. gladioli pv. cocovenerans 破坏叶子果实，B. gladioli pv. gladioli 引起唐菖蒲球茎腐烂和结痂，洋葱叶鞘褐变等；<br>水稻穗枯病 (panicle blight)：病原菌为 B. glumae 和 B. gladioli；<br>B. plantarii：引起水稻立枯病 (seedling blight) |

第八章 植物病害生物防治概述

(续)

| 细胞壁类型 | 门 | 纲 | 代表属 | 病害特征 |
|---|---|---|---|---|
| 革兰阴性菌 | 假单胞菌门 (Pseudomonadota, 异名变形菌门, Proteobacteria) | β-变形菌纲 (Betaproteobacteria) | 草螺菌 (Herbaspirillum) | H. rubrisubalbicans：多种植物的内生固氮菌，也能引起甘蔗和高粱叶部的斑驳条纹病 (mottled stripe) |
| | | | 紫色杆菌 (Janthinobacterium) | J. agaricidamnosum：引起双孢菇软腐病 |
| | | | 劳尔氏菌 (Ralstonia) | R. solanacearum complex species：由 R. solanacearum, R. pseudosolanacearum, R. syzygii 3 个种组成，引起 50 多个科的植物的青枯病 (bacterial wilt) |
| | | | Robbsia | R. andropogonis (异名 Burkholderia andropogonis)：在康乃馨、叶子花、高粱的叶上形成斑点或条纹 |
| | | | Trinickia | T. caryophylli (异名 Burkholderia caryophylli)：引起康乃馨细菌性枯萎病 (bacterial wilt) |
| | | | 嗜木质菌 (Xylophilus) | X. ampelinus (异名 Xanthomonas ampelina)：单一侵染葡萄 (Vitis vinifera) 及其亚种 (用于酿制葡萄酒)，造成葡萄藤病 (vine disease) |
| | | γ-变形菌纲 (Gammaproteobacteria) | 不动杆菌 (Acinetobacter) | A. populi：引起杨树 (Populus × euramericana) 溃疡病；<br>A. qingfengensis：引起杨树 (Populus × euramericana) 溃疡病 |
| | | | Brenneria | B. alni：引起桤木 (Alnus) 的树皮溃疡 (bark canker)；<br>B. goodwinii：引起栎树 (Quercus robur) 的急性衰退；<br>B. nigrifluens：造成核桃 (Juglans regia) 的浅树皮溃疡 (shallow bark canker)；<br>B. populi 和 B. corticis：引起杨树 (Populus × euramericana) 的树皮溃疡；<br>B. roseae subsp. americana：引起栎树 (Quercus kelloggii) 的急性衰退；<br>B. roseae subsp. roseae：引起栎树 (Quercus cerris) 的深树皮溃疡 (deep bark canker) (Juglans regia) 的深树皮溃疡 (deep bark canker)；B. rubrifaciens：造成核桃；<br>B. salicis：引起柳树 (Salix) 的水纹病 (watermark disease) |
| | | | Candidatus Phlomobacter | Ca. Phlomobacter fragariae：造成草莓边缘绿化病 (marginal chlorosis)，专一侵染韧皮部，造成杯状小叶，叶缘黄绿 |
| | | | 柠檬酸杆菌 (Citrobacter) | C. freundii：造成生姜 (Zingiber officinale) 腐烂，也是人的致病菌 |

（续）

| 细胞壁类型 | 门 | 纲 | 代表属 | 病害特征 |
|---|---|---|---|---|
| 革兰阴性菌 | 假单胞菌门 (Pseudomonadota, 原变形菌门, Proteobacteria) | γ-变形菌纲 (Gammaproteobacteria) | Dickeya | D. chrysanthemi：包含 2 个致病变型，引起菊花青枯病，其他寄主包括马铃薯、番茄、洋葱、菊苣、向日葵、龙舌兰、喜林芋、银胶菊等；<br>D. dadantii：寄主广泛，多侵染具有块茎、球茎或肉质茎、多汁叶片的蔬菜作物和园艺作物，引起植物的坏死、枯萎、软腐等病状；<br>D. dianthicola：寄主广泛，主要为观赏植物，还包括番茄、马铃薯等，如马铃薯块茎软腐病和黑胫病（blackleg disease）；<br>D. fangzhongdai：多呈水侵状，引起梨溃疡病、兰科植物软腐病、射干腐病；<br>D. solani：引起马铃薯黑腿病和块茎软腐病，较低生长温度下即可发病，是马铃薯种植的主要危害菌；<br>D. zeae：侵染马铃薯、烟草、菊花、杜鹃/玉米、水稻、香蕉、凤梨、波萝、菩形草等种子植物，引起玉米/水稻基腐病（foot rot）、香蕉软腐病等 |
| | | | 肠杆菌 (Enterobacter) | E. cloacae：寄主范围广，如椰树枯萎、生姜球茎腐烂、火龙果软腐、澳洲坚果灰核变（gray kernel）、苜蓿种子芽腐（sprout decay）、杂交兰叶腐（leaf rot）、水稻细菌性内颖褐变（bacterial palea browning），也是人的致病菌；<br>E. cowanii：造成绒毛花和属植物 Mabea fistulifera 细菌性斑点（bacterial spot）；<br>E. ludwigii：造成洋葱球茎腐烂病（内部肉质鳞片褐变）；<br>E. mori：造成桑树（Morus alba）枯萎病，叶片干枯脱落，叶片质褐变，根木质部褐变、切皮部腐烂，造成桃软腐，造成猕猴桃维管组织溃疡、褐色叶斑以及摩死亡；<br>E. nimipressuralis：造成榆树细菌性湿腐病（wetwood），榆树皮上可观察到从内部渗出的细菌形成的浅色条纹；<br>E. pyrinus：造成梨树褐色叶斑病（brown leaf spot） |
| | | | 欧文氏菌 (Erwinia) | E. amylovora：引起苹果、梨等蔷薇科植物的火疫病（fire blight）；<br>E. aphidicola：引起菜椒果斑病；<br>E. billingiae：引起杧果（Mangifera indica）的细菌性溃疡（bacterial canker）；<br>E. cacticida：水解果胶，引起仙人掌软腐病；<br>E. mallotivora：引起木瓜（Carica papaya）枯死病（dieback）；<br>E. papayae：引起木瓜冠腐病（crown rot）；<br>E. persicina：通过种子传播，引起苜蓿芽枯病、叶斑病，可导致整株坏死；<br>E. piriflorinigrans：引起梨花坏死（blossom necrosis）；<br>E. psidii：引起番石榴（Psidium guajava）枝条、花和果实腐烂；<br>E. pyrifoliae：引起梨（Pyrus pyrifolia）坏死病（necrotic disease）；<br>E. rhapontici：引起豌豆粉种（pink seed）坏死病，在豆芽上的仿口中繁殖并感染种子；<br>E. tracheiphila：引起瓜类蔬菜的青枯病；<br>E. uzenensis：引起梨（P. communis）细菌性黑芽病（bacterial black shoot disease） |

第八章 植物病害生物防治概述

(续)

| 细胞壁类型 | 门 | 纲 | 代表属 | 病害特征 |
|---|---|---|---|---|
| 革兰阴性菌 | 假单胞菌门 (Pseudomonadota, 原变形菌门, Proteobacteria) | γ-变形菌纲 (Gammaproteobacteria) | Gibbsiella | G. quercinecans：造成胡桃的细菌性溃疡病 |
| | | | Lonsdalea | L. britannica：引起英国栎树（Quercus robur）的急性衰退；<br>L. iberica：引起地中海栎树的树皮溃疡病和坚果滴水症（drippy nut）；<br>L. populi：引起中国和西班牙杨树（Populus × euramericana & P. × interamericana）的树皮溃疡，感染处渗出大量白色液体；<br>L. quercina（原 Brenneria quercina）：引起栎树的坚果滴水症 |
| | | | Musicola | M. paradisiaca（原 Dickeya paradisiaca）：寄主主要为香蕉、玉米、马铃薯，引起香蕉根状茎和假茎的湿腐病（wet rot） |
| | | | 泛菌 (Pantoea) | P. agglomerans：包括 3 个致病变型，可引起水稻、棉花、高粱、玉米、核桃等多种植物的病害，多引起增生和瘿瘤；<br>P. allii：引起洋葱心腐病（center rot）；<br>P. ananatis：包含 2 个致病变型，引起多种经济作物和经济林木的病害，病状随着寄主的不同而不同，如叶斑、茎腐、果腐、顶梢腐烂、顶梢枯死等；<br>P. beijingensis：引起杏鲍菇软腐病；<br>P. deleyi、P. eucalypti：引起桉树顶梢枯死；<br>P. dispersa：引起水稻叶、花序、合粒枯萎；<br>P. stewartii：引起斯图尔特玉米枯萎病（Stewart's wilt of corn），波罗蜜薯绸病（jackfruit-bronzing disease），甘蔗青枯病，水稻叶枯病；<br>P. vagans：引起桉树顶梢枯死以及玉米褐茎腐病（brown stalk rot） |
| | | | 果胶杆菌 (Pectobacterium) | P. aroidearum：引起多种单子叶植物的软腐病，如马铃薯、万年青、马蹄莲、鳄梨等；<br>P. atrosepticum：引起马铃薯黑腿病；<br>P. betavasculorum：危害甜菜；<br>P. cacticida：引起仙人掌软腐病；<br>P. carotovorum：软腐病，寄主范围广，包括胡萝卜、卷心菜、马铃薯、菊苣、向日葵等，根据寄主不同可分为多个亚种；<br>P. parmentieri：引起马铃薯黑腿病和扶茎软腐病；<br>P. punjabense：引起马铃薯黑腿病和扶茎软腐病，马铃薯、山葵；<br>P. wasabiae：侵染山葵、马铃薯、卷心菜 |

(续)

| 细胞壁类型 | 门 | 纲 | 代表属 | 病害特征 |
|---|---|---|---|---|
| 革兰阴性菌 | 假单胞菌门 (Pseudomonadota, 原变形菌门, Proteobacteria) | γ-变形菌纲 (Gammaproteobacteria) | 假交替单胞菌 (Pseudoalteromonas) | P. bacteriolytica：引起海带 (Laminaria japonica) 红斑病 (red spot) |
| | | | 假单胞菌 (Pseudomonas) | 目前，属内 316 个种中有 31 个为植物病原菌，寄主范围广，包括多种重要的经济作物，如番茄、豌豆、菜豆、核果、猕猴桃等，可引起溃疡、叶斑、坏死、软腐、枯萎、瘿瘤等多种病害。其中最具影响力的是丁香假单胞菌 (P. syringae)。依据寄主和症状的不同，可以划分为 64 个致病变型，多数为农业作物的致病菌。同时，属内也包含了重要的生防菌，如荧光假单胞菌 (P. fluorescens) |
| | | | 根杆菌 (Rhizobacter) | R. dauci：能引起寄主根、茎、块茎上的瘤状增生，最早分离自胡萝卜根瘿病的患病植株 |
| | | | Samsonia | S. erythrinae：引起刺桐 (Erythrina) 病害 |
| | | | 沙雷氏菌 (Serratia) | S. marcescens：与柑橘黑腐病 (black rot) 有关；S. proteamaculans：引起帝王花 (Protea cynaroides) 叶斑病 |
| | | | Tatumella | 菠萝粉红病 (pink disease)：病原菌包括 T. citrea, T. morbirosei, T. physeos, T. punctata, T. terrea，一种无症状病害，但因病原菌产 2,5-二酮-d-葡萄糖酸，造成菠萝加工成果汁、罐头时，感染部分形成粉红到棕色的变色 |
| | | | 黄单胞菌 (Xanthomonas) | 属内大多数种与植物相关，可侵染 400 种以上的植物，包括很多重要的经济作物，如水稻、小麦、柑橘、番茄、辣椒、木薯、卷心菜、木薯、香蕉、菜豆等，不同的种具有各自的寄主专一性和组织专一性范围，部分种依据寄主或侵染组织可划分为多个致病变型，引起的病状主要包括叶、茎、果上的病斑、枯萎或腐烂，代表性的致病种如引起柑橘类溃疡病的柑橘黄单胞菌 (X. citri subsp. citri)，引起水稻白叶枯病或条纹病的水稻黄单胞菌 (X. oryzae) |
| | | | Xylella | X. fastidiosa：侵染维管组织，导致水分运输堵塞，由木质部取食昆虫传播，寄主范围广，可引起细菌性叶焦病 (leaf scorch)、矮化病 (dwarf)、葡萄皮尔斯病 (Pierce's disease of grapes)、柑橘杂色褪绿病 (citrus variegated chlorosis) 等；X. taiwanensis：引起梨叶焦病 |

（续）

| 细胞壁类型 | 门 | 纲 | 代表属 | 病害特征 |
|---|---|---|---|---|
| 革兰阳性菌 | 放线菌门<br>（Actinomycetota） | 放线菌纲<br>（Actinomycetes） | 棍状杆菌<br>（*Clavibacter*） | *C. capsici*：引起辣椒坏死、青枯和溃疡；<br>*C. insidiosus*：引起苜蓿青枯和发育迟缓；<br>*C. michiganensis*：引起番茄青枯和溃疡；<br>*C. nebraskensis*：引起玉米枯萎；<br>*C. sepedonicus*：引起马铃薯环腐病（ring rot）；<br>*C. tessellarius*：引起小麦细菌性花叶（bacterial mosaic） |
| | | | 棒杆菌<br>（*Corynebacterium*） | *C. ilicis*：引起美国冬青（*Ilex opaca*）的叶片和枝枯萎病 |
| | | | 短小杆菌<br>（*Curtobacterium*） | *C. flaccumfaciens*：青枯性病原菌，破坏水分运输，侵染豆类和观赏植物，基于寄主和症状可划分为6个致病变型，其中最具经济破坏力的是 pv. *flaccumfaciens*，造成豆科植物的青枯病（叶部枯萎和失绿） |
| | | | *Leifsonia* | *L. xyli* subsp. *xyli*：引起甘蔗的宿根萎缩病（ratoon stunting disease）；<br>*L. xyli* subsp. *cynodontis*：侵染百慕大草的维管组织，引起发育迟缓 |
| | | | *Leucobacter* | *L. populi*：引起杨树（*Populus* × *euramericana*）的树皮溃疡 |
| | | | 诺卡氏菌<br>（*Nocardia*） | *N. vaccinii*：在蓝莓茎上形成瘿瘤 |
| | | | *Rathayibacter* | *R. iranicus*：引起小麦胶病（gumming disease）；<br>*R. rathayi*：寄主包括百慕大草、鸭茅、黑麦，致病性弱，引起胶病（畸变和矮化）；<br>*R. toxicus*：由粒线虫（*Anguina*）传播，侵染不同的草种，尤其是黑麦草（*Lolium rigidum*），在寄主体内合成棒状杆菌毒素（corynetoxins），使寄主带毒（annual ryegrass toxicity）；<br>*R. tritici*：引起小麦和大麦的穗枯病（spike blight） |
| | | | 红球菌<br>（*Rhodococcus*） | *R. fascians*：可侵染单子叶和双子叶植物，尤其是烟草，可在枝条上形成密集且无序分支的多叶状瘤（leafy gall） |
| | | | 链霉菌<br>（*Streptomyces*） | 侵染多种植物的地下块茎、匍匐枝和根，包括土豆、甜菜、萝卜等，引起疮痂病（common scab），致病性来自其合成的一类植物毒素 thaxtomin，但仅发育中的地下结构容易感病，属内目前有21个致病种，最具代表性的如最早分离鉴定的 *S. scabies*，造成马铃薯疮痂病，*S. acidiscabies*，造成土壤 pH 值下降，引起酸性疮痂（acid scab），*S. ipomoeae*，引起纤维根坏死和贮藏根溃疡 |

（续）

| 细胞壁类型 | 门 | 纲 | 代表属 | 病害特征 |
|---|---|---|---|---|
| 革兰阳性菌 | 芽孢杆菌门（Bacillota，原硬壁菌门 Firmicutes） | 梭菌纲（Clostridia） | 梭菌（Clostridium） | *C. puniceum*：引起马铃薯黏腐病（slimy rot），通过合成clostrubins来抵抗块茎中的氧，并抑制其他竞争性病原菌的生长 |
| | | 芽孢杆菌纲（Bacilli） | 明串珠菌（Leuconostoc） | *L. mesenteroides*：引起胡萝卜（Daucus carota）储藏过程中的黏性渗出（oozing）和变质 |
| 天然缺壁细菌 | 支原体门（Mycoplasmatota） | 柔膜菌纲（Mollicutes） | 植原体（Candidatus Phytoplasma） | 缺壁多形性细菌，专性植物致病菌，侵染韧皮部，通过取食韧皮部的昆虫传播，如叶蝉、飞虱、木虱，影响700多种植物，病害种类多样，如桃子黄化病（yellows）、水稻黄矮病（yellow dwarf）、马铃薯丛枝病（witches' broom）、玉米丛矮病（bushy stunt）、苹果丛生病（proliferation）、梨衰退病（decline）、黄豆变叶病（phyllody），以及棕榈科的黄化、青枯病等，目前有报道50多个种 |
| | | | 螺原体（Spiroplasma） | 缺壁螺旋状细菌，植物韧皮部致病因子，以叶蝉传播。*S. citri*：柑橘僵化病（stubborn disease），莱根根腐脆病（brittle root），胡萝卜紫叶病（purple leaf）的病原菌；*S. kunkelii*：玉米矮化病的病原菌；*S. phoeniceum*：分离自蔓长春花（Catharanthus roseus），寄主呈现典型的支原样生物（mycoplasma-like organism）的侵染症状 |

注：引自 Thind，2019。

迁移方式是进入维管组织借助流体携带，与此同时，细胞增殖将造成维管堵塞，细菌分泌的毒素和水解酶会导致维管损伤，从而破坏植物体内水分和营养的流通，因此，维管病变是细菌性病害的重要病状之一。

### (四) 病毒

病毒是一类专性寄生于活细胞，但自身无细胞结构的特殊生命体。地球上任何一种细胞生命都有其相应的病毒。与人和动物的病毒性病害不同，由病毒引起的植物病害十分常见，但多数症状较轻，如变色、坏疽、生长迟缓等，甚至没有任何症状，也即隐性侵染，如大麦矮黄病毒(barley yellow dwarf virus)对一些牧草的侵染，马铃薯S病毒(potato virus S)对特定马铃薯品种的侵染。因此，对于植物病毒性病害的治理以预防为主。

目前发现的植物病毒约1 000种(表8-3)，侵染上千种寄主，其中包括很多重要的农作物，造成不可忽视的威胁。与其他病原物不同，病毒既没有可延伸的菌丝，也没有鞭毛等运动构件，因此需要借助特定的外部条件才能在寄主间传播。植物病毒的传播途径主要包括载体携带、花粉携带、种子携带、植物的无性繁殖、植物的人工移植以及各种物理接触。

载体携带是病毒在天然条件下的主要传播方式，植物病毒的载体主要为昆虫、线虫、螨虫、原生动物以及真菌或类真菌，其中以昆虫最为常见，尤其是取食韧皮部汁液的昆虫(表8-3)。特定的病毒对其生物载体具有一定的专一性，表现为某一类载体中特定的一些种，而同一种载体则可能携带多种病毒。以昆虫为媒介的传播方式可以分为非持久性(non-persistent)传播和持久性(persistent)传播两种。非持久性传播中，病毒吸附在昆虫的口器上，通过后续的刺吸动作直接进入新的寄主，传播的间隔时间短，但载体的传播时效也很短(<4 h)，其成功率取决于植物汁液中病毒粒子的浓度。持久性传播则包含一个潜伏期，在这一时期内，病毒从口器进入昆虫体内迁移，最后进入唾液腺，并随着唾液分泌到新的寄主体内，因此，昆虫的传播时效长(几周至整个生活史)。有的病毒能够在昆虫体内增殖，称为持久性—增殖型方式(persistent-propagative manner)，其中一些病毒能通过虫卵传递至下一代，使子代虫体也成为传播者，称为经卵传播(transovarial transmission)。

种子携带的病毒粒子可能来自亲代植物，也可能来自外界带毒的花粉。值得注意的是，种子是病毒最佳的"避难所"，如杂草的种子被认为是潜在的病毒保藏库，可帮助病毒实现长间隔期(如休耕)或长距离条件下的传播。花粉携带的病毒粒子除了侵染种子，也可能同时侵染亲代植物，因此比种子传播更具威胁。

在自然条件下，被病毒侵染的亲代植物，若通过种子繁殖(有性生殖)，则下一代不一定被病毒侵染，因为很多的植物病毒不能通过种子传播。但若通过营养繁殖(无性繁殖)，如根状茎、块茎等，则后代植物将直接成为病毒的寄主。而人工条件下的植物移植也是无性繁殖的过程，如扦插和嫁接中使用带毒的插穗和接穗，或直接对被侵染的植株进行分根、压条操作，都会使病毒直接传递给后代植株。

物理接触的传播方式是进行植物病毒研究的重要手段，如实验室中的摩擦接种法。在室外条件下，植株间的直接接触(尤其是高密度栽植的区域)以及借助风雨、动物活动、耕作活动等的间接接触，都可能造成病毒的传播。

表 8-3 常见的植物病毒

| 病毒粒子形态 | 属科名 | 种数 | 代表种 | 传播方式 | 寄主 |
|---|---|---|---|---|---|
| 球状 | Cucumovirus | 4 | cucumber mosaic virus (CMV) | 载体(蚜虫,非持久性传播),携带,嫁接,种子携带,机械 | 寄主范围最广的植物病毒,可侵染85科,约1 000种植物,如蔬菜作物、观赏植物、草药等 |
| 球状 | Ilarvirus | 22 | tobacco streak virus (TSV) | 种子,花粉,携带 | 主要侵染果树和观赏树种,如苹果、李树、黑莓、蓝莓、柑橘、草莓等 |
| 球状 | Luteovirus | 13 | barley yellow dwarf virus (BYDV) | 载体(蚜虫,持久性传播),机械 | 对禾本科作物最具威胁的病毒,也能侵染果树,如苹果、樱桃、油桃 |
| 球状 | Nepovirus | 40 | tobacco ringspot virus (TRSV) | 载体(线虫,螨虫,蓟马),种子、花粉携带 | 寄主范围广,如杏树、桑树、洋蓟、甜菜、葡萄、覆盆子以及一些多年生观赏植物 |
| 球状 | Pomovirus | 5 | potato mop-top virus (PMTV) | 载体(类真菌中的根肿菌目) | 每个种的寄主范围较窄,包括马铃薯、甜菜、蚕豆 |
| 细长状 | Potexvirus | 48 | potato virus X(PVX) | 机械 | 大部分种的寄主范围较窄,包括马铃薯、人参果 |
| 细长状 | Potyvirus (约占植物病毒的30%) | >190 | potato virus Y(PVY) | 载体(蚜虫,非持久性传播),种子、花粉,机械 | 危害农牧业,园艺作物和观赏植物,如马铃薯、生菜、洋葱、辣椒、烟草等,大部分种的寄主范围较广 |
| 细长状 | Tobamovirus | 37 | tobacco mosaic virus (TMV) | 机械 | 每个种的寄主范围均较窄,根据寄主可分为4个亚群,分别侵染芸薹属、葫芦科、茄科、茄科植物 |
| 细长状 | Tobravirus | 3 | tobacco rattle virus (TRV) | 载体(线虫),种子,机械 | 可侵染50科,约400种植物,包括烟草、多种蔬菜作物和草本观赏植物 |
| 弹状或杆状 | Cytorhabdovirus | 28 | lettuce necrotic yellows virus(LNYV) | 载体(蚜虫,持久性传播;叶蝉) | 侵染禾本科作物、牧草、蔬菜作物、观赏植物等 |
| 单球状或双球状 | Geminiviridae | 520 | bean golden yellow mosaic virus | 载体(粉虱、飞虱、叶蝉、蚜虫、角蝉),机械 | 可侵染单子叶或双子叶植物,如菠菜、番茄、棉花、玉米、萝卜等,是热带和亚热带作物的重要病原物 |
| 多球聚集状 | Orthotospovirus | 30 | tomato spotted wilt virus (TSWV) | 载体(蓟马,持久性传播),种子,机械 | 寄主范围最广的植物病毒之一,尤其是TSWV,可侵染82科,超800种植物,包括蔬菜(如茄科、葫芦科、十字花科、豆科)、烟草、观赏植物(如菊科、兰科、石蒜科)、木本植物(如桑树、澳洲坚果、猕猴桃),以及草本植物 |

如上所述，植物病毒性病害比其他病原物引起的病害更为复杂，因为对于病毒而言，在经典的病害三角关系中还要增加载体这一影响因素。同时，病毒为非细胞结构的特殊生命形式，对具有细胞结构的其他病原物有效的药剂和方法一般对病毒无效，因此防治难度更大。

### (五) 线虫

线虫门（Nematoda）是地球上数量最庞大、物种最多样的一类微小动物。它们在土壤和水体中广泛分布，营养类型包括食细菌型、食真菌型、植食型、捕食型和杂食型，其中植食型线虫一般指植物寄生线虫（plant-parasitic nematodes，PPNs），它们虽然在种类和数量上都只占少数，但却能造成重大的生物质损失，包括林木死亡、作物歉收等（Jones，2013）。

植物寄生线虫主要分布在小杆目（Rhabditida）、矛线目（Dorylaimida）和三矛目（Triplonchida）。它们的共同特征是具有发育良好且形态和尺寸多样的口针，用于穿刺植物细胞、抽吸汁液。同时，依据取食方式的不同，植物寄生线虫可分为外寄生（ectoparasites）和内寄生（endoparasites）两类。外寄生线虫的整个生活史都在土壤中，孵化后幼虫可在土壤中自由移动，并从根的外部吸食寄主养分，口针较短的种只吸食表皮细胞，口针较长的种能穿刺至皮层，大部分植物寄生线虫都属于这一类型。内寄生线虫则以特定龄期的幼虫侵入植物体内，取食植物营养并进一步发育为成虫。有的内寄生线虫在寄生的植物组织内迁移取食，造成组织病变，如根腐线虫，有的则在特定的位点取食，如孢囊线虫，固定在合胞体（syncytium）[①]上吸取养分。表 8-4 列举了 20 类植物寄生线虫的分类信息，其具体的寄生特性如下：

①针线虫。是一类重要的外寄生线虫，其中 *Longidorus* 是体型最大的植物寄生线虫，拥有长口针，主要取食根的分生组织并诱导增生，导致根尖肿胀，寄主包括了大部分的禾本科作物和草种。*Paralongidorus* 的寄主范围比 *Longidorus* 更广，包括木本和草本植物。此外，针线虫中的部分种能传播植物病毒，主要是线虫传多面体病毒（nepovirus）。

②剑线虫（*Xiphinema*）。以其剑形口针得名，与针线虫的亲缘关系较近，都属于 Longidoridae 科，因此除了属于植物外寄生线虫以外，部分种也是线虫传多面体病毒的载体。

③粗根线虫。隶属 *Trichodoridae* 科，共 6 个属，表 8-4 中列举了其中最大的两个属。属于外寄生型，取食寄主根的伸长区和分生区，造成根部发育停滞，形成"粗根"。目前已知有 13 个种可传播植物病毒，主要为烟草脆裂病毒（tobacco rattle virus，TRV）、豌豆早枯病毒（pea-early browning virus）、辣椒环斑病毒（pepper ringspot virus，PepRSV），对多种作物造成双重威胁。

④环线虫（*Mesocriconema*）。以 *M. xenoplax* 为代表，得名于表皮上明显的环状纹路，属于外寄生型，取食根的表皮和皮层细胞，但运动性较弱，能长时间固定在同一个取食位点，对蔷薇科李属的果树以及葡萄等寄主具有一定的威胁。

⑤矮化线虫。是一类全球性分布的，严格的外寄生线虫，主要取食粮食作物和禾草的

---

① 孢囊线虫在口针穿刺的过程中将食道腺的分泌物注入植物细胞，诱导细胞融合，形成含有多个细胞核的合胞体。

根部表皮细胞和根毛，造成根部发育不良，进而引起植株矮化、褪绿，甚至青枯。类群中最具代表性的属见表 8-4 所列，其他还包括 *Bitylenchus*、*Quinisulcius* 等。大部分的矮化线虫不会对寄主造成严重损害，但也有个别种的破坏力较大，如 *Geocenam usbrevidens*、*Tylenchorhynchus brevilineatus* 可造成小麦减产，*T. clarus* 对苜蓿的生长影响较大。

⑥鞘线虫(*Hemicycliophora*)。具有极长的口针(60~150 μm)，为严格的外寄生型，因幼虫期和成虫期均能在体表角质层外形成一层宽松的角质鞘而得名。可寄生农作物、水果和坚果类果树、观赏植物等，通常诱导根部形成瘿瘤或根末端增厚，从而导致植物生长迟缓，但只有部分种的破坏性较大，如 *H. arenaria* 对柑橘属、葫芦科、豆科、茄科、伞形科植物的损害。

⑦钉线虫。为广义 *Paratylenchus* 属(*Paratylenchus sensu lato*)的线虫，是个体最小、繁殖力最高的线虫类群之一。根据口针的形态可分为两组：*Paratylenchus* 口针直且短(< 40 μm)，多数为外寄生，取食寄主根部的表皮和根毛，少数为内寄生，进入寄主侧根皮层取食；*Gracilacus* 口针长并可弯曲(40~120 μm)，外寄生。目前，短口针钉线虫中的一些成员被视为植物的病原物，如 *P. bukowinensis*、*P. hamatus*、*P. neoamblycephalus* 和 *P. nanus*。

⑧柑橘线虫。指 *Tylenchulus semipenetrans*，寄主范围较窄，主要导致柑橘类植物的衰退病(slow decline disease)。*T. semipenetrans* 的 2 龄雌虫为外寄生型，在寄主根外吸食表皮细胞，发育为未成熟的成虫时，转变为半内寄生型，虫体前端进入根内并以 3~6 个固定的皮层细胞作为取食位点(nurse cells)，发育成熟后，虫体后端膨大并开始产卵。

⑨螺旋线虫。是一类静止或死亡时虫体盘绕成螺旋状的线虫，多数种的寄生特性与矮化线虫类似，为外寄生，在寄主根部或地下茎取食，但有部分种为内寄生型或半内寄生型。代表属 *Helicotylenchus* 生态分布广，是最常见的植物寄生线虫之一，*H. multicinctus* 在取食时，虫体前端会进入寄主香蕉的根部，形成半内寄生状。*Rotylenchus buxophilus* 也是半内寄生型，寄主为黄杨。*Scutellonema brady* 则为内寄生型，进入寄主山药的块茎后，在组织内迁移取食，造成干腐病(dry rot)。多数螺旋线虫不引起寄主的明显症状，但个别种可导致减产，如 *H. multicinctus*、*H. dihystera*、*H. pseudorobustus* 和 *H. digonicus*。

⑩矛线虫(*Hoplolaimus*)。口针大且具有锚状基球，在寄主根部取食，取食方式多样，其中，内寄生的矛线虫在根内迁移，通常破坏皮层，造成根部坏死。寄生范围包括谷类植物、草坪草等。*H. columbus*、*H. galeatus*、*H. magnistylus* 是代表性的植物病害种，其中 *H. columbus* 又称哥伦比亚矛线虫(Columbia lance nematode)，是最具经济影响力的矛线虫之一。

⑪肾形线虫(*Rotylenchulus*)。隶属于 *Hoplolaimidae* 科，取食方式单一，主要分布于热带和亚热带地区，寄主包括小麦、向日葵、棉花、葡萄等。

⑫根结线虫(*Meloidogyne*)。为专性植物寄生型，寄主范围十分广泛，几乎寄生所有的维管植物，因此是最受关注的植物病原物之一。*Meloidogyne* 目前有 100 多个种，其中最具代表性的是分布于热带、亚热带地区的 *M. arenaria*、*M. incognita*、*M. javanica*，以及分布于温带地区的 *M. hapla*。根结线虫形成具有保护性的胶质卵囊用于产卵，抗逆性强，可在土壤中越冬。卵孵化后蜕皮成为 2 龄幼虫，通过口针穿刺以及酶解破坏的方式侵入寄主根部，并在细胞间短暂迁移，在内皮层或中柱中寻找合适的位点。2 龄幼虫可分泌特殊物质

诱导特定的根细胞转化为持久性的取食位点(由几个巨大细胞组成),此后2龄幼虫开始定栖,经3次蜕皮发育为成虫后,雌虫虫体膨大呈梨形并产卵,雄虫呈蠕虫状离开寄主体内。根结线虫可造成寄主根部畸形,即形成根结,同时导致寄主发育迟缓、褪色以及枯萎。

⑬孢囊线虫。为专性寄生型,代表属为瓶状孢囊线虫属(*Punctodera*)、柠檬状孢囊线虫属(*Heterodera*)和球状孢囊线虫属(*Globodera*),最具破坏力的种为大豆孢囊线虫(*Heterodera glycines*)、*Globodera pallida* 和马铃薯孢囊线虫(*Globodera rostochiensis*),*Heterodera avenae* 和谷物孢囊线虫(*Heterodera filipjevi*)。孢囊线虫在卵内两次蜕皮形成2龄幼虫,可处于休眠状态,也可在寄主信号物的诱导下孵化。进入寄主根部后,2龄幼虫经由细胞内穿梭至内皮层,选择对其无抗性反应的细胞作为固定的取食位点,并诱导该细胞与周边细胞进行原生质体融合,形成合胞体。2龄幼虫定栖在合胞体上继续生长,经3次蜕皮后发育为成虫,其中,雌虫虫体持续膨大直至挤出根表面,雄虫呈蠕虫状离开根部并寻找雌虫受精。受精后雌虫死亡,虫体转变为孢囊包裹虫卵。

⑭假根结线虫(*Nacobbus*)。引起的根部畸形与根结线虫类似,但寄生特性较为复杂,其2龄幼虫至未成熟的成虫均可在寄主根内迁移取食,造成组织空洞和病变,病状与根腐线虫类似。同时,2龄幼虫可在寄主根部反复地进出,造成更大的组织损伤。当发育为成熟的雌虫后,会像孢囊线虫一样在中柱附近诱导形成合胞体,作为其固定的取食位点,当卵开始形成时,虫体膨大并伴随着根结的形成。与根结线虫相同,假根结线虫也将卵产于卵囊中。

⑮根腐线虫(*Pratylenchus*)。个体较小,在土壤中的迁移能力强,*P. penetrans* 等个别种的寄主范围广(约350种植物),是致病力最强的植物线虫之一。为迁移型内寄生性,主要寄生植物地下部分的根、根状茎、块茎、匍匐枝等,取食皮层细胞,造成病变或空洞,并给土传病原微生物的侵染创造条件。

⑯穿孔线虫。指 *Radopholus similis*,是目前 *Radopholus* 中唯一的致病种,主要危害柑橘类、辣椒、香蕉等经济植物,可划分为柑橘小种(citrus race)和香蕉小种(banana race)。其在寄主根部的皮层中迁移取食,造成深色病变,同时增加了病原细菌和真菌二次侵染的概率,造成根部腐烂,最终发展为倾倒病(toppling disease)。*R. similis* 在幼嫩的根尖及其邻近区域通过穿孔侵入,整个生活史都在根组织内部,当根内生物量过高时,回到土壤并寻找新的寄主。

⑰茎线虫(*Ditylenchusdipsaci*)。拥有30个小种(race),能寄生40科500多种植物,以洋葱最具代表性,也称洋葱肿胀线虫(onion bloat)。*D. dipsaci* 为迁移型内寄生线虫,发育至4龄幼虫时具有侵染性,可借助水膜游动,进入寄主的茎或叶,取食薄壁组织细胞,并诱导周边细胞膨大分裂,形成增生或畸形,主要在快速生长的组织或贮藏器官,如在球茎、块茎、茎、叶中迁移繁衍,可造成茎部空化膨大而倒伏。

⑱根瘿线虫(*Subanguina*)。主要寄生禾草,包括一些粮食作物和草种。以标准种 *S. radicicola* 为例,其在根外时即可诱导皮层细胞分裂,形成瘿瘤,4龄幼虫具有侵染性,进入根内后在瘿瘤内取食并形成空洞。

⑲*Bursaphelenchus*。多以甲壳类昆虫产卵为媒介,仅取食已死亡或不健康植物上生长的

表 8-4 常见的植物寄生线虫

| 系统分类地位 | | | 类群 | 寄生方式 |
|---|---|---|---|---|
| 目 | 科 | 属 | | |
| Dorylaimida | Longidoridae | *Longidorus*<br>*Paralongidorus* | 针线虫（needle nematode） | 外寄生 |
| | | *Xiphinema* | 剑线虫（dagger nematode） | 外寄生 |
| Triplonchida | Trichodoridae | *Trichodorus*<br>*Paratrichodorus* | 粗根线虫（stubby-root nematode） | 外寄生 |
| Rhabditida | Criconematidae | *Mesocriconema* | 环线虫（ring nematode） | 外寄生 |
| | Dolichodoridae | *Tylenchorhynchus*<br>*Merlinius*<br>*Geocenamus* | 矮化线虫（stunt nematode） | 外寄生 |
| | Hemicycliophoridae | *Hemicycliophora* | 鞘线虫（sheath nematodes） | 外寄生 |
| | Tylenchulidae | *Paratylenchus*<br>*Gracilacus* | 钉线虫（pin nematode） | 外寄生/内寄生（迁移） |
| | | *Tylenchulus* | 柑橘线虫（citrus nematode） | 外寄生—半内寄生（定栖） |
| | Hoplolaimidae | *Helicotylenchus*<br>*Rotylenchus*<br>*Scutellonema* | 螺旋线虫（spiral nematode） | 外寄生/内寄生（迁移）/半内寄生（定栖） |
| | | *Hoplolaimus* | 矛线虫（lance nematode） | 外寄生/内寄生（迁移）/半内寄生（定栖） |
| | | *Rotylenchulus* | 肾形线虫（reniform nematode） | 半内寄生（定栖） |
| | | *Meloidogyne* | 根结线虫（root-knot nematode） | 内寄生（定栖） |
| | | *Punctodera*<br>*Heterodera*<br>*Globodera* | 孢囊线虫（cyst nematode） | 内寄生（定栖） |
| | Pratylenchidae | *Nacobbus* | 假根结线虫（false root-knot nematode） | 内寄生（迁移—定栖） |
| | | *Pratylenchus* | 根腐线虫（root-lesion nematode） | 内寄生（迁移） |
| | | *Radopholus* | 穿孔线虫（burrowing nematode） | 内寄生（迁移） |
| | Anguinidae | *Ditylenchus* | 茎线虫（stem nematode） | 内寄生（迁移） |
| | | *Subanguina* | 根瘿线虫（root-gall nematode） | 内寄生（迁移） |
| | Aphelenchoididae | *Bursaphelenchus* | 松材线虫（pine wood nematode） | 内寄生（迁移） |
| | | *Aphelenchoides* | 叶线虫（foliar nematodes） | 外寄生—内寄生（迁移） |

注：植物寄生线虫的系统分类正处于不断的更迭中，因而通称和俗名依然被广泛沿用。

真菌，但松材线虫 B. xylophilus 以墨天牛属（Monochamus）的蛀干昆虫为载体，既能以真菌为食，也能内寄生于松树，以活的植物细胞为食。松材线虫的生活史较为复杂，分为繁殖型和扩散型 2 个阶段。繁殖阶段，卵孵化后蜕皮形成 2 龄幼虫，再经 3 龄、4 龄幼虫后发育为成虫，并在寄主体内继续产卵。扩散阶段，特定因子(如饥饿、天牛化蛹等)诱导 2 龄幼虫转变为扩散型的 3 龄幼虫，并在天牛蛹室聚集，在载体(媒介昆虫)羽化前蜕皮成为扩散型 4 龄幼虫，并进入天牛的气道，当天牛取食健康植株时，扩散型 4 龄幼虫被传播到新的寄主，此时重新进入繁殖阶段。或者，当雌性天牛选择不健康的植株或者新砍伐的木材产卵时，扩散型 4 龄幼虫通过产卵坑进入植物组织内，以活的寄主细胞或寄主上的腐生真菌为食，重新进入繁殖阶段。松材线虫的寄生会造成木质部不可逆转的空洞化，最终导致松树枯萎死亡。

⑳叶线虫。指 *Aphelenchoides* 中可兼性寄生植物的 10 余个种，以水稻白梢叶线虫(*A. besseyi*)、草莓叶线虫(*A. fragariae*)、菊叶线虫(*A. ritzemabosi*)和草莓叶线虫(*A. blastophthorus*)为代表。多数 *Aphelenchoides* 线虫以真菌为食，但叶线虫能兼以外寄生或内寄生的方式在植物地上部分大量滋生，导致寄主的产量和观赏性下降。叶线虫可沿植物体表水膜迁移。外寄生时，栖息在叶片和花蕾紧密折叠的区域取食；内寄生时，通过气孔进入叶内，栖息于叶肉组织，当发育为 4 龄幼虫或成虫时，可从叶内迁出，并于种子或植物组织中长期存活。叶线虫可寄生 126 科 700 多种植物，且兼以真菌为食，因此治理难度较大。

依据寄生特性的不同，内寄生线虫对寄主的损害一般比外寄生线虫更大，主要体现在两个方面。一方面，迁移型内寄生线虫可在寄主根表和根内造成创口和空洞，对寄主的物理损伤更大，并可为病原微生物的侵染制造条件；另一方面，定栖型内寄生线虫通过分泌特殊的效应子改变植物细胞的正常生理状态，诱导其转变为持久性的营养供应点，这可能使寄主对其他病原物更加易感，同时也为其他病原物的寄生提供了营养来源。因此，内寄生型线虫更易与病原微生物形成协同致病关系，从而提高病害的严重程度。例如，草莓叶线虫与束红球菌(*Rhodococcus fascians*)能协同引发草莓的花椰菜病(cauliflower disease)；根腐线虫(*Pratylenchus penetrans*)与疫霉根腐病菌(*Phytophthora*)的协同作用，会导致红树莓症状加重；孢囊线虫(*Heterodera avenae*)与立枯丝核菌协同作用可造成小麦分蘖数、株高、重量等各项指标的恶化。

## 二、感病植物

病原物的侵染和寄生会导致植物产生肉眼可见的异常反应，包括颜色、形态、结构以及生长状态的改变，这些病态特征称为症状。症状由病状(植物的表现，symptom)和病症(病原物的表现，sipn)两部分组成。根据植物病理学的研究结论，病原物与寄主症状之间具有一定的对应关系，但没有严格的专一性关系，因此，很多情况下不能单一依靠症状来鉴定病原。然而在病害防治的研究与实践中，症状始终是最原始、最直观的诊断信息之一，也是选择防治药剂、制订防治方案的基本依据之一。相关从业者需要掌握这方面的基础知识。

### (一) 病状

(1) 坏死型病状

病原物入侵通常会导致寄主细胞死亡，从而出现病斑、枯萎、溃疡、腐烂等坏死性

(necrosis)现象(表8-5),其原因主要是病原物的分解作用破坏了植物细胞的细胞壁及内含物或病原物诱导植物启动了自杀性的防御机制。

表8-5 典型的植物坏死型病状

| 病状名称 | | 病状描述 |
|---|---|---|
| 病斑 | 斑点 | 叶或果实上出现的局部性细胞死亡,呈圆形、亚圆形或不规则形状的坏疽,通常伴随颜色的变化,如褐斑、白斑、黑斑、红斑、橙斑等,有时坏死细胞脱落,形成穿孔 |
| | 斑纹 | 茎叶上出现的细长狭窄、呈平行状或边缘不规则的坏死区 |
| 枯萎 | | 植物组织或器官快速且完全的变色(黄化、褐变),然后呈烧焦状死亡 |
| 溃疡 | | 通常在枝条、主枝、树干或根部出现的凹陷状坏死,周围常有隆起的木栓化愈伤组织围绕,可能伴有变色和渗出 |
| 炭疽 | | 通常在叶、茎、花、果上出现的凹陷状坏死,边缘隆起 |
| 腐烂 | 茎腐 | 茎下部的褐变和腐烂 |
| | 根腐 | 根和茎基部的褐变和腐烂 |
| | 软腐 | 细胞壁最外层——中胶层被酶促分解而造成的湿软状腐烂 |
| | 干腐/湿腐 | 不同湿度条件下,木质化组织的腐烂和变色,主要是组织中的骨架物质,如纤维素、半纤维素、木质素被降解,包括白腐和褐腐 |
| 枯梢 | | 从枝条、枝叶、枝芽顶端开始的逐步坏死 |
| 猝倒或立枯 | | 幼苗茎基部变软、萎蔫、缢缩,造成倒伏,若茎部已木质化,则造成立枯 |

**(2)增生或膨大型病状**

除了水解酶以外,一些病原物还会分泌一些特殊物质干扰植物代谢,破坏植物细胞内的激素平衡,从而诱导细胞过度分裂或过度生长(膨大),造成侵染组织的增生和膨大(hyperplasia or hypertrophy),经典的病状包括各种形态的瘿瘤(如根结),肿胀(肿根、肿枝)、枝条带化(扁平状肥大)、卷叶、疮痂(增生细胞木栓化)、过度分枝(发根、丛枝)等。

**(3)减生和萎缩型病状**

病原物侵染引起的植物组织或器官的细胞数量减少、体积缩小、发育迟缓、生长障碍等,典型病状如矮化(小叶、卷顶)、变形(束顶、分叉)和簇生(节间不能伸长导致叶片成簇生长)等。

**(4)萎蔫型病状**

萎蔫(wilt)是植物的失水性病状。病原物增殖导致植物根茎中的维管堵塞或病原物分泌的代谢物破坏维管的正常结构和功能,都会导致水分吸收和运输的瘫痪,从而造成细胞失去膨压。

**(5)变色型病状**

因病原物引起的叶绿素分解或合成障碍,使植物绿色部分(主要为叶片)出现褪绿变色(discoloration)现象,如黄化、白化、花叶(交接清晰)、斑驳(交接不清晰)、环斑、镶脉(沿叶脉的栅栏组织失绿)、脉明(叶脉失绿)等病状。

**(6) 流脂或流胶型病状**

发病组织产生过量的树脂或树胶并从表面流出，流脂(resinosis)常见于松树等针叶树，流胶(gummosis)常见于桃、柑橘类等阔叶树。

### (二) 病症

病症是指可在发病部位的表面或内部可由肉眼观察到的病原物结构或代谢产物。结构包括病原物的营养体(如菌丝体)；繁殖体(如子实体、孢子)和休眠体(如菌核)；代谢产物包括胞外多糖、色素等。

**(1) 营养体病症**

常见的营养体病症主要为真菌或类真菌的菌丝体形成的霉层，呈毡状、绒状或絮状。

**(2) 繁殖体病症**

真菌或类真菌的子实体形态各异，多在寄主体表形成，子实体表面或内部的孢子颜色多样，因此，繁殖体是具有一定指向性的病原鉴定依据。常见的繁殖体病症包括产生大量分生孢子后形成的粉层，如白粉、锈粉、黑粉，或者孢子堆，如圆形、长条形、短线形；产生大量子实体后形成的粒状物，如毛状、杯状、盘状、疣状。

**(3) 休眠体病症**

真菌休眠体主要为菌核，颜色较深，质地较硬，大小和形态各异，易于肉眼观察，且只有特定的真菌形成，因此也是重要的病原鉴定依据。

**(4) 代谢物病症**

病原物分泌的挥发性或非挥发性代谢物，会给病害带来一些特征性的气味，如酸臭味、鱼腥味、霉腐味，或形成黏稠的胶状物或脓状物，呈水浸状、溢脓状、胶团状、流汁状，在病原细菌中较为典型。

总体来说，真菌和类真菌性病害的病症和病状最为多样。细菌因个体微小，肉眼难以观察到菌体，因此病症主要依据代谢物病症，病状主要为坏死型(叶斑、溃疡、枯萎、软腐)、增生型(瘿瘤、丛枝、疮痂)、减生型(矮化)和萎蔫型。而病毒粒子比细菌更小，因此病毒性病害没有可观察的病症，病状主要为变色型(花叶、斑驳、脉明)、减生型(矮化、变形)、坏死型(病斑)和增生型(枝条带化)。植物寄生线虫中的特定种类具有典型的病症和病状，如孢囊线虫的雌虫死亡后在寄主根表形成肉眼可见的孢囊，又如根结线虫引起的根结状瘿瘤。整体而言，线虫病害的症状不太典型，易与其他病原物混淆，在植物地上部分常见的如叶色和叶形的变异，形成叶斑以及发育不良；在地下部分常见的如块茎干腐、根的颜色变异(黑化、褐变)、根表面坏死性裂纹、根的畸形(球杆状、钩状肿胀或形成瘿瘤)、主根分叉，以及侧根过度分枝(发根)或发育不良。

## 三、病害循环

病害循环描述的是病原物与植物之间的互作过程，与二者的生活史、生活方式以及外界环境(如季节)密切相关。生活史是指一个完整的生命周期所经历的所有阶段。首先，不同的植物有不同的生活史，如一年生和多年生。同样，不同的病原物也有不同的生活史，如细菌的上一代细胞分裂到下一代细胞分裂，真菌的上一代孢子萌发到下一代孢子萌发。其次，不同的植物病原物有不同的生活方式(lifestyle)，如部分病原真菌、类真菌和所有病毒为专性寄生,即严格的活体营养型(biotroph)。大部分病原细菌以及部分病原真菌、类真菌和线虫为兼性寄生,即兼性的腐生型(saprotroph)。还有些病原物为半活体营养型(hemibiotroph),其在寄生以后杀死植物,并在死亡寄主中继续生长,即由活体营养型转换为死体营养型(necrotroph)。此外,很多植物病原物在生活史的不同阶段选择不同的生活方式。由此可见,病害循环十分复杂,了解病害循环能为防治工作提供系统的疾病发生和流行信息。

一般来说,病害循环包括侵染循环阶段(infection cycle)和非侵染阶段(non-infectious phase)。如图8-3所示,侵染循环阶段可概括为7个步骤,病原物凭借菌丝的趋化延伸、借助鞭毛的趋化游动或依靠载体的携带作用与寄主接触;在侵入前,一些病原物会发生一些必要的变化,如孢子萌发、侵染结构(附着胞或附着枝)形成等;随后通过寄主体表天然的伤口或开口,或通过直接穿刺进入寄主体内;在侵染过程中,病原物通过分泌各种效应蛋白(effector protein)克服寄主免疫系统的防御反应,然后在寄主体内迁移扩散,生长繁殖;当子代营养体或繁殖体产生以后,通过特定的传播途径开始二次侵染,可以是同一个寄主的不同部位,也可以是新的寄主,此时完成了一次完整的侵染循环。但若缺少寄主(如寄主生长季结束)或环境条件不适于侵染(如在低温的冬季、干燥的夏季),则进入非侵染阶

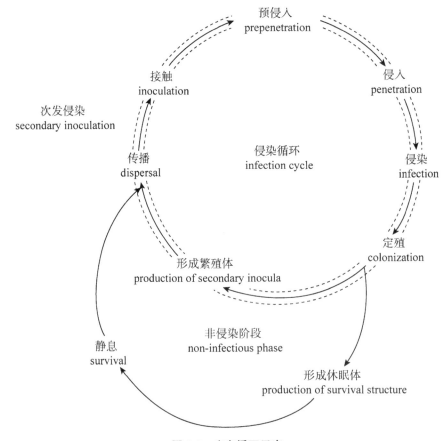

图 8-3 病害循环示意

段，此时病原物产生休眠体（孢子、菌核）或直接以休眠的营养体在土壤、水体、植物残体等环境中静息，或在其他植物上潜隐（如转主寄生），以及在杂草中潜伏，一旦条件适宜，则将进入新一轮的病害循环。

根据侵染循环连续发生的次数，病害循环可以分为单循环和多循环两类。单循环是指病原物完成初次侵染（primary infection），即一轮侵染循环后就进入非侵染阶段；而多循环是指病原物至少能进行一轮继发侵染（secondary infection）。以此为据，植物病害也可分为单循环病害（monocyclic disease）和多循环病害（polycyclic disease）两类。

病原物在寄主的一个生长周期内只完成一次侵染循环的为单循环病害。这类病害的病原物多为土传（soilborne），也有部分为种传（seedborne），传播距离短、效率低，主要危害植物的地下部分。病原物的增殖量仅取决于初次侵染的病原物数量，因此也称单利病害（simple interest disease）。从流行病学角度来看，单循环病害的病原物累积速率慢，形成病害流行所需的时间长，一般以"年"为单位，因此属于积年流行病，但此类病害通常造成植物的系统感染及全株死亡。若病原物在寄主的一个生长周期内能完成两次或多次侵染循环，则为多循环病害。这类病害的病原物多通过空气、水或者昆虫传播，传播距离长、效率高，主要危害植物的地上部分。病原物的增殖量取决于初次侵染的病原物数量以及次发侵染的次数，因此也称复利病害（compound interest disease）。具有多循环特点的病害，病原物累积速率快，通常在较短时间内就能暴发流行，因此以"天"为计量单位，属于单年流行病。

图 8-4 展示了以一年为一个生长周期，单循环病害和多循环病害的病理差异，从中可以看出，单循环病害的防治重点是对初始侵染源和初次侵染的防控，如土壤消毒、种子脱毒等，而多循环病害的治理还应持续监控病原物的次发侵染。

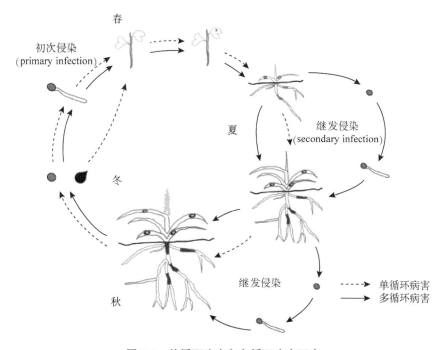

图 8-4 单循环病害和多循环病害示意

## 第二节 植物病害生物防治

### 一、生物防治与植物病害生物防治

1919 年，Harold Scott Smith 首次提出生物防治（biological control 或 biocontrol）的概念，至今已沿用了一个多世纪，其基本含义是利用活的生物来防治有害生物。随着理论研究和实践应用的不断发展，定义中的有害生物已经涵盖了几乎所有的种类，包括有害的微生物（如病原物）、动物（如害虫、寄生虫、啮齿动物）以及植物（如杂草）。与此同时，有益的生防生物也细化和衍生出了不同的功能类别，如生物农药（biopesticide）、生物肥料（biofertilizer）和生物促生剂（biostimulant）等。但是无论如何演变，其概念中的 3 层含义是统一的：必须基于活的生物；目的是直接或间接地拮抗有害生物；应用方法可归纳为 4 类：①长期维持天然存在的拮抗关系；②短时间内强任利用天然存在的拮抗关系；③长期稳定地人为实施生物防治；④短时间内人为强化实施生物防治（Stenberg et al.，2021）。

本章第一节对植物病害进行了介绍，由此可知，植物病害生物防治的含义是利用活的生物来防治植物病原物，以减少其数量或降低其致病性。鉴于植物病原物属于微生物（真菌、类真菌、细菌、病毒）或微小动物（线虫），其相应的生防生物也主要来源于有益的微生物（真菌、细菌、放线菌、病毒、原生动物）和微小动物（线虫）。其中，病毒是较为特殊的一类生防生物，其没有细胞结构，在寄主体外时是无生命的生物大分子粒子。但是，病毒也和其他细胞生物间有很多的共性，包括以核酸和蛋白质为物质基础；具有基于遗传和变异的系统进化过程；在寄主体内时具有增殖能力。因此，认为其符合生物防治定义中关于"活的生物"的限定。如图 8-5 所示，植物病害生物防治探讨的是植物、病原物和生防微生物间的相互作用，而最终服务于人类。

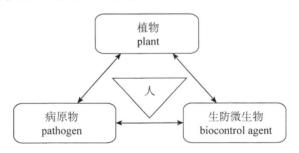

图 8-5 植物病害生物防治概念解析

### 二、生物防治与生物保护

随着人们环境保护意识的不断增强，人类对绿色生产技术的需求快速增长，带有"生物"标签的产品不断涌现，其中很多是通过发酵或提取技术获得的非活体生物化学制剂，如基因表达产物、代谢产物等。由于这些制剂同样具有拮抗有害生物的作用，因而对生物防治的定义造成了很大的混淆。在这样的背景下，国际生物防治制造商协会（International

Biocontrol Manufacturers' Association,IBMA)提出了生物保护(bioprotection)的概念。生物保护囊括了所有与生物相关的有害生物的防治策略,也就是在生防生物的基础上,纳入了所有生物源的或人工合成但与生物源性质相当的、具有拮抗有害生物活性但对人类健康和环境影响很小的化合物。

生物防治与生物保护的关系如图8-6所示。从概念上来看,二者是有差别的,生物保护包含了生物防治,生物防治强调生物活体制剂,而生物保护包括了所有活体和非活体形式的制剂。从原理上来看,二者是同根同源的,生防生物对有害生物的拮抗作用大多通过合成各种天然产物来实现的,如酶的水解作用和抗生素的杀菌作用,因此,直接利用生防生物或者利用其天然产物都能达到防治有害生物的目的。

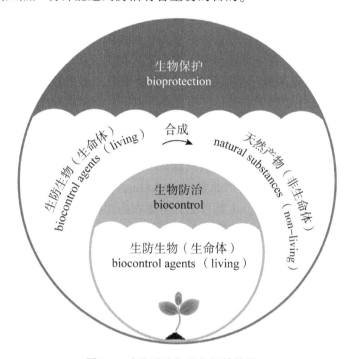

图 8-6 生物防治与生物保护的关系

提出生物保护的概念一方面是为了解决生物防治概念被混淆的问题,另一方面则是为了从理论上拓宽生物技术在有害生物防治中的应用范围。以植物病害防治为例,采用生物防治技术,主要指利用具有生防活性的微生物和微小动物来拮抗病原物,而采用生物保护技术,则能拓宽至植物源、动物源、微生物源的各种具有病原物拮抗活性的天然产物,如植保素、信息素等。

## 三、生物制剂与生物农药

生物农药(biopesticide)一般指具有农药活性的生物活体制剂或生物源天然产物制剂,其功能是杀灭或抑制植物的各种有害生物。这里的农药活性比化学农药更为丰富,包括生物间特定的化学效应,如抗生作用、通信作用,以及生物毒素(如内毒素、外毒素)的毒杀作用等(Dar et al.,2021)。据报道,地球上的植物约有67 000种有害生物,遍及微生物

(病原物)、植物(杂草)、无脊椎动物(病原物、害虫)、脊椎动物(食草动物),相应地,生物农药的种类也十分多样,目前还没有形成统一的分类体系。国内按照利用对象不同,将生物农药分为直接利用生物活体和利用生物源活性物质两大类,也可细分为微生物农药(microbial pesticide)、生物化学农药(biochemical pesticide)、转基因植物农药(plant-incorporated protectant, PIP)①等。也可以作用机制为依据进行划分,如微生物农药包括捕食、寄生、竞争、抗生、降解等作用类型,生物化学农药包括接触、摄入、内吸型、窒息、引诱/排斥、毒杀型、抗性诱导型等类别。此外,还有学者依据自身的研究领域提出了更为具体的生物农药种类,如植物内生菌(endophytes)、抗虫/抗病毒基因、RNA 干扰等。

从概念上来看,生物农药适用于生物保护,属于生物保护制剂,二者的共同点是包括了生物活体和生物源天然产物的应用,但生物保护还允许使用人工合成的、与生物源性质相当的活性物质,而这类特殊的物质是被排除在生物农药之外的。生物农药与化学农药最大的区别在于前者为天然来源,而后者为人工合成。例如,除虫菊酯(pyrethrin)与拟除虫菊酯(pyrethroids),前者是来源于菊属植物的天然杀虫剂,而后者是人工合成的结构和功能类似物,且化学稳定性得到了加强,但属于化学农药。需要说明的是,随着生物农药的队伍不断发展壮大,其与化学农药间的分界线通常会被打破。例如,杀虫剂多杀菌素(spinosad)是一种来源于放线菌 *Saccharopolyspora spinosa* 的混合天然产物,但也被划分为化学农药,因为除了昆虫以外,其对哺乳动物也具有一定的毒性。相同的例子还有来源于阿维链霉菌(*Streptomyces avermitilis*)的阿维菌素(avermectins),因为对一些哺乳动物存在毒性而被美国环境保护局列为化学农药。由此可见,生物农药的科学定义只描述了其共性,而行政法规则更注重其特性,因此会出现理论与实际不统一的划分结果,尤其对于结构和活性更为多样化的生物化学农药,这样的矛盾更为突出,因此有学者提出了生物农药的基本属性,以丰富其科学定义并进一步强调其应用价值,包括:①必须为生物活体或天然存在的化合物及其衍生物;②对非靶标生物,尤其对人类及哺乳动物无毒性或低毒性;③环境残留少;④符合绿色生产要求,无使用限制(Nollet et al., 2023)。

生物农药中的生物活体农药适用于生物防治,属于生防制剂(biocontrol agents, BCAs),二者的共同点是限定为活的生物,但也有差异的地方,如生防制剂包括有益的微生物、植物、动物,而生物农药中的活体制剂则主要指微生物,其他还包括微小动物(如昆虫病原线虫)以及转基因植物。天敌生物如前文提到的澳洲瓢虫,以及寄生性生物如寄生蜂,虽然在生物防治中都有研究和应用,但大部分学者认为其不属于生物农药。这主要是由各个国家的行政管理法规限定的。生物防治中使用的天敌主要为无脊椎动物,被单独划分为无脊椎动物生防制剂(invertebrate biocontrol agents, IBCAs),与微生物生防制剂(MBCAs)相对应,二者在作用机制上有很大差异,前者主要基于食物链天敌关系,后者则基于捕食、寄生、竞争、抗生、抗性诱导等多种机制的组合。两者在使用管理上也完全不同,MBCAs 一般具有特定的配方,作为农药的一类,按照化学农药的管理框架管理。而

---

① 转基因植物农药指携带外源基因的遗传修饰植物(genetically modified plants)或基因工程植物(genetically engineered plants),在体内合成内源性的能够杀灭或抑制有害生物的活性物质,如转基因棉花体内合成的杀虫晶体蛋白。

IBCAs需要考虑是否携带其他有害生物，是否有外来生物入侵风险，一般由检验检疫和生物安全部门负责管理。

生物活体农药中的微生物农药适用于植物病害生物防治，也就是微生物生防制剂。需要说明的是，线虫作为微小的无脊椎动物，其生防机制主要为寄生和捕食作用，但不属于IBCAs。目前，一些文献建议将线虫划分为MBCAs，因为对昆虫病原线虫的研究发现，在进入寄主体内后，线虫依靠其共生微生物杀死寄主并从中获取营养。但是这一建议没有被实际采纳，因此线虫也不属于MBCAs（Maragioglio，2022）。

## 四、生物防治与微生物农药

表8-6展示了与生物防治相关的几个概念之间的异同。可以看到，微生物不仅是植物病原生物，也是主要的生防生物。有益微生物及其天然产物在现有生物农药中的占比约达90%，在病原物、害虫、杂草等有害生物的防治中都扮演了重要的角色，尤其植物病害的生物防治就是围绕微生物农药的理论研究和实践应用开展的，其核心内容是掌握并且利用生防微生物与病原物、生防微生物与植物间的相互关系。

表8-6 生物防治相关概念对比

| 概念 | | 靶标 | 工具 |
| --- | --- | --- | --- |
| 生物保护 | | 有害生物<br>（微生物、植物、动物） | 微生物、植物、动物活体及其天然产物；<br>以生物源天然产物为模板人工合成的类似物或衍生物 |
| 生物防治 | | 有害生物<br>（微生物、植物、动物） | 微生物、植物、动物活体 |
| 植物病害生物防治 | | 病原物<br>（真菌、类真菌、细菌、病毒、线虫） | 生防制剂（BCAs）：微生物、线虫活体 |
| 生物农药 | | 有害生物<br>（微生物、植物、动物） | 活体农药（微生物、线虫、转基因植物）；<br>生物化学农药（微生物、动物、植物源天然产物） |
| 微生物防治制剂<br>（microbial control agent） | 微生物农药/<br>微生物生防制剂<br>（MBCAs） | 有害生物<br>（微生物、植物、动物） | 微生物活体（细菌、真菌、类真菌、病毒、原生动物） |
| | 微生物源<br>生物化学农药 | 有害生物<br>（微生物、植物、动物） | 微生物（细菌、真菌/类真菌）源天然产物 |

微生物农药通常应用于植物病害的增强型（augmentation）生物防治，这是因为适于农药制剂开发的生防微生物来源广泛，既可以直接从植物生长环境，也就是本土微生物中分离，如植物的附生、内生、共生菌和土壤微生物，也可以从其他非植物环境中筛选，如水生微生物和动物共生菌等。此外，微生物农药通常具有高活体密度的特点，如每克制剂可

表 8-7 应用于植物病害防治的商业化微生物农药

| | 生防微生物 | 功能类别 | 防治病害/靶标病原物 | 作用机制 | 产品名称 |
|---|---|---|---|---|---|
| 细菌/类真菌制剂 | 放射土壤杆菌（*Agrobacterium radiobacter*） | 杀细菌剂 | 根癌病/根癌土壤杆菌（*Agrobacterium tumefaciens*） | 抗生，竞争 | K84/K1026 Galltroll® |
| | 解淀粉芽孢杆菌（*Bacillus amyloliquefaciens*） | 杀细菌剂 | 广谱，如根肿病/枝黏菌（*Phytomyxea*）；细菌性青枯病/劳尔氏菌（*Ralstonia*）；小麦锈病/柄锈菌（*Puccinia*） | 抗生（脂肽），抗性诱导 | Serenade |
| | 枯草芽孢杆菌（*Bacillus subtilis*） | 杀真菌剂/杀细菌剂 | 棉花枯萎病/丝核菌（*Rhizoctonia*）、镰刀菌（*Fusarium*） | 抗生，竞争 | Kodiak® |
| | 荧光假单胞菌（*Pseudomonas fluorescens*） | 杀真菌/类真菌剂、杀细菌剂 | 广谱：病原真菌如镰刀菌、丝核菌、灰霉（*Botrytis*）、核盘菌（*Sclerotinia*）；类真菌，如腐霉（*Pythium*）；细菌，如黄单胞菌（*Xanthomonas*） | 抗生（抗生素），抗性诱导 | Conquer |
| | 绿针假单胞菌（*Pseudomonas chlororaphis*） | 杀真菌剂 | 冠腐病/镰刀菌 | 内生，抗生 | Cedomon® |
| | 灰绿色链霉菌（*Streptomyces griseoviridis*） | 杀真菌/类真菌剂 | 种腐，根腐，茎腐，立枯，猝倒病/腐霉 | 抗生，竞争 | Mycostop® |
| | 利迪链霉菌（*Streptomyces lydicus*） | 杀真菌/类真菌剂 | 镰刀菌、腐霉、疫霉（*Phytophthora*）、丝核菌、轮枝菌（*Verticillum*） | 抗生 | Actinovate SP |
| 真菌/类真菌制剂 | 白粉寄生孢（*Ampelomyces quisqualis*） | 杀真菌剂 | 白粉病/白粉菌目（*Erysiphales*） | 真菌寄生 | AQ10 |
| | 黄曲霉无毒菌株（*Aspergillus flavus* NRRL 21882） | 杀真菌剂 | 玉米穗腐病（ear rot）/黄曲霉产毒菌株（aflatoxin-producing strains of *A. flavus*） | 竞争 | Afla-Guard® GR |
| | 出芽短梗霉（*Aureobasidium pullulans*） | 杀真菌剂、杀细菌剂 | 火疫病、灰霉病及仁果类水果的采后真菌性病害/解淀粉欧文氏菌（*Erwinia amylovora*）、灰霉、青霉（*Penicillium*） | 竞争，机械屏障，抗性诱导 | Blossom Protect |
| | 嗜油假丝酵母（*Candida oleophila*） | 杀真菌剂 | 柑橘类、仁果类水果采后灰霉、青霉病害 | 抗性诱导 | Aspire |
| | 小盾壳霉（*Coniothyrium minitans*） | 杀真菌剂 | 豆类植物的核盘菌茎腐病或核盘菌（sclerotinia stem rot）或白霉（*Sclerotinia sclerotiorum*） | 菌核寄生 | Contans® WG |

第八章 植物病害生物防治概述

(续)

| 生防微生物 | 功能类别 | 防治对象/靶标病原物 | 作用机制 | 产品名称 |
|---|---|---|---|---|
| 尖孢镰刀菌无毒力株（*Fusarium oxysporum* non-pathogenic） | 杀真菌剂 | 枯萎病（*Fusarium* wilt disease）/镰刀菌毒力株 | 竞争,抗性诱导 | Fusaclean |
| 链孢黏帚霉及绿黏帚霉（*Gliocladium catenulatum* & *G. virens*） | 杀真菌/类真菌剂 | 土传真菌性病害/腐霉,丝核菌 | 竞争,真菌寄生,细胞壁水解 | Gliomix® Prestop & GlioGard™ Soilgard |
| 疣孢漆斑菌（*Myrothecium verrucaria*） | 杀线虫剂 | 植物体内的寄生线虫（对自由生活的虫无作用） | 未知 | DiTera |
| 大拟射脉菌（*Phlebiopsis gigantea*） | 杀真菌剂 | 根颈和干基腐烂病（butt rot）/多年异担子菌（*Heterobasidion annosum*） | 竞争 | Rotstop |
| 印度梨形孢（*Piriformospora indica*） | 杀菌剂,促生剂 | 多种土传病原菌非传染性病害（如盐胁迫） | 抗性诱导,促进植物生长 | Rootonic |
| *Pseudozyma flocculosa* | 杀真菌剂 | 白粉病/白粉菌目 | 真菌寄生 | Sporodex® |
| 寡雄腐霉（*Pythium oligandrum*） | 杀真菌剂 | 灰霉和核盘菌 | 真菌寄生,抗性诱导 | Polyversum,Polygandrum |
| 木霉（*Trichoderma*） | 杀真菌剂 | 常见的土传原真菌 | 真菌寄生,竞争,抗生,细胞壁水解,抗性诱导 | Canna、Radix Soil、Tusal、Promot WP、Binab-T®、Root Shield、Vitalin、Trichosan、Tricon、DonJon |
| 噬菌体 | 杀细菌剂 | 甘蓝黑腐病/油菜黄单胞菌（*Xanthomonas campestris* pv. *campestris*）；番茄溃疡病/密歇根棍状杆菌（*Clavibacter michiganensis* subsp. *michiganese*）；火疫病/解淀粉欧文氏菌；柑橘溃疡病/柠檬黄单胞菌（*X. citri* subsp. *citri*）；李属细菌性病斑和溃疡病/树生黄单胞菌（*Xanthomonas arboricola* pv. *pruni*）；丁香假单胞菌（*Pseudomonas syringae*） | 寄生 | AgriPhage |

注:疣孢漆斑菌为植物病原菌,因此需要高温将发酵液中的菌体杀灭后再制备为干粉;促生剂不属于生物农药;寡雄腐霉属于类真菌生防制剂;木霉属生防真菌:非洲哈茨木霉（*Trichoderma afroharzianum*）、棘孢木霉（*Trichoderma asperellum*）、深绿木霉（*Trichoderma atroviride*）、盖姆斯木霉（*Trichoderma gamsii*）、贵州木霉（*Trichoderma guizhouense*）、哈茨木霉（*Trichoderma harzianum*）、多孢木霉（*Trichoderma polysporum*）、西蒙斯木霉（*Trichoderma simonsii*）、绿色木霉（*Trichoderma viride*）。

含有 100 亿个芽孢或孢子，但施用后在环境中的持续时间一般不长。这主要是因为微生物的个体微小，其优势在于方便在人工环境中通过发酵手段快速获取大量菌体，但劣势在于必须在野外环境中保持高群体密度才能发挥生防作用。这单纯依靠微生物自身的繁殖很难长时间维持，因此一般需要多次施用。

现有的微生物农药包括细菌制剂、真菌/类真菌制剂、病毒制剂、原生动物制剂。按照作用靶标又可划分为应用于病害防治的杀细菌剂(bacteriocide)、杀真菌/类真菌(fungicide)、杀线虫剂(nematicide)，以及应用于其他有害生物防治的杀虫剂(insecticide)、除草剂(herbicide)等。表 8-7 列举了植物病害防治领域中已经商业化应用的一些代表性的微生物农药产品，以细菌制剂和真菌制剂为主，病毒制剂以噬菌体类产品居多，其他病毒制剂则更多地应用于虫害防治领域(Koul, 2023)。

表 8-7 未列入微生物农药概念中包含的原生动物，主要是因为目前成熟的原生动物制剂很少。原生动物主要通过捕食或寄生作用来杀灭有害生物，靶标主要为病原线虫和有害昆虫。据文献报道，在植物寄生线虫防治中比较有潜力的原生动物包括尾状波陀虫(*Bodo caudatus*)和变形虫 *Theratromyxa weberi*，但在制剂研发方面，目前仍没有实质性的进展。

线虫是重要的植物病原物，也是潜在的生防生物。与原生动物类似，线虫的生防功能也主要基于其捕食和寄生能力。其中，寄生性线虫主要指昆虫病原线虫，是生物杀虫剂的重要种类，目前已有多款商业化的农药产品。而捕食性线虫在植物寄生线虫的防治中虽具有应用潜力，但还停留在研究阶段。捕食性线虫根据其捕食策略、进食方式、捕食器官构造等可分为很多种类，以生防制剂研发为目标的种类主要分布在 Dorylaimia 中的 Mononchida(直接吞食或切碎吞食)、Dorylaimina(口针)和 Nygolaimina(口针)，以及 Secernentea 的 Diplogasterida(吮吸式或切割式进食)和 Aphelenchida(口针/麻醉猎物)。

综上所述，目前的植物病害生物防治主要基于生防细菌和生防真菌的应用，这两类菌剂也是微生物农药乃至生物农药的主要品种。但若从有害生物防治整体来看，当前的微生物农药即便加上微生物源生物化学农药也只占全球农药市场的 5%，可见现有的生防菌资源及其商业化规模还只是沧海一粟，需要持续不断地挖掘新的菌种资源、解锁新的生防机制、创制新的菌剂配方，并降低实际应用中的经济成本和技术成本。

## 五、生物防治与生物肥料、生物促生剂

生物肥料是一类能够促进植物生长、提高植物产量、改善土壤肥力的微生物活体制剂。生物肥料与微生物农药的关系十分密切。首先，二者的活性成分都是对植物有益的细菌和真菌，生物肥料强调微生物对植物的营养促生作用，即微生物通过自身代谢活动或为植物提供必要的营养物质，或促进植物对土壤矿物质和水分的吸收，或调节植物激素水平，从而提高植物生长量。而微生物农药则强调微生物对植物的抗病促健作用。事实上，在目前被广泛研究的植物益生菌中，很多都同时具有上述两种功能，如表 8-7 列举的芽孢杆菌、假单胞菌、木霉等，都具有"肥药兼能"的特点。从另一个角度来看，植物长势越好，则对病原物的抗性越强，因此一些文献中认为生物肥料和生物农药一样可以预防病害(Fahad et al., 2023；Mechora et al., 2023)。其次，生物肥料和微生物农药都是化学肥料和化学农药的绿色替代产品，开发和使用这两类生物制品都是为了避免化学制品对环境的

各种负面影响，以及根除这些化学制品产生过程中所造成的碳排放。相应地，生物肥料和微生物农药也都具有类似的缺点，如施用后的起效速度慢、活性不稳定以及持续时间短等。需要强调的是，在理论定义中，生物肥料和微生物农药都指特定的一种微生物对植物的促生抗病作用，而在实际的制剂配方中，常采用多种微生物的组合，以达到增效促稳的目的，同时也更加接近本土益生菌的群体作用模式。此外，对于生物农药而言，也可以额外添加一些有机质或矿物质来增效，但从本质上来说，生物肥料与有机堆肥是不同的，后者是各种有机物、无机物、微生物的天然混合，具体的物质成分和微生物组成是无法确定的。

生物促进剂具有促进植物营养吸收、提高营养利用效率、增强植物对非生物胁迫或环境压力的耐受性、提升植物的产量和产品品质（包括外观、保鲜期以及营养价值等），以及提高土壤营养物质的生物有效性（bioavailability）①等功能（Jogaiah，2021）。与生物肥料相比，二者在植物促生上的功效是一致的，但生物肥料的有效成分是微生物，而生物促进剂的有效成分更为多样，包括微生物和非微生物两类，具体分为4种（Rouphael et al.，2020）：

①植物益生菌。如植物促生菌（plant growth promoting microbes）、生防菌、菌根真菌、固氮细菌等。

②蛋白水解物。如氨基酸、信号肽、酶。

③海藻提取物。如海带多糖、海藻酸。

④有机酸。如腐殖酸（humic acid）、黄腐酸②（fulvic acid）。

与微生物农药相比，生物促进剂的作用之一是提高植物对非生物胁迫的抗性，如极端温度、干旱和盐碱化等，目的是提高植物在不良环境下的产量和品质，并不直接针对植物病原物，因此未在表8-6中与其他概念作比较。但这只是理论定义上的区别，实际上，植物对生物与非生物胁迫的抗性机制是紧密相关的。而且，微生物类生物促进剂中使用的植物促生菌，很多也是微生物农药中使用的生防菌。

此外，生物促进剂的作用原理与生物肥料和微生物农药也有所不同，前者除了通过制剂中的微生物本身发挥直接作用以外，主要依赖活性成分对土壤和植物根际微生物群落的调控作用，通过激活这些本土微生物的益生效应来达到目的，这一机制与前文提到的生物防治中的保护性生防策略一样。由此可见，微生物农药、生物肥料和生物促进剂虽然产品研发目标不同，但在实际的植物病害防治实践中是可以兼容互补的。

## 思考题

1. 简述植物病害的定义与成因。

---

① 生物有效性是指化合物可被生物体吸收利用的程度，土壤中很多营养物质的生物有效性低，是不能被植物直接吸收利用的。

② 腐殖酸和黄腐酸都是土壤腐殖质的主要成分。土壤腐殖质是死亡的生物体被微生物降解至难以进一步降解后形成的物质，在碳循环、土壤肥力等方面具有重要作用，而腐殖酸和黄腐酸都具有改善土壤结构、促进植物生长的作用。

2. 简述植物病害的病原种类及特征。
3. 简述植物病害的主要病症和病状表现。
4. 简述植物病害循环的一般规律。
5. 简述植物病害生物防治的定义。
6. 植物的生物保护与生物防治存在怎样的关系?
7. 简述微生物农药在植物病害生物防治中的功能。
8. 生物肥料与生物促进剂对植物有何作用?简述其与微生物农药的功能异同。

# 第九章

# 植物病害生物防治策略

　　植物病害防治的目的是抑制或杀死植物病原物，而达成此目标的资源和方法有很多，它们的作用机制和影响范围各不相同，因此可以说，植物病害防治史是一个不断尝试、不断选择的过程。其中，植物病理学知识的积累，使这类尝试变得更有的放矢，而病害防治原理研究则使此类选择变得更加合理。在现代植物病害防治实践中，阐明抑病或杀菌活性成分的作用原理是药剂研发的基本内容，而提供制剂配方及作用范围则是药剂管理的基本要求。尤其对于病害的生物防治来说，微生物的生防机制甚为复杂，通常具有多重抑病作用方式，且随着生防菌的生长状态以及作用对象、作用时间、作用环境的变化而变化。因此，只有充分掌握生防微生物的生长特性、生理活性及活动规律，才能"量才器使"，研发出性价比最高的制剂配方。例如，抑制孢子萌发的生防菌比诱导植物抗性的微生物更适合于采后果蔬病害的防治。此外，明确生防微生物的生长需求及作用原理有助于为其创造必要的环境条件，规避不利因素，并可对防治效果进行预测。

　　植物病害生物防治主要基于生防菌与病原物之间的直接作用。理论上，只要能使病原物受害的拮抗关系都具有生物防治的研发潜力。经典的直接作用包括：生防菌受益而病原物受害的捕食（predation）和寄生（parasitism）作用；生防菌受益或无影响而病原物受害的抗生（antibiosis）作用；双方均可能受害的竞争（competition）作用。其中，捕食和寄生的作用中双方发生直接接触，而抗生和竞争作用则主要通过分泌活性物质来完成，不需要直接接触。与生防菌直接拮抗病原物相对应的是间接作用，即通过生防菌对植物的促生作用以及植病抗性的诱导作用，提高植物自身长势及其对病原物的抵御能力，也能达到防治病害的目的。

　　简单来说，植物病害生物防治的策略是通过人为施加的生防菌与植物及其所处环境中的微生物（包括病原物）之间建立起相互作用关系，并利用其中所有对植物有利的互作结果来达到保护植物的目的。但这种互作关系的建立与否是不可控的，且互作关系的维持受到各种生物和非生物因素的影响，具有不稳定性，因此，生物防治措施多在病害未发生时或发生早期施加，以充分发挥生防菌促生抗病双重功效的优势。

## 第一节 植物病害防治策略发展历程

19世纪是植物病理学的奠基期,生物学家对晚疫病(1841—1876)、锈病(1853)、火疫病(1817—1886)、花叶病(1886—1896)、根结病(1855)的研究逐一揭示了真菌或类真菌、细菌、病毒、线虫与植物间的致病关系。其中,1845年在爱尔兰暴发的马铃薯晚疫病,更让人们见识到了植物病害失控对人类粮食安全和生存构成的巨大威胁。

中国古代病害防治经验

事实上,对植物病害的防治在农耕文明形成的同时就已经出现了。19世纪以前,由于缺乏必要的病理认识,采取的防治策略主要依据劳动经验,显得杂乱无章,如利用硫黄、石灰、卤水、硫酸铜等化学法,以及切除病灶、移除病株等物理法。16世纪中期,法国农夫注意到小檗属植物的存在会增加小麦得病的概率(锈菌转主寄生现象),因而请求政府通过一条旨在根除野生小檗属植物的法令。到了19世纪,与植物病理学一样,病害防治学的发展也开始步入正轨。1878年,欧洲葡萄园暴发了严重的霜霉病,法国植物学家Millardet在波尔多(Bordeaux)的葡萄园中发现,种植在路边的葡萄很少发病,因为管理者专门施用了一种化学药剂($CaO$和$CuSO_4$的混合物),以保护这些葡萄免受来往行人的污染。1885年,Millardet在原药剂的基础上研制了预防霜霉病的最佳配方,并命名为波尔多液(Bordeaux mixture)①。波尔多液是高效的杀真菌剂(fungicide)和杀细菌剂(bactericide),问世后被广泛应用于叶斑病、晚疫病、叶枯病、白粉病防治,开启了植物病害的化学防治时代。1913年,以有机汞化合物进行种子处理的防治方法开始盛行,并持续了近半个世纪,是化学防治早期的又一个代表性案例。这些早期实践良好的作用效果夯实了人们对化学农药的信心。

1928年,弗莱明发现青霉素(penicillin)具有抑菌活性,为植物病害防治带来了新的思路。20世纪50年代,链霉素(streptomycin)成为第一种用于细菌性病害防治的抗生素。而放线菌酮(cycloheximide)紧随其后,成为真菌性病害的有效防治剂。1967年,四环素(tetracycline)成功应用于对柔膜菌纲(Mollicutes)②病原细菌的防治。除了抗生素以外,有机合成农药也在20世纪初得到了快速发展。1934年,福美双(thiram)的出现带来了一系列的二硫代氨基甲酸酯类(dithiocarbamate)预防性杀菌剂(preventive fungicides)③,包括代森锌(zineb)、代森锰(maneb)等。1965年,以萎锈灵(carboxin)为代表的多种系统性杀菌剂(systemic germicides)④也相继发现并投入使用。可以说,20世纪40~60年代是化学农药推陈出新以及多样化发展的时期,也是化学防治策略的统治时期。但是,也正是因为对化学

---

① 波尔多液是一种无机铜素杀菌剂,石灰和硫酸铜可按多种比例配制,能预防多种植物病害,但长期使用会导致环境中铜离子的积累以及施药者的铜中毒,因此后来被大多数欧洲国家禁用。

② 柔膜菌纲是一类特殊的天然缺壁细菌,常具有特殊的营养需求和环境要求,包括植原体(phytoplasma)、支原体(mycoplasma)和螺原体(spiroplasma)等。

③ 预防性杀菌剂即接触性杀菌剂(contact fungicides),为吸附性(adsorption)药剂,不被植物吸收,只在植物体表发挥作用,主要作用是防止病原物的侵入。

④ 系统性杀菌剂为吸收性(absorption)药剂,被植物吸收并在植物体内扩散,可杀灭或抑制早期侵入的病原物,属于治疗性杀菌剂(curative fungicide)。

农药的过度使用,使这段时期在有害生物防治史上被称为黑暗期(the dark age)。

1962年,美国科普作家蕾切尔·卡森(Rachel Carson)出版的《寂静的春天》(*Silent Spring*)一书向大众揭示了化学防治光环下被掩盖的环境问题、生态威胁和人类健康隐患,学术界开始出现寻找替代方法的声音。事实上,早在1954年,一些抗药性的病原细菌和真菌菌株就已经被发现,这也成为之后改变病害防治策略的一个重要推手。但是在生物防治被大力提倡之前,一些学者也尝试用现有的方法来解决化学防治所造成的耐药性问题,如早期用系统性杀菌剂替换接触性杀菌剂(contact fungicides),或将多种杀菌剂混合使用以及后期采用广谱性杀菌剂等。但随着各种负面影响的累积效应不断增大,到20世纪80年代,85%~90%的高毒性化学农药被相继禁用。这一发展趋势也促使越来越多的学者开始追溯化学防治盛行前的病害防治策略。

如前所述,在20世纪早期化学防治崭露头角的同时,生物防治也曾进入人们的视野,除了微生物源抗生素的发现外,还有一些有益微生物抑制土传病害的报道,如1932—1941年,Weindling发表了一系列文章论证木霉对柑橘幼苗病害的防治作用,但没有引起很大的反响。到1963年,病害生物防治实现了第一次实际应用,即利用大隔孢伏革菌(*Peniophora gigantea*)①处理砍伐后遗留的松树桩,目的是防治由异担子菌(*Heterobasidion*)引起的根腐和干基腐烂问题。到70年代,一些开创性的研究和实践项目真正为病害生物防治的发展奠定了基础。1972年,放射土壤杆菌K84成功应用于核果类果树的冠瘿病防治,这一具有里程碑意义的实践案例树立了人们对生防微生物的信心,并由此开启了理论研究的热潮。1974年,针对小麦全蚀病开展的抑病土(disease-suppressive soil)形成机制研究向人们揭示了根际微生态与植物根部病害的发生或抑制密切相关,打破了在集约化耕作体系中只能利用广谱的化学杀菌剂进行病害防治的认知。这些研究结果不仅让生物防治被视作一种可持续的技术,也逐步成为一种理念。人们发现,其实很多传统的病害防治方法,如轮作、病残体掩埋、沤肥等,都具有生物防治的本质。此时,如何将有益微生物转化为可实际使用的药剂,快速地成为新的研究目标。1972年,瑞典的Binab$^R$成为首批生产木霉菌剂(Binab-T$^{TM}$)的公司之一。80年代中期至90年代,多个至今仍极具代表性的生防菌剂相继面市,如Mycostop$^{TM}$(灰绿色链霉菌菌剂)、Polygandrum$^{TM}$(寡雄腐霉菌菌剂)、GlioGard$^{TM}$(绿黏帚霉菌剂)等。

基于植物抗性诱导作用的病害防治策略也在20世纪后期有所发展。早在20世纪60年代,植物抗性激活剂就被人工合成,但直到1996年才开始试销并取得了一定的成功。此后,基于交互保护原理的病毒疫苗在烟草花叶病的大田防治试验中获得成功,在柑橘衰退病的防治中也取得了很好的效果。至80年代末,植物病毒性病害的防治都主要基于这类方法,即通过接种人工改造的无毒或弱毒的病毒株(即病毒疫苗),来诱导植物对野生强毒株的抗性,从而降低病害的发生率。随后,与交互保护类似的植物抗性诱导方法也随之出现,即通过人为接种病原菌,制造植物组织的局部性坏死,来诱导植物获得系统抗性。

如今,可应用于病害防治的微生物生防制剂种类已遍及细菌、真菌、类真菌(卵菌)、病毒,而原生动物制剂和线虫制剂也在研发之中。在环境效益和生态效益优先的发展理念

---

① 大隔孢伏革菌(*Peniophora gigantea*)也称大拟射脉菌(*Phlebiopsis gigantea*)。

下,生物防治被赋予了更大的发展空间和责任,同时,化学防治虽然受到了限制,但也不能完全否定其经济高效的优势。不同方法间孰优孰劣的问题已逐渐成为历史,因为没有一种方法能解决所有问题,如何达到"鱼"(保障农林业生产)和"熊掌"(保护生态环境)兼得的目的,这不应该是一道单选题,而应该是多选题。其实早在20世纪50年代,针对当时发现的耐药性现象,一些昆虫学家就提出了综合防治(integrated control)的提议,也就是结合生物防治和化学防治的策略。1967年,Smith和van dan Bosch首次使用了治理(integrated pest management, IPM)一词,但当时针对的主要是虫害。有害生物综合治理并不提倡完全禁用化学农药,而是建议采用破坏性最小的选项,将化学农药的使用降低到能达到防治目的的最低水平。

1972年,美国通过了一项1 300万美元的研究项目——Huffaker Project,由植物病理学家、昆虫学家、线虫学家和杂草学家共同参与。由此,植物病害防治被纳入有害生物综合治理,并衍生出病害综合治理(integrated disease management, IDM)的概念(Peshin et al., 2009)。病害综合治理以环境影响和经济成本为衡量指标,允许采用所有可能的方法来治理植物病害,包括轮作等传统方法和RNA干扰等现代技术,但合成化学农药永远是最后的选项。病害综合治理的基本策略包括:

①避免(avoidance)。通过改变植物的种植位点或种植季节来降低病原物侵染的机会。
②排除(exclusion)。抑制病原物的侵入。
③消灭(eradication)。杀灭病原物或使病原物失活。
④保护(protection)。直接使用活性化合物来防止病原物侵染。
⑤抗性(resistance)。挖掘植物基因组中与抵御病原物侵染相关的或与侵染后修复相关的基因和基因簇。
⑥拮抗(antagonism)。以天然存在的拮抗关系为依据,通过增强有益生物的活性来抑制病原物的活性或数量,拮抗作用是病害生物防治的基础。

在实践中,病害综合治理并不是一个通用的、死板的操作流程,而是根据病害发生和传播的气候、土壤条件,以及病原物诊断等数据,以可能产生的环境影响和种植者的经济承受力为优先考量,制订针对性的防治方案,其中,生物防治是重要的选项,但不是唯一的选项。

## 第二节 植物病害生物防治中的拮抗作用

生物拮抗作用泛指一种生物的存在及其活动限制同一环境中其他生物的生存和发展的现象。生物防治的基础就是生防生物与有害生物间的拮抗作用。表9-1比较了生防生物在植物病害和虫害防治中的作用差异。可以看到,拮抗作用主要包括捕食、寄生、抗生和竞争。其中,捕食和寄生作用以物理接触为前提,具有一定的专一性,而昆虫的移动性强,能够主动追捕猎物或者在移动的过程中更多地接触到寄生物,因此,虫害防治以捕食和寄生作用为主;而病害生物防治中的作用双方均为微小生物,迁移范围有限,物理接触更多地受到种群密度以及外部条件的影响,具有被动性,因此,病害防治的原理通常综合了生防微生物的多种拮抗作用,以及拮抗作用以外的促生和抗性诱导作用。

表 9-1　生物防治在植物病害和虫害管理中的应用比较

| 生防生物 | 有害生物 | |
|---|---|---|
| | 病原物 | 害虫 |
| 种类 | 微生物、线虫 | 寄生性微生物、线虫，捕食性益虫 |
| 作用原理 | 捕食、寄生、抗生、竞争、抗性诱导、促生 | 捕食、寄生 |
| 作用特点 | 增强型生物防治，生防生物多为植物生长环境中的本土生物 | 经典型生物防治，天敌生物多为引进的外来物种 |
| | 对于特定的病原物，可选择多种生防生物以及多种作用方式同时发挥作用 | 对于特定的害虫，一般只有一种生防生物专一性地发挥作用 |
| | 生防生物和病原物的迁移性有限，二者的接触具有被动性 | 害虫或益虫的迁移性强，寄生和捕食具有一定的主动性 |

# 一、捕食作用

捕食是处于食物链上层的捕食者杀死并吞食其下层猎物，从而获得营养和能量的行为，包括病原物、害虫、杂草等有害生物都有其食物链上层的天敌生物。因此，捕食作用被认为是一种重要的生物防治途径。在食物链中，捕食动物的资源十分丰富，是虫害防治的主要选择之一。同时，微观世界的线虫等微生物也存在捕食的现象，可在病害防治中加以利用。

## (一) 真菌的捕食作用

植物寄生线虫的捕食性天敌包括线虫、真菌、昆虫、螨虫等，其中，捕食性真菌的研发进展最快。自 1877 年 Kuhn 首次发现真菌对孢囊线虫雌虫的拮抗作用以来，迄今报道的与线虫相关的真菌已达 70 个属，约 160 种，其中超过 50 种能够捕食线虫。捕食线虫真菌（nematode-trapping fungi）一般利用其营养菌丝特化形成的捕食结构（trapping device）来抓取线虫，包括：黏性分枝（sticky branch），菌丝上形成的小的侧枝，通过分泌黏性物质捕捉线虫，代表性真菌为 *Dactylella lobat*；黏性球（sticky knob），菌丝上形成短小的侧枝，其顶端膨大呈球状或亚球状，表面覆盖黏性物质，代表性真菌为 *Dactylella ellipsospora*；黏性菌网（sticky network），菌丝多重分枝、旋绕、融合形成的三维网状结构，表面覆盖黏性物质，代表性真菌为 *Arthrobotrys oligospora*；非收缩环（non-constricting ring），菌丝上的分枝顶端与基部融合形成环状结构，表面覆盖黏性物质，代表性真菌为 *Dactylaria candida* 和 *Dactylella leptospora*；收缩环（constricting ring），结构与非收缩环类似，当线虫钻入环内时，环内侧壁向内膨大，导致环腔闭合，从而勒住线虫，最后菌丝刺入线虫体内，代表性真菌为 *Arthrobotrys dactyloides*。上述前 4 种捕食结构均利用黏附力（adhesive trap），而收缩环则基于机械力（mechanical trap）来固定线虫，然后由菌丝刺入线虫体内对其进行消解（Zhang et al., 2020）。

为了适应土壤环境中激烈的营养竞争，一些捕食线虫真菌在分生孢子萌发时就直接形成环状的捕食结构，省略了营养菌丝发育和特化的过程，称为分生孢子捕食器（conidial trap)，代表性真菌为 *Arthrobotrys dactyloides*。此外，一些捕食线虫真菌还进化出了特殊的攻击结构（attacking device）来猎杀线虫，包括：*Hyphoderma* 属特有的冠囊体（stephanocyst）①，代表性真菌为 *Hyphoderma praetermissum*，还有在菌丝上形成的结构更为简单的冠囊体，仅由1个膨大的单细胞及其基部的一圈小刺组成，代表性真菌为 *H. puberum*；毛头鬼伞（*Coprinus comatus*）特有的多刺球（spiny ball）②；球盖菇属（*Stropharia*）特有的棘细胞（acanthocyte），代表性真菌为大球盖菇（*Stropharia rugosoannulata*）。大球盖菇子实体的根状菌索表面可观察到大量多刺状的细胞，即棘细胞。成熟的棘细胞内部为中空状，表面长出5~12个长短不一的尖刺，尖刺的一侧是开放的，能观察到其内部的管道。研究发现，上述捕食线虫真菌的攻击结构均利用机械损伤，在线虫表皮上造成伤口，使线虫内含物渗漏，从而达到杀死猎物获取养分的目的。

### (二) 线虫的捕食作用

1917年，Cobb报道了单齿属（*Mononchus*）线虫对植物寄生线虫的有效拮抗作用，展现了捕食性线虫的生防潜力。捕食性线虫主要通过口器（牙齿、口针及类似功能的结构）来捕捉和摄取线虫、螨虫、原生动物等猎物，因其具有更强的迁移性以及追捕猎物的主动性，在生防应用上可能比捕食性真菌更具优势。目前已知的捕食性线虫主要分布在单齿目（Mononchida）、矛线亚目（Dorylaimina）、膜皮目（Diplogasterida）、滑刃目（Aphelenchida）和 Nygolaimina，其捕食结构、捕食方式及猎物见表9-2。

表9-2 捕食性线虫的捕猎特性

| 线虫类别 | 捕食结构 | 捕食方式 | 猎物（植物寄生线虫及微生物） |
| --- | --- | --- | --- |
| 单齿目（Mononchida） | 口腔发育良好且高度硬化，具有背齿（dorsal tooth）、大齿、小齿（denticle），且颊肌发达 | 随机接触；完整吞食，或切碎吞食，或吸食 | 根结线虫、根腐线虫、钉线虫、矮化线虫；也可以捕食细菌、真菌 |
| 矛线亚目（Dorylaimina） | 由针状的齿针（odontostyle）和齿针延伸部（odontophore）组成 | 主动接触；以齿针穿刺，体外消化，吸食 | 小麦粒线虫、柑橘线虫、轮线虫、长尾刺线虫；细菌、真菌 |
| 膜皮目（Diplogasterida） | 口腔较小但发育良好，具有背齿、大齿、大小不一的小齿 | 主动接触；切碎吞食，或吸食（体外消化） | 马铃薯金线虫、肾形线虫、谷物孢囊线虫；也可以捕食细菌 |
| 滑刃目（Aphelenchida） | 硬化且锋利的矛状口针 | 主动接触；以口针穿刺，麻痹猎物，体外消化，吸食 | 叶芽线虫（滑刃线虫）、鳞球茎茎线虫、北方根结线虫；也可以捕食真菌 |
| Nygolaimina | 相对粗壮的矛状壁齿（mural tooth） | 主动接触；以壁齿穿刺，体外消化，吸食 | 南方根结线虫、美洲剑线虫、稻根线虫、长针线虫；也可以捕食真菌 |

从表9-2可以看到，捕食性线虫的猎物中也包括了个体更小的微生物，称为食微线虫（microbivorus nematode），分为食真菌（fungivores）和食细菌（bacterivorous）两类。食微线虫

---

① 冠囊体可在孢子和菌丝上形成，一般由1个杯状的基细胞和1个球状的顶细胞组成，在2个细胞的连接处着生有一圈小刺。

② 多刺球在特殊的气生菌丝上形成，由没有细胞核的细胞构成，个体小，内部是杆状核心，表面则长出很多具有尖末端的突起。

在植物病害防治中的应用潜力仍需要评估,但其对于维持土壤微生态平衡具有重要作用,此外,食微性在线虫的制剂研究和生防应用中十分重要,如膜皮目线虫既可捕食线虫,又可捕食细菌,当环境中缺乏线虫猎物时,还可以细菌为食,当环境中存在线虫猎物时,则首先捕食线虫。这种灵活的捕食方式大大提高了其野外生存能力。此外,能以细菌为食也方便了线虫的大规模人工喂养。

线虫的捕食分为抓捕(catching)和进食(feeding)两个过程。其中,抓捕包括接触(contact)、攻击响应(attack response)、攻击(attack)等步骤;进食包括体外消化(extracorporeal digestion)、摄入(ingestion)等步骤。

**(1)接触**

膜皮目、滑刃目、矛线目都能识别猎物的化学信号,从而主动接触,而单齿目的捕食作用依赖随机接触,因此捕食效率受到猎物种群密度的影响。

**(2)攻击响应**

当体型相差不大时,捕食者与猎物接触时的角度决定了抓捕的成功与否,因此,捕食性线虫会通过头部的探查、捕食结构的活动以及食道的搏动来提高成功率。例如,膜皮目线虫在进攻前出现头部摆动,或以唇区快速地摩擦猎物的表皮等探查行为,其目的就是将捕食结构(背齿、壁齿、口针、齿针等)移动到猎物表皮适合的位置,然后展开攻击。

**(3)攻击**

不同的捕食性线虫具有不同的捕食结构,因而攻击的方式也不同。滑刃目、矛线目线虫都具有针状或矛状的捕食结构,以间歇地或快速地持续穿刺打孔来切开猎物表皮,其中,滑刃目还会通过注射食道分泌的有毒物质来麻痹猎物,而矛线目则通过在猎物体内横向移动其齿针和壁齿来扰乱猎物器官,从而使其失去活力。膜皮目线虫利用可活动的背齿以及食道强大的吸力控制猎物并切开其表皮,而单齿目线虫则依靠其粗壮的个体,强壮的口腔、牙齿和颊肌直接固定住猎物,或整条吞食,或撕碎后吞食。

**(4)进食**

膜皮目、滑刃目、矛线目线虫都具有体外消化的环节,也就是在摄取猎物前在猎物体内对其基质进行部分消解。以膜皮目为例,当猎物表皮被切开后,通过背齿与食道腺相连的管腔,将含有消解酶的食道腺分泌物注入猎物体内。最后通过中部食道球的收缩和舒张,以及食道肌肉的收缩来完成吞咽或者吸食。

### (三)细菌的捕食作用

目前报道的捕食性细菌主要属于假单胞菌门(Pseudomonadota)(原变形菌门,异名 Proteobacteria)、拟杆菌门(Bacteroidota)和蓝细菌门(Cyanobacteria),捕食对象包括细菌、真菌和藻类。

**(1)细菌捕食细菌**

细菌的捕食策略为群体攻击(group attack),也称"狼群式"捕食,代表性的有 $\delta$-变形菌纲的黏细菌(Myxobacteria)和 $\gamma$-变形菌纲的溶杆菌(*Lysobacter*)。黏细菌具有复杂的多细胞行为,在固体培养基表面,黏细菌通过细胞滑动,以群聚的方式包围猎物,同时分泌次级代谢产物和胞外水解酶杀死并裂解其细胞,从而获取释放的营养物质,捕食结束后在原地形成子实体。它在土壤中广泛分布,被认为是土壤微生物食物链中的顶端生物,对保持土壤微生态平衡和植物健康具有重要作用。黏细菌既可以腐生，也可以捕食，其营养细胞能够分化为抗逆性强的黏孢子来应对各种环境压力，此外，黏细菌合成丰富的次级代谢产物和蛋白类活性物质，这些特性都使其具备微生物农药的研发潜力，目前报道较多的为黏球菌（*Myxococcus*），能防治细菌性青枯病（*Ralstonia solanacearum*）和软腐病（*Pectobacterium carotovorum*）等（Dong et al., 2022）。

**（2）细菌捕食真菌**

珊瑚球菌（*Corallococcus*）、山岗单胞菌（*Collimonas*）等少数细菌能以活的真菌为营养源，包括植物病原真菌，如黄萎病菌（*Verticillium dahliae*）、尖孢镰刀菌（*Fusarium oxysporum*）、稻瘟病菌（*Magnaporthe oryzae*）等。以食真菌山岗单胞菌（*Collimonas fungivorans*）为例，该菌具有几丁质水解活性，能够在接种真菌的无营养基质上生长。当与尖孢镰刀菌在无碳源的培养基上共培养时，食真菌山岗单胞菌在真菌菌丝上定殖。由此推测，营养缺乏是这类细菌捕食真菌的诱导因素，而当营养充足时，这类细菌也表现出抗真菌活性，但拮抗方式不同，可能为竞争或抗生作用。需要说明的是，食真菌细菌对猎物的选择范围，例如是否包括对菌根真菌等有益真菌形成威胁，还有待进一步评估。

## 二、寄生作用

寄生是一种生物（寄生物）在另一种生物（寄主）的体表或体内，通过消耗寄主营养存活的现象。寄生作用使寄主不同程度受害，包括致弱、患病和死亡。寄生与捕食作用较为相似，如直接接触、营养摄取等过程，其主要的不同之处在于，猎物被捕食后快速死亡，而寄主被寄生后可能不死亡或者不会快速死亡。在病害生物防治中，寄生也称重寄生，这是因为病原物本身就是寄生物。在植物的各种病原物中，除了病毒以外，其他都可以作为寄主被生防微生物寄生，因此，寄生作用是一种重要的防治途径。

### （一）真菌重寄生

真菌重寄生（mycoparasitism）是指植物病原真菌被其他真菌寄生的现象，可以分为两种类型：死体营养型（necrotrophic parasitism）和活体营养型（biotrophic parasitism）。死体营养型是指寄生真菌从已经死亡的寄主真菌体内获取养分，即在寄生真菌穿刺进入前，已将寄主真菌杀死，这类重寄生真菌的寄主范围较广，以木霉、黏帚霉为代表。活体营养型是指寄生真菌从活的寄主真菌体内吸收养分，并以此延长其生命周期，这种寄生方式需要双方维持一个稳定、平衡的互作关系，因此专一性较强，寄主范围较窄，以白粉寄生孢（*Ampelomyces quisqualis*）、*Sphaerodes* 为代表。

真菌重寄生是一个复杂的过程，需要经历多个步骤。以木霉为代表的机制研究表明，寄主真菌分泌扩散到环境中的小分子物质首先吸引木霉的菌丝进行趋化延伸（chemotropism），同时，木霉胞内的转录水平发生改变，在接触寄主前就开始产生裂解或杀死寄主菌丝的分子武器，如细胞壁水解酶以及一些次级代谢产物。这一步的信号传递主要依赖异三聚体G蛋白（heterotrimeric G proteins）完成。该蛋白是由多个亚基组成的跨膜信号接收器，可以结合来自寄主的挥发性有机物等配体物，随后，位于胞内的蛋白C端发生构象变化以激发转录因子的产生，进而激活与上述分子武器相关的基因表达。当木霉接触寄主后，寄主细胞表面的特异性凝集素促使木霉菌丝对寄主菌丝进行螺旋状缠绕，同时在多种水解酶的作用下破坏寄主细胞壁，并通过附着胞侵染至寄主体内吸取养分。在这一步中，寄生真菌需要有相应的措施来保护自己免受细胞壁水解酶的影响。例如，哈茨木霉的细胞壁结合蛋白 Qid74 就发挥了这样的作用，但具体机制尚不明确。

从寄主的角度来看，在重寄生过程中，寄主真菌通常也会产生应激效应，分泌一些攻击寄生真菌的活性物质，如酶、次级代谢产物、活性氧等。因此，寄生真菌必须具有对这些反击的防御力才能成功地完成寄生，如粉红黏帚霉（*Gliocladium rosea*）利用其解毒酶和 ABC 转运系统可抵御禾谷镰孢菌分泌的玉米赤霉烯酮（zearalenone）的抑制，主要机制是酶解后排出。

### （二）细菌重寄生

相比于真菌重寄生，生防细菌对病原真菌、病原细菌的重寄生作用虽然研究报道得较少，但也有例可循。

食细菌蛭弧菌（*Bdellovibrio bacteriovorus*）在20世纪60年代作为革兰阴性菌的寄生菌被首次报道[①]，其寄主包括很多人、动物、植物的经典病原细菌，如大肠杆菌（*Escherichia coli*）、假单胞菌（*Pseudomonas* spp.）等。食细菌蛭弧菌为体内寄生型（endobiotic），侵入寄主的过程包括3个阶段：自由生活模式下的攻击阶段（attack phase）、寄生模式下的周质空间内生长阶段（intra-periplasmic growth phase）以及二者间的过渡阶段。在攻击阶段，食细菌蛭弧菌通过鞭毛驱动的随机碰撞识别寄主，并附着到寄主细胞表面，随后在外膜和肽聚糖层上钻孔进入。在这个过程中，因寄主信号分子的诱导作用，胞内转录水平发生变化，从而进入过渡阶段。当完全进入寄主周质空间后，鞭毛脱落，寄主细胞转变为对噬菌体、光氧化等外界胁迫因子具有免疫性的稳定的蛭弧体（bdelloplast）。当感应到另一个寄主的信号分子时，食细菌蛭弧菌开始吸取寄主胞内营养，进入生长阶段，最终分裂为多个带有鞭毛的子细胞，裂解寄主细胞壁后进入自由生活模式，捕食下一个猎物（Bratanis et al., 2020）。

放线菌的重寄生作用以灰色链霉菌（*Streptomyces griseus*）为代表，其能内寄生豆刺盘孢菌（*Colletotrichum lindemuthianum*）。当二者相互接触时，能观察到灰色链霉菌的菌丝覆盖在豆刺盘孢菌菌丝的表面，并形成类似附着胞的结构，随后，真菌细胞壁呈现海绵状质地，表明被降解，同时能在真菌菌丝内部观察到更细的链霉菌丝以及分生孢子。

### （三）病毒重寄生

所有病毒都是专性寄生物，而地球上的各种细胞生命都有其相应的病毒天敌，因此，病毒既是主要的病原物，也是极具应用潜力的生防资源。

细菌病毒称为噬菌体，分为烈性噬菌体和温和噬菌体两类。前者侵染细菌后可快速裂解细胞并释放出大量子代，一般完成一个侵染周期只需十几分钟至2 h；而后者侵染细菌后一般不立即裂解细胞，而是将寄主溶原化，也即噬菌体的基因组整合到细菌基因组中，

---

[①] 目前，所有 α-和 γ-变形菌纲中的食细菌种属都被划分为蛭弧菌及其相似微生物（*Bdellovibrio* & like organisms, BALOs），其中的很多成员被定性为外生型的捕食细菌，即在猎物体外直接消解，因此，BALOs 也被视作一大类捕食性细菌。但基于食细菌蛭弧菌本身的生活史特点，本书将其放在细菌重寄生中进行介绍。

并随之传递给子代。当溶原细菌受到紫外线等多种环境因子诱导时，整合的噬菌体基因组脱落并进入裂解周期。不同噬菌体的寄主范围不同，有的只能侵染同一个种的特定几株细菌，而有的则能侵染不同属的细菌。二者在防治实践中各有优劣。高度专一的噬菌体应用范围受到限制，一般采用"鸡尾酒法"加以克服，即把不同寄主的噬菌体加以混合；而宽寄主范围的噬菌体则可能对环境微生物，尤其是植物有益细菌产生负面影响，这一问题还有待解决。

大多数情况下，真菌病毒（mycovirus）的侵染不会引起症状，但有一些特定的真菌病毒能引起病原真菌的毒力衰减，也称弱毒现象（hypovirulence），其中最具代表性的是板栗疫病的病原菌 *Cryphonectria parasitica* 的病毒致弱作用。这些特殊的真菌病毒主要来自 Totiviridae、Partitiviridae、Chrysoviridae、Hypoviridae 和 Nanoviridae，因缺少蛋白质衣壳，故较难从外部侵染寄主，而主要通过细胞分裂在同一个真菌的菌丝内传播，或通过孢子传递给子代，又或通过菌丝融合在两个具有相容性的真菌个体间传播，这种传播方式恰好成为这类真菌病毒的生物防治基础。在实践中，只需将带有病毒的无致病性或弱致病性菌株接种到植物感病部位，其可以通过菌丝融合将病毒传递给致病菌株，使致病菌株出现菌丝生长迟缓、产孢率下降、定殖能力降低等弱化现象。需要说明的是，菌丝融合只发生在具有亲和性的真菌之间，这也大大局限了弱毒现象的生物防治应用范围，所幸目前以纯化的病毒直接转染真菌原生质体的人工传播方式已有研究报道，同时，在油菜菌核病菌（*Sclerotinia sclerotiorum*）和白纹羽病菌（*Rosellinia necatrix*）中也发现了能够从外部侵染寄主的真菌病毒。

## 三、抗生作用

抗生作用（antibiosis）主要基于微生物产生的能够抑制或杀灭其他生物，但对其自身无影响的各种初级或次级代谢产物，包括水解酶、有机酸、抗生素、抗菌肽、细菌素、挥发性有机物等。

### （一）初级代谢产生的抗生物质

很多生防微生物都能分泌细胞壁水解酶，通过破坏病原菌的细胞壁达到防治病害的作用，包括几丁质酶、葡聚糖酶、纤维素酶、蛋白酶、溶菌酶等，而这些酶的水解底物有时还能诱导植物的系统抗性。此外，也有一些产酸细菌预防植物病害或采后病害的报道，如植物乳杆菌（*Lactobacillus plantarum*）预防猕猴桃、草莓的细菌性病害，以及产乳酸细菌在青贮谷物保存过程中的作用，都与其发酵产生的乳酸和乙酸的抑菌作用有关。

### （二）次级代谢产生的抗生物质

大部分抗菌物质都由微生物的次级代谢产生，与微生物的生长条件、种群密度等因素密切相关。

**（1）抗生素**

抗生素（antibiotic）是由微生物产生的小分子有机物，能在很低的浓度下抑制或杀灭其他微生物。目前已知的抗生素种类繁多，包括放线菌来源的约 8 700 种，细菌来源的约 2 900 种，真菌来源的约 4 900 种，可见其资源十分丰富。实验证明，经人工改造后丧失抗生素合成能力的菌株，不能抑制感病植物的病症，表明抗生素是生防微生物重要的拮抗武器。

抗生素的抑菌或杀菌机制包括阻碍细胞壁合成或修复,破坏细胞膜结构、干扰核糖体的蛋白质合成、影响能量代谢、抑制孢子产生或萌发等。除此以外,抗生素在亚抑制浓度或者亚致死浓度时,还能表现多种生态功能,包括:诱导自身的生物膜形成;保护细菌不被食微线虫捕食;作为表面活性剂促进细菌的运动性;调节病原菌的胞内转录,下调其毒力因子的表达,从而降低致病力;促进植物根系分枝,刺激根系分泌物产生,以及诱导植物系统抗性;促进其他有益微生物的活性,如固氮菌;一些具有氧化还原性的抗生素可提高金属元素(如锰和铁)的生物有效性,促进植物营养吸收。

与此同时,亚量抗生素也会带来一些负面的作用,即作为选择压导致病原菌产生抗生素抗性。首个与生物防治相关的病原菌抗性来自植物冠瘿病的病原菌根癌土壤杆菌(*Agrobacterium tumefaciens*)。放射土壤杆菌是植物冠瘿病的生防微生物,其产生的土壤杆菌素(agrocin)能专一抑制根癌土壤杆菌。同时,放射土壤杆菌的质粒上携带有土壤杆菌素的抗性基因,以进行自我保护,而质粒能通过横向转移传递给其他细菌,当最终传递给根癌土壤杆菌时,其就转变为土壤杆菌素的抗性菌。为了解决这一问题,目前已通过遗传改造选育出质粒无法移动的放射土壤杆菌,并投入实际应用。这个例子表明,当抗生素作为主要的生防手段时,有必要对其潜在的环境风险和生态风险进行评估。

(2) 抗菌肽

抗菌肽(antimicrobial peptide,AMP)是一类由10~60个氨基酸组成的寡肽,具有广谱的抗生活性,包括抗细菌、真菌、病毒、寄生虫、癌细胞等,是生物体先天免疫系统的重要组成部分。目前发现的抗菌肽中,抗细菌肽的数量最多,占60%,其次为抗真菌肽,占26%,在病害生物防治中有很大的应用潜力。一些重要的生防微生物(如芽孢杆菌)主要以抗菌肽来拮抗病原菌。

抗菌肽的广谱抗生活性来源于它的多种作用机制。首先是抗菌肽对细胞膜的破坏。抗菌肽能垂直插入细胞膜,当多个插入的抗菌肽聚集到一起时,一起向外侧弯曲,就能在膜上挖出一个1~2 nm的穿孔。其次抗菌肽能形成多聚物,直接对细胞膜进行穿刺,形成一个渗漏通道。再次抗菌肽能平行排列在细胞膜表面,并以类似洗涤剂溶解脂质的模式破坏细胞膜结构。抗菌肽也能通过直接穿透细胞膜或经胞吞作用进入细胞内部,并作用于胞内的不同靶位点,包括:作用于核糖体、酶和效应分子(如伴侣蛋白),从而干扰蛋白质的转录、翻译、组装和折叠;作用于酶以抑制核酸合成或者诱导核酸降解;通过抑制核酸复制和SOS响应(stress-on-stress response)①,或阻断细胞周期,或阻碍染色体分离,或破坏细胞器,或作用于细胞壁上的各种成分,来抑制细胞分裂;通过抑制蛋白酶活性来阻碍各种代谢活动(Huan et al., 2020)。

(3) 细菌素

细菌素(bacteriocin)是由细菌分泌的一类由核糖体合成的特殊抗菌肽,主要用于杀灭近缘细菌。目前的研究发现,不同来源的细菌素杀菌范围不同,有的特异性很强,有的则范围较广,甚至还能作用于真菌和病毒。一般来说,革兰阳性菌产的细菌素杀菌范围比革

---

① SOS响应是细胞对DNA损伤的全局响应,包括细胞周期被阻止,DNA修复被诱导等活动。

兰阴性菌产的细菌素广。例如，革兰阳性的芽孢杆菌产的细菌素能作用于根癌土壤杆菌、丁香假单胞菌（*Pseudomonas syringae*）、密歇根棍状杆菌（*Clavibacter michiganensis*）等植物病原细菌。而革兰阴性的 *P. syringae* subsp. *ciccaronei* 产生的细菌素专一抑制橄榄癌肿病病原菌（*P. syringae* subsp. *savastanoi*）。基于这种现象，生物防治上可采用病原细菌的无毒菌株作为生防菌，利用其产生的细菌素专一杀灭同种的致病菌株，如细菌性青枯病菌茄科劳尔氏菌（*Ralstonia solanacearum*）、细菌性条斑病菌（*Xanthomonas oryzae* pv. *oryzicola*）。

不同结构和种类的细菌素在作用机制上有一些差别，如线形细菌素可造成细胞膜穿孔，环状细菌素可破坏细胞膜的稳定性，造成膜两侧的质子动势丧失，一些球状细菌素可抑制肽聚糖单位从细胞质转运到细胞壁，从而抑制细胞壁的合成，还有一些细菌素可造成膜的去极化，诱导细胞自溶，或阻碍横隔（septum）的形成。对于分子质量大（>10 kDa）的细菌素来说，其本身就是内肽酶，可作用于肽聚糖结构中的肽尾或肽桥（Kumariya et al., 2019）。

**（4）挥发性有机物**

挥发性有机物（volatile organic compound, VOC）是一类分子质量小（<300 Da）、低极性、低沸点、高蒸汽压（≥0.01 kPa，20℃）的有机分子，种类繁多，包括碳氢化合物、醇、硫醇、醛、酮、硫酯、烷烃、杂环化合物、苯酚、苯衍生物等。目前已经发现了超过1 000 种微生物源挥发性有机物。很多微生物能同时产生多种挥发性有机物，称为挥发性组（volatilome），是微生物代谢组的重要部分。

挥发性有机物的生理活性多样。首先，它们往往具有抗菌活性，如细菌的挥发性有机物是防治真菌性病害的有效武器，能抑制真菌的菌丝生长、孢子萌发和芽管伸长等。例如，酵母菌的挥发性有机物在采后病害防治中发挥重要的作用，能降低真菌的蛋白质合成、线粒体代谢、增殖率等。同时，利用挥发性有机物不涉及与病原菌及其生长基质间的直接接触，对食品的安全性更高。其次，挥发性有机物作为信号分子或群体感应分子参与微生物间的互作。最后，挥发性有机物能促进植物生长。需要强调的是，一些挥发性有机物毒性较强，可对人体造成危害，因此在开发生防微生物制剂时，需要对其代谢产物做全面的分析鉴定，包括挥发性有机物。

## 四、竞争作用

生防菌与植物病原的竞争策略

竞争作用是指生态位重叠的两种或多种微生物之间，在生存资源有限的情况下，对营养和空间的争夺现象，其中对营养要素（如碳源、氮源、氧气、水等）的竞争也称利用性竞争（exploitation competition），对空间的竞争也称干扰性竞争（interference competition）。微生物的竞争策略包括：

**（1）改变环境中营养物质的可吸收性**

以磷为例，这种元素在土壤中通常以不可溶的化合态存在，如植酸和磷灰石。微生物可以产酶或产酸的方式溶磷，把可吸收利用的有效磷 Pi（如 $PO_4^{3-}$）从有机物或无机矿物中释放出来。

**（2）争夺限制性营养元素**

铁是地球上第四丰富的元素，但是在 pH>6 的环境中不可溶，因此生物可利用度很低，是地球生物共同的限制性营养要素。微生物通过分泌嗜铁素(一种对 $Fe^{3+}$ 具有高亲和性的小分子有机物)来螯合环境中有限的铁离子。同时，微生物的细胞膜上具有特异性识别自身嗜铁素的受体蛋白，可以通过趋化作用将螯合有铁离子的嗜铁素再摄入胞内，此时，其他微生物(如病原菌)就可能因缺乏铁而无法正常生长繁殖。

(3)提高营养物质的吸收效率

如高效的跨膜吸收系统。在常用的生防菌中，有不少是常见的土壤微生物，具有较强的竞争性腐生能力(competitive saprophytic ability，CSA)，能快速地在死亡有机体上定殖，在防治死体营养型病原菌[如灰葡萄孢(*Botrytis cinerea*)、核盘菌(*Sclerotinia sclerotiorum*)]以及采后病害上有更大的优势。

(4)形成生物膜

生物膜的形成有助于微生物实现稳定的定殖。一方面，生物膜中的微生物个体对外界的生物和非生物胁迫有更强的抗性；另一方面，膜覆盖对营养和空间的占据(如对植物体表侵染位点的覆盖)，可剥夺病原菌的定殖机会。同时，生物膜中的微生物个体之间有更高效的信息交换，可促进抗生物质的合成，从而提高对病原菌的拮抗作用。因此，生物膜的形成能力是生防微生物筛选的重要检测指标之一。

生防菌生物膜的形态特征

在防治实践中，人工施加的生防菌剂通常面临营养不足、空间有限等环境压力，以及本地微生物的竞争等生物压力，而能否在这样的压力下成功定殖则决定了防治的成败。此时，除了要求生防微生物具有更多的竞争手段以外，也需要提供一些人为的协助，包括接种剂量、接种时间、接种条件的选择。据报道，生防菌的接种剂量为病原菌生物量的10~100倍时，可达到较好的防治结果。在接种病原菌前的一定时间先接种生防菌，也有利于提高防治成功率。而将生防微生物与肥料混合发酵后再施加，同样有助于病害防治。但是，对土壤进行灭菌处理后再接种生防菌则可能产生负面影响。这是因为本土微生物与植物、病原物间都存在天然的互作关系，这种互作可能有利于植物，也可能有利于病原物。

## 五、群体淬灭

微生物的群体调控，如群体密度以及群体内个体的生理状态等，主要通过群体感应(quorum sensing)来实现。群体感应是以自诱导物(autoinducer)为信号分子的一种微生物内部的交流方式，在细菌中研究较多，其中，革兰阳性菌的自诱导物主要为肽类，革兰阴性菌的自诱导物主要为 N-酰基高丝氨酸内酯(N-acyl homoserine lactones，AHLs)，或者基于 S-腺苷甲硫氨酸(S-adenosylmethionie，SAM)合成的小分子。目前，真菌中的群体感应也已被发现，报道的自诱导物有酪醇(tyrosol)、苯乙醇(phenylethanol)、色醇(tryptophol)等(Vero et al., 2023)。

细菌在合成并分泌自诱导物的同时，也能通过特定的受体感应环境中的自诱导物。随着群体密度的升高，环境中的自诱导物浓度同步升高，当达到阈值时，细菌胞内与攻击和防御机制相关的基因被诱导表达，包括发光、产孢、竞争、抗生、形成生物膜以及分泌毒力和致病因子等。由此可见，干扰病原菌细胞间的群体感应，也称群体淬灭(quorum quenching)，可以阻碍其毒力表达，从而达到病害防治的目的。

群体淬灭的方式很多，包括抑制自诱导物的合成或感应、自诱导物的降解或修饰、阻碍下游响应基因的转录表达等。目前研究较多的主要是自诱导物的酶促降解，如 AHL 酰基转移酶、AHL 内脂酶、AHL 氧化还原酶、AHL 氧化酶等，而能够合成这些酶的微生物可以作为潜在的生防菌进行进一步的评估。

## 第三节　植物病害生物防治中的其他作用

在植物各部分组织和器官的表面或内部（包括根、茎、叶、果、种子等），天然栖息着多样的有益微生物，它们与植物间形成永久或暂时的互惠关系，包括促进植物的营养吸收，协助植物抵抗生物和非生物胁迫等。可以说，这些微生物是植物自己选育或招募的健康"卫士"。在微生物与植物的有益互作中，促生和抗性诱导作用在植物病害防治中发挥着重要作用，是微生物生防机制的重要组成部分，也是生物防治"防重于治"的主要体现。

### 一、抗性诱导

抗性诱导（resistance induction）作用是指利用生物的或物理化学的因子处理植株，改变植物对病害的反应，使植物对某一或某些病害由原来的感病转变为抗病的现象。病害防治最经济有效的方法之一就是利用植物的天然抗性，可从分子水平到细胞水平、从生理层面到结构层面对病原物进行阻抑。植物的抗性可以由多种因子诱导，包括生物因子和非生物因子。生物因子主要指活的生物体与植物间的直接互作而诱导的抗性，如病原菌和有益菌，甚至食草动物。非生物因子主要是各种理化因子，其中化学诱导因子包括生物来源的化合物，如水杨酸、嗜铁素，以及非生物来源的化合物，如二氯异烟酸（2,6-dichloro-isonicotinic acid，INA）。物理诱导因子包括紫外线辐射、热激等。鉴于生物防治是基于活体生物的防治方法，因此，本小节主要介绍生物因子的抗性诱导。

#### （一）抗性诱导过程

植物在与微生物的长期共存关系中，形成了大量识别微生物入侵的受体、信号传递通路以及与抗性相关的基因，这些要素构成了植物天然的防御系统。同时，微生物也相应地进化出了调控植物抗性反应，甚至逃避植物免疫杀伤的机制。这种协同进化形成的复杂而精密的互作网络尚未被完全揭开，但目前已经明确的是，病原菌和有益微生物（如植物促生菌），都能有效地诱导植物的抗性，且被诱导的抗性响应是广谱的，对不同的病原物都有防御作用。

微生物特定的细胞结构物质或者代谢产物是植物主要的识别标记，如细菌的鞭毛蛋白、脂多糖、群体感应自诱导物、挥发性物质，以及真菌的几丁质等，统称微生物相关分子模式（microbe-associated molecular patterns，MAMPs）或者病原菌相关分子模式（pathogen-associated molecular patterns，PAMPs）。此外，一些病原菌会分泌水解酶破坏植物的细胞壁等组织结构，导致植物释放一些细胞壁糖类等小分子物质，从而形成损伤相关分子模式（damage-associated molecular patterns，DAMPs）。对这些分子标记，植物主要通过细胞膜上的各种模式识别受体（pattern recognition receptors，PRRs）来辨认，一旦识别，就会诱导第一层免疫响应，即模式触发免疫（pattern-triggered immunity，PTI）。然而，很多病原菌能够通过抑制 PTI 信号来阻碍抗性响应的产生，或者通过分泌各种效应子来躲避受体的识别，从而使PTI失去作用。因此，植物进化出了第二层免疫，即效应触发免疫(effector-triggered immunity, ETI)。这种免疫响应能识别病原菌的效应子，并诱导超敏反应(hypersensitive reaction, HR)，阻碍病原菌在体内的扩散。

当上游识别了潜在的入侵微生物，包括病原菌、共生菌、生防菌等有益或有害的微生物并触发免疫响应后，需要通过各种信号通路来激活下游与抗性相关的基因表达。其具体过程是：PRRs与相应的配体结合后，在共受体(co-receptor)的协作下形成复合物，通过磷酸化等作用激活信号通路，包括活性氧爆发(oxidative burst)、$Ca^{2+}$内流($Ca^{2+}$ influx)、丝裂原活化蛋白激酶(mitogen-activated protein kinase, MAPK)活化以及激素信号活化等。不同的信号通路激活不同的抗性机制，但相互之间又有密切的联系。

植物的抗性机制包括形成结构屏障和生理屏障。结构屏障主要是组织结构上的变化，如木质化和胼胝质沉积。生理屏障涉及基因表达和生理代谢的变化，如提高病程相关(pathogenesis-related, PR)基因的表达、增强抗性相关物质(细胞壁水解酶、苯丙氨酸解氨酶、多酚氧化酶、过氧化物酶)的活性等。

### (二)诱导抗性种类

植物的抗性分为局部抗性(local resistance)和系统抗性(systemic resistance)。前者只存在于侵染位点，如超敏反应和胼胝质沉积等；后者则存在于非侵染位点，甚至整株植物。系统抗性主要包括两种类型：系统获得抗性(systemic acquired resistance, SAR)和诱导系统抗性(induced systemic resistance, ISR)。

**(1)系统获得抗性**

系统获得抗性一般由病原菌诱导产生，依赖水杨酸信号通路激活下游抗性响应。当植物识别到病原菌的侵染时，体内大量积累水杨酸。一方面，水杨酸作为信号分子，会与其受体结合，造成受体构型变化，并以此激活相关酶的活性，或者造成蛋白质磷酸化，形成第二信使。另一方面，水杨酸的积累改变胞内的氧化还原电势，导致一种对氧化还原敏感的蛋白如NPR1(non-expressor of pathogenesis-related genes 1)从低聚复合体状态解体为单体状态，该单体可进入植物细胞核，调控抗性相关基因的转录表达，如PR基因(丁丽娜等，2016)。

**(2)诱导系统抗性**

诱导系统抗性一般由非病原菌诱导产生，依赖茉莉酸/乙烯信号通路。但是，一些研究发现，在生防菌诱导的诱导系统抗性中，也有水杨酸依赖的现象，如同时激活水杨酸和茉莉酸/乙烯信号通路。诱导系统抗性的下游抗性响应涉及植物防御素(plant defensin, PDF)，但一般不包括PR蛋白，其具体的响应机制目前还不十分清楚。诱导系统抗性是生防菌诱导植物抗性的主要方式，其特点是使植物进入一个启动状态(priming state)，为后续防御病原菌的侵染做好准备。因此，诱导系统抗性产生的分子和细胞水平的抗性响应，和系统获得抗性有很多相似之处。例如，在诱导系统抗性的早期反应中，包括活性氧的诱导产生和胼胝质的沉积。活性氧是病原菌诱导植物超敏反应和程序性细胞死亡过程中产生的重要活性分子。而胼胝质沉积是植物在受病原菌侵染的情况下，对其细胞壁上的薄弱或者缺损部位进行修补的行为。此外，有研究指出，利用生防菌诱导的诱导系统抗性虽然是一种长效且广谱的抗性，但无法达到100%的病害防治率，对于大多数生防菌诱导因子来说,一般只能获得20%~85%的抑病率。这是因为,在实际情况下,有很多因素会影响抗性诱导作用,包括植物的遗传背景、生理状态、气温等环境条件、生防菌处理剂量以及处理方式等(Yu et al.,2022)。

## 二、交互保护

不同于其他病原物,病毒是一种特殊的分子生物实体,而交互保护主要指病毒侵染诱导的植物抗性,即植物被病毒的弱毒株系侵染后,对后续侵染的强毒株系具有免疫性的现象,代表性的有烟草花叶病毒、柑橘衰退病毒(citrus tristeza virus)、番木瓜环斑病毒(papaya ringspot virus)。交互保护作用在病毒性病害的防治中具有重要的应用价值,可以将弱毒株系制备成病毒疫苗进行预防性接种,使植物产生获得性免疫。但在实际操作中也有不少问题,其中最突出的就是病毒的高变异性,对于多年生植物而言,弱毒株系可能在很短的时间内就失去交互保护(cross-protection)的作用。

## 三、促生作用

植物促生菌从定殖生态位角度可以分为根际促生菌和内生菌,从微生物种类角度可以分为植物促生细菌(plant growth-promoting bacteria,PGPB)和植物促生真菌(plant growth-promoting fungi,PGPF)(Gómez-Godínez et al.,2023;El-Maraghy et al.,2021)。它们与植物之间形成互利共栖或互利共生关系,植物为其提供生存所需的营养和空间,而促生菌则协助植物进行营养吸收(直接促生)和抗逆(间接促生)。这里的抗逆包括对生物胁迫(如病原物、害虫)和非生物胁迫(如干旱、高盐)的抗性,其中前者是生物防治的核心内容,在其他章节已有介绍,本节主要介绍直接促生作用及其机制。

生防菌对植物的促生作用

**(一)根际促生菌**

根际是指受植物根系活动所产生的各种理化和生物因子影响的区域,一般为距离根表面2 mm范围内的土层。植物的根系分泌物包含各种糖、有机酸、氨基酸等,占植物光合作用产出的5%~30%。根系分泌物除了作为营养源无差别地吸引土壤微生物以外,也作为信号源定向地招募微生物。因此,植物根际中的微生物生物量可达普通土壤的10~1 000倍。同时,根际微生物与植物间有着密切的互作关系,促生关系就是其中最主要的一类。

**(1)营养转化和吸收**

很多根际微生物具有提高营养物质的生物可利用度、增加土壤肥力、改善植物营养吸收的作用,包括氮、磷、铁、钾等营养要素。

①氮素。是构成细胞的基础元素之一,是生物体必需的营养要素。然而,在不进行人工施肥的情况下,植物的氮素吸收主要依靠促生菌。这是因为,氮虽然是地球上含量最丰富的元素,但主要以氮气的形式存在于空气中,绝大多数生物无法利用,而土壤中的氮元素多数以有机氮的形式存在,植物的利用度很低,因此,需要依靠促生菌的生物固氮和有机氮矿化作用,将氮气或有机氮转化为氨。

地球生物中只有少数原核微生物具有固氮能力,其中有很多与植物共栖,它们或在植物的体内外进行自生固氮,如蓝细菌、固氮弧菌(Azoarcus)、固氮螺菌(Azospirillum)、固氮菌(*Azotobacter*)、肠杆菌、葡糖醋杆菌(*Gluconacetobacter*)、克雷伯氏菌(*Klebsiella*)、草螺菌(*Herbaspirillum*)、假单胞菌、芽孢杆菌等。或与植物合作固氮,并形成共生体——根瘤,如根瘤菌(*Rhizobium*)、中华根瘤菌(*Sinorhizobium*)、固氮根瘤菌(*Azorhizobium*)、异根瘤菌(*Allorhizobium*)、中慢生根瘤菌(*Mesorhizobium*)、慢生根瘤菌(*Bradyrhizobium*)、伯克氏菌(*Burkholderia*)、弗兰克氏菌(*Frankia*)等。

以豆科植物的根瘤固氮为例,根瘤菌消耗生物能打开氮分子中的3个化学键,在固氮酶的催化下将其还原为氨。固氮酶对氧分子敏感,而固氮菌需要有氧呼吸产能,此时,根瘤为固氮菌提供了一个严格控制的微氧环境,满足了固氮和生长的需求。一般来说,共生固氮的效率高于自生固氮,因此在生物防治中应用得更多。

与固氮作用相比,能进行有机氮矿化的微生物种类要多得多,包括细菌和真菌。然而土壤中的有机物多以复杂有机质的形式存在,相比于细菌,真菌的降解能力更强,因此在有机氮矿化过程中发挥更多的作用。植物根际的促生真菌主要为共生的菌根真菌和独立生活的腐生真菌两类,腐生真菌利用其纤维素酶、几丁质酶、漆酶、蛋白酶、核酸酶等将复杂有机质降解为简单的有机物,完成有机氮矿化的第一步。此时,外生菌根真菌可将小分子有机物转化为氨,而以丛枝菌根真菌为代表的内生菌根真菌,虽然矿化能力较弱,但能高效地吸收无机氮,并在植物根内进行营养交换。此外,当有机物的含氮量足够时,氨化细菌在满足自身生长需求的同时也会将多余的氨释放到土壤供植物根系吸收(Zhang et al., 2023)。

②磷素。是细胞中的另一种基础元素,不仅存在于核酸中,还是 ATP 和一些信号分子的组成元素。对植物来说,磷还参与光合作用,因此是必需的大量营养元素。然而,土壤中超过90%的磷处于不可溶状态,植物无法利用,必须依靠微生物的溶磷作用释放 $PO_4^{3-}$ 才能被植物吸收。

溶磷微生物包括真菌和细菌。采用的溶磷方式主要有两种,都基于其代谢产生的有机物,分别为酶解和酸解,其中,有机磷矿化主要通过酶解作用,无机磷溶解主要通过酸解作用。一般而言,有机磷占土壤总磷含量的30%~50%,而20%~80%的有机磷以植酸(即肌醇六磷酸)的形式存在,因此,微生物对有机磷的溶解主要利用植酸酶(phytase)。有机磷还可能以磷酸单酯、磷酸二酯、磷酸三酯、磷脂等方式存在,这些磷酸酯键通常包含在大分子聚合物中,此时,溶磷微生物需要首先将大分子降解为单体,再利用各种磷酸酶破坏酯键,释放 $PO_4^{3-}$。

土壤中的无机磷一般为难溶性磷酸盐,微生物主要通过分泌有机酸,利用有机酸中的羧基释放 $H^+$,降低环境 pH 值,同时结合矿物中的金属离子,达到溶解并解离 $PO_4^{3-}$ 的目的。此外,对于含铁的磷酸盐矿物,一些溶磷微生物可通过嗜铁素对铁的螯合作用,达到溶磷的效果。

③铁素。如第二节竞争作用中所述,因地球上的氧化环境,地表的铁主要为 $Fe^{3+}$ 态,易形成氢氧化物或羟基氧化物而无法被生物体利用。在长期的缺铁条件下,植物、真菌、细菌都进化出了利用嗜铁素夺取环境中有限铁资源的竞争机制。

嗜铁素是一类分子质量为 0.4~10 kDa 的小分子有机物,依据其功能基团主要分为异羟肟酸型(hydroxamate)、儿茶酚型(catecholate)、α-羟基羧酸盐型(α-hydroxycarboxylate)和混合型(具有1个以上功能基团)4类。其中,细菌产的嗜铁素主要为儿茶酚型,相比于真菌产的异羟肟酸型,前者对$Fe^{3+}$的结合力更强,也就是说,细菌能螯合环境中更微量的铁,从而更具竞争优势。同时,细菌产的嗜铁素可以被细菌本身以及很多植物的细胞膜受体识别,从而吸收入胞内,或被还原为$Fe^{2+}$,或嗜铁素被分解后释放出$Fe^{3+}$进入代谢。综合以上两点,虽然嗜铁素是真菌的主要促生机制之一,但促生细菌更有利于植物的铁吸收。

除了$Fe^{3+}$以外,嗜铁素也能螯合其他三价或二价的金属离子,如$Zn^{2+}$、$Cu^{2+}$、$Co^{3+}$、$Pb^{3+}$等,但是亲和力都不如$Fe^{3+}$。此外,近年的研究也发现,嗜铁素能够与抗生素结合,从而利用病原菌对特定嗜铁素的识别作用,将抗生素一起带入胞内,提高其抗病效果。

④钾素。在土壤中的含量比磷、铁元素高,但90%以上都处于不可利用的矿物状态,如钾长石、白云母等,需要通过解钾细菌(potassium-solubilizing bacteria, KSB)的生物转化作用将其溶解释放出来。目前发现的细菌解钾方式包括酸解作用、络合作用、螯合作用以及置换作用。酸解作用是解钾细菌的主要方式,其产生的有机酸种类多样,包括酒石酸、草酸、葡萄糖酸、富马酸、柠檬酸、乳酸等。这些有机酸除了降低环境pH值以外,也可以通过阳离子交换复合物将$H^+$与$K^+$、$Mg^{2+}$、$Ca^{2+}$、$Mn^{2+}$等金属离子进行交换。

**(2)植物激素调节**

植物激素是一类化学信使物质,参与调控不同植物细胞的多个生理过程,而通过合成外源植物激素来调控植物生长,是促生细菌和促生真菌的重要作用方式。

在促生菌合成的植物激素中,生长素(auxin)是报道最多的一种,尤其在根际微生物群落中,约80%的微生物都能通过次级代谢途径合成生长素。微生物来源的生长素主要为吲哚乙酸(indole-3-acetic acid, IAA),其参与调控植物的细胞分裂、向地性、向光性、维管组织分化、顶端优势、侧根和不定根发育以及根茎的延伸等。根际促生菌通过调节植物根内IAA水平,可改变根的系统结构,如限制主根长度,促进侧根和根毛形成,增加根的表面积等。

赤霉素(gibberellin)是一大类四环二萜类植物激素,化学结构复杂,至今已发现100多种,并按发现的顺序进行编号。细菌和真菌都能产生赤霉素,报道的有$GA_1$、$GA_3$、$GA_4$、$GA_7$、$GA_9$、$GA_{20}$等,其中,$GA_1$和$GA_3$是活性最高的。赤霉素的主要生理功能包括激活种子发芽、开花、结果,刺激茎的延伸,提高光合速率等。

**(二)有益内生菌**

有益内生菌定殖在植物体内,生态位的特殊性使其能够更直接地参与植物的营养代谢和免疫防御,从而在促生和抗病效果方面比根际促生菌更具优势。研究表明,根际微生物是植物内生菌的主要来源,因此在促生和抗病机制方面,二者具有相似性(Radhakrishnan et al., 2022)。

激素水平调控是内生菌的主要促生手段之一,与根际促生菌类似,内生菌产的激素也以吲哚乙酸为主,除了促进根系发育以外,还能延展细胞壁,从而增加分泌物的渗出,为更多根际微生物提供养分。相比于内生真菌,产赤霉素的内生细菌较少,实验证明,接种产赤霉素的内生菌能促进枝叶的生长,提高叶绿素含量。此外,内生菌对乙烯的调控能促进植物的抗逆生长。乙烯是植物的逆境胁迫响应激素,当其合成量超过阈值时,会在胞内形成应激乙烯（stress ethylene），抑制植物的生长，从而进一步恶化胁迫因子造成的损害。而内生菌产的1-氨基环丙烷-1-羧酸（1-aminocyclopropane-1-carboxylate，ACC）脱氨酶能把乙烯合成的前体物质ACC降解为α-酮丁酸和氨，一方面缓解应激状态，另一方面为植物提供氮源，有利于植物恢复正常生长。

内生菌产的生理活性物质除了激素以外，还有酶，包括脂酶、磷酸酶、蛋白酶、漆酶、纤维素酶、木聚糖酶等，直接参与植物体内的分解活动，例如，降解有毒有害物质，通过生物修复作用间接地促进植物生长。目前，产酶内生细菌研究较多，主要为假单胞菌、戈登氏菌（*Gordonia*）、红球菌（*Rhodococcus*）、鞘氨醇单胞菌（*Sphingomonas*）等。产酶内生真菌研究较少，主要为木霉、篮状菌（*Talaromyces*）、枝孢菌（*Cladosporium*）、*Muscodor*等。

总体而言，植物的内生微生物组及其与植物的互作关系、与根际微生物组的相关性，还有待进一步的研究和挖掘，目前的结果表明，有益内生菌具有与根际促生菌一样的促生和抗病机制，包括固氮、溶磷、解钾、产嗜铁素，以及抗生、竞争、重寄生、捕食和抗性诱导。

思考题

1. 简述植物病害生物防治研究的历史背景。
2. 简述植物病害生物防治的主要策略。
3. 列举生防微生物拮抗作用的主要种类。
4. 说明生防菌抗生作用的内在原理。
5. 举例说明植病生物防治中的间接作用。

# 第十章

# 植物细菌性病害生物防治

据联合国粮食及农业组织估算,每年由植物病害造成的全球经济损失达 2 200 亿美元。其中,细菌性病害虽然不是最严重的类别,但造成的生产损失和防治成本也不容小觑。例如,2001—2006 年,乌干达的香蕉枯萎病造成产量下降 30%~52%,经济损失 40 亿美元;1995—2005 年,美国在柑橘溃疡病防治上累积花费了近 10 亿美元。

病原细菌的寄主多为重要的经济作物和林木,如香蕉枯萎病、果树火疫病、水稻白叶枯病以及多种树木的冠瘿病等。一旦病害发生,除了造成直接的经济损失外,还会给当地造成食物短缺等社会问题,如非洲地区的香蕉枯萎病害和木薯枯萎病害。此外,病原物的传播也会对周边地区甚至全球造成生态压力,如叶缘焦枯病菌(*Xylella fastidiosa*)可侵染 600 多种植物,是最具破坏性的植物病原物之一,主要威胁农作物和森林景观。该细菌曾是美洲地区特有的病原菌,但在 2013 年,意大利首次发现了由其造成的橄榄树病害,由于没有有效的防治方法,导致意大利东南部 1 000 多万株树木发病。目前,叶缘焦枯病菌已成功在地中海沿岸地区定殖,造成橄榄、柑橘、葡萄、核果植物以及天然橡树等多种植物病害,若不进行有效干预,则可能进一步传播至中东和北非地区。

由此可见,经济有效的细菌性病害预防和治理是全球有害生物防控的重要一环。

## 第一节 植物细菌性病害及其防治现状

1873 年,Burrill 依据对苹果和梨火疫病的研究,首次证明了细菌是导致植物病害的病原物之一。此后,更多的植物病原细菌被相继发现,依照寄主植物的种类将其划分为作物细菌性病害和林木细菌性病害(Borkar et al.,2016)。

### 一、作物细菌性病害

#### (一)谷物类细菌性病害
(1)小麦
常见有:黑颖病(black chaff,病原:*Xanthomonas translucens* pv. *translucens*)、颖基腐

病(basal glume rot,病原:*Pseudomonas syringae* pv. *atrofaciens*)、叶枯病(leaf blight,病原: *P. syringae* pv. *syringae*)、黄穗腐病(yellow ear rot,病原:*Rathayibacter tritici*)、细菌性花叶病(bacterial mosaic,病原:*Clavibacter michiganensis*)、流胶病(gumming disease,病原: *C. iranicus*)、鞘腐病(sheath rot,病原:*P. fuscovaginae*)、茎黑变病(stem melanosis,病原: *P. cichorii*)。

主要防治方法:抗性品种选育、轮作、种子处理、病残体清除、杀菌剂(如喹啉酸盐、萎锈灵)、铜螯合剂。

**(2)水稻**

常见有:细菌性枯萎病(bacterial blight,病原:*Xanthomonas oryzae* pv. *oryzae*)、条斑病(leaf streak,病原:*X. oryzae* pv. *oryzicola*)、叶鞘褐腐病(sheath brown rot,病原:*Pseudomonas fuscovaginae*)。

主要防治方法:抗性品种选育、种子处理(如接种产荧光假单胞菌)、作物残体清除、杀菌剂[如波尔多液、二甲基二硫代氨基甲酸镍、牛粪提取物、链丝环素(streptocycline)、链霉素(strepomycin)]。

**(3)玉米**

常见有:玉米内州萎蔫病(Goss's bacterial wilt and leaf blight of maize,病原:*Clavibacter michiganensis* subsp. *nebraskense*)、斯氏细菌枯萎病(Stewart's disease,病原:*Pantoea stewartii* subsp. *stewartii*)、叶枯病和茎腐病(leaf blight and stalk rot,病原:*Acidovorax avenae* subsp. *avenae*)、叶斑病(leaf spot,病原:*Xanthomonas campestris* pv. *holicola*)、茎腐病和顶腐病(stalk and top rot,病原:*Erwinia carotovora* subsp. *carotovora* & *E. chrysanthemi* pv. *zeae*)、Holcus 叶斑病(Holcus leaf spot,病原:*Pseudomonas syringae* pv. *syringae*)、Burkholderia 叶斑病(Burkholderia leaf spot,病原:*P. andropogonis*)。

主要防治方法:抗性品种选育、轮作、作物残体清除、种子无毒检测或杀虫剂处理(去除传播媒介)。

**(4)大麦**

常见有:基粒枯萎病(basal kernel blight,病原:*Pseudomonas syringae* pv. *syringae*)、条纹枯病(stripe blight,病原:*P. syringae* pv. *striafaciens*)、基部颖腐病(basal glume rot,病原:*P. syringae* pv. *atrofaciens*)。

主要防治方法:抗性品种选育、轮作、避免喷灌、病残体清除、种子处理(如铜基杀菌剂)。

**(5)燕麦**

常见有:晕疫病(halo blight,病原:*Pseudomonas coronafaciens*)、条纹枯病(stripe blight,病原:*P. syringae* pv. *striafaciens*)、叶条纹病(leaf stripe,病原:*P. avenae*)。

主要防治方法:轮作、作物残体清除、铜基杀菌剂。

**(6)高粱**

常见有:条斑病(leaf streak,病原:*Xanthomonas vasicola* pv. *holcicola*),叶条纹病(leaf stripe,病原:*Pseudomonas andropogonis*)。

主要防治方法:抗性品种选育、轮作、作物残体清除、除草。

### (二) 豆类细菌性病害

**(1) 绿豆**

常见有：细菌性枯萎病(bacterial blight，病原：*Xanthomonas phaseoli*)、褐斑病(brown spot，病原：*Pseudomonas syringae* pv. *syringae*)、细菌性青枯病(bacterial wilt，病原：*Corynebacterium flaccumfaciens*)。

主要防治方法：抗性品种选育、轮作、混种、除草、深耕、种子处理(如链丝霉素浸种)、杀菌剂(含铜化合物)。

**(2) 黑绿豆**

常见有：叶枯病(leaf blight，病原：*Xanthomonas campestris* pv. *cassiae*)。

主要防治方法：种子处理(如链丝霉素浸种)、作物残体清除。

**(3) 豌豆**

常见有：叶斑病和茎溃疡病(stem canker，病原：*Xanthomonas cajani*)。

主要防治方法：杀菌剂(如链丝霉素)、保持排水通畅。

**(4) 黄豆**

常见有：细菌性枯萎病(bacterial blight，病原：*Pseudomonas savastanoi* 或 *P. syringae* pv. *glycinea*)、细菌性脓疱病(bacterial pustule，病原：*Xanthomonas axonopodis* pv. *glycines*)、棕褐色叶斑病(tan spot，病原：*Curtobacterium flaccumfaciens* pv. *flaccumfaciens*)、细菌性青枯病(bacterial wilt，病原：*C. flaccumfaciens* pv. *flaccumfaciens* & *Ralstonia solanacearum*)、细菌性野火病(bacterial wildfire，病原：*P. syringae* pv. *tabaci*)。

主要防治方法：抗性品种选育或低感病性品种筛选、轮作、除草、病残体清除、施肥(钾碱、磷)、杀菌剂(如铜基杀真菌剂)。

**(5) 蚕豆/芸豆/菜豆**

常见有：细菌性青枯病(bacterial wilt，病原：*Curtobacterium flaccumfaciens* pv. *flaccumfaciens*)、褐斑病(brown spot，病原：*Pseudomonas syringae* pv. *syringae*)、晕疫病(halo blight，病原：*P. syringae* pv. *phaseolicola*)。

主要防治方法：抗性品种选育、轮作、种子处理(如链霉素)、避免灌溉水的重复使用、杀菌剂(铜基杀细菌剂)

## 二、林木细菌性病害

### (一) 用材林细菌性病害

**(1) 杨树**

常见有：叶斑病和溃疡病(leaf spot and canker，病原：*Pseudomonas syringae* pv. *syringae*)、冠瘿病(crown gall，病原：*Agrobacterium tumefaciens*)。

主要防治方法：病残体清除、切断传播途径(如带病土、工具)、生物防治(放射土壤杆菌和生防假单胞菌)。

**(2) 柚木**

常见有：细菌性青枯病(bacterial wilt，病原：*Pseudomonas* sp.)

主要防治方法：病残体清除、除草。

**（3）桉树**

常见有：细菌性枯萎病（bacterial blight，病原：*Pantoea ananatis*）、细菌性青枯病（bacterial wilt，病原：*Ralstonia solanacearum*）。

主要防治方法：抗病或耐病品种筛选、营林管理。

**（4）竹子**

常见有：细菌性青枯病（bacterial wilt，病原：*Erwinia sinocalami*）。

主要防治方法：选育抗性品种。

**（5）松树**

常见有：干溃疡病（stem canker，病原：*Pseudomonas syringae* pv. *syringae*）。

主要防治方法：清除地表覆盖物。

**（6）梣木**

常见有：溃疡病（bacterial canker，病原：*Pseudomonas syringae* subsp. *savastanoi* pv. *fraxini*）。

主要防治方法：病株清除、低感病性品种筛选，一般情况下不需要防治。

### （二）防护林细菌性病害

**（1）木麻黄**

常见有：细菌性青枯病（bacterial wilt，病原：*Ralstonia solanacearum*）。

主要防治方法：无。

**（2）柳树和赤杨**

常见有：细菌性枝枯病（bacterial twig blight，病原：*Pseudomonas syringae* pv. *syringae* & *P. saliciperda*）、冠瘿病（crown gall，病原：*Agrobacterium tumefaciens*）、叶斑病和溃疡病（leaf spot and canker，病原：*Pseudomonas syringae* pv. *syringae*）

主要防治方法：清除枯枝、杀菌剂（波尔多液、Copper-Count-N、CuPRO 2005 T/N/O、铜基无机化合物）。

**（3）榆树**

常见有：细菌性叶焦病（bacterial leaf scorch，病原 *Xylella fastidiosa*）、细菌性湿木病（bacterial wetwood，病原 *Enterobacter cloacae*）。

主要防治方法：及时清理病枝和病株、避免种植高感病性品种、杀菌剂（土霉素）。

### （三）经济林细菌性病害

**（1）桑树**

常见有：叶斑病（leaf spot，病原：*Pseudomonas mori*）。

主要防治方法：无。

**（2）橡树**

常见有：细菌性叶焦病（bacterial leaf scorch，病原：*Xylella fastidiosa*）、细菌性湿木病（bacterial wetwood，病原：*Various bacteria*）。

主要防治方法：及时清理病枝和病株、避免种植高感病性品种、杀菌剂（土霉素）。

### (3) 果树

常见有：火疫病（fire blight，病原：*Erwinia amylovora*）、冠瘿病（crown gall，病原：*Agrobacterium tumefaciens*）、叶斑病（leaf spot，病原：*Pseudomonas* & *Xanthomonas*）。

主要防治方法：修枝、减少施肥与杀菌剂（链霉素）相结合、瘿瘤和病叶清除或病株清除、避免喷灌。

### (4) 野樱桃

常见有：溃疡病（bacterial canker，病原：*Pseudomonas syringae* pv. *morsprunorum*）。

主要防治方法：营林策略结合化学防治。

作物细菌性病害的种类多，而林木细菌性病害的防治难度更大，其中有不少林木的细菌性病害目前还没有建议的防治方法或者现有方法效果不佳。同时，生物防治在细菌性病害的综合防治实践中所占的比例不高，还有很大的拓展空间。表10-1列举了全球最具经济和学术影响力的植物病原细菌，它们的特点包括寄主范围广、造成的病害种类多以及危害区域大，应加以重点防控。

表10-1 全球十大植物病原细菌

| 物种学名 | 病害 | 分布 |
| --- | --- | --- |
| *Pseudomonas syringae* pathovars | 细菌性溃疡病、叶斑病、枯萎、晕疫病 | 全球 |
| *Ralstonia solanacearum* species complex | 细菌性青枯病 | 全球 |
| *Agrobacterium tumefaciens* | 冠瘿病、根瘿病 | 全球（尤其美国、欧洲以及澳大利亚） |
| *Xanthomonas oryzae* pv. *oryzae* | 细菌性枯萎病 | 全球主要的水稻种植区，如亚洲、南美洲 |
| *Xanthomonas campestris* pathovars | 黑腐病、香蕉枯萎病、叶斑病、叶枯病 | 全球 |
| *Xanthomonas axonopodis* pv. *manihotis* | 木薯细菌性枯萎病 | 热带、亚热带 |
| *Erwinia amylovora* | 火疫病 | 北美、欧洲、中东、大洋洲以及日本 |
| *Xylella fastidiosa* | 葡萄皮尔斯病、柑橘杂色褪绿病、叶焦病 | 美洲、欧洲、亚洲（中国台湾、印度） |
| *Dickeya dadantii* & *D. solani* | 马铃薯腐烂病 | 欧洲 |
| *Pectobacterium carotovorum* & *P. atrosepticum* | 软腐病 | 全球 |

## 第二节 植物病害生物防治一般流程

植物病害生物防治的基本原理是利用有益生物（一般为微生物）杀灭或抑制植物病原物的方法，因此，防治方案的内容主要包括两方面：一是防治对象病原物的确定（诊断）；二是防治工具有益生物的筛选（开药）（Prospero et al., 2021）。植物病害生物防治一般包括以下流程：

# 一、病原物的鉴定

植物病害发生及流行的机制十分复杂,原因在于:病原物从潜伏状态进入侵染状态的诱发因子很多,包括生物因子和非生物因子;很多病原物具有遗传多样性,如复合种(species complex)、多种系型(phylotype)、多序列型(sequvar)、多致病型(pathovar)、多生化型(biovar)等;基于全球贸易发展、全球气候变化等因素,非本地病害以及新病害的发生频繁;复合侵染现象。这些因素都给快速和准确地鉴定病害带来了困难,因此,需要结合多种检测方法来代替经典的诊断方法。

## (一)病症和病状的观察

病症和病状可为初步确定病害的种类提供信息,如真菌性病害、细菌性病害、病毒性病害或线虫病害,甚至可以初步判断病原物的分类地位,如子囊菌、担子菌等。其缺点是,依赖于观察者的专业经验,结果可能存在偏差。此外,当植物处于亚健康状态或胁迫状态时,表型上也会出现一些变化,如叶色、热辐射等,有助于病害的预判和预防,可借助现代的数字化光学和光谱学技术提高观察的分辨率和结果的准确性,甚至可以实现实时观测、收集动态数据。

## (二)病原物的分离培养和物种鉴定

病原物的分离培养是科赫法则的基本要求,也是病原物鉴定的黄金准则。单从生物防治的角度来说,只有获得病原物的纯培养物,才能为后续的生防微生物筛选和评估提供靶标。

选择性和半选择性培养基是提高分离效率的有效方法。DNA 条形码(DNA barcoding)分析,如原核微生物的 16S rDNA 序列、真菌/类真菌的 ITS(internal transcribed spacer)序列分析,是快速确定系统分类地位(属)的分子鉴定标准。基于数据库比对的生化检测系统,如 Biolog™ 底物利用分析系统、API 生理生化综合分析系统是成熟的鉴定工具,也可用于病原菌的生化型分析。基质辅助激光解吸飞行时间质谱(matrix-assisted laser desorption/ionization in combination with time-of-flight-mass spectrometry, MALDI-TOF-MS)是新兴的微生物鉴定技术。此外,表型鉴定中的抗生素敏感性分析也可作为生防微生物的筛选依据之一。地中海植物保护组织(Mediterranean Plant Protection Organization)提供了一系列病原菌的分离鉴定手册,可供参阅。

## (三)病原物的非培养检测

当病原菌难以分离培养时,如专性寄生菌,就需采用非培养的检测方法,即从细胞样本的鉴定转化为基因组 DNA 样本的鉴定,包括特异性扩增、杂交微列阵(hybridization array)、基因编辑和高通量测序(Venbrux et al., 2023)。

**(1)基于特异性扩增的非培养检测**

特异性扩增法是一种以病原菌特有的 DNA 片段为靶标,通过设计特异性引物对环境基因组进行扩增的方法。该方法根据扩增结果为阴性或者阳性来诊断病原菌的存在与否。对于发病的植物,可以先通过病症、病状观察得到初步诊断结论,然后采用这种分子诊断方法进行进一步的验证,或者针对某种病害的易感植物及其周边环境进行病原菌的预防监测。

特异性扩增技术包括经典的 PCR 扩增和等温扩增(isothermal amplification)两类。前者基于 DNA 的热变性解链,需要专用的热循环扩增仪(PCR 仪)以及较高质量的 DNA 模板,适合实验室的分析操作。后者基于具有链置换活性的恒温扩增 DNA 聚合酶①,只需要普通的恒温仪,对 DNA 模板要求不高,适合现场的实时分析操作。

**(2)基于杂交微列阵的非培养检测**

该技术将不同病原菌的特异性分子探针固定在固体基质上,然后以通用引物对环境基因组进行扩增,获得的混合产物经荧光或放射性同位素标记后,与上述微列阵杂交,其中,与探针特异性结合的扩增产物会释放出相应的标记信号,因此,根据信号分布情况可揭示样品中含有的病原菌种类。

**(3)基于基因编辑的非培养检测**

CRISPR-Cas 系统在基因编辑方面的应用已日趋成熟。该系统基于特定 RNA 分子的配对结合锚定 DNA 剪切位点,具有高特异性的特点,因此在分子诊断中具有很大的应用潜力。CRISPR-Cas 系统的应用十分简便,只需要 Cas 蛋白(核酸剪切酶),可人工设计的向导 RNA(guide RNA, gDNA),就可对环境基因组进行处理,当 Cas 蛋白在 gDNA 的引导下与特异性位点结合后,可通过一定的信号指示(如荧光信号、电化学信号等)或颜色反应来表明样品中存在目标病原菌。据报道,CRISPR-Cas 系统的灵敏度非常高,可识别皮摩尔浓度水平的目标序列,而且实验操作耗时短(<2 h),不需要特殊设备。

**(4)基于高通量测序的非培养检测**

以上 3 种非培养检测方法都需要用到病原菌特异的序列片段,因此只能应用于遗传背景已有一定了解的已知病原菌,对于病原未知的新病害则不适用。而高通量测序可以直接将环境基因组随机打断后构建测序文库,或者以环境基因组为模板,采用通用引物扩增后,对混合的扩增产物直接测序,获得的测序结果经拼接和比对注释后,就能了解相应环境中的微生物群落信息。以健康植株的数据为参照,依据物种多样性、丰度、均一度的差异比较,有可能找出潜在的病原菌。

## 二、感病植物的生物学和生态学信息获取

生物防治是一个复杂的生物与生物、生物与环境间交叉互作的过程,在施加生防菌剂之前,应尽可能地收集寄主植物的生物学特征信息(如生活史、抗性水平)以及生态学信息。生态学信息包括植物与生长环境中其他生物间的相互关系(如根瘤、菌根等共生关系)、取食昆虫(潜在的病原物载体)等捕食关系以及环境参数(如土壤理化性质、气候等)。这些信息的获取有助于分析病害发生发展的影响因素,设计适合的防治位点和时间,掌握生防菌定殖环境中的有利因素和不利因素,提供必要的人为干预等,并能在一定程度上预测防治的效果等。

## 三、植物与病原物的寄生关系分析

在选择生防菌时,需要考虑病原物是否为本地物种。依据共进化理论,植物本身能调

---

① 具有链置换活性的 DNA 聚合酶能够在延伸新链的同时将旧链剥离,因此不需要热变性解链。

控根际微生态，招募有益微生物进行协作抗逆。若病害由本地病原物造成，则寄主植物的共栖或共生微生物是生防菌的天然来源；同时，从专一性角度考量，病原物及其传播载体的寄生性天敌或捕食性天敌，更有可能是生活在同一个生态环境中的生物。若病原物为外来物种，则在病害发生地获得专一性天敌生物的概率将下降。

除了病原物的来源，病原物的生活史也是拟订防治方案的重要依据，尤其是病原在寄主体外的潜伏过程、传播途径、侵染位点以及在寄主体内的增殖特性等都会对最终的防治效果产生直接影响。

为了达到理想的防治效果，要做到：①减少病原物的侵染可能；②降低病原物的侵染量；③控制病原物在寄主体内的增殖，将生物量限制在使寄主产生病害症状的阈值以下。为此，基本的病理分析必不可少。

## 四、生防微生物的筛选和评估

### (一)初筛

初筛的主要目的是拟定生防菌的种类。通过离体实验($in\ vitro$)对备选微生物或备选菌剂进行生防活性的检测，包括拮抗活性和促生活性，并了解其作用机制，如重寄生的寄主专一性、猎物范围、抗菌谱等，目的是评估生防菌对病原物及环境中本地微生物的影响。此外，检测生防菌的定殖能力，包括是否利用植物源营养物质，趋化运动性，生长温度，pH 值和盐度范围，是否产生休眠体，是否形成生物膜以及生物膜的形成条件和类型等。

运动性检测

### (二)复筛

复筛的主要目的是比较拟定生防菌的不同菌株、不同配方间的优劣。通过植物接种实验($in\ planta$)检测其定殖位点、定殖量、促生效果和抗性诱导活性等。

## 五、生防微生物的接种方式

依据病原物的侵染路径、在寄主体内的定殖场所等病理信息，确定生防微生物的接种位点和接种方式，如灌根、叶面喷洒、注干等，同时考察环境因子对生防菌定殖的影响。一般具有广生态分布、广宿主适应性特点的生防菌(如芽孢杆菌、假单胞菌、木霉等)更易定殖。

## 六、协同防治方法的补充应用

生物防治在植物病害系统(plant pathosystem)中易受各种生物和非生物因素的影响，导致防治效果不稳定，尤其在林业生态系统实施时，往往难以达到预期的效果。为了更有效地进行病害防治，需要依据病害综合治理的指导意见进行操作。首先，在病害发生前做好预防措施，这是防治工作的基础。预防措施包括种子的挑选和处理、抗性品种的选择等。选择健康的种子和具有抗性的品种是防治病害的重要步骤，可以有效降低病害发生的可能性。同时，科学的管理也是预防病害的关键。例如，及时清除杂草、植物病残体、树桩等可以减少病原物的传播和扩散。其次，在病害防治过程中，需要制订补充方案，如绿色低毒化学农药和植物调节剂的使用等。

综上所述，病害综合治理需要综合考虑多种因素，在实际应用中，需要根据具体情况灵活运用这些措施，以达到最佳的防治效果。

## 第三节 植物细菌性病害生物防治研究和应用案例

### 一、植物细菌性病害生物防治研究

目前用于细菌性病害防治的生防微生物主要包括细菌、菌根真菌和噬菌体。

#### (一)植物根际促生细菌生物防治研究

表 10-2 列举了植物主要细菌性病害的生防细菌，其中绝大多数为植物根际促生细菌（plant growth-promoting rhizobacteria，PGPR）的代表种类，如芽孢杆菌和假单胞菌等。PGPR 通过趋化作用定殖到植物根际，包括内根际①（endorhizosphere）、根面（rhizoplane）和外根际（ectorhizosphere）的土壤有益细菌。根据与植物的互作关系，PGPR 可以分为促生菌（生物肥料）和拮抗菌（生物农药）。根际促生菌的作用包括促进种子萌发和根系发育、增加叶面积和叶绿素含量、促进营养吸收和水分流通、提高植物产量等；根际拮抗菌的作用

表 10-2 应用于植物细菌性病害防治的常见生防细菌

| 病原细菌 | 病害 | 生防细菌 |
| --- | --- | --- |
| 根癌土壤杆菌<br>(Agrobacterium tumefaciens) | 冠瘿病<br>根瘿病 | 放射土壤杆菌<br>(Agrobacterium radiobacter) |
| 密歇根棍状杆菌<br>(Clavibacter michiganensis) | 溃疡病 | 解淀粉芽孢杆菌<br>(Bacillus amyloliquefaciens) |
| 解淀粉欧文氏菌<br>(Erwinia amylovora) | 火疫病 | 解淀粉芽孢杆菌/荧光假单胞菌<br>(Bacillus amyloliquefaciens/Pseudomonas fluorescens) |
| 胡萝卜软腐果胶杆菌<br>(Pectobacterium carotovorum) | 软腐病 | 淀粉酶产色链霉菌/禾粟链霉菌<br>(Streptomyces diastatochromogenes/Streptomyces graminearus) |
| 丁香假单胞菌<br>(Pseudomonas syringae) | 叶斑病 | 解淀粉芽孢杆菌/短小芽孢杆菌<br>(Bacillus amyloliquefaciens/Bacillus pumilus) |
| 茄科劳尔氏菌<br>(Ralstonia solanacearum) | 青枯病 | 芽孢杆菌/肠杆菌<br>(Bacillus/Enterobacter) |
| 放射根瘤菌<br>(Rhizobium radiobacter) | 冠瘿病 | 枯草芽孢杆菌/解淀粉芽孢杆菌<br>(Bacillus subtilis/Bacillus amyloliquefaciens) |
| 疮痂链霉菌<br>(Streptomyces scabies) | 痂疮病 | 解淀粉芽孢杆菌<br>(Bacillus amyloliquefaciens) |
| 地毯草黄单胞菌柑橘致病变种<br>(Xanthomonas axonopodis pv. citri) | 溃疡病 | 假单胞菌<br>(Pseudomonas sp.) |
| 地毯草黄单胞菌辣椒致病变种<br>(Xanthomonas axonopodis pv. vesicatoria) | 叶斑病 | 解淀粉芽孢杆菌<br>(Bacillus amyloliquefaciens) |

---

① 内根际是指根内部的皮层和内皮层部分。

主要为直接或间接地阻抑各种植物的有害生物。根据定殖状态，PGPR 可分为自由生活和共生两类，大多数属于前者，少数共生固氮细菌属于后者，与植物根组织形成特殊的固氮结构——根瘤。

植物根际促生细菌是生防菌的重要来源之一，常见的种类除了芽孢杆菌和假单胞菌外，还有土壤杆菌（*Agrobacterium*）、产碱杆菌（*Alcaligenes*）、节杆菌（*Arthrobacter*）、固氮螺菌（*Azospirillum*）、固氮菌（*Azotobacter*）、伯克氏菌（*Burkholderia*）、新月柄杆菌（*Caulobacter*）、色杆菌（*Chromobacterium*）、黄杆菌（*Flavobacterium*）、肠杆菌（*Enterobacter*）、克雷伯氏菌（*Klebsiella*）、微球菌（*Micrococcus*）、根瘤菌（*Rhizobium*）、沙雷氏菌（*Serratia*）等。早在 20 世纪 60 年代中期，兼有广谱拮抗活性和促生活性的芽孢杆菌和假单胞菌就已用作植物病害的生防制剂。

**（1）革兰阳性生防细菌——芽孢杆菌**

芽孢杆菌属主要由枯草芽孢杆菌群（*Bacillus subtilis* group）和蜡状芽孢杆菌群（*Bacillus cereus* group）组成。前者包括了主要的生防芽孢杆菌，其中大多数存在于植物根际，部分存在于叶围；后者则主要由病原芽孢杆菌组成，如苏云金芽孢杆菌，在虫害的生物防治中具有重要地位（Köhl et al.，2021）。

芽孢杆菌的生防优势主要基于抗生活性、抗性诱导活性和定殖能力。芽孢杆菌具有广谱抗菌性，通过直接拮抗或群体淬灭方式抑制或杀灭多种病原物，包括革兰阳性/阴性菌、真菌、卵菌、病毒、线虫，其抗生物质主要为：①细胞壁水解酶和自诱导物水解酶（即群体淬灭），可抑制丁香假单胞菌的定殖；②可翻译后修饰的核糖体肽（ribosomally synthesized & post-translationally modified peptides，RiPPs），如细菌素，可抑制密歇根棍状杆菌、放射根瘤菌、假单胞菌和欧文氏菌；③非核糖体肽（non-ribosomal peptides，NRPs），如二肽杆菌溶素（bacilysin），可抑制稻黄单胞菌（*Xanthomonas oryzae* pv. *oryzae*）、解淀粉欧文氏菌，环脂肽丰原素（fengycin）、表面活性素（surfactin）、伊枯草菌素（iturin），主要抑制病原真菌；④聚酮（polyketides），如杆菌烯（bacillaene）、艰难菌素（difficidin）、巨乳素（macrolactin），主要抑制病原细菌，其中杆菌烯还能保护芽孢杆菌不受其他微生物水解酶的攻击；⑤挥发性有机物，能影响病原细菌的运动性和生物膜形成，如 2-壬酮、2-十一酮，可抑制茄科劳尔氏菌。

芽孢杆菌的生防应用潜力主要基于其优良的生物学特性。首先，枯草芽孢杆菌群属于公认安全（generally recognized as safe，GRAS）[①]的细菌，开发的菌剂具有生物安全保障。其次，产生的多种水解酶能帮助其利用土壤天然物质，而低营养要求、高生长速率又进一步保证了其在土壤中的存活。再次，芽孢杆菌普遍具有形成生物膜的特性，膜中不同生理特性的细胞群体各司其职，在提高竞争力的同时，也促进了抗生物质的合成，使其更易在植物根部定殖。最后，抗逆性强的休眠体芽孢不仅能提高菌体在生产过程中的存活率，与各种辅料配方的兼容性，也大大延长了产品的货架期，使菌剂适用于各种施用方式（喷雾、

---

① GRAS 是美国食品药品监督管理局对化学物、食品添加物的分类，若经专家评估认为其是安全的，即可不受《联邦食品、药品和化妆品法案》（*Federal Food, Drug, and Losmetic Act*）中残留容许量的限制。

灌根、种衣)。

**(2) 革兰阴性生防细菌——假单胞菌**

依据系统发育关系，假单胞菌属中的生防菌主要分布在荧光假单胞菌(*Pseudomonas fluorescens*)、恶臭假单胞菌(*Pseudomonas putida*)、丁香假单胞菌、铜绿假单胞菌(*Pseudomonas aeruginosa*)4个群，其中荧光假单胞菌群下的绿叶假单胞菌(*Pseudomonas chlororaphis*)、防御假单胞菌(*Pseudomonas protegens*)、皱纹假单胞菌(*Pseudomonas corrugata*)3个亚群，也称CPC群，是生防菌株分布最为集中的分支，而荧光假单胞菌、孟氏假单胞菌(*Pseudomonas mandelii*)、杰氏假单胞菌(*Pseudomonas jessenii*)、韩国假单胞菌(*Pseudomonas koreensis*)4个亚群，也称FMJK群，拮抗活性虽然不突出，但聚集了很多的植物促生菌株(Köhl et al., 2021)。

以上类群中比较特殊的是丁香假单胞菌群和铜绿假单胞菌群。丁香假单胞菌群主要由植物病原菌组成，但同时也包含了少数的生防菌，主要集中在群内的phylogroup 2分支，这些生防菌或者完全不具有毒性(不引起植物的超敏反应)或者具有弱毒性，部分已开发为商业化菌剂，如Bio-Save 10/11，应用于苹果、梨和柑橘类水果的采后病害防治。而铜绿假单胞菌群的代表种是人的条件致病菌，可感染任何免疫系统受损的人体组织。但同时，铜绿假单胞菌是植物根际和体内的常见细菌，其次级代谢产物与其他生防假单胞菌类似，因此也具有拮抗植物病原菌和诱导植物系统抗性的活性，可作为生防菌加以科学利用。

假单胞菌的生防优势主要基于抗生活性、抗性诱导活性和竞争能力，其中明确具有病害防治作用的抗生物质主要有以下8类：

①氢氰酸(HCN)。有剧毒，能阻抑呼吸作用，由铜绿假单胞菌和荧光假单胞菌两个群产生，其生物防治报道主要是对烟草黑根腐病、根结线虫病、番茄细菌性溃疡病的抑制。

②2,4-二乙酰氯葡糖醇(2,4-diacetylphloroglucinol，DAPG)。是聚酮类抗生素，主要由防御假单胞菌和皱纹假单胞菌两个亚群产生，是假单胞菌阻抑根部病害的主要武器，能作用于病原细菌、真菌、卵菌和线虫，当浓度超过阈值时，还具有植物毒性。

③吩嗪(phenazines)。是一类具有氧化还原活性的色素，目前已发现100多种结构，而生防菌产的主要为柠檬黄、绿、砖红和橙色4种。吩嗪能拮抗病原细菌、真菌和卵菌，诱导产生诱导系统抗性，并与生物膜的形成相关，主要由荧光假单胞菌和铜绿假单胞菌两个群产生。

④硝吡咯菌素(pyrrolnitrin)。能由多种生防细菌产生，该物质具有广谱拮抗真菌的活性，包括子囊菌门和担子菌门。

⑤绿脓杆菌素(pyoluteorin)。是假单胞菌特有的一种抗生物质，由防御假单胞菌和铜绿假单胞菌两个亚群产生，并以前者为主。绿脓杆菌素是非核糖体肽和聚酮的杂合体，主要抑制卵菌。

⑥2-己基-5-丙基-烷基间苯二酚(2-hexyl-5-propyl-alkylresorcinol，HPR)。主要由绿叶假单胞菌亚群产生，与DAPG具有一定的结构相关性，广谱抗真菌和细菌。

⑦嗜铁素(siderophore)。假单胞菌合成的嗜铁素主要为pyoverdine，这是一种荧光嗜铁素，除了能够螯合$Fe^{3+}$以外，也具有诱导植物系统抗性的活性；另一种已报道的嗜铁素为

螯铁蛋白(pyochelin)，但其对 $Fe^{3+}$ 的亲和力比 pyoverdine 弱。

⑧脂肽或环脂肽(cyclic lipopeptide)。目前已知的假单胞菌产的环脂肽可划分为 15 类，其生物活性多样，除了抗菌以外，还与群体运动(swarming motility)、生物膜形成、环境适应性、营养可吸收度以及根部定殖相关。

### (二) 菌根真菌生物防治研究

菌根是真菌与植物根系形成的共生体，依据结构和功能的不同可分为 4 类①。其中最为常见的是丛枝菌根，存在于 71%~90% 的维管植物根部。菌根真菌是植物促生真菌的一种，与宿主植物的营养和抗逆有着密切的联系，因此也是重要的生防真菌(Shrivastava et al., 2021)。

丛枝菌根真菌的促生和抗病机制包括：

①通过根外菌丝进行土壤养分的转化和吸收，并在根细胞内以丛枝结构与植物进行营养交换。一方面促进植物对氮、磷、钾、铁等必需元素的摄取；另一方面与病原菌竞争植物光合作用的产物(4%~20%的光合产物转移到菌根真菌)。

②利用根外菌丝提高根的吸收，利用根内丛枝结构保持根的细胞活性，从而间接地弥补生物或非生物因素导致的根部生物量或生理功能的损失。

③形成菌根际(mycorrhizosphere)②微生物群落，促进 PGPR 在菌根际的定殖，阻抑病害的发生和发展。

④通过根外菌丝与周边邻近植物构成菌根网络(mycorrhizal network)，进行营养再分配以及信息交换，提高周边植物的抗病性。

⑤与病原菌进行营养竞争以及根内外的定殖空间竞争。

⑥影响根的形态和大小，包括促进侧根发育、增加根尖数量以及增加根的长度、体积和表面积。同时，改变根的组织结构，如强化维管组织、提高内皮层木质素含量、加速创口屏障形成等。

⑦改变根分泌物的量，如提高根部的含磷量、调节细胞膜中的磷脂成分，从而改变细胞膜的渗透性，降低糖、氨基酸等物质的分泌，或者改变根分泌物的成分，从而调控菌根际微生物群落，如提高化感物质的含量、降低普通成分的比例。

⑧诱导和提高植物对生物和非生物胁迫的抗性。

⑨改变吲哚乙酸、细胞分裂素、脱落酸等激素水平(Singh et al., 2022)。

### (三) 噬菌体生物防治研究

噬菌体是细菌性病害防治专用的病毒资源，早在 1924 年，其对野油菜黄单胞菌(Xanthomonas campestris)的防治作用就已经得到了证明。在此后的研究中，相继发现了能够防治胡萝卜软腐果胶杆菌、黑腐果胶杆菌(Pectobacterium atrosepticum)、地毯草黄单胞菌辣椒致病变种的噬菌体。目前，具有重要经济危害的病原细菌，如丁香假单胞菌、茄科劳尔氏

---

① 分别为丛枝菌根(71%~90%)、兰科菌根(10%)、外生菌根(2%)和杜鹃花类菌根(1.5%)。
② 菌根际是指菌根植物的根际，和普通根际相比，菌根际受到植物和菌根真菌活动的影响，微生物群落更加复杂和活跃。

菌、黄单胞菌，都能利用噬菌体进行防治（Pandit et al.，2022）。

噬菌体防治的主要缺点是作为一种非细胞生命，在寄主体外时的稳定性较差，包括紫外照射、土壤理化性质变化（pH值、湿度、有机质含量、土质）等均易导致噬菌体失活。另外，细菌对噬菌体的敏感性较为多变，且易产生噬菌体抗性。因此，近年来噬菌体生物防治的研究除了聚焦其野外耐久性以外，还包括其寄主裂解基因的挖掘，例如，将编码特异性肽聚糖水解酶的内溶素（endolysin）基因直接转入番茄，产生的转基因植物对密歇根棍状杆菌具有一定抗性。

## 二、植物细菌性病害生物防治应用案例

### （一）茄科劳尔氏菌的生物防治

茄科劳尔氏菌复合种（*Ralstonia solanacearum* species complex）复合种由一群亲缘关系很近，寄主范围各异、生理特性多样，但病害症状相近的菌株组成，包括3个种、4个种系型（phylotype）、6个生化型（biovar），可侵染50多科200多种植物，通过堵塞维管、阻碍水分和矿物营养的输送而造成青枯病。

目前，青枯病的生物防治以生防细菌报道得最多，多来源于寄主植物的根部和内生环境，包括芽孢杆菌、短芽孢杆菌（*Brevibacillus*）、类芽孢杆菌、地芽孢杆菌（*Geobacillus*）、赖氨酸芽孢杆菌（*Lysinibacillus*）、假单胞菌、寡养单胞菌（*Stenotrophomonas*）、不动杆菌（*Acinetobacter*）、肠杆菌、链霉菌（*Streptomyces*）、节杆菌、弗兰克菌等。其中，以芽孢杆菌为例，进行了多种组合的综合防治研究，见表10-3。

此外，青枯病也是噬菌体防治研究的代表性病害，复合种内的假茄科劳尔氏菌（*Ralstonia pseudosolanacearum*）和蒲桃劳尔氏菌（*Ralstonia syzygii*）均有相关报道。

青枯病毒力检测

表10-3 芽孢杆菌在青枯病综合防治中的应用

| 菌种 | 菌株 | 病害 | 作用机制 | 协同因子 |
| --- | --- | --- | --- | --- |
| *Bacillus subtilis* | B-001 | 番茄 | 产抗菌肽H16，促植物生长（吲哚乙酸、赤霉素） | 噻森铜（杀菌剂） |
| | PRH | 番茄 | 产抗菌肽，促植物生长（嗜铁素） | 水杨酸（信号分子） |
| *Bacillus methylotrophicus* | N5 | 番茄 | 产抗菌肽（iturin, fengycin, surfactin）和抗菌蛋白（subtilisin QK），促植物生长（嗜铁素） | 有机质（猪粪/氨基酸肥） |
| | H8 | 番茄 | 诱导植物抗性（多酚氧化酶、过氧化物酶、苯丙氨酸解氨酶），拮抗病原菌 | 乙酰水杨酸 |
| *Bacillus cereus* | NJL-14 | 烟草 | 拮抗病原菌，调控微生物菌落，诱导植物抗性（抗氧化酶系、苯丙氨酸解氨酶、多酚氧化酶） | 天然有机质（猪粪堆肥/菜籽粉） |

(续)

| 菌种 | 菌株 | 病害 | 作用机制 | 协同因子 |
|---|---|---|---|---|
| Bacillus amyloliquefaciens | IUMC7 | 番茄 | 产抗菌肽(iturin类似物) | 天然有机质（蘑菇渣） |
| | SQY 162 | 番茄及烟草 | 促植物生长(吲哚乙酸、嗜铁素)，诱导植物抗性(ISR & SAR)，产抗菌肽(surfactin) | 有机质（牛粪堆肥/氨基酸肥） |
| | SQR-9 & T-5 | 番茄 | 产挥发性有机化合物(VOCs) | 天然有机质（菜籽粉/污泥/醋糟/稻草） |
| | SQR-7 | 烟草 | 促植物生长(吲哚乙酸、嗜铁素)，拮抗病原菌 | 有机质（牛粪稻草堆肥/氨基酸肥） |
| | HR62 | 番茄 | 产抗菌肽(surfactin B)及抗生素(macrolactin A) | 有机质（猪粪堆肥/氨基酸肥） |
| | LH23 | 土豆 | 调控微生物菌落 | 有机质（猪粪堆肥/氨基酸肥） |
| Bacillus sp. | B298 | 番茄 | 诱导植物抗性(酚类化合物)，拮抗病原菌 | 钾肥（人工配制） |
| | B268 | 木麻黄 | 形成生物膜，促植物生长(吲哚乙酸、嗜铁素、磷酸盐增溶)，拮抗病原菌 | 模拟海水（人工配制） |

## (二) 丁香假单胞菌的生物防治

丁香假单胞菌复合群(*Pseudomonas syringae* pathovars)有超过60个致病变种，分别具有不同的寄主范围和病害症状，能侵染几乎所有的重要经济作物，是常见的植物病原菌之一。

生防细菌是防治丁香假单胞菌的主要菌种。其中，利用各种诱导因子触发植物的广谱抗性是拮抗这类多样化的病原菌的有效途径，如枯草芽孢杆菌产生的挥发性有机物乙偶姻，通过水杨酸和乙烯双信号通道触发拟南芥的系统抗性；恶臭假单胞菌利用嗜铁素和假单胞菌素(pseudobactin)为诱导因子，诱导拟南芥的诱导系统抗性，抑制 *Pseudomonas syringae* pv. *tomato*；多黏类芽孢杆菌(*Paenibacillus polymyxa*)以长链挥发性有机物十三烷诱导拟南芥的诱导系统抗性，抑制 *Pseudomonas syringae* pv. *maculicola*。此外，根际促生菌 *Pedobacter segetis* 在促进植物生长的同时，抑制 *Pseudomonas syringae* pv. *tomato* 的群体感应。而摩拉维亚假单胞菌(*Pseudomonas moraviensis*)通过调控拟南芥的细胞分裂素水平，间接拮抗丁香假单胞菌。

目前，商业化的生防制剂中，代表性的解淀粉芽孢杆菌(Amylo-X® WG)和噬菌体(AgriPhage)均可防治丁香假单胞菌。

### (三) 根癌土壤杆菌的生物防治

根癌土壤杆菌引起的根瘿病或冠瘿病是一种全球性病害，寄主包括核果类在内的多种植物，而放射土壤杆菌 K84 对该病害的成功防治是生物防治史上的代表性案例。

根癌土壤杆菌具有诱癌质粒（tumor-inducing plasmid, Ti），该质粒上含有一段 T-DNA，具有基因载体的作用，可携带致病基因从质粒上脱落，经植物体表的天然开口或伤口进入植物胞内，并整合入植物基因组，此时，植物细胞将表达来源于根癌土壤杆菌的致病基因，产生冠瘿碱（opine）类物质，并导致细胞过度分裂，形成瘿瘤或癌肿。而放射土壤杆菌 K84 的 pAgK84 质粒合成的 Agrocin 84 是一种腺嘌呤核苷酸抗生素，是冠瘿碱的类似物，可经由冠瘿碱转运子被根癌土壤杆菌吸收至胞内，并进入代谢，从而达到特异性的抑制作用。放射土壤杆菌 K84 是首个注册的用于土传病害防治的生物保护剂，在实际使用时，应在种子播种和幼苗移栽前接种，以达到最好的防治效果（Kim et al., 2006）。

### (四) 稻黄单胞菌的生物防治

稻黄单胞菌（*Xanthomonas oryzae* pv. *oryzae*, Xoo）是细菌性枯萎病（bacterial blight）和细菌性叶枯病（bacterial leaf blight）的主要病原菌，也是水稻最具威胁的病原物，可造成 30%~81% 的产量损失，在全球水稻产区都有分布。

目前报道的对 Xoo 病害具有防治效果的主要为假单胞菌和芽孢杆菌，如铜绿假单胞菌通过嗜铁素和溶磷作用促进水稻的营养吸收，而贝莱斯芽孢杆菌（*Bacillus velezensis*）除了具有促生作用以外，各种肽、脂肽和聚酮类物质可直接拮抗 Xoo，同时还能诱导水稻的抗性响应。研究指出，芽孢杆菌和假单胞菌的协同防治可减少 56% 的产量损失。

### (五) 野油菜黄单胞菌的生物防治

野油菜黄单胞菌（*Xanthomonas campestris* pathovars）拥有 140 多个致病亚种，寄主覆盖单子叶和双子叶植物，尤其分布于多数谷物和禾草类植物，防治难度大。

噬菌体挖掘是该菌研究历史最长、应用范围最广的一种生防策略。据报道，野油菜黄单胞菌的烈性噬菌体在环境中分布广泛，且较易分离。鉴于该菌的遗传多样性高，一般采用鸡尾酒法，即组合不同寄主专一性的噬菌体进行协同防治。同时，在其寄主植物中广泛存在的丛枝菌根也具有病害防治的潜力，研究表明，丛枝菌根真菌能降低 *X. campestris* pv. *vesicatoria* 侵染发病后坏死斑的数量，其主要机制是诱导植物进入防御启动状态。

此外，采用无毒或低毒的病原菌突变株，可强烈诱导植物的系统获得抗性，也能达到防治同属其他病原菌的目的，如 *X. campestris* pv. *vesicatoria* 的 *hrp* 基因突变株能有效减轻由未知黄单胞菌引起的番茄病害（Kaushal et al., 2021）。

### (六) 胡萝卜软腐果胶杆菌的生物防治

胡萝卜软腐果胶杆菌也是广寄主、广分布的病原菌，主要侵染各种蔬菜作物，通过果胶酶破坏寄主细胞间的填充质，导致细胞分离，从而出现软化腐烂的病状。该菌几乎可以侵染寄主的任何组织，是造成蔬菜采后损失的重要病原。

据报道，丛枝菌根真菌及其关联细菌（arbuscular mycorrhizal-associated bacteria, AMB）对胡萝卜软腐果胶杆菌具有防治作用。菌根的形成为根际有益细菌提供了更多的定殖条件，同时，菌根真菌通过菌丝分泌物与菌根际细菌进行互作，协同防御病原物的侵染。如不规则根真菌（*Glomus irregulare*）与其 AMB 恶臭假单胞菌能共同拮抗胡萝卜软腐果胶杆菌，其机制包括嗜铁素介导的营养竞争以及抗生作用。研究发现，不规则根真菌的分泌物可刺激恶臭假单胞菌的生长，同时促进其抗生物质的合成。

思考题

1. 表列主要的植物细菌性病害及其防治现状。
2. 简述植物细菌性病害生物防治的主要环节。
3. 举例说明植物细菌性病害常用的生防微生物资源。
4. 试针对某一木本植物的细菌性病害设计相应的生物防治方案。

# 第十一章

# 植物真菌性病害生物防治

植物病害是影响农林业生产的重要自然灾害。植物病害的生物性病原包括细菌和真菌性病害、病毒和线虫等，其中由真菌引起的病害为植物真菌性病害[①]。植物真菌性病害已知的约有3万种，占植物侵染性病害的70%~80%，分布广、危害重，是植物病害中最大的类群。一直以来，对植物真菌性病害的防治主要采用物理防治与化学药剂防治等措施相结合的综合管理。生物防治以生态学为基础控制有害生物，是综合防治体系中的重要组成部分，该措施可减少化学农药使用带来的一系列问题，有效促进农业的可持续发展。本章介绍植物真菌性病害的生物防治。

## 第一节 植物真菌性病害及其防治概况

真菌界中的壶菌、子囊菌、担子菌、无性型真菌以及类真菌生物均可侵染植物引起植物病害，其中又以子囊菌和无性型真菌引发的病害最多，发生也最为普遍。真菌性病害的病状类型较多，包括变色、坏死、腐烂、萎蔫和畸形。由于大多数真菌能形成复杂的菌丝体结构，故真菌性病害的一个诊断要点是在发病部位形成若干典型病症，如粉状物、霉状物、粒状物、马蹄状物、线状物等。

长期以来，针对植物真菌性病害的防治主要采用"预防为主，综合防治"的植保方针[②]。预防为主就是要正确处理植物病害系统中各种因素的相互关系，在病害发生之前采取措施，把病害消灭在未发生或初发阶段，从而达到只需较少或无需投入额外的人力、物力就能有效防治病害的目的。综合防治[③]是对有害生物进行科学的系统管理。它有两层含义：一方面是防治对象的综合，即根据当前农业生产的需要，从农业生产全局和生态系统的观点出发，针对多种病害，甚至包括多种其他有害生物(如害虫等)进行综合治理；另一

---

① 类真菌生物的卵菌等引发的植物病害与真菌类病害的防治措施相近，本章合并说明。
② 与植物病害管理(plant disease management，PDM)内涵相近。
③ 类似于有害生物综合治理。

方面是防治方法的综合,即根据防治对象的发生规律,充分利用自然界抑制病害和其他有害生物的因素,合理采取各种必要的防治措施,创造不利于病原生物发生的条件,控制病害或其他有害生物的危害,以获得最佳的经济、社会和生态效益。目前,综合防治植物真菌性病害的措施包括植物检疫、农业防治、抗病品种选育、物理防治和化学防治等。

植物真菌性病害的生物防治指在农业和林业生态系统中调节植物生长状态及其所处环境,使其利于植物而不利于病原物,从而达到防治病害的目的。当前,植物真菌性病害生物防治多利用有益微生物或微生物代谢产物对植物真菌性病害进行有效防治,其实质是利用微生物种间或种内的抗生、竞争、重寄生、溶菌作用或者通过微生物代谢产物诱导植物抗病性等来抑制植物病原真菌的活力。总之,这些生防微生物控制植物真菌性病害主要利用机制(黄云,2010):

①通过占领病原菌在植物上的侵染位点,与病原物竞争水分、营养达到防治病害的目的。
②通过产生代谢产物抑制病原物的生长和代谢。
③通过寄生在病原菌上,利用病原菌获得营养,从而抑制病原菌的生长。
④诱导植物对病原菌产生系统抗性,增强植物的抗病性。
⑤对植物的生长环境进行微生态调控,促进植物生长,增强其对病害的抵御能力。
⑥通过多种生防机制对病原菌起协同拮抗作用等。

## 第二节 植物真菌性病害生防菌种资源

用于植物真菌性病害防治的微生物类群主要有植物体外的细菌、真菌、放线菌、病毒以及植物内生菌等。

### 一、生防细菌

细菌具有种类多、繁殖力高、代谢活动复杂且产物多、对病原菌的作用方式多样、生活周期短、易于人工培养等特点,在自然发生的生物防治和人类应用生物防治的活动中,拮抗细菌及其代谢产物都起到了重要作用。目前,应用较多的生防细菌主要有芽孢杆菌、假单胞菌、根瘤菌等。

(一)芽孢杆菌

芽孢杆菌能够产生耐热、耐旱、抗紫外线和有机溶剂的内生孢子,并且对许多病原物及它们引起的病害具有抑制作用或防治效果,因此,它是理想的生防菌筛选对象。目前,广泛应用的芽孢杆菌主要有枯草芽孢杆菌、蜡状芽孢杆菌、地衣芽孢杆菌、多黏芽孢杆菌、巨大芽孢杆菌以及短小芽孢杆菌等(王华等,2021)。芽孢杆菌通过成功定殖于植物根际、体表或体内,同病原菌竞争植物周围的营养,分泌抗菌物质抑制病原菌生长,同时诱导植物防御系统抵御病原菌入侵,从而达到生防的目的。

(二)假单胞菌

假单胞菌广泛存在于植物根系周围,具有突出的防病增产作用,是植物真菌性病害生物防治的重要类群,尤其是防治植物根部病害。假单胞菌属细菌具有生长速率快、易培养、易遗传改良、容易产生大量的次生代谢产物的优点,这使其有利于生防应用。目前,研究较多的有荧光假单胞菌、丁香假单胞菌、洋葱假单胞菌和恶臭假单胞菌等。

### (三) 根瘤菌

根瘤菌是一类广泛分布于土壤中的革兰阴性菌,能与相应的豆科植物和少数非豆科植物形成高度专化的共生关系,侵染植物根部形成根瘤,通过其固氮酶作用将空气中氮气分子还原为可被植物吸收利用的氨①,促进植物的生长,同时可产生有毒代谢产物或抑菌素抑制植物病原菌,减少植物病害发生(El-Saadony et al.,2022)。例如,草木樨根瘤菌(*Rhizobium meliloti*)能够减少由大豆疫霉菌②(*Phytophthora megasperma*)和尖孢镰刀菌引起的苜蓿根腐病的发病率。用大豆根瘤菌(*Rhizobium japonicum*)对大豆进行种子处理和根部接种发现,种子处理能显著减轻由大豆炭腐病菌(*Macrophomina phaseolina*)引起的炭腐病。同样,用根瘤菌对种子进行处理,能够抑制由大豆炭腐病菌引起的向日葵和绿豆炭腐病。

除了固氮促生长,根瘤菌的抗病作用还表现在以下方面:在病原菌的侵染点促进植物组织坏死斑的形成,使病原菌的生长受抑制,从而阻止病斑扩大;提高寄主的抗病性,激活寄主防御机制,分泌抑菌素和植保素(如木樨毒素)抑制病原菌,利用几丁质酶破坏病原真菌细胞壁,以及提高防御相关基因的表达;增加豆科植物的结瘤数,增强植物的生长活力。

## 二、生防真菌

目前,用于植物病害防治的生防真菌主要有木霉菌、毛壳菌(*Chaetomium*)、拟青霉(*Paecilomyces*)、丛枝菌根真菌(Thambugala et al.,2020)。

### (一) 木霉菌

木霉菌是应用非常普遍的生防真菌,应用较多的木霉菌有哈茨木霉、康宁木霉、木素木霉③、具钩木霉、长柄木霉和多孢木霉等。木霉属生防真菌至少对18个属20余种病原真菌和多种病原细菌具有拮抗作用(Alfiky et al.,2021)。目前,世界上有60多个国家使用100多种含有木霉菌成分的生物制剂产品。木霉菌不仅能防病,还具有促进植物生长、提高营养利用效率、增强植物抗逆性和修复农化污染环境等功能。

### (二) 毛壳菌

毛壳菌有300多个种,可以预防谷物秧苗枯萎病和甘蔗猝倒病,能够降低番茄枯萎病和苹果斑点病的发病率,对立枯丝核菌(*Rhizoctonia solani*)、格链孢属、毛盘孢属、葡糖孢属以及交链孢属的病原菌也有一定的抑制作用。

### (三) 拟青霉菌

淡紫拟青霉(*Paecilomyces lilacinus*)是土壤中的一种兼性寄生真菌,可作为生防菌拮抗土传真菌性病害。例如,淡紫拟青霉的部分菌株对土传病害立枯丝核菌和侵染油料作物的核盘菌起到抑制作用。

---

① 酸性水环境中为铵根离子。
② 类真菌病原。
③ 1932年,Weindling发现木素木霉能够寄生于多种植物病原真菌,并且在土壤中增加木霉菌数量,能够防治某些植物病害。

## (四)丛枝菌根真菌

丛枝菌根真菌能够与超过 80% 的陆生植物建立丛枝菌根共生①关系，提高植物的抗病性和耐病性(高萍等，2017)。例如，利用丛枝菌根真菌幼套球囊霉(*Glomus etunicatum*)和明球囊霉(*Glomus clarum*)等能有效减轻由白绢病菌(*Sclerotium rolfsii*)引起的花生茎腐病，在盆栽试验条件下，病害严重度降低 37.8%~64.7%，在大田试验条件下，病害严重度降低 30.6%~47.2%。利用地表多样孢囊霉(*Diversispora epigaea*，原称变形球囊霉 *Glomus versiforme*)能抑制由立枯丝核菌引起的黄瓜立枯病，相对防治效果达 67.1%。根内球囊霉(*Rhizophagus intraradices*)和摩西球囊霉降低烟草青枯病的发生，病情指数和发病率分别降低 9.7% 和 49.8%。

## 三、生防放线菌

放线菌是土壤中一类重要的微生物，用于病虫害生物防治的种类主要集中在链霉菌属。放线菌在生长过程中可以产生具有杀菌活性的次生代谢物，当前在我国正式登记的杀菌剂品种有井冈霉素、农抗 120 和宁南霉素等 10 余种。其中，井冈霉素由我国科学家开发，发现于吸水链霉菌井冈变种，对水稻纹枯病的防效高、持效期长，能够有效控制病害的发生，现已广泛用于水稻纹枯病等真菌性病害的防治。

## 四、生防病毒

真菌病毒是以真菌为寄主的病毒，普遍存在于自然界中。目前发现的真菌病毒多数属于 RNA 病毒。大多数病毒感染真菌后不表现感染特征，对寄主没有显著影响。但也有一些真菌病毒对寄主的表型具有显著的抑制作用，如引起植物致病性真菌致病力衰退现象。已在 10 余种真菌中发现与弱毒力相关的真菌病毒，例如，在板栗疫病的研究中发现，低毒病毒 CHV1 对板栗疫病菌生长、致病和产孢等都产生了影响。

## 五、生防植物内生菌

植物内生菌是指能定殖在植物细胞内或细胞间隙，与植物形成内共生关系的一类微生物。内生菌在植物体内普遍存在，且同一种植物上就可分离到多种内生菌，主要包括内生细菌、内生真菌和内生放线菌三大类。植物内生菌以植物体为宿主来生存和繁衍，在代谢过程中产生多种的次生生物活性物质，对植物体起到杀菌、杀虫、防病、固氮及促进生长等有益的生物学作用。植物内生菌相比外源的生防菌，较少受外界因素的干扰，具有更理想的应用价值。

### (一)内生菌的类群

(1) 内生真菌

植物内生真菌最早从禾本科牧草中发现，之后在一些重要的林木如针叶类的冷杉、红

---

① 在共生体中，丛枝菌根真菌的内生菌丝侵入植物的根皮层，进而发育为丛枝，成为寄主与丛枝菌根真菌间进行物质与信息交换的主要场所；而外生菌丝则在土壤中不断发展，形成庞大的菌丝网络，帮助宿主从土壤中吸收水分和矿质元素，如磷、锌、铜等，从而改善宿主的营养状况。

杉、紫杉、松柏等，以及阔叶类的栎树、桦树、桉树等植物树皮、枝叶内相继发现内生真菌，进而在多种灌木、草本植物以及栽培作物中也有发现。植物内生真菌具有丰富的生物多样性。近10年多来，分离到的内生真菌达171个属，涉及各真菌类群，其中子囊菌40个属、无性型真菌122个属、丝孢菌82个属和腔孢菌32个属，为其生防研究提供了有力的保证。

在植物内生真菌防治真菌性病害方面进行了大量的研究。例如，对杜仲（*Eucommia ulmoides*）的49株内生真菌进行的抑菌活性测定结果表明，有9株内生真菌对苹果腐烂病菌（*Cytospora* sp.）、番茄灰霉病菌（*Botrytis cinerea*）、西瓜枯萎病菌（*Fusarium oxysporum* f. sp. *niveum*）、玉米大斑病菌（*Exserohilum turcicum*）和白菜黑斑病菌（*Alternaria brassicae*）等常见病原真菌都有抑制作用。从除虫菊中分离到镰刀菌属内生真菌（*Fusarium* sp.）Y2菌株的发酵液对玉米大斑病菌等菌丝生长的抑制率为80.41%～93.26%，对番茄灰霉病菌和苹果炭疽病菌（*Glomerella cingulata*）孢子萌发的抑制率均大于80%。从冬青卫矛（*Euonymus japonicus*）根皮中分离到的曲霉属（*Aspergillus*）菌株，其发酵液乙酸乙酯萃取物对小麦根腐病菌（*Bipolaris sorokniana*）、小麦赤霉病菌（*Fusarium graminearum*）等病原菌丝生长的半抑制浓度$EC_{50}$值为53.6～115.91 mg/L。

**（2）内生细菌**

植物内生细菌可以分为兼性①和专性②两类，已经报道超过129种，分布在54个属，主要包括假单胞菌属、肠杆菌属、芽孢杆菌属、土壤杆菌属、克雷伯菌属、泛菌属（*Pantoea*）、甲基杆菌属（*Methylobacterium*）等（Ahmed et al., 2020）。自杨树树干分离到1株对杨树溃疡病菌有较强抑制作用的内生细菌 *Burkholderia pyrrocinia* JK-SH007，该菌株能够长期定殖于杨树体内，并对杨树的生长有促进作用。此外，内生细菌在果蔬保鲜和果蔬采摘后腐烂病害的防治上也发挥着一定作用。

**（3）内生放线菌**

最早发现的内生放线菌是能与各种非豆科植物形成根瘤并具有固氮作用的弗兰克菌属。植物体内普遍存在内生放线菌，以在根部组织内分布居多。已发现的放线菌类群主要有链霉菌属、链轮丝菌属（*Streptoverticillium*）、游动放线菌属（*Actinoplanes*）、诺卡氏菌属（*Nocardia*）、小单胞菌属（*Micromonospora*）、短小杆菌属（*Curtobacterium*）、分枝杆菌属（*Mycobacterium*）、糖霉菌属（*Glycomyces*）、野村氏菌属（*Nonomuraea*）、原小单孢菌属（*Promicromonospora*）、植物生孢菌属（*Plantactinospora*）和多形孢菌属（*Polymorphospora*）等。

**（二）内生菌的生防机制**

植物与内生菌经历漫长的协同进化过程形成了一种稳定的互利关系。一方面，宿主植物为内生菌的生存和繁衍提供了其所需要的营养物质和场所；另一方面，内生菌直接或者间接对宿主植物产生有利影响，如产生的次生活性物质可以直接作为宿主植物必需的营养物质，也可以对宿主植物起到防御作用，帮助植物提高抵抗病害的能力和抗逆境的能力。植物内生菌防治植物病害的机制，主要有分泌抗菌物质和诱导植物抗性等。此外，内生菌提供给植物的各种营养物质在促进植物生长同时，也有利于植株抗病害。

---

① 兼性内生细菌既在植物体内存活，也可以在植物根际和土壤中存活。
② 专性内生细菌仅在植物体内存活。

**(1) 抗菌活性物质**

植物内生菌能够分泌抗生素、生物碱、水解酶、脂肽、藤黄绿脓素、吡咯菌素等多种活性物质，对病原菌具有不同的抵抗作用，并能分散到植物内各个部位，直接发挥着抵抗病原菌对植物侵害的作用，从而实现生物防治植物真菌性病害的目的。例如，植物内生菌分泌的水解酶类物质主要有葡聚糖酶和几丁质酶等，这些水解酶可对病原微生物细胞壁起到降解作用来杀死病原真菌。

**(2) 争夺病原菌的生境和营养物质**

争夺生境是指内生菌争夺病原菌的生存空间。当病原菌与内生菌生存在同一生境时，内生菌作为早先定殖在植物体内的"土著"，提前占领病原菌入侵的点位，就能起到阻挡致病菌入侵的作用。同时，内生菌通过争夺病原菌的营养物质，使病原菌的营养供给不足而缓慢生长甚至停止生长，因此达到控制病害的目的。例如，内生菌会产生一种能螯合 $Fe^{3+}$ 的嗜铁素，导致致病菌无法获得生存所需的铁元素而被抑制。

**(3) 诱导宿主植物产生抗性**

有些植物内生菌可以诱导宿主植物产生诱导系统抗性，以提高植物对致病菌的抵御能力，避免植物遭受致病菌的侵害，降低植物病害的发生概率。内生菌诱导宿主植物产生的系统抗性对致病菌具有广谱的抵抗特性，研究证明，宿主植物诱导系统抗性的形成与植物体内酚类物质的累积和植保素水平升高有关。

**(4) 帮助宿主植物生长，提高抗病害能力**

携带内生菌的植株长势通常优于未携带内生菌的植株，这是因为内生菌能够帮助宿主植物提高对营养物质的分解和吸收能力，同时在生物代谢过程中产生或帮助宿主植物产生一些植物生长调节因子，如赤霉素、细胞激动素和植物生长素等。

## 第三节　植物真菌性病害生物防治研究和应用案例

早在 20 世纪 20 年代，研究者就尝试利用常见的土壤腐生真菌和细菌来防治树苗的根腐病。土壤中的拮抗性微生物对于土传病原菌的抑制性受到了重视。我国在 20 世纪 80 年代研制出植物保健益生菌剂——"增产菌"，提出植物体自然生态系的观点。多地应用拮抗性木霉菌防治丝核菌和小菌核菌所致病害取得明显进展，之后对芽孢杆菌的生防研究更是成为热点。真菌性病害根据病害的发生时期和部位，可分为生长期的根和根茎病害、地上部（茎、叶、果）病害、可蔓延全株的系统性病害以及贮藏期种实真菌性病害。本节以这些病害类型为主线，介绍一些重要植物真菌性病害生物防治的研究和应用案例。

### 一、根和根茎部真菌性病害的生物防治

植物根和根茎部真菌性病害包括为害根、根茎以及病原菌在土壤中越冬后经土壤传播（土传病害）为害地下部的病害。常见的病状有：根腐病①（root rot）、猝倒病②（damping

---

① 导致根部腐烂、病株枯死。
② 引起幼苗呈现热水烫状并迅速萎蔫倒伏。

off)、立枯病①(sheath blight)。上述病害不仅为害农业作物,对林业生产也造成巨大经济损失。这些病害的病原真菌常以厚垣孢子、卵孢子、分生孢子、休眠孢子和菌丝等形式随寄主植物病残体在土壤中越冬,或直接在土壤中营腐生生活,成为初次侵染源。病菌在土壤中存活3~10年,可凭借降水、灌溉水、农具和农事操作等途径传播,也可随种子或带菌肥料传播。病原菌一般从根部、茎基部伤口或直接侵入,在维管束中扩张蔓延。低温、高湿是此类病害发生的必要条件,其中湿度是主导因素,尤其湿度持续在85%以上、寄主表面有水膜(水滴)时更易发病。地势低洼、排水不良往往发病重;光照不足、密度过大、植株徒长、通风不良、偏施氮肥、管理粗放也导致发病加重。

近年来,随着农业产业结构的调整,作物复种指数不断提高,连年种植同一作物引起土壤病原菌的积累逐年增加,使该类病害的发生越来越严重,造成重大的经济损失,严重制约了农作物的生产。生物防治对此类病害有极好的应用潜力,备受关注。下面列举这些植物根部和根茎部真菌性病害的研究和应用案例。

**(一)根腐病的生物防治**

根腐病的病原为镰刀菌(*Fusarium* spp.),为害大豆、辣椒、小麦、玉米、草莓、甜菜、花椒、三七、香榧、山核桃等多种草本和木本植物。该病主要导致根变褐、腐烂、全株死亡。感病植株还易被一些腐生性强的病原物再侵入,加速根部腐烂,造成复合症状。常见病原种主要有:尖孢镰刀菌和腐皮镰刀菌。

对根腐病的生物防治国内外学者进行了大量研究。目前,对根腐病有生防作用的微生物类群主要有木霉(哈茨木霉和橘绿木霉)、芽孢杆菌(枯草芽孢杆菌、蜡样芽孢杆菌、贝莱斯芽孢杆菌和土地类芽孢杆菌)、假单胞菌(荧光假单胞菌)等(Bollmann-Giolai et al., 2022)。

**(1)拮抗木霉的应用**

木霉用于防治根腐病的方法主要有土壤处理和种子处理两种方式。例如,利用木霉T97菌株培养物在播种前1周处理土壤,对主要由腐皮镰刀菌引起的豌豆根腐病的防治效果为75.3%;播前每千克种子用10 g菌粉拌种,对温室黄瓜根腐病的防治效果为70%。从丹参根际土样中分离筛选出对腐皮镰刀菌有较强拮抗作用的哈茨木霉T23和橘绿木霉(*Trichoderma citrinoviride*)T56菌株用于土壤处理,对丹参根腐病的防效分别为52.3%和55.7%,与常用化学杀菌剂多菌灵的防效相当。

**(2)生防细菌的应用**

田间试验表明,枯草芽孢杆菌、荧光假单胞菌对引起香荚兰根腐病的主要病原——尖孢镰孢菌香荚兰专化型(*Fusarium oxysporum* f. sp. *vanillae*)的生长具有明显的抑制作用。由枯草芽孢杆菌和荧光假单胞菌复配的可湿性粉剂——根腐消,通过灌根处理可防治三七根腐病。从连作土壤中筛选出对西瓜枯萎病病原菌尖孢镰刀菌有拮抗作用的枯草芽孢杆菌XS-4和贝莱斯芽孢杆菌XS-20-15,其发酵液引入西瓜连作土壤后发现,土壤中病原菌数量在短期内明显下降。从烟草根际筛选出对烟草镰刀菌根腐病病原具有抑制作用的菌株*Bacillus cereus* YX53和*Bacillus subtilis* YX72,对腐皮镰刀菌的抑制效率分别为83.66%和

---

① 病苗干枯站立而死。

73.54%，对尖孢镰刀菌的抑制效率分别为 57.57% 和 55.89%；经菌株处理的烟苗胚根增长率分别达 67.86% 和 161.61%，盆栽烟草苗根长、最大叶面积、鲜重等均有所增加；菌株 YX53 和 YX72 的盆栽防病效果分别在 89.47% 和 99.53% 以上。土地类芽孢杆菌（*Paenibacillus terrae*）NK3-4 对水稻根腐病病菌尖孢镰刀菌和禾谷镰刀菌（*Fusarium graminearum*）菌丝生长的抑制率分别为 94.4% 和 85.7%，病原产孢量下降 95.0%，孢子萌发率低至 8.4%。NK3-4 菌液浸种结合拌土处理，使尖孢镰刀菌胁迫下的水稻根长增长了 5.0 倍，对根腐病防效达 80.5%。

## （二）猝倒病的生物防治

猝倒病俗称倒苗、霉根、小脚瘟和绵腐病。猝倒病病原主要为卵菌门腐霉科腐霉属中的瓜果腐霉菌（*Pythium aphanidermatum*）、德氏腐霉（*Pythium debaryanum*）、终极腐霉（*Pythium ultimum*）、畸雌腐霉（*Pythium irregulare*）、群结腐霉（*Pythiummyriotylum*）和德地腐霉（*Pythium deliense*）等。病菌寄主范围很广，可以引起茄科蔬菜、瓜类、花卉及一些木本植物的猝倒病。国内外对猝倒病生物防治的研究多集中于芽孢杆菌、木霉、假单胞菌、外生菌根真菌以及链霉菌等的生防菌株上。其中，木霉和芽孢杆菌已经形成产品用于防治猝倒病（葛米红，2023）。

**（1）木霉的应用**

目前，国内外对于木霉防治黄瓜、松树、番茄、棉花等植物的猝倒病进行了广泛研究，发现木霉发酵液或孢子粉制成包衣剂可有效防治猝倒病。例如，用木霉培养物可有效控制番茄幼苗猝倒病，防治效果与五氯硝基苯相当，优于敌克松。长枝木霉 T6 生防菌剂对辣椒立枯病有良好的防治作用，能够有效控制辣椒病害的蔓延，防效高达 54.8%，比多菌灵的防效提高了 12.5%。

**（2）生防细菌的应用**

细菌用于猝倒病的生物防治报道较多。枯草芽孢杆菌菌株 B1 和 BSn2 可通过浸种、灌根和涂叶等接种方法进入番茄等多种非自然宿主植物体内定殖并发挥生防作用。与其他生防菌类似，芽孢杆菌防治猝倒病的重要机制是产生拮抗物质，主要种类有脂肽类、肽类、磷脂类、多烯类、氨基酸类和核酸类等多种化合物，还可通过吸附在病原卵菌的菌丝上，产生溶菌物质消解菌丝体，使菌丝发生断裂、解体，或者对病原菌孢子的细胞壁产生溶解作用。短芽孢杆菌（*Bacillus brevis*）CH1 处理黄瓜幼苗根部，可诱导黄瓜对猝倒病形成抗性，处理 28 d 后对猝倒病相对防效高达 78.64%，且所处理植株根部与未处理的叶部组织中各种跟抗性相关的酶（超氧化物歧化酶、过氧化物酶、过氧化氢酶、多酚氧化酶和苯丙氨酸解氨酶）活性都明显提升。地衣芽孢杆菌（*Bacillus licheniformis*）的制剂与种子按 1 : 1 的比例拌种处理，黄瓜苗猝倒病防效为 47.6%，采用移苗后淋兜法，防效为 62.7%。鼠灰链霉菌（*Streptomyces murinus*）JKTJ-3 对瓜果腐霉等 13 种病原菌的抑菌带宽度达 23.2 mm。被 JKTJ-3 抑制的瓜果腐霉菌丝表现出螺旋状卷曲及膨大等畸形症状，甚至溃解。盆栽试验表明：用链霉菌 JKTJ-3 培养物滤液浸泡西瓜种子或处理育苗基质均明显降低西瓜猝倒病的发病率。在浸种试验中，菌株 JKTJ-3 对西瓜猝倒病的防效为 50.7%。

## （三）立枯病和纹枯病的生物防治

立枯病和纹枯病是主要由丝核菌引起的重要土传病害。该类病原菌原隶属以有隔菌丝繁殖的无性型真菌。丝核菌寄主范围广,可为害包括水稻、小麦、玉米、瓜类、蔬菜、豆类和林木在内的160多种植物。立枯病不产生絮状白霉、不倒伏且病程进展慢,可以此区别于猝倒病。

Doskova公司利用哈茨木霉开发的商品SUPRESIVIT和TRI002在欧美地区广泛用于防治由丝核菌引起的植物土传病害。根瘤菌对番茄立枯病也具有良好的防治作用,且促进番茄的生长。木霉菌株对茄子子叶期立枯病防效达73.3%,真叶期防效达34%。利用绿色木霉TW-3菌株防治幼苗期绿豆立枯病,生防效果为81%~94%。荧光假单胞菌和一些作物秸秆粉末制成甜菜种子的包衣剂可用于控制甜菜苗期的立枯病,对黄瓜苗期立枯病的生防效果可达70.1%。解淀粉芽孢杆菌SY290菌株对番茄立枯病的防效达74%以上。绿黏帚霉和芽孢杆菌可协同防治马尾松幼苗立枯病,并提高幼苗的长势。

### (四) 疫病的生物防治

疫病是由类真菌生物卵菌中的疫霉引起的具有毁灭性的植物土传病害。疫病菌寄主较广,存在生理分化现象,目前国内外已报道有7个生理小种,是农林生产中的主要病害。

**(1) 生防真菌的应用**

应用较多的有木霉、青霉、曲霉、黏帚霉、漆斑菌(*Myrothecium* spp.)以及非致病性腐霉等。其中,木霉是目前已有商品化制剂控制疫霉。例如,哈茨木霉制剂处理土壤对辣椒疫霉具有良好防病效果,并能促进植株提前开花、挂果和提高产量。木霉对疫病的主要防病机制是占领侵染位点并争夺营养,抑制疫霉菌的生长,且产生的代谢产物可以抑制疫霉游动孢子的萌发与生长。生防真菌寡雄腐霉对辣椒疫病也具有很好防效。由寡雄腐霉研制的广谱杀菌剂——'多利维生'已经用于防治大田经济作物、果树、蔬菜、草坪、园林花卉的疫病。

**(2) 生防细菌的应用**

用于疫病生物防治的细菌主要有芽孢杆菌、假单胞菌和沙雷氏菌。芽孢杆菌(如地衣芽孢杆菌、枯草芽孢杆菌、蜡状芽孢杆菌和多黏芽孢杆菌)主要通过占领生态位和产生抗生素、激素等抗菌物质来抑制疫霉。假单胞菌中的绿针假单胞菌、荧光假单胞菌和铜绿假单胞菌的主要防病机制是定殖在植物根际,产生嗜铁素和抗生素,诱导寄主产生抗性。用于防治疫病的沙雷氏菌有普城沙雷氏菌和黏质沙雷氏菌,主要防病机制是产生抗生素,分泌分解酶和产生嗜铁素等。普城沙雷氏菌A21-4浸根和土壤灌注处理可明显减少土壤中疫霉菌的数量,减轻了病原菌的侵入,达到防治疫病的目的。链霉菌菌株对由大豆疫霉病菌引起的大豆的根腐病具有显著的防治效果;在辣椒幼苗根茎部的定殖能力较强,且均具有较高的相对防效82%~100%。

## 二、地上部真菌性病害的生物防治

地上部真菌性病害指的是主要侵染地上部的枝干、叶片和花果等部位的真菌性病害。常见的地上部真菌性病害有白粉病、灰霉病、锈病等,影响植株长势,严重时造成植株落花落果,对农林业发展造成巨大经济损失。地上部真菌性病害的发生特点是:病害主要的初侵染源多为病落叶,枝干病害主要为受害病部;一般情况下,有多次再侵染,再侵染来源均来自初侵染所形成的病部;病害的潜育期一般较短,大多在7~15 d;风、降水、昆虫等是病害病原物传播的动力和媒介,多数通过气流传播;人类活动在传播中起着重要作用。

### (一)植物锈病的生物防治

锈菌隶属于担子菌门冬孢菌纲锈菌目(Uredinales),大约有 5 000 种。锈菌是植物的专性寄生菌,引起众多的植物锈病,因病害症状呈铁锈色的锈状物而得名。锈病发生常导致严重的危害和巨大的损失。锈菌的生活史较为复杂,几乎所有锈菌均能产生冬孢子(teliospore),经核配和减数分裂后产生担子和担孢子,担孢子可侵染转主寄主,产生性子器和性孢子,经性孢子与受精丝融合,产生锈子器和锈孢子(aeciospore),锈孢子再侵染寄主,产生夏孢子(uredospore),植物生长后期产生冬孢子,从而完成生活史循环。植物锈病生物防治研究主要是利用重寄生菌控制锈菌。

**(1)锈菌寄生孢**

锈菌寄生孢(*Sphaerellopsis filum*)在全世界均有分布,主要寄生锈菌的夏孢子和冬孢子,抑制它们的萌发,消解夏孢子和冬孢子,从而达到控制锈病的目的。锈菌寄生孢的分生孢子接种禾草叶锈菌的夏孢子,重寄生率可达 76%。在小麦锈菌夏孢子堆的寄生率为 40%~60%时,锈病的危害可减轻 60%~80%。对柳锈病菌(*Melampsora epitea*)接种后,锈孢子的产生量减少 64%~98%。对落叶松褐锈病菌(*Triphragmiopsis laricinum*)的重寄生作用可使冬孢子的萌发率下降 50% 左右。经过 3 年的调查发现,辽宁省草河口林场落叶松褐锈病的发生程度随着锈寄生菌寄生率的逐年增加而减轻。对杨柴锈病(*Uromyces hedysarimongolici*)的重寄生率可达 65.3%,重寄生菌寄生的锈菌孢子萌发率降低 50%。

**(2)锈生座孢菌**

锈生座孢菌(*Tuberculina* spp.)有性阶段为卷担菌属(*Helicobasidium*),该属已报道 40 种左右,全球分布。锈生座孢菌主要是通过对锈菌锈子器或锈孢子的重寄生、阻碍和延缓锈菌生长发育、抑制锈孢子或封闭锈子器口、阻碍锈病病害循环而控制锈病的危害。例如,松疱锈病是松树上的一种严重枝干病害,世界性分布。在欧美地区常导致欧洲赤松、海岸松、欧洲黑松、意大利果松的疱锈病;在国内疱锈病菌主要导致华山松、五针松、樟子松、油松、赤松、马尾松、云南松、黄山松和思茅松等的疱锈病。*Tuberculina maxima* 能对美国白松疱锈病菌(*Cronartium ribicola*)、美国的火炬松纺锤瘤锈病菌和加拿大的油松疱锈病菌进行重寄生来控制松疱锈病,寄生率为 20%~70%,阻止了 10%~15%锈孢子的产生,使 50%的松疱锈菌失去活性。

梨锈生座孢是梨锈病菌上的自然重寄生菌。其以分生孢子于重寄生部位越冬,随气流传播,分生孢子萌发形成芽管,从锈病菌的性子器口侵入,可多次侵染。田间调查发现,用 *Tuberculina pyrus* 孢子悬浮液涂抹或喷雾于性子器处,锈菌重寄生率从 27.24%逐渐上升至 92.3%,表明在梨锈病发生期,重寄生菌可发生多次侵入,致使重寄生率不断上升。梨锈生座孢的分生孢子座将锈子器口封闭,致使锈子器内锈孢子不能释放而最终消解,从而对锈病病害循环形成阻碍。

**(3)其他锈菌寄生菌**

其他锈菌寄生菌包括 *Trichothecium*、*Cercospora*、*Penicillium*、*Scytalidium*、*Acremonium* 等。粉红聚单孢(*Trichothecium roseum*)可寄生在多种锈菌的夏孢子堆上。*Cercospora uromycestri* 可在茉莉花锈病菌(*Uromyces cestri*)上重寄生。*Penicillium notaturn* 可在印度的小麦锈

病菌上重寄生。Scytalidium uredinicola 在火炬松和湿地松松纺锤瘤锈菌（Cronartium fusiforme）上产生橄榄绿色至褐色的分生孢子，重寄生后的锈孢子解体，并被重寄生菌的分生孢子取代。Scytalidium uredinicola 防治西方松瘤锈（Endocronartium harknessii），被重寄生的锈孢子不能萌发。在印度应用 Acremonium persicinum 防治花生锈病菌（Puccinia arachidis）。Acremoniwn sp. 对由茶蔍生柱锈菌（Cronartium ribicola）引起的华山松疱锈病有较好的防效，将营林技术与使用该重寄生菌相结合治愈率可达 91.39%。

### （二）白粉病的生物防治

白粉菌目下的白粉菌科，常见属有 7 个，可为害 1 300 属 7 000 多种植物，其中 90% 以上为双子叶植物。许多白粉菌具寄生专化性，分化出专化型和生理小种。由于病害的病部表面通常有一层白色粉状物，故将白粉菌所致病害称为白粉病（powdery mildew）。白粉病是植物上的一大类病害，如麦类白粉病、瓜类白粉病等。白粉菌常以菌丝体在病组织内、闭囊壳和分生孢子越冬，孢子可经气流传播，再侵染。

对白粉病的生物防治主要通过重寄生作用。重寄生菌主要为白粉寄生孢（Ampelomyces quisqualis）和头状茎点霉（Phoma glomerata）等。例如，白粉寄生孢可寄生白粉菌的营养体和产孢结构，从而降低致病白粉菌接种体数量。该菌分生孢子通过植物冠层雨水飞溅或植物表面的水流分散进行近距离传播，并可随气流进行远距离传播。当分生孢子降落在白粉菌附近时，在潮湿条件下，分生孢子经 10~20 h 萌发并形成菌丝，菌丝侵入白粉菌菌丝内，经过 5~8 d，主要在白粉菌的分生孢子梗和未成熟的闭囊壳内产生分生孢子器，但有时也在侵入的菌丝中产生。白粉菌菌丝中白粉寄生孢的存在不仅降低白粉菌对其寄主植物的危害，还可使植物恢复健康和增加叶绿素的含量。

一些生防菌可通过产生抗菌物质起到抑制白粉病菌的作用。例如，解淀粉芽孢杆菌 CGMCC15838 涂抹叶片或喷施叶片后，能抑制白粉病菌侵染小麦叶片，叶片上未萌发的白粉菌孢子占到总孢子数的 50% 以上。

### （三）灰霉病的生物防治

灰葡萄孢是葡萄孢属的最常见种，有性型为富克尔核盘菌（Botryotinia fucheliana），隶属于子囊菌门葡萄孢盘菌属。灰葡萄孢为弱寄生病原菌，寄主范围很广，可侵染几百种植物的花、果及绿色组织部分，特别是茄科和葫芦科蔬菜及葡萄，病害症状呈灰色霉状，故名灰霉病。病菌以分生孢子、菌丝体或菌核在病残体和土壤中越冬，菌核萌发产生分生孢子梗和分生孢子，分生孢子借气流或雨水传播，经伤口侵入，具再侵染性。

灰霉病的生物防治研究方向：①利用重寄生现象，如木霉和黏帚霉的重寄生作用；②利用生防菌的抗生作用，如芽孢杆菌[1]和假单胞菌[2]可产生具有抑菌效果的次生代谢产物。③诱导抗病性，如利用胶黏红酵母（Rhodotorula glutinis）和浅白隐球酵母（Cryptococcus albidus）的诱导抗病性；④抑菌植物的提取物，如利用丁香提取物等。

---

[1] 如枯草芽孢杆菌（B. subtilis）、短体芽孢杆菌（B. pumilus）、地衣芽孢杆菌（B. licheniformis）、多黏芽孢杆菌（B. polymyxa）。

[2] 荧光假单胞杆菌（P. fluorescens）。

## 三、系统性真菌性病害的生物防治

由真菌引起的系统性病害，根据病原菌及其寄主植物可分为三大类：一是由黑粉菌侵染禾本科植物引起；二是由霜霉菌侵染禾本科植物引起；三是由镰刀菌等土居真菌侵染植物引起。

### (一) 黑粉病的生物防治

黑粉病（smut）是一类由黑粉菌属（*Ustilago*）、腥黑粉菌属（*Tilletia*）、丝黑粉菌属（*Sporisorium*）和轴黑粉菌属（*Sphacelotheca*）真菌侵染禾本科植物引起的系统性病害。病菌的侵染方式与其冬孢子萌发密切相关，分为3种情况①。黑粉病的分布也与冬孢子萌发和环境温度密切相关：高温型，冬孢子萌发最适温度为25～30℃，如玉米丝黑穗病；冷凉型，萌发最适温度为15～20℃，如大麦坚黑穗病；低温型，萌发最适温度为5℃，如小麦矮腥黑穗病。黑粉菌通常一年或一个生长季节只发生一次侵染，称为单循环病害。带菌种子是黑粉病远距离传播的主要途径，而冬孢子污染的土壤是初始侵染源。

防治黑粉病通常采取种子处理、及时清除病残体、轮作、抗病品种选育和土壤处理。轮作和抗病品种选育既是栽培防病措施又属于综合治理。对禾本科黑粉病较有效的生防措施是应用抗生素进行种子处理，或直接利用拮抗细菌进行防治。

例如，从不吸水链霉菌公主岭新变种（*Streptomyces ahygroscopicus* var. *gongzhulingensis*）No. 769 中分离获得抗生物质，包括脱水放线酮、异放线酮、制菌霉素、荧光霉素、奈良霉素 B 和苯甲酸，经研究发现，这些物质对禾谷类作物的黑穗病的防效达95%以上。以玉米等为原料生产生防菌干料，制成0.25%可湿性粉剂——公主岭霉素（gongzhuling mycin），主要用于种子处理（如液剂闷种），防治禾谷类作物的黑粉病。

目前，筛选到的对甘蔗鞭黑穗病菌有拮抗作用的细菌包括铜绿假单胞菌、拟遗传不动杆菌（*Acinetobacter genospecies*）、椰毒布克菌（*Burkholderia cocovenenans*）、黏质沙雷氏菌（*Serratia marcescens*）、多黏芽孢杆菌、链霉菌等。

### (二) 黄萎病的生物防治

黄萎病（verticillium wilt）是危害性极大的维管系统病害，由大丽轮枝孢（*Verticillium dahliae*）和黑白轮枝孢（*V. alboatrum*）两种真菌引起。我国目前仅发现有大丽轮枝孢，主要危害经济作物棉花，是全国农业植物检疫性有害生物。该病于1914年在美国弗吉尼亚州首次发现，以后随着棉种的调运传播到世界约21个棉花主产国。20世纪30年代随美棉的引进而传入我国产棉区，尤其在北方棉区发生严重。受害植株叶片枯萎、蕾铃脱落、棉铃变小，一般减产20%～60%。全球每年因黄萎病危害所造成的经济损失在10亿美元以上。

---

① 第一种情况，当年产生的冬孢子萌发侵入花器并驻留于胚中，翌年播种时随生长点分生组织扩展到达穗部，破坏花器。第二种情况，脱落于土壤中的冬孢子，在翌年种子萌发时，萌发芽管从胚芽侵入生长点，随分生组织扩展到全株，引起系统性侵染并破坏花器。第三种情况，当胚芽长度超过2 cm 时，冬孢子萌发形成菌丝从伤口侵入。

黄萎病菌的病害循环分腐生和寄生两个阶段，腐生阶段在土壤中以腐殖质营腐生生活，寄生阶段从根部侵入，在细胞内吸取营养，并通过导管繁殖和扩展到植株其他部位。病原菌的侵染源有4种：感病种子①、带菌粪便②、带菌土壤③和田间感病寄主。病害远距离传播主要通过染菌种子或带菌棉饼的调运。近距离传播主要通过农事操作或随风、降水和流水扩散。由于病原菌能在土壤中营腐生生活，故连作棉田中的病原菌量会积累，逐年发病严重。

黄萎病的生物防治研究主要集中于细菌和放线菌及其次生代谢产物、真菌和丛枝菌根、植物抑菌成分、土壤有机改良剂、化学杀菌剂与生物防治菌剂混配等方面。

**(1) 生防细菌的应用**

利用细菌防治棉花黄萎病的主要类群有内生细菌、芽孢杆菌和假单胞菌等。例如，用棉株组织内生菌73a进行蘸根或灌根处理，对棉花黄萎病的防治效果达50%，籽棉增产11.5%。从土贝母、白豆蔻等中药筛选出的枯草芽孢杆菌、蜡状芽孢杆菌和地衣芽孢杆菌对棉花枯萎、黄萎病菌具有广谱拮抗作用。枯草芽孢杆菌菌株B110的粗提蛋白对分生孢子萌发和菌丝生长有抑制作用，使菌丝扭曲畸变，进而使原生质凝聚，最后导致菌丝断裂。类芽孢杆菌LC-04菌株发酵上清液的硫酸铵沉淀物对大丽轮枝菌V-190菌株的生长具有明显的拮抗作用。从小麦根际筛选出一株链霉菌S-5，拌种处理后，对棉花苗期黄萎病的防治效果为65%；穴施每公顷37.5 kg，对棉花枯萎病和黄萎病的防病效果分别为81%和100%。

**(2) 生防真菌的应用**

绿色木霉和康宁木霉对棉花黄萎病菌菌丝生长具有较强的抑制作用，在30℃条件下5 d处理后抑制率在56%以上。哈茨木霉TH-1菌株对棉花枯萎病菌和黄萎病菌的拮抗作用及其机制的研究结果表明，TH-1与病菌对峙培养及在培养基中加入TH-1孢子悬浮液，对枯（黄）萎病菌均有较好的抑制效果，显微观察发现，菌株TH-1菌丝可与病菌的菌丝平行生长，产生附着胞结构附着于病菌菌丝上，或穿透病菌菌丝使其发生裂解。上述结果说明，哈茨木霉TH-1棉花枯萎病和黄萎病菌的拮抗机制主要是营养和空间竞争及重寄生作用。从棉铃内部分离到2株镰刀菌VL-1和VL-2，平板对峙培养法研究表明，它们能够通过空间和营养竞争有效抑制黄萎病菌的生长，并且抑制微菌核的产生。温室生测结果表明，VL-1和VL-2对棉花黄萎病的相对防效分别达87.9%和65.4%。田间试验结果显示，在棉田第一次黄萎病高峰时，VL-1和VL-2对黄萎病的防效分别为51.5%和45.4%。丛枝菌根真菌摩西球囊霉和地表球囊霉能减轻棉花黄萎病的危害。聚生球囊霉菌（*Glomus fasciculatum*）和珠状巨孢囊霉菌（*Glomus margarita*）在温室盆栽条件下能提高棉花根内防御性酶（苯丙氨酸解氨酶、几丁质酶，$\beta$-1,3-葡聚糖酶、过氧化物酶）活性来抵御棉花黄萎病菌。

---

① 病原菌以菌丝或小菌核黏附在种子表面，或以菌丝体存于种子表面的短绒上，或侵入种皮内部使染病菌种子成为侵染源。

② 病原菌孢子通过牲畜消化道后仍保持活性，因而可污染粪肥使其成为侵染源。

③ 病原菌的孢子或菌丝体落入土壤后能以腐生方式存活，受污染的土壤也是侵染源。

**(3) 植物提取物抑菌成分的应用**

五倍子、土元和蛇床子的植物组织提取液对黄萎病菌的菌丝生长、毒素分泌、孢子萌发、产孢量具有很好的抑制效果。分离自荒漠植物华北白前的抗病、抗旱功能相关蛋白质CkND，对棉花黄萎病菌的菌丝生长及孢子萌发也表现抑制作用。

**(4) 生物防治菌剂混配的应用**

利用绿色木霉菌和荧光假单胞菌混配的生物防治菌剂通过棉花拌种和发病高峰期之前灌根，在田间防治效果在60%以上。链霉菌R-1、R-2与有机肥配制的复合微生物肥料对棉花黄萎病真菌孢子萌发具有高抑制率。

### (三) 枯萎病的生物防治

枯萎病(fusarium wilt)通常是由尖孢镰刀菌等镰刀菌属真菌寄生引起的一种世界性的土传病害。枯萎病可从幼苗期根部侵染，是在维管束内寄生的全株性病害，素有植物"癌症"之称。尖孢镰刀菌寄主范围广泛，可侵染番茄、香蕉、辣椒、西瓜、黄瓜、棉花、萝卜、菠菜、草莓、川红花、甘蔗、芝麻、瓜类和豆类等100多种植物。以瓜类枯萎病为例，病田一般减产20%~30%，严重田块减产可达50%~60%，甚至绝产。

枯萎病菌主要以菌丝体和厚壁孢子在病残体和土壤中越冬，病菌在土壤中可存活6~7年。在温湿度适宜的条件下，菌丝体可产生大量的分生孢子，通过灌溉、土壤耕作、地下害虫或土壤线虫传播。孢子萌发后从根部伤口或自然裂口或根冠侵入。侵入后扩展至导管，并在导管内积累胶状物质而形成堵塞。同时，枯萎病菌还能分泌毒素毒害寄主，因而使染病植株表现萎蔫、枯死等症状。枯萎病潜育期时间较长，一般在一个生长季节进行一次侵染，少有再侵染发生。

**(1) 生防真菌的应用**

研究应用较多的有木霉属真菌(哈茨木霉、绿色木霉)、丛枝菌根真菌和非致病尖孢镰刀菌等。目前生产上应用的木霉制剂多为活孢子制剂，常受到田间温度、湿度、降水、土壤微生物及化学农药等因素的干扰。大田防治效果不稳定是限制木霉活孢子制剂大面积推广的主要因素。用由丛枝泡囊菌根真菌制成的NEB菌肥在西瓜定植期灌根，可有效抑制西瓜尖孢镰刀菌。某些土壤对镰刀菌具有天然的抑制作用，其原因之一是在这些土壤中存在非致病尖孢镰刀菌，其原理是交互(叉)保护，表现不同程度的诱导抗性作用。例如，将非致病尖孢镰刀菌接种甘薯，类似人工免疫，对甘薯枯萎病有很好的防效。然而这种微生物之间的干扰作用，往往易受各种因素影响，要注意防止非致病尖孢镰刀菌的致病性变异问题。

**(2) 生防细菌的应用**

生防细菌主要有芽孢杆菌、假单胞菌以及布克菌(*Burkholderia* spp.)等，抑菌机制主要包括营养物质和生态位的竞争，如产生嗜铁素；或抑菌成分如各类抗生素、生物表面活性素(surfactin)、伊枯草菌素(iturins)、泛革素和胞壁降解酶等。例如，在美国获得商品化或有限商品化生产应用许可的枯草芽孢杆菌生防菌株GB03、MBI600、FZB24都可用于枯萎病的防治。

假单胞菌中荧光假单胞菌、恶臭假单胞菌和铜绿假单胞菌对枯萎病的主要防治机制是产生嗜铁素，有效地与病原菌竞争铁离子或诱导植物产生对镰刀菌的抗性。例如，用荧光假单胞菌 WCS417 处理香石竹,植物保卫素会积累增加,可诱导植物产生对尖孢镰刀菌的抗病性。恶臭假单胞菌菌株 RE8 和荧光假单胞菌 WCS358 混合后施入土壤,能更好控制病害。

通过土壤中加入有机改良剂,可促使土壤中产生几丁质酶的细菌活性提高和数量增加,使镰刀菌被抑制或裂解。从印度鹰嘴豆根围分离得到的铜绿假单胞菌菌株 PNA1 能显著减少鹰嘴豆枯萎病的发生。PNA1 产生的吩嗪类抗生素也是其发挥生防作用的因素。

**(3)放线菌的应用**

放线菌中应用种类最多的是链霉菌。放线菌活体制剂 Mycostop 是在芬兰登记的由灰绿链霉菌(*Streptomyces griseoviridis*)构成的菌剂。Mycostop 主要通过种子处理、土壤喷洒或灌药等措施使灰绿链霉菌在植物的根部定殖、生长和繁殖,防治常见的由镰刀菌引起的枯萎病,还可以产生激素促进寄主植物的生长。紫黑链霉菌(*Streptomyces violaceusniger*)G10 和香蕉内生灰链霉菌(*Streptomyces griseorubiginosus*)S96 对香蕉枯萎病菌具有很好的拮抗作用。

## 四、储藏期种实真菌性病害的生物防治

据估计,全世界农产品采收后的平均损失率约为 25%,在发展中国家,如印度和非洲国家约为 30%。我国水果采收后的损失率约为 25%,蔬菜高达 40%~50%,切花约为 20%。真菌性病害是造成采后损失的主要原因之一,包括青霉病、绿霉病、软腐病、轮纹病、灰霉病、曲霉病、炭疽病、酸腐病、果腐病、黑色蒂腐病、黑腐病和黑斑病等病害。发病后,果蔬表面出现湿腐或软腐,产生酒味或者散发芳香气味;谷物、豆类等农产品因含水量低,通常表现为干腐,散发霉味。一些弱寄生菌或腐生菌,如青霉菌、灰霉菌、根霉菌、地霉菌、链格孢菌和炭疽菌等,导致这些病害发生。

长期以来,防治果蔬采后病害的主要方法是采用化学杀菌剂。自从 20 世纪 50 年代首次报道枯草芽孢杆菌对储藏期水果病原菌具有抑制作用以来,生物防治技术的应用愈发受到重视。目前,筛选出对果蔬贮藏期病害具有防治作用的拮抗微生物主要有:

①酵母菌。包括脆红隐球酵母(*Cryptococcus infirmominiatus*)、黏红酵母、间型假丝酵母(*Candida intermedia*)、季也蒙假丝酵母(*Candida guilliermondii*)、啤酒酵母(*Saccharomyces cerevisiae*)、柠檬形克勒克酵母(*Kloeckera apiculata*)、汉逊德巴利酵母(*Debaryomyces hansenii*)、丝孢酵母(*Trichosporon sp.*)以及浅白隐球酵母(*Cryptococcus albidus*)等(Freimoser et al., 2019)。例如,季也蒙假丝酵母对桃采后果实软腐病具有抑制作用。柠檬形克勒克酵母和汉逊德巴利酵母对甜樱桃褐腐病表现显著的抑制效果。季也蒙假丝酵母、毕赤酵母和柠檬形克勒克酵母能有效防治核果类果实采摘后软腐病。从桃果实表面分离得到的丝孢酵母能够很好地控制苹果灰霉病和青霉病的发生。

②细菌。主要有枯草芽孢杆菌、假单胞菌和地衣芽孢杆菌等。例如,利用地衣芽孢杆菌对苹果和柑橘采后病害进行防治研究表明,病菌的孢子萌发和芽管生长的抑制率均为 100%。在低温储藏条件下,地衣芽孢杆菌与咪鲜胺联合处理采后的杧果,杧果炭疽病和蒂腐病的发病率显著降低。

### (一)青霉病和绿霉病的生物防治

青霉病和绿霉病是农产品贮藏期的重要真菌性病害,主要危害含水率比较高的果实,

如柑橘、甜橙、苹果、梨等，在果蔬储运过程中造成很大的损失。目前，筛选到对农产品青霉病、绿霉病有抑制作用的生防菌主要有：毕赤酵母 YT73、汉逊德巴利酵母 YT22、季也蒙有孢汉逊酵母 YT13、罗伦隐球酵母（*Cryptococcus laurentii*）、柠檬形克勒克酵母、成团泛菌（*Pantoea agglomerans*），枯草芽孢杆菌也对柑橘青霉病和绿霉病有较好的抑制作用。$\beta$-氨基丁酸处理葡萄柚，能够诱导葡萄柚对青霉病菌的抵抗能力，主要由于水果内的苯丙氨酸裂解酶和几丁质酶的活性升高，青霉菌孢子萌发能力下降，病果率可降低 52%。

### （二）果实腐败的生物防治

很多微生物都能引起贮藏期的果实腐败，如轮状镰刀菌（*Fusarium verticillioides*）、间座壳菌属（*Diaporthe* sp.）、葡萄座腔菌（*Botryosphaeria dothidea*）、根霉、果生炭疽菌（*Colletotrichum fructicola*）、枯草芽孢杆菌、约氏不动杆菌、贝莱斯芽孢杆菌和类芽孢杆菌等。根霉是浆果类果实和根茎类作物贮藏期的重要病原菌，可引起草莓、蓝莓、甘薯、板栗等果实的腐烂和霉烂。例如，从健康的草莓果实上分离纯化出了一株对草莓采后有良好保护效果的拮抗酵母菌，施用该菌悬液的草莓，能显著降低贮藏 4 d 后软腐病菌——匍枝根霉（*Rhizopus stolonifer*）引发的自然腐烂率，同时不会对其贮藏品质产生显著不良影响。

### （三）酸腐病的生物防治

酸腐病是水果贮藏、运输期间的一种重要病害，如柑橘酸腐病、荔枝酸腐病、葡萄酸腐病、香蕉酸腐病。发病初期，病部呈水渍状软化，以之后受害区域表皮组织开裂，流出酸臭汁液，表面长有致密的白色霉层。病原菌的无性阶段为白地霉（*Geotrichum candidum*），可在土壤中腐生，分生孢子借风雨或昆虫传播，采收时的工具接触也能传播，通过茎疤、表皮裂口、剪口及各种刺痕侵入组织。在柑橘、荔枝、葡萄等水果的产区和贮藏、运输过程中均有发生。通常，青果期较抗病，果实成熟度越高越容易感病。窖贮藏和薄膜袋贮藏发生较多，贮藏时间越长，发病越多。高温、高湿、缺氧及伤口都有利于此病的发生。对酸腐病的生物防治主要是利用拮抗微生物和植物提取物。例如，利用链霉菌 GAAS7310 和致黄色假单胞菌（*Pseudomonas aureofaciens*）Q2-87 菌株对柑橘酸腐病病菌的抑制作用。

### （四）炭疽病的生物防治

由盘长孢状刺盘孢（*Colletotrichum gloeosporioides*）引起的炭疽病是许多果实采收后霉变和腐烂的重要原因。该病害发生后常在果实上产生大小不等的病斑，病斑初期近圆形，呈淡褐色水渍状，后期出现粉红色黏粒，病斑凹陷，排列成同心轮纹状，迅速扩展导致病斑连片，果实失去商品价值。生防菌 *Saturnispora diversa* MA-5 能够吸附于病原真菌菌丝表面并包围孢子，抑制病原真菌生长和孢子萌发，有利于维护枇杷等果实的贮藏品质。

思考题

1. 简述植物真菌性病害的主要种类及其危害。
2. 防治系统性真菌性病害的常用生防微生物资源有哪些？
3. 地下部分和地上部分真菌性病害的生防策略有何异同？
4. 简述果实采摘后病害的生物防治方法。

# 第十二章

# 植物病毒性病害生物防治

植物病毒病的症状

植物病害对植物的正常生长发育具有重要影响，进而影响农作物的经济效益和生态效益。一般而言，植物病害可分为两大类别：侵染性病害和非侵染性病害。植物病毒病属于侵染性病害，其多由昆虫取食过程中传播。植物病毒病又称"植物癌症"，是第二大植物病害，在全球每年造成高达 600 亿美元的经济损失，其中仅粮食作物的损失就高达 200 亿美元。植物病毒病对农作物的危害主要表现为叶片变黄、畸形和萎缩，导致植物生长发育速度和产量降低，严重情况下甚至导致作物死亡(苏秀，2015)。与其他病原微生物不同，植物病毒通过寄生于昆虫或其他介体进行传播，具有高度的传染性和扩散能力，使病毒病可在短时间内迅速蔓延，对农业生产造成严重危害。病毒是专性寄生物，自身无法代谢，只能依靠寄主细胞资源进行复制。植物病毒病给我国农业生产带来了难以估量的损失，例如，20 世纪 70~80 年代，我国北方地区的小麦因土传花叶病、小麦丛矮病的流行导致产量减少了 20%，局部甚至严重到绝产的程度；南方水稻病毒病的流行则使水稻的产量减少了 30%；近年来，黄瓜花叶病毒病、烟草花叶病毒病的流行已导致多种蔬菜产量下降。

植物病毒病的传统防治主要依赖于化学农药，如施用盐酸吗啉胍、吗胍乙酸铜等钝化病毒，或用吡虫啉等灭杀病毒的媒介昆虫等。生物防治作为一种可持续的防控策略，已经在农业生产中得到了广泛应用。利用生物资源进行植物病毒病的生物防治可以有针对性地进行长期控制。近年来，生物农药作为一种新兴的植物病毒防治手段得到了广泛关注。这类制剂是由活性微生物或其代谢产物制备而成的一种防治剂，可以通过调节植物的免疫系统、抑制病原生长繁殖等方式来达到防治目的。在植物病毒防治中，生物农药展现了优异的防效，并且对农作物和环境无负面影响。

本章将围绕植物病毒的生物学特性和生防策略展开介绍，着重介绍生物防治植物病毒病的方法，包括天敌昆虫的利用、抗性品种的选育、微生物农药的开发与应用等。

# 第一节 植物病毒的生物学特性

## 一、植物病毒的结构和种类

病毒是一类微小的纳米级病原体,由一个或多个核酸分子包裹在衣壳蛋白中构成,该结构称为核衣壳。植物病毒的核酸分子多为单个单链 RNA(ssRNA),部分种类出现分段(表 12-1),例如,黄瓜花叶病毒(cucumber mosaic virus,CMV)含有 4 段 RNA 分子。蛋白质衣壳由衣壳粒螺旋对称排列,因此植物病毒粒多呈细长的杆状或丝状,直径仅数纳米,典型的就是人类历史上首个电镜观察到的病毒——烟草花叶病毒(tobacco mosaic virus,TMV)。不像多数动物病毒的核衣壳外还有包膜结构,植物病毒多为裸露的病毒粒,无包膜,也不形成包涵体。植物病毒侵入寄主植物多为被动侵入①,一旦进入细胞,增殖产生的子代病毒可通过植物的胞间连丝②,从受感染细胞进入邻近细胞而实现病毒粒在植物体内的循环侵染,通常会形成肉眼可见的枯斑(lesion)③。

表 12-1 若干代表性植物病毒的核酸种类

| 核酸种类 | | | 病毒代表 |
|---|---|---|---|
| RNA | ssRNA | 线型 | 正义链④:烟草花叶病毒、马铃薯 Y 病毒等;<br>负义链⑤:马铃薯 X 病毒等 |
| | dsRNA | 线型 | 玉米矮缩病毒、植物伤流病毒等 |
| DNA | ssDNA | 线型 | 玉米条纹病毒、番茄黄化卷叶病毒等 |
| | dsDNA | 环状 | 花椰菜花叶病毒等 |

少部分植物病毒结构缺陷,仅有核酸成分,包括植物类病毒、拟病毒和卫星 RNA。

①类病毒。是一类环状闭合的单链 RNA 分子,没有蛋白质外壳,主要通过机械损伤感染高等植物。已发现的类病毒达 40 多种,多为植物类病毒。植物类病毒能引发多种疾病,如马铃薯纺锤形块茎病、番茄簇顶病、柑橘裂皮病、黄瓜白果病、椰子死亡病等,危害性大。

②拟病毒。比类病毒微小,无法依靠自身完成侵染过程,需要辅助病毒的协助,首次发现是在绒毛烟(*Nicotiana velutina*)上引发感染的斑驳病毒(velvet tobacco mottle virus,VT-MoV)。

③卫星 RNA。存在于辅助病毒的蛋白质衣壳内,首次发现在烟草环斑病毒(TRV)中。

---

① 由携带病毒的媒介昆虫在取食过程中注入植物体内。
② 胞间连丝是植物细胞间的连接结构,是细胞间物质、信息和能量传递的直接通道。在电子显微镜下见到的胞间连丝似乎是一个狭窄的、直径 30~60 nm 的圆柱形细胞质通道穿过相邻的细胞壁。
③ 病毒枯斑是指植物病毒侵染敏感植物叶片,使被感染部位的细胞快速死亡而形成的局部坏死斑。
④ 病毒基因组为正义单链 RNA,可直接作为翻译模板。
⑤ 需要先通过病毒自身的 RNA 依赖性 RNA 聚合酶(RdRp)复制成正义 RNA,然后再进行翻译。

后续在多种植物病毒中发现其存在,并观测到卫星 RNA 可减轻植物病毒引发的病害,因此,将其核酸在植物中表达可提高植物病毒抗性,作为一种病毒病的预防策略。

## 二、植物病毒的传播途径和寄主范围

### (一)传播途径

植物病毒可以通过多种途径进行传播,主要包括直接接触传播、空气传播、机械传播和生物传播。

①直接接触传播。是指病毒通过植物间的直接接触(如叶片之间接触)进行传播。

②空气传播。是指病毒通过空气中的颗粒(如飞沫、尘埃)进行传播。风是影响植物病毒传播的重要因素,病毒可以随着风远距离传播,特别是在开放的田间环境中,可以通过飞沫或尘埃的方式被风吹散。

③机械传播。是指病毒通过受伤的组织、工具、农艺操作等途径进行传播。当植物病毒感染的植株与健康的植株接触时,病毒可以通过切割或受伤的组织进入新的植株。例如,在嫁接过程中,如果使用了感染病毒的接穗或砧木,病毒就会通过嫁接处传播到健康植株上。此外,农艺操作中的修剪、插枝、扦插等操作也可能导致植物病毒的传播。

④生物传播。是指病毒通过其他生物体介导进行传播,如昆虫、真菌、线虫等。昆虫是植物病毒主要的传播媒介之一。蚜虫、白粉虱等刺吸性昆虫可以通过其口器将病毒从感染植物体内吸取,并在其体内存储。当这些昆虫吸食健康植物的汁液时,病毒就会通过唾液或粪便等方式被释放出来,从而感染新的植物。一些刺吸性昆虫(如叶螨、跳蚤等)也可以通过刺吸植物细胞并将病毒注入植物细胞内,从而传播病毒。

此外,水也是植物病毒的传播介质,病毒可以通过水的流动在不同植物之间传播。这种传播方式在田间灌溉和雨水冲刷下尤为常见。

病毒扩散受到多种因素的影响,包括病毒的生物学特性,如复制速率、稳定性和侵染能力。环境条件对病毒的传播起重要作用,如温度、湿度和气候等。寄主植物的密度和分布也影响病毒的传播范围和速度。其他影响因素包括寄主植物品种的抗性和易感性、病媒生物的种类和数量以及人为因素等。总之,植物病毒的传播途径多种多样,这些传播途径对于病毒的危害程度和传播范围有着重要的影响。了解植物病毒的传播途径是防治工作的基础,也是有效控制病毒传播的关键。可以通过控制传播媒介数量和减少接触机会等方式来有效控制病毒的传播。

### (二)寄主范围

病毒的寄主植物范围取决于它们与不同寄主的相互作用。有些病毒只感染一种或少数几种植物,称为特定寄主病毒,如木本植物病毒;而有些病毒可以感染广泛的植物种类,称为广泛寄主病毒,如草本植物病毒通常具有较广的寄主范围,可以感染多种不同的植物。例如,南天竹上能分离到黄瓜花叶病毒(CMV)。病毒的寄主范围还受到病毒本身的特性以及寄主植物的抗性和易感性因素的影响。

## 第二节 植物病毒性病害的生防策略

为有效预防和控制植物病毒的传播和流行，需要采取一系列的防控策略。这些防控策略应综合考虑病毒的生物学特性和寄主植物的特点。首先，加强病毒检疫工作和监测预警是防控植物病毒的重要措施。在引种、移栽和贸易活动中，要对进出口的植物材料进行检疫，防止病毒的跨境传播。通过使用高效的病毒检测技术，可以及时发现感染和携带病毒的植物材料，并迅速采取相应的隔离和处理措施。建立健全的病毒监测和预警体系是防控植物病毒的重要保障。通过建立监测站点、收集和分析病毒数据，可以及时了解病毒的传播情况和疫情变化，并预测病毒的流行趋势。这有助于制定科学合理的防治策略，提前采取相应的防控措施。其次，研发抗病毒品种是一种重要的防控策略。利用遗传育种和基因工程等方法，可以培育出具有抗病毒能力的新品种。这些抗病毒品种能够在受感染的环境中保持较高的产量和抗性，从而减少病毒传播和降低疫情发生的风险。另外，采取合理的农业管理措施也是防控植物病毒的重要手段。例如，及时清除和处理感染病毒的植物材料、杂草和害虫等，可以减少病毒在田间的存活和传播。同时，合理调整种植密度、施肥和灌溉等措施，可以提高植物的健康状况，减少病毒感染和降低疫情发生的可能性。培养良好的农业技术管理人员是防控植物病毒的关键。通过培训和教育，提高农民对于植物病毒的认识和防控意识，能够及时发现和报告病毒的感染情况，并采取相应的防治措施。加强相关的科学研究和技术交流，是推动病毒防控技术创新和应用的基础。

总的来说，植物病毒性病害的生物防治主要通过培育抗病品种、应用微生物农药、利用天敌昆虫和研制新型植物抗病毒药剂等方法，新兴的基因编辑和RNA干扰技术也为植物病毒性病害的生物防治提供了新的途径。

### 一、培育抗病品种

选择对特定病毒耐受力较强的植物品种，它们通常具有特定基因或表观遗传学调控机制，以减少病毒的侵染和传播；也可对具有病毒抗性的亲本进行杂交育种，培育具有抗病能力的新品种。这些品种会对植物病毒的感染产生免疫反应，可以减少病毒感染的发生率和降低病情的严重程度。抗病品种的培育需要长期的研究和筛选，但它们在植物病毒防治中具有重要的应用价值。此外，利用基因编辑技术对植物中与病毒相互作用的关键基因进行编辑，从而增强植物对病毒的抵抗能力。或者通过基因工程的方式，在植物基因组中引入非致病的病毒衣壳蛋白编码基因，使植株对侵入的病毒粒具有免疫性。这些新兴的生物技术可加速抗性品系的培育，比传统杂交育种研究周期短，为植物病毒的防治提供了新的思路和方法。

### 二、应用微生物农药

微生物农药可以通过多种方式控制植物病毒的传播和危害，从而达到有效防治。首先，可以通过调节植物的免疫系统增强其对病毒的抵抗能力。如一些微生物农药具有促进植物生长和提高植物健康状况的功能，从而增加了植物对病毒的抗性。这些制剂中的微生物可与植物根系共生，释放植物激素和抗生素等物质，调节植物内部的信号通路，从而激活植物的免疫系统，提高其对病毒的抵抗能力。或者产生的这些抗病物质可以干扰病毒的复制过程，降低植物受到病毒感染时的损伤程度，促进植物恢复健康。然而，微生物农药的应用也面临着一些挑战，如应用范围窄、货架期短和施用注意事项多等问题等。因此，在未来的研究中，需要进一步探索和改进微生物农药在植物病毒防治中的效果和可持续性。

### 三、利用天敌昆虫

利用天敌昆虫对于植物病毒的传播媒介（蚜虫、白粉虱等刺吸性害虫）进行捕食或寄生，控制这些害虫在田间或林间的数量，从而降低植物病毒的传播率，详见第七章。通过增加这些媒介昆虫的天敌数量，可以有效降低植物病毒的危害程度。

### 四、研制新型植物抗病毒药剂

采用传统的化学药剂防治病毒病的作用十分有限。20世纪90年代，科学家研制出诱导植物抗性剂，可以抑制病毒病。例如，从被子植物中提取的丁香酚，可以有效抑制西葫芦病毒病；从食用菌中提取的真菌多糖成分，能抑制烟草花叶病毒病；近来开发的氨基磷酸酯，对黄瓜花叶病毒和烟草花叶病毒病有较好的防治效果。我国首个抗病毒蛋白生物农药——6%寡糖链蛋白可湿性粉剂已完成农药登记。该药剂对番茄黄化曲叶病和南方水稻黑条矮缩病有较好的防治效果。截至2021年，我国已登记的防治农作物病毒病的药剂共有171种，包括三氮唑核苷、香菇多糖、壳寡糖类药物、嘧啶核苷类抗生素等，以下介绍几种重要的植物病毒防治剂[①]（余武秀等，2021）。

**(1) 嘧啶核苷类抗生素**

该类制剂易被植物吸收利用，是防治植物病毒性病害和调理植物生长的纯天然制剂，对由病毒引起的花叶病、卷叶病，以及植株矮化、黄化、卷叶和顶枯等畸形症状病害的防治效果显著。例如，宁南霉素是中国科学院研制的产品，属胞嘧啶核苷肽型新抗生素，能够破坏病毒体内蛋白质结构，抑制病毒体内蛋白质的合成，使病毒丧失克隆复制传播的能力。该药剂兼具预防和治疗作用，在烟草花叶病毒病、番茄病毒病、辣椒病毒病等防治上取得了登记。

**(2) 20%苦参碱硫黄氧化钙水剂**

该制剂是一种从纯中草药提取的有效活性成分中添加多种活性矿物质获得的新型植物抗病毒制剂。该制剂对众多作物的多种病毒病有效，还能给植物提供所需的钙元素，刺激植物生长和防治蔬菜、瓜果的生理性裂果病。

**(3) 氨基寡糖素**

该制剂不仅能阻碍病毒粒互相结合，还具有细胞活化作用，有助于受害植株的恢复，促根壮苗，增强作物的抗逆性。氨基寡糖素还可与植物免疫诱抗蛋白混合使用（如6%寡

---

[①] 这类抗病毒药剂并非严格意义上的生物农药，更合适的归属是生物化学农药或生物源农药，与化学农药的登记方式一致。

糖·链蛋白可湿性粉剂)，当制剂中的植物免疫诱抗蛋白接触植物表面后，可以与植物细胞膜上的受体蛋白结合，激活植物体内一系列相关功能酶，提高植物自身的抗病能力。

**(4) 葡聚烯糖**

该制剂是一种新型的植物诱抗剂，能有效钝化病毒，对多种病毒引起的病害有很好的防治效果。同时，该制剂也作为植物生长调节剂，能促进植物细胞活化，刺激生长。

**(5) 菇类蛋白多糖**

该制剂通过钝化病毒活性来有效地破坏植物病毒基因，抑制病毒复制，对由烟草花叶病毒等引起的病毒性病害有显著的防治效果。在病毒病发生前施用，可使植物形成良好的免疫。

**(6) dsRNA 核酸制剂**

利用 RNA 干扰技术抑制病毒的复制和传播，即通过引入特定靶标基因的双链 RNA 分子，干扰病毒的复制和传播过程，抑制病毒基因的表达，从而减轻病毒性病害。例如，该类制剂对小西葫芦黄花叶病毒病的防治效果可达 95%，显著降低植株的发病率，延迟植株发病时间。该类制剂的作用原理与自然界中卫星 RNA 对辅助病毒的抑制作用类似，可用于精准控害。

## 第三节 植物病毒性病害生物防治研究和应用案例

### 一、几种常见植物花叶病毒的生物防治

#### (一) 西瓜花叶病毒病的生物防治

西瓜花叶病毒(watermelon mosaic virus)感染西瓜植株后，会引起叶片变黄、变形、叶缘卷曲等症状，严重时还可能导致叶片枯死和植株凋谢。

该病害的一般生物防治策略为：①引入抗病品种。选择具有抗性或耐病性的西瓜品种进行种植，这是防治西瓜花叶病毒的首要措施。抗病品种能够降低病毒的感染率和病害的发生程度。②使用生物农药。如氨基寡糖素、芸苔素、赤霉素等。③采取虫害防治措施。采取综合虫害管理措施，控制传播病毒的媒介昆虫；合理使用生物农药进行喷洒，控制蚜虫、白粉虱等昆虫的数量和田间密度。

#### (二) 油菜花叶病的生物防治

油菜花叶病主要由芜菁花叶病毒(turnip mosaic virus)、黄瓜花叶病毒(CMV)，烟草花叶病毒(TMV)和油菜花叶病毒(youcai mosaic virus)引起。苗期主要症状为花叶和皱缩①，后期植株矮化，茎和果轴短缩，角果畸形②。

该病害的一般生物防治策略为：①施用生物农药。可用金龟子绿僵菌 CQMa421 微生

---

① 先从心叶显症，叶脉呈半透明状，由叶片基部向尖端发展，支脉和细脉呈显著的明脉。明脉附近逐渐褪绿，使叶片呈黄绿相间色斑，形成花叶，并伴随有皱缩、叶肉增厚、变脆。

② 茎秆上有黑褐色条斑，根、茎质脆开裂，分枝数减少，花蕾深黄不开放，角果畸形、数量减少，每果种子数减少或呈秕粒。

物农药来控制蚜虫的危害。②释放天敌防治媒介昆虫。可释放食蚜蝇、瓢虫等天敌对蚜虫进行捕食，以降低媒介昆虫数量。

### (三)豇豆病毒病的生物防治

豇豆病毒病主要由豇豆蚜传播的花叶病毒(cowpea mosaic virus)、黄瓜花叶病毒和蚕豆萎蔫病毒(broad bean wilt virus)等病毒引起，可单独侵染危害，也可多种病毒复合侵染。豇豆病毒病为系统性病害，叶片、花器、豆荚均可表现症状。叶片表现为黄绿相间或叶色深浅相间的花叶，也可出现叶面皱缩、叶片畸形、植株矮化等症状。花器表现为花朵稀少、花器畸形。豆荚表现为结荚率低、出现褐色坏死条纹、豆荚瘦小细短。幼苗期表现为花叶矮缩，新生叶片偏小、皱缩，甚至幼苗死亡。

该病害的一般的生物防治方法为：①利用天敌。保护利用自然天敌或人工释放天敌。苗期喷施生物农药压低虫源基数，施药 7 d 后释放食蚜蝇、瓢虫等防治蚜虫。释放天敌后做好病虫害监测，及时施药防治并注意保护天敌。②免疫诱抗。在苗期、伸蔓期和开花结荚期喷施氨基寡糖素等免疫诱抗剂，以提高植株抗病能力。

### (四)黄瓜花叶病毒病的生物防治

黄瓜花叶病毒病的病原为黄瓜花叶病毒、甜瓜花叶病毒(muskmelon mosaic virus, MMV)、烟草花叶病毒和南瓜花叶病毒(pumpkin mosaic virus, PMV)。黄瓜花叶病毒病在黄瓜的整个生育期都可发生，为系统性病害。幼苗期染病，子叶变黄枯萎，真叶表现为叶色深浅相间的花叶症状。成株期染病，症状在新出幼叶上表现最为明显①，老熟叶片症状不明显。果实表现为出现深浅绿色相间的花斑，染病后瓜条生长缓慢甚至停止，果表畸形。发病严重时，植株矮小、茎节间缩短、植株萎蔫(宋嘉伟等，2020)。

该病害的一般的防治方法为：①选用抗病品种。在无病植株上留种或培育具有抗病能力的新品种。②防治媒介昆虫。及时防治传播病毒病的媒介昆虫，在蚜虫、粉虱、蓟马发生初期，及时用药防治，防止传播病毒。

## 二、应用现代生物技术防治番木瓜 RNA 病毒

番木瓜(Carica papaya)被世界卫生组织列为最有营养价值的十大水果之一，目前产量年增长率达 4%，已成为第四大热带、亚热带畅销水果。以番木瓜环斑病毒(papaya ringspot virus, PRSV)和番木瓜畸叶嵌纹病毒(papaya leaf-distortion mosaic virus, PLDMV)为代表的植物病毒是番木瓜生产上的最大限制因子，不抗病的品种几乎绝产。PRSV 已经被中国、美国，以及大洋洲、南美洲、非洲、南亚、东南亚等国家和地区确认为毁灭性病害，造成番木瓜大幅减产。PLDMV 最早于 1945 年在琉球群岛发现，可侵染葫芦科和番木瓜科的作物。此病毒对番木瓜果实造成的病症与轮点病极为相似，20 世纪 90 年代以来，该病在日本危害非常严重。近年来，我国台湾和海南也有 PLDMV 发病的报道(Bau et al., 2004)。

PRSV 和 PLDMV 病毒均属于马铃薯 Y 病毒 Potyviridae 科，为单链正义 RNA 病毒，由蚜虫传播(张雨良等，2013)。现有种植的番木瓜属 35 个品种都没有找到抗病种质，仅有

---

① 表现为在新出叶片上出现黄绿相间的花叶症状，叶片成熟后叶小、皱缩、边缘卷曲。

几种野生型番木瓜(如 Carica cauliflora、Carica pubescens 和 Carica quercifolia)对 PRSV 存在抗性,但它们与现有种植品种存在杂交不亲和,无法用于杂交育种。番木瓜的种植目前涉及 PRSV 的检疫以及在种植过程中减少该病毒的感染。这些措施包括限制番木瓜苗的流动、果园监控以及迅速清除受感染的树体等,但是这些措施只能在发病率低的地区应用。在物理和化学防治措施效果不佳及抗性品种缺乏的情况下,现代生物技术被大量引入番木瓜的防治工作,如转基因番木瓜,它的抗病性主要是由 RNA 所诱导的后转录基因沉默(RNA-mediated post-transcriptional gene silencing, PTGS)所致,即 RNA 干扰。迄今为止,被实际应用的番木瓜抗病毒基因都来自病毒本身的基因,如编码病毒外壳蛋白、复制酶、核酶(ribozyme, Rib)、辅助成分-蛋白酶(helper-component proteinase, HC-Pro)等基因,其中外壳蛋白基因和复制酶基因的运用较为成功(赵辉等,2017)。例如,1990 年首例转 PRSV 外壳蛋白(coat protein, CP)基因番木瓜问世,目前已实现商业化应用。

### (一)转基因表达病毒蛋白的应用

**(1) PRSV 和 PLDMV 外壳蛋白基因的转化**

外壳蛋白是病毒粒的结构蛋白。它的功能包括将病毒基因组核酸包被起来,保护核酸,与寄主互相识别,决定寄主范围等,但无致病性。PRSV 外壳蛋白基因的转化开创了番木瓜抗病毒基因工程育种的先河。该策略是将病毒的外壳蛋白基因进行克隆和重组,然后将重组的 CP 基因转化到植物细胞内,所表达的 CP 蛋白可激活植株免疫系统,从而使转基因植物获得抗病毒的能力。第一个转基因番木瓜品种是利用胚性愈伤组织进行基因枪转化夏威夷 PRSV 毒株的 CP 基因得到的。在 PLDMV CP 基因的转化方面,目前有与 PRSV YK 株系部分 CP 基因的共转化双抗转基因品系(Kung et al., 2009)。由于 CP 基因介导的抗性具有一定的广谱性,转基因番木瓜对同属病毒均表现一定的抗性,但在应用上还有局限性:PRSV CP 介导的抗性主要作用在病毒侵染早期,具有推迟发病和减轻症状的优点,但抗性水平较低;转基因表达的 CP 能包被异源病毒 RNA,从而使原本不能蚜传的病毒可能被蚜虫传播;一种病毒 CP 基因的植物表达产物可能包装另一种病毒或其他致病因子的基因组,从而形成一种新的致病因子。

**(2) PRSV 复制酶基因的转化**

复制酶(replicase, RP)即特异性依赖于病毒 RNA 的 RNA 聚合酶,是病毒基因组编码的自身复制不可缺少的部分,特异地合成病毒的正负链 RNA。利用 PRSV 的复制酶基因构建人工抗性基因转化植物获得抗病毒植株,是抗 PRSV 番木瓜生物技术育种的又一重要进展。早在 1996 年我国研究人员就对 PRSV 的复制酶基因进行了克隆和转化番木瓜的研究。研究人员将 PRSV-Ys 株系的复制酶基因转化入番木瓜中,转化植株对 PRSV 多个毒株表现高抗,在定植田间期间,转基因植株无一发病。与 CP 基因介导的抗性相比,病毒复制酶基因所介导的抗性较强,即使对转基因植株使用高浓度的病毒或其 RNA,抗性仍然明显。转 PRSV RP 基因植株的抗性特点是:抗性强且专一,持续时间长,但抗性范围狭窄,一般仅对提供复制酶基因的亲本病毒株系有很强抗性,而对那些与亲本株系同源性差的病毒株系不表现抗性。

**(3) 辅助成分-蛋白酶基因的转化**

辅助成分-蛋白酶(HC-Pro)基因是一种多功能蛋白,参与病毒的蚜传、症状表达、基因组复制、抑制 RNA 沉默,在病毒侵染过程中发挥着毒性增强子的作用。转基因番木瓜的抗病性可以被同源性较远的病毒株克服,很可能与 PRSV 毒株通过 HC-Pro 运用基因沉默机制抑制转基因番木瓜抗性有关。利用 dsRNA 介导的 RNA 沉默抗病毒机制,通过 PRSV HC-Pro 基因同源 dsRNA 的原核表达系统,将 dsRNA 粗提液喷洒在番木瓜植株上进行保护性处理和治疗性处理,能有效诱发对 PRSV 的抗性,表现为发病率低,发病时间晚,治疗性处理能在处理初期引起 PRSV 积累量发生短暂降低。构建 HC-Pro 基因片段 RNAi 高效干扰载体转化番木瓜也是有效的 PRSV 防治方法。HC-Pro 通过 RNAi 转基因技术使番木瓜提前获得 HC-Pro 基因表达沉默因子,能从传播、病毒转移和复制上抑制 PRSV 的危害。此外,通过营养与其他非生物因子的调节能使植物产生新的沉默机制以对抗病毒的攻击。

(4) PRSV 核酶基因的转化

核酶(ribozyme)是一类具有生物催化活性的 RNA 分子,能有效地催化切割靶 RNA,为动植物病害防治开辟了一条新途径。早在 1998 年我国研究人员采用农杆菌介导转化将 Rib 基因导入番木瓜细胞的核基因组中,核酶基因在转基因植株中获得了表达,使转基因番木瓜植株对 PRSV 具有一定的抗性。在病毒接种试验中,转基因番木瓜植株仅比非转基因植株晚 3~5 周出现症状。这可能是核酶的表达量不够,或核酶在植株体内不够稳定,导致数量减少和抗病效果减弱,需要对调控核酶基因序列和核酶基因本身序列进行改造等。但至今核酶在番木瓜上的应用研究还很少。

### (二) RNA 介导的抗 PRSV 和 PLDMV 基因工程的研究

RNA 沉默是一种依赖核酸序列特异性的 RNA 降解过程,是动物、植物抵抗病毒等外源核酸的一种保守防御机制。植物中 RNA 沉默亦称为转录后基因沉默或共抑制,是植物抵抗外来病毒入侵,并保护自身基因组完整性的一种防御机制,称之为 RNA 介导的病毒抗性。在自然界有机体中,RNA 干扰的两大主要功能是防御病原体(siRNA)和内源性基因的调控(miRNA)。双链 RNA 分子被认为是最适宜的 RNA 沉默启动者。科研者通过构建反向重复 IR 序列 siRNA 的前体 dsRNA 能够显著提高转基因植物的抗性。一般来说转病毒单链正义或者反义基因赋予植物的病毒抗性只有 20% 左右,但是转入能够产生 dsRNA 的 IR 序列的植物对病毒的抗性却高达 90%。研究中发现由转外壳蛋白基因介导的抗性不仅仅和外壳蛋白有关,还和 RNA 介导的抗性有关,即高水平或者是广谱的植物病毒抗性是由外壳蛋白和 RNA 干扰共同引起的。

RNA 介导的抗性与蛋白质介导的抗性有着明显的不同,它仅依靠转基因的 RNA 转录,而不需要病毒基因编码表达的蛋白质,故具有较高的生物安全性。同时,其抗性表现与接种物的剂量无关,类似于免疫,更为高效。RNA 介导的抗性只需病毒 RNA 序列与靶序列同源,允许部分位点的突变甚至缺失,并且伴随着 dsRNA 的产生而产生,这种 dsRNA 是与沉默基因的正义或反义 RNA 高度同源性的,但当转基因序列和病毒基因序列的非同源性高于 10% 的时候,转基因就很难赋予植物抗病性。为了获得广谱的病毒抗性,通过附加更多的病毒相关序列扩展转基因结构,能够使转基因植物获得更为广谱的抗性。因此,利用 RNA 介导的抗性培育广谱、高抗性的抗 PRSV 番木瓜新品系,在理论上是可行的,而且在实际生产中具有十分重要的经济意义。

## （三）PRSV 交叉保护措施的运用

交叉保护措施主要涉及用温和的病毒株系在番木瓜苗移栽到果园前进行接种。例如，利用诱变技术，将一种来自夏威夷的甲氮突变型株系（PRSV HA5-1）用作这种免疫接种剂使用，在美国夏威夷地区取得成功，而在泰国结果并不理想。因此，利用 PRSV HA5-1 进行保护的程度是可变的，并且依赖于其应用的地理区域。温室评价表明，预先接种 PRSV HA 5-1 的品种仍受到来自 11 个地区的 PRSV 的侵染，说明利用 PRSV HA 5-1 进行免疫交叉保护的方法不能用作强有力的保护措施。此外，交叉保护存在的缺点还包括突变株在寄主内的反效作用，在其他作物上的传播，以及回复突变等。

## （四）CRISPR 基因编辑技术的运用

利用基因工程技术改良作物，使其具备抗病毒能力，也是一个有潜力的研究方向。相较于 RNA 干扰技术侧重内源基因活性表达的研究，CRISPR/Cas9 为代表的基因编辑技术侧重开展一个或几个基因复杂调控系统的研究。CRISPR/Cas9 基因编辑技术是目前生物技术领域的明星技术，自 2012 年问世以来，相关研究如雨后春笋。该技术在动植物细胞的基因组定点修饰、单基因遗传疾病的基因治疗、基因功能研究甚至机理研究中起到越来越重要的作用。

目前已经证明 CRISPR/Cas9 系统对植物 DNA 病毒存在抑制作用，烟草中表达 Cas9/sgRNA 能够有效抑制番茄黄化卷叶病毒（单链 DNA 病毒）在烟草细胞中的侵染和复制，对于植物双生病毒，sgRNA 靶向病毒复制起始位点区对病毒侵染抑制效果比靶向 CP 或者 Rep 编码区的抑制效果更强。我国研究者在拟南芥和烟草中表达 Cas9/sgRNA，验证了其对甜菜曲顶病毒（单链 DNA 病毒）的抑制作用，并发现在 sgRNA 的引导下，Cas9 能够引起植物病毒多个关键功能区（如 IR 区）核苷酸序列的删减或突变，而这种作用对菜豆黄矮病毒（单链 DNA 病毒）同样有效，体现了该系统对植物 DNA 病毒的作用能力具有普遍适用性。但 CRISPR 系统对 RNA 病毒的反应体系尚未成熟，植物抗 RNA 病毒的研究尚未开展。在众多 Cas9 酶中有个 FnCas9 具有切割 RNA 分子的作用。由于 RNA 病毒是植物病毒病的主要类型，在植物细胞上建立 CRISPR/FnCas9 抗 RNA 病毒的成熟系统，将是推进植物抗病育种策略的重要举措。

随着科技的进步和研究的深入，生物防治技术在病毒性病害控制中的应用前景非常广泛。通过对具有抗病毒能力的天敌的筛选和培育，可以开发出更加高效的生物防治产品。此外，利用 CRISPR 系统可直接作用于植物病毒，以及寄主的互作基因，结合两种育种策略能达到理想的抗病效果；利用 CRISPR 系统的 sgRNA 识别序列能同时靶向多个基因位点的特性，研究拓宽抗病毒的广谱性思路，以应对生产中病毒多种类、多株系共同侵染的问题，解决转基因抗病育种中抗性单一的问题。通过深入研究和持续创新，生物防治技术有望为解决病毒性病害问题提供可行的解决方案，并为农业生产的可持续发展做出贡献。

## 思考题

1. 植物病毒性病害常见的症状有哪些？
2. 植物病毒性病害有哪些生物防治方法？
3. 简述 dsRNA 在防治植物病毒病方面的优势。

# 第十三章

# 植物病原线虫生物防治

常见的植物病原线虫

线虫是陆地上种类丰富的低等动物，在土壤中多样性最高。线虫在生境中参与多种物质循环，为生态系统的稳定发挥着重要作用。其中，少数线虫可以寄生植物体且引发病害，即植物病原线虫①，对全球的粮食安全和植物健康构成了巨大威胁，据估计，年均造成经济损失超过万亿。例如，农业上的根结线虫（root-knot nematodes，*Meloidogyne* spp.）和胞囊线虫（cyst nematodes、*Globodera* 和 *Heterodera*）、林业上的松材线虫（*Bursaphelenchus xylophilus*）等，发生范围大，防治手段有限，控制效果不理想。早期使用的杀线剂多为高毒、高残留的化学合成农药（如呋喃丹等），尽管有效，但由于存在严重的环境污染等问题而被逐步禁用，导致市场对于新型环境友好的杀线剂需求旺盛，为开发防治植物病原线虫的生物农药创造了条件。目前，用于线虫生物防治的策略分为两大类：一类是通过拮抗、捕食、寄生等作用控制环境中的线虫种群；另一类是通过植物抗性防止植物病原线虫的侵染。此外，开发生物源具有杀线虫活性的成分也是一大研究热点，目前已发现数百种来源于微生物和植物的线虫毒性成分，但严格意义上讲，这些并非生物防治。对于植物线虫病的防治，单一措施很难达到很好地控制效果，往往需要采取多种技术组合的综合治理防治措施进行管理。本章侧重介绍可用于植物病原线虫防治的微生物菌种资源及其应用。

## 第一节　食线虫微生物②

环境中以微型线虫作为营养来源的微生物种类繁多，包括真菌、卵菌、细菌等。这些微生物进化出不同的作用方式，例如，食线虫真菌（nematophagous fungi）可形成捕食线虫的特化结构；一些腐生型真菌可以利用孢子和侵入钉（penetration peg，一种特化菌丝）穿透处于卵、胞囊、根结线虫的雌虫等的表层结构，并在线虫假体腔中大量增殖，最后破坏组织和器官导致线虫死亡。目前，已有700余种食线虫真菌种类被报道，分布在不同的门

---

① 植物病原线虫数据库（nematode.org.cn）。
② 本节介绍的食线虫微生物是指利用线虫为养分的菌种，包括捕食和寄生关系。

类中(表13-1)。这类真菌根据取食线虫的方式可细分为捕食线虫真菌、内寄生真菌(endo-parasitic fungi)、卵寄生真菌(egg-parasitic fungi)和产毒真菌(toxin-producing fungi)。

表13-1 食线虫微生物主要种类

| 类别 | 菌种学名 | 特化结构 |
|---|---|---|
| 捕食线虫真菌 | *Arthrobotrys oligospora* | 黏性菌网 |
| | *Arthrobotrys conoides* | |
| | *Arthrobotrys musiformis* | |
| | *Arthrobotrys superba* | |
| | *Dactylellina haptotyla* | 黏性球/非收缩环 |
| | *Drechslerella stenobrocha* | 收缩环 |
| 内寄生真菌 | *Harposporium anguillulae* | 内吞孢子 |
| | *Harposporium cerberi* | |
| | *Drechmeria coniospora* | 黏性孢子 |
| | *Haptocillium balanoides* | |
| | *Hirsutella rhossiliensis* | |
| | *Hirsutella minnesotensis* | |
| | *Nematoctonus concurrens* | — |
| | *Nematoctonus haptocladus* | |
| | *Catenaria anguillulae* | 游动孢子 |
| | *Haptoglossa heterospora* | |
| | *Myzocytiopsis glutinospora* | |
| | *Myzocytiopsis vermicola* | |
| | *Myzocytiopsislenticularis* | |
| | *Myzocytiopsis humicola* | |
| | *Nematophthora gynophila* | 游动孢子 |
| 卵寄生真菌 | *Pochonia chlamydosporia* | 附着胞 |
| | *Paecilomyces lilacinus* | |
| | *Lecanicillium psalliotae* | |
| | *Lecanicillium lecanii* | |
| 产毒真菌 | *Pleurotus ostreatus* | — |
| | *Coprinus comatus* | |

这些真菌不但具有保护植物的功能,也被开发用于牲畜消化道寄生线虫的防治。有些寄生真菌的生防菌(如木霉)也具有卵寄生能力,可以用于植物病原线虫的防治。土壤中常见的丛枝菌根真菌(*Glomus* spp.)和植物内共生真菌(*Acremonium* spp.)等通过拮抗等作用降低线虫侵染,并能促进植物的生长。除了真菌,食线虫细菌也不少,多集中在芽孢杆菌、假单胞菌和巴斯德菌(*Pasteuria* spp.)。除了巴斯德菌是线虫专性内寄生菌外,其余多为机会型病原,通过产毒等方式作用于接触的线虫。

## 一、捕食线虫真菌

这类真菌据估计形成于距今4亿~5.2亿年前,以腐生形式生活在土壤中,其显著特征是形成捕食线虫的特化结构。已知的100余种捕食线虫真菌分布于子囊菌门圆盘菌目(Orbilia),其中54种在 Arthrobotrys 属[代表种:少孢节丛孢(Arthrobotrys oligospora)],28种在 Dactylellina(代表种:Dactylellina haptotyla),14种在 Drechslerella(代表种:Drechslerella stenobrocba),形成黏性菌网(adhesive networks)、黏性球(adhesive knobs)、收缩环(constricting rings)和非收缩环(nonconstricting rings)结构捕捉线虫。通过对编码特化结构的基因系统进化分析,分子鉴定结果与捕食结构的形态分类一致,说明可以作为捕食性真菌的分类依据,区别于传统真菌形态分类主要依据繁殖体孢子形态特征。

## 二、内寄生真菌

链壶菌侵染松材线虫

这类真菌有别于捕食性真菌,腐生能力有限,通常在土壤中不形成菌丝体结构,导致此类真菌的应用受限。常见的有子囊菌中的圆锥掘梅里霉(Drechmeria coniospora)、Harposporium anguillulae、洛斯里被毛孢(Hirsutella rhossiliensis),以及担子菌中的 Nematoctonus concurrens。这些真菌产生内吞孢子(ingested conidia)和黏性孢子(adhesive conidia)侵染寄主线虫。卵菌中的 Myzocytiopsis spp. 和链壶菌(Lagenidium spp.)能产生游动孢子来寄生线虫。其中,圆锥掘梅里霉相关研究较多,此菌可大量产生黏性孢子(平均每头线虫产1万个孢子),通过黏性孢子附着于线虫体表,侵入虫体后通常3 d左右就可以再次产孢,感染新寄主。

## 三、卵寄生真菌

这类真菌都属于子囊菌门麦角菌科,与昆虫病原真菌绿僵菌进化关系较近,部分可与植物形成内共生关系,且具一定腐生能力。例如,虫草菌目中的淡紫拟青霉①(Paecilomyces lilacinus)和刀孢蜡蚧菌(Lecanicillium psalliotae)可通过附着胞形成来侵入线虫的卵和静止型的雌虫。卵菌中的 Nematophthora gynophila 则可利用游动孢子侵入。由于线虫的卵壳多以几丁质和蛋白成分为主,这类真菌通常产生大量胞外水解酶分解卵壳。

## 四、产毒真菌

这类真菌能产生毒素麻痹线虫,使其静止,之后产生侵入菌丝,有别于内寄生真菌通过黏性孢子的侵入途径。目前已报道的280余种产毒真菌主要分布在担子菌门,如 Pleurotus ostreatus 和 Coprinus comatus。这些真菌产生具有杀线活性的200多种毒素,包括生物碱、多肽类、萜类、大环内酯类、氧杂环类、苯并化合物、醌类,脂肪族化合物,芳香族化合物和甾醇(表13-2)。这些毒素成分具有潜在替代化学杀线剂成分的价值。

---

① 淡紫拟青霉对南方根结线虫(Meloidogyne incognita)、长尾刺线虫(Belonolaimus longicaudatus)、肾形线虫(Rotylenchulus reniformis)、白色球胞囊线虫(Globodera pallida)、穿刺线虫(Tylenchulus spp.)、胞囊线虫(Globodera spp.)和珍珠线虫(Nacobbus spp.)有很强的寄生能力。

表 13-2 主要来源于微生物和植物的杀线虫活性成分种类

| 类别 | 来源 | 活性成分种类 |
| --- | --- | --- |
| 聚酮类 | *Streptomyces avermitilis* | avermectin、tenvermectin、ivermectin |
| | *Stemona parviflora* | phenanthrene、parviphenanthrine、stilbostenin |
| | *Arisaema erubescens* | flavone-C-glycoside、schaftoside |
| | *Tagetes patula* | patuletin |
| | *Stellera chamaejasme* | bioflavonoids、isoneochamaejasmin、chamaejasmenin |
| | *Daphne acutiloba* | daphnodorins、daphneone、daphneolon |
| | *Lemna japonica* | C-glycoside luteolin 6-C-(2″-O-trans-coumaroyl-D-malate)-$\beta$-glucoside |
| | *Rheum emodi* | anthraquinone、chrysophanol、physcion、emodin |
| | *Annona squamosa* | annonaceous acetogenins |
| | *Fumaria parviflora* | nonacosane-10-ol |
| | *Persea indica* | majorynolide |
| | *Artemisia absinthium* | thiophene |
| | *Echinops grijsii* | echinothiophene、dithiophene、arctinal |
| | *Echinops latifolius* | bithiophene dimers, echinbithiophene dimers |
| | *Adenophyllum aurantium* | thiophene $\alpha$-terthienyl |
| | *Paecilomyces* spp. | cerebroside |
| | *Gliocladium roseum* | alkaline resorcinol、5-N-heneicosylresorcinol |
| | *Pochonia chlamydosporia* | aurovertin |
| | *Magnaporthe grisea* | (R)-pyricuol |
| | *Sanghuangporus* sp. | Phelligridin、3,14′-bihispidinyl |
| | *Aspergillus welwitschiae* | $\alpha\beta$-dehydrocurvularin |
| | *Fusarium oxysporum* | gibepyrone |
| | *Xylaria grammica* | grammicin |
| | *Alternaria* sp. | aternariol 9-methyl ether |
| | *Pseudobambusicola thailandica* | deoxyphomalone |
| | *Streptomyces albogriseolus* | fungichromin |
| | *Streptomyces* sp. | spectinabilin |

(续)

| 类别 | 来源 | 活性成分种类 |
|---|---|---|
| 萜类 | *Lavandula luisieri* | necrodane monoterpenoids |
| | *Artemisia dubia* | Sesquiterpene、1b,2adihydroxyeudesma-4(15),11(12)-dien-13-oic acid methyl ester |
| | *Artemisia annua* | artemisinin |
| | *Heterotheca inuloides* | cadinene |
| | *Liriope muscari* | sesquiterpene glucosides |
| | *Pulicaria insignis* | eudesmane sesquiterpene glycoside、pulisignoside C |
| | *Trichoderma* spp. | trichothecene |
| | *Myrothecium verrucaria* | macrocyclic trichothecene |
| | *Leonotis leonurus* | leoleorins |
| | *Aristolochia tuberosa* | 8-epidiosbulbin $E$ acetate |
| | *Botryosphaeria* spp. | tetranorlabdane diterpenoid |
| | *Oidiodendron* spp. | oidiolactone D |
| | *Cordia latifolia* | monoterpene cordinol |
| | *Pulsatilla koreana* | triterpenoid saponin、hederoside、raddeanoside |
| | *Lantana camara* | triterpene、lancamarolide |
| | *Galinsoga parviflora* | ursolic acid |
| | *Evodia rutaecarpa* | limonoids、evodol |
| | *Sicyos bulbosus* | saponin |
| | *Dichapetalum gelonioides* | dichapetalins |
| 甾类 | *Galinsoga parviflora* | $\beta$-sitosterol |
| | *Fumaria parviflora* | steroid |
| NRPS/NRPS-PKS | *Talaromyces thermophilus* | thermolide、pyranoindole |
| | *Ophiosphaerella* | cyclic lipodepsipeptide、ophiotine |
| | *Ijuhya vitellina* | nonapeptide peptaibols |
| | *Trichothecium roseum* | trichomide D |
| | *Trichoderma longibrachiatum* | cyclodepsipeptide |
| | *Fusarium bulbicola* | cyclichexdepsipeptide mycotoxin beauvericin |
| | *Eurotium cristatum* | indolediketopiperazine isovariecolorin |
| NRPS/NRPS-PKS | *Bacillus amyloliquefaciens* | dipeptide cyclo(D-Pro - L-Leu) |
| | *Pseudomonas putida* | cyclo(L-Pro - L-Leu) |
| | *Xenorhabdus budapestensis* | rhabdopeptides |
| | *Streptomyces* spp. | teleocidin |
| | *Chaetomium globosum* | chaetoglobosin A (ChA) |

(续)

| 类别 | 来源 | 活性成分种类 |
| --- | --- | --- |
| 生物碱 | *Evodia rutaecarpa* | evodiamine |
| | *Fumaria parviflora* | *cis*- & *trans*-protopinium |
| | *Aristolochia tuberosa* | aristololactam |
| | *Cephalotaxus fortune* | drupacine |
| | *Stemona parviflora* | 3$\beta$-*N*-butylstemonamine |
| | *Triumfetta grandidens* | 4-quinolone alkaloids waltheriones |
| | *Orixa japonica* | pyrrolidine alkaloid |
| | *Adenophyllum aurantium* | allantoin |
| | *Gymnoascus reessii* | indoloditerpenoid、gymnoascole acetate |
| | *Pochonia chlamydosporia* | ketamine |
| | *Serratia marcescens* | prodigiosin |
| | *Streptomyces* spp. | fervenulin |
| 氨基酸衍生物 | *Clausena lansium* sp. | neoclausenamide |
| | *Ophiosphaerella* sp. | xanthomide |
| | *Fusarium oxysporum* | indole-3-acetic acid（IAA） |
| | *Streptomyces* spp. | jietacin |
| | *Wauterseilla falsenii* | 1*H*-indole-3-carboxaldehyde |
| 芳香族及其衍生物 | *Cordia latifolia* | phenylpropanoid |
| | *Rubus niveus* | 3,5-dihydroxy benzoic acid |
| | *Galinsoga parviflora* | 4-hydroxybenzoic acid |
| | *Melia azedarach* | phenolic acids |
| | *Artemisia annua* | caffeic acid |
| | *Oidiodendron* sp. | 4-hydroxyphenylacetic acid（4-HPA） |
| | *Rubia* spp. | quinone derivative rubiasin D |
| | *Aquilaria sinensis* | methyl（*Z*）-p-coumarate |
| | *Notopterygium incisum* | columbianetin |
| | *Petroselinum crispum* | furanocoumarins、xanthotoxol |
| | *Ficus carica* | psoralen |
| 芳香族及其衍生物 | *Stellera chamaejasme* | umbelliferone |
| | *Punica granatum* | tannins, punicalagin |
| | *Eucalyptus exserta* | 1,3,8,9-tetrahydroxydibenzo pyran-6-one |
| | *Chaetomium globosum* | flavipin |
| | *Sparassis latifolia* | sparassol |

(续)

| 类别 | 来源 | 活性成分种类 |
|---|---|---|
| 芳香族及其衍生物 | *Streptomyces* sp. | aromatic isocoumarin |
| | *Bacillus* sp. | 4-oxabicyclo [3.2.2] nona-1(7),5,8-triene |
| 有机酸 | *Aspergillus japonicus* | 1,5-dimethyl citrate hydrochloride ester |
| | *Aspergillus oryzae* | kojic acid |

捕食线虫的真菌一般通过吸引/识别、附着、穿透、酶解等步骤完成整个侵染过程。侵染早期阶段的吸引/识别涉及了真菌与线虫之间一系列的形态、生理和生化上的交互作用。捕食线虫的真菌菌丝及其培养滤液对线虫具有吸引力（Li et al., 2015）。例如，松材线虫的内寄生真菌伊氏杀线真菌（*Esteya vermicola*）能产生类似松树挥发性物质——单萜（α 蒎烯和 β 蒎烯）和萜类（樟脑）的有机物来吸引寄主。真菌识别线虫的方式目前并不清楚，可能通过识别线虫产生的信号物质，如发现一种线虫产生的信号物质 nemin 可引发少孢节丛孢形态转变，产生捕食性结构。早期研究认为，真菌的外源凝集素 lection 具有识别功能，但最新研究表明，凝集素主要帮助真菌黏附线虫体表，且并非唯一具有此功能的物质。当敲除凝集素合成基因后，真菌仍能捕食线虫，说明还有其他挥发性成分具有相似功能，如含 CFEM、GLEYA 结构的蛋白。在侵入线虫的过程中，真菌会产生多种胞外酶，主要有丝氨酸蛋白酶、胶原酶、几丁质酶等，用于分解线虫表皮和卵壳①。其中，丝氨酸蛋白酶研究的最多，已有超过 20 种被纯化。这些蛋白酶可分为两大类：一类是中性种类，多为捕食线虫真菌分泌；另一类是碱性种类，为线虫寄生真菌产生。不同丝氨酸蛋白酶的降解活性有所差异，可以通过遗传操作将高效降解酶整合到生防菌种中表达来提高其杀线毒力。这类真菌基因组中还出现了大量糖基水解酶（glycosyl hydrolase, GH）家族基因。这类基因在食线虫真菌中发挥着重要作用，例如，几丁质酶属于 GH18 家族，在线虫寄生真菌遭遇寄主时被显著表达，降解线虫表皮中的几丁质。

线虫与微生物的关系复杂，环境中以菌为食的线虫也并不少见，例如，松材线虫常取食松木内的蓝变菌。有研究者探索通过遗传操作令植物病原线虫的取食对象带毒。如异源表达杀线虫的功能蛋白，利用线虫的取食行为来控制线虫的种群密度，也是一个不错的防治思路。

## 第二节　生物源杀线活性成分

不少生物包括非食线虫微生物和植物会产生具有杀线功能的活性成分，如致孔蛋白、水解酶、真菌毒素、抗生素、挥发物、有机酸等，是控制植物病原线虫的可开发资源。需要指出的是，部分活性成分对非靶标生物具有高毒性，严格意义上讲，并不能归属生物农药。

---

① 卵壳中有 40% 的几丁质成分。

## 一、致孔蛋白

致孔蛋白可在细胞膜上形成跨膜结构,胞内成分可利用孔隙扩散流失,导致细胞去极化并死亡。苏云金芽孢杆菌产生具有杀线的作用 Cry 晶体蛋白,如 Cry1、Cry5、Cry6、Cry12、Cry13、Cry14、Cry21 和 Cry55,部分已投入实际使用。这类致孔蛋白具有选择性,能与线虫肠道细胞上的特异性受体结合,诱发肠道细胞凋亡、破损,最终导致线虫死亡。例如,Cry6Aa2 表现对秀丽隐杆线虫的高致死活性,半致死浓度($LC_{50}$)为 18.50 μg/mL,对北方根结线虫二龄幼虫(J2)的 $LC_{50}$ 值为 71.08 μg/mL。同时,Cry6Aa2 还通过抑制线虫生长、降低虫体大小等方式来控制线虫繁衍。部分致孔蛋白分子质量过大(50~140 kDa),很难通过狭小的线虫口针①,阻碍了蛋白进入线虫体内作用于肠上皮细胞,使其效果不彰显。

近期还发现虫霉亚门暗孢耳霉所产生的类 Cyt 蛋白具有杀线功能。CytCo 蛋白分子质量较小,仅 22 kDa,被松材线虫取食后可导致细胞凋亡或坏死、肠壁剥离,致死线虫,并呈现剂量效应。在致死浓度下表现急毒作用,40 μg/mL 蛋白处理 24 h 后,松材线虫二龄幼虫以及成虫死亡率达 97%~98.8%。在亚致死浓度下则影响线虫运动、代谢和生殖等生理活动,平均每条雌虫产卵不足 1 个,摆动频率降至每分钟 1 次,孵化率降至 17.3%(Zhou et al.,2021)。转录组学分析结果也说明 CytCo 毒蛋白在亚致死浓度对线虫有致衰作用,代谢和生殖发育相关基因的表达出现大幅下调(Chen et al.,2021)。

杀线蛋白诱发松材线虫细胞凋亡

## 二、聚酮类化合物

自然界中聚酮及其衍生物是由聚酮合酶合成的低级羧酸缩合形成的天然产物,往往具有丰富的结构多样性和重要的病虫害防治功能。代表性的成分如由阿维菌素链霉菌(*Streptomyces avermitilis*)发酵产生的阿维菌素(avermectin)。这类十六元大环内酯类的抗生物质在过去 30 年中广泛用作杀虫剂、杀螨剂和杀线剂。通过工程菌和基团改造等方式可以挖掘出新的结构式,如天维菌素(tenvermectin)、米尔倍霉素(milbemycin)、双氢除虫菌素(ivermectin)等,避免因抗性而失效的风险。其中,天维菌素对松材线虫的 $LC_{50}$ 值低至 1.95 μg/mL。在这些化合物中,发现结构中缺乏呋喃基团的种类杀线活性不高。阿维菌素的衍生物甲维盐对松材线虫的 $LC_{50}$ 值低于 1.00 μg/mL,目前在松材线虫病预防上广泛应用,效果理想。从拟青霉中发现脑苷脂(cerebroside)对松材线虫有效。提取自白浅灰链霉菌(*Streptomyces albogriseolus*)的喷他霉素(fungichromin)对根结线虫的 $LC_{50}$ 值为 7.64 μg/mL。另一种从链霉菌中分离的含硝基苯的聚酮化合物 spectinabilin 对松材线虫的 $LC_{50}$ 值低至 0.84 μg/mL。

植物中含有多种杀线和抑制线虫功能的聚酮类活性成分,例如,苯并芘(phenanthrene)及其衍生物用于根结线虫的防治,半抑制浓度($IC_{50}$)低至 2.05 μmol/L。从尖瓣瑞香中提取的 biflavonoid daphnodorins 在 25 μg/mL 浓度下可导致 40.2%~70.6% 的根结线虫

---

① 甜菜胞囊线虫(*Heterodera schachtii*)仅能吸收质量小于 28 kDa 的分子。

死亡。从狼毒(*Stellera chamaejasme*)中提取的 chamaechrome 对拟松材线虫(*Bursaphelenchus mucronatus*)表现高毒力,$LC_{50}$ 值仅 0.003 μmol/L,但对松材线虫毒力有限,这可能与两种线虫的代谢和吸收能力上的差异有关。从番荔枝上发现的蒽醌(anthraquinone)类化合物番荔枝内酯(annonaceous acetogenin)对根结线虫也表现活性,且对松材线虫的毒力 $LC_{50}$ 值达 0.006~0.048 μg/mL。从中药材羌活(*Notopterygium incisum*)中发现的 falcarindiol 对松材线虫和根结线虫的 $LC_{50}$ 值为 2.20 μg/mL 和 1.08 μg/mL。从苦艾中提取的噻吩(thiophene)类化合物对根结线虫处理 24 h 的 $LC_{50}$ 值低至 2.69~7.65 μg/mL。从菊科蓝刺头(*Echinops latifolius*)中发现的联二噻吩二聚物(bithiophene dimer)类化合物 echinbithiophene dimer 对根结线虫处理 48 h 的 $LC_{50}$ 值为 8.73 μg/mL(有光条件)和 9.39 μg/mL(黑暗状态)。

## 三、萜类和非核糖体多肽合酶

萜类化合物广泛存在于植物和微生物中,结构复杂且多样,存在大量双键,部分含内酯结构,具有多重生物活性。从牛尾蒿(*Artemisia dubia*)中分离的一种倍半萜 sesquiterpene 在 24 h 内对根结线虫的 $LC_{50}$ 值低至 38.43 μg/mL。来自木霉的一种单端孢霉烯 trichothecene 在 400 μg/mL 处理下可在 24 h 内导致 95%的秀丽隐杆线虫死亡。从疣孢漆斑菌(*Myrothecium verrucaria*)中分离的疣孢菌素对根结线虫的毒力 $LC_{50}$ 值低至 1.50~1.88 μg/mL。分离自细叶烟雾花(*Fumaria parviflora*)的类固醇在 200 μg/mL 处理下可在 24 h 内导致根结线虫二龄若虫全部死亡,5 d 内卵的抑制率达 90.3%。

由非核糖体多肽合酶(NRPs)等大型复合酶合成的微生物次生代谢物中也发现很多杀线功能的成分。例如,嗜热篮状菌(*Talaromyces thermophilus*)产生的 thermolide 类化合物对根结线虫等的 $LC_{50}$ 值低至 0.5~1.0 μg/mL。从一株海洋真菌——粉红单端孢上分离的破坏素 destruxin 对胞囊线虫的 $LC_{50}$ 值为 143.6 μg/mL。一种环缩酚酸肽类真菌毒素——白僵菌素 beauvericin 在 10 μmol/L 下对秀丽隐杆线虫具有杀线活性。分离自都柏林沙门氏菌(*Xenorhabdus budapestensis*)产生的 rhabdopeptides 在 48 h 内对根结线虫 $LC_{50}$ 值低至 27.8 μg/mL。

## 四、生物碱和其他

从三尖杉(*Cephalotaxus fortune*)中分离的三尖杉碱(drupacine)对松材线虫和根结线虫的 $ED_{50}$ 值分别低至 27.1 μg/mL 和 76.3 μg/mL。从细花百部中提取的原百部碱(protostemonine)和百部叶碱(stemofoline)对 *Panagrellus redivivus* 处理 24 h 的 $IC_{50}$ 值低至 0.1 μmol/L 和 0.46 μmol/L。从秃刺蒴麻(*Triumfetta grandidens*)中提取的 waltherione 对根结线虫处理 48 h 的 $EC_{50}$ 值低至 0.09~0.27 μg/mL;在 1.25 μg/mL 浓度下,卵孵化抑制率达 87.4%~91.9%。分离自链霉菌的氨基酸衍生物戒台霉素(jietacin)对秀丽隐杆线虫处理 24 h 的 $LD_{50}$ 值低至 0.27~0.80 μg/mL。*Rubia* spp. 中产生的芳香族衍生物 rubiasin 和萘醌对秀丽隐杆线虫的 $LC_{50}$ 值低至 8.50 μg/mL 和 9.44 μg/mL。

## 第三节　植物线虫病生物防治研究和案例

### 一、根结线虫的生物防治

根结线虫(Meloidogyne spp.)是静止型专性内寄生的植物病原,广泛分布,据报道约97种,危害几乎所有的维管植物。根结线虫表现明显的性别二型性,雌性呈梨形静止型,雄性为自由生活,而传播阶段为其幼体(J2),整个生命周期根据土壤环境条件在1个月左右。在最佳条件下,一只雌性可以产生200~500个卵,胚胎发生由卵转化为J1,留在卵壳内。第一次蜕皮后,J1变成J2,并进入土壤寻找寄主植物。利用自身化学感知,J2沿根系分泌物浓度梯度向寄主植物根部迁移。与植物交互作用中,J2穿透根,从皮质直接迁移到顶端分生组织部位,然后在维管束中向上移动,诱导特殊肥大的细胞(巨细胞)形成,利于根结线虫获取营养物质。这个过程中,线虫通过分泌效应蛋白(effector protein)等分子抑制寄主植物的免疫响应和防御。根细胞的异常增生导致不规则的生长,引起根结的形成,这是由根结线虫引起的根结病的一个独有特征。根结线虫危害5 500种农作物,减产率在10%~80%,年均造成全球农业损失达780亿美元,其中,最为严重的种类为Meloidogyne arenaria、大豆根结线虫(Meloidogyne incognita)、Meloidogyne javanica和北方根结线虫(Meloidogyne hapla)等(Khan et al.,2023)。

研究根结线虫的文献大多采用番茄植株,使用的生防菌以芽孢杆菌、巴斯德菌、假单胞菌、链霉菌等为主(表13-3)。其中,芽孢杆菌广泛分布于土壤,被认为是线虫重要的拮抗菌,可以通过产生活性次生代谢物来抑制线虫病的发生,如抑制J2活性、降低卵孵化率、利用蛋白酶和几丁质酶降解线虫。此外,已报道超过200种食线虫真菌对根结线虫有作用,它们的作用方式类似,主要通过线虫体壁穿透、降解和养分吸收,从而杀死线虫。木霉、拟青霉和轮枝孢等真菌被认为有应用潜力的线虫卵寄生菌。木霉属真菌对线虫的作用机制还包括激活或恢复因线虫效应分子所抑制的免疫功能、通过提高基因表达水平来增加抑制线虫的次生代谢物或酶产生、促进植物茉莉酸和水杨酸含量等(Pires et al.,2022)。

植物病原线虫之所以能危害植物与其成功定殖寄主有密切关系,其中各种效应因子的分泌发挥了关键作用。近年来,新型核酸农药dsRNA逐步兴起,为了进一步拓展应用,挖掘关键作用靶标分子成为研究热点,而线虫致病关键的效应蛋白作为潜在靶标日益受到关注(表13-4)。

### 二、松材线虫的生物防治

松材线虫(Bursaphelenchus xylophilus)隶属线虫门(Nemathelminthes)滑刃目(Aphelenchida)滑刃总科(Aphelenchoidoidae)滑刃科(Aphelenchoididae)伞滑刃属(Bursaphelenchus),取食针叶树种的薄壁细胞和枯死木中的腐生真菌(俗称蓝变菌)。松材线虫的生长周期包括繁殖和扩散两个阶段,繁殖型J2幼虫可形成扩散型三龄幼虫(DJ3),并移动到松树内蛀干害虫天牛的虫室和即将羽化的虫体内,通过媒介昆虫的取食和繁殖行为传播。松材线虫侵入松树后,运动到木质部并大量繁殖,在松树体内引起维管系统和树脂道破坏,影响植株水

**表 13-3　防治根结线虫的代表性生防微生物资源**

| 生防菌种 | | 植物 | 线虫种类 |
|---|---|---|---|
| 细菌类 | *Pasteuria penetrans* | 花生 | *Meloidogyne arenaria* |
| | *Cytobacillus firmus* | 黄瓜、番茄 | *M. incognita* |
| | *Bacillus velezensis* | 黄瓜 | |
| | *Bacillus thuringiensis*、*B. cereus*、*B. halotolerans*、*Cytobacillus kochii*、*B. pseudomycoides*、*B. pumilus*、*B. licheniformis*、*Pseudomonas aeruginosa*、*P. penetrans*、*Streptomyces antibioticus*、*Agrobacterium radiobacter*、*Lysinibacillus sphaericus* | 番茄 | |
| | *Burkholderia arboris* | 烟草 | |
| | *Pasteuria penetrans*、*Pseudomonas fluorescens*、*Bacillus safensis*、*Lysinibacillus fusiformis*、*Sphingobacterium daejeonense* | 番茄 | *M. javanica* |
| | *Bacillus altitudinis* | 茄子 | |
| | *Pasteuria penetrans* | 橄榄、甘蔗 | |
| 真菌类 | *Lecanicillium muscarium*、*Trichoderma harzianum*、*Pochonia chlamydosporia*、*Glomus* spp.、*G. mosseae* | 番茄 | *M. incognita* |
| | *Arthrobotrys oligospora*、*Glomus fasciculatum*、*Purpureocillium lilacinum*、*Trichoderma viride*、*T. harzianum* | 黄瓜 | |
| | *Pochonia chlamydosporia* | 鹰嘴豆 | |
| | *Trichoderma viride* | 水稻 | *M. graminicola* |

**表 13-4　根结线虫产生的关键致病相关效应蛋白**

| 线虫种类 | 寄主植物 | 效应蛋白：功能 |
|---|---|---|
| *Meloidogyne arenaria* | 番茄 | Hsp40(DnaJ)：寄主细胞重塑 |
| *M. incognita* | 拟南芥 | MiISE6：作用植物细胞核 |
| | | MiIDL1：诱发根结形成 |
| | | MiMIF：抑制 annexin 介导的植物免疫响应 |
| *M. javanica* | 大豆 | MjCM-1：造成 Auxin 生长素不足，改变植物细胞发育 |
| | 拟南芥 | MjTTL5：抑制植物免疫响应 |
| *Meloidogyne* | 拟南芥 | PLL18：类果胶酶，降解植物细胞壁 |
| *M. graminicola* | 水稻 | MgPDI：抑制植物 ROS 活性氧防御系统 |
| | | MgMO237：抑制寄主免疫响应 |

分传导，常年危害马尾松林、落叶松林、湿地松林以及少数非松属针叶树林等在内的林地，导致松树萎蔫病（pine wilt disease）。松材线虫病起源于北美洲，作为一种外来病害，自日本传入松材线虫病以来，其在东亚各地快速蔓延，造成巨大经济损失。我国在 1982 年首次于南京发现松材线虫病，由于主要本土树种（如马尾松、黑松等）都被认为对其易感，病害不断扩散传播，已在国内十多个省份造成大面积的松树死亡，累计致死松树上亿株。近年来，松材线虫的本土适生性逐步提高，发生范围逐年扩大，尤其不断向北方针叶林区扩展，最北已达辽宁。

针叶林主要分布于寒温带及中、低纬度亚高山地区的常绿或落叶针叶林。在北半球，针叶林从北纬 50°一直延伸到北纬 70°，几乎占据了欧亚大陆和北美大陆的整个北半部。我国森林资源素有"北松南竹"之分，可见松林资源的重要性。松材线虫病称为松树的"癌症"，其危害性不言而喻。尽管松材线虫病造成的损失还在可控范围内，但面临的风险从未降低，需要不断探索新技术和建立综合防控体系来防范重大灾害的发生。目前，松材线虫病防治主要在于抗性树种选育、病害检测、病情监测预警、疫木清除治理、化学药剂防治以及媒介昆虫控制等。抗性树种选育只适用于新栽松林的预防，不能对原有松林起到保护作用。清除疫木本身是为了控制传播源头，但在实际工作中出现了新的问题，例如利用疫木做成货物包装材料，反而借由运输工具将松材线虫转移到新区域，造成人为扩散。利用甲维盐或阿维菌素等生物源或仿生有效成分进行注干，作为松材线虫病的预防措施已大面积推广，在浙江等沿海省份应用成效明显，"打一针保三年"，但部分松林分布地区施工人员无法进入，且人工成本日益增高，是该技术推广面临的难题。近期，相关研究人员尝试改变剂型，可用于无人机喷洒作业，但松树表面对药剂成分的吸收能力远弱于注干后的效果，如若提高喷洒剂量又存在环境和生物安全风险。

目前，生防研究主要利用原生境中的捕食线虫微生物来控制病害发生，如节丛孢属真菌（*Arthrobotrys* sp.）、伊氏杀线菌（*Esteya vermicola*、*E. floridanum*）、细黏束孢（*Leptographium* spp.）等。其中，伊氏杀线真菌研究最多，该菌广泛分布于东亚、欧洲和南美洲，不仅可在松树内腐生，也可通过黏性的月牙形孢子侵染线虫，且在室内具有对松材线虫的高感染性和致死率。对其的应用方式目前还处在试验阶段，如通过喷雾技术覆盖树体表面，预防松材线虫侵入，杀死树体内和松墨天牛体内的松材线虫；或通过注干技术将其注入树干，杀死树体内的松材线虫。由于松材线虫主要危害松树干部，而杀线功能的生防菌大多分布在土壤和腐木上，且树体结构比草本植物复杂，目前在实际应用中直接针对松材线虫进行生防尚未有公认的成功案例。生物防治的应用还可以针对松材线虫的传播媒介，如松墨天牛。天牛的生物防治方法主要是保护和利用天敌，如肿腿蜂、花绒寄甲、白僵菌等。其中，肿腿蜂能够沿着虫道找到天牛幼虫和蛹，并产卵于天牛幼虫和蛹体内。肿腿蜂的卵孵化后通过取食天牛幼虫和蛹的体液作为自身营养，最终导致天牛死亡，达到防治效果。由于松材线虫微小，其本身无法在不同树体间进行扩散，切断传播途径是一个可行的方案。因此，将天牛引诱剂与生防生物结合来控制野外天牛种群，取得了一定成效，但仍无法彻底阻断。

总之，在防治方案上，研究者从寄主松树、病原线虫、媒介昆虫这 3 个松材线虫病发生的"三角"出发，采取提高松树本身对松材线虫的遗传抗性，或通过降低松材线虫在环境中的生存力和繁殖力，或切断传播路径、控制风险范围等策略来加以防控。目前，还未有完美的解决方案，需要进一步开展相关基础和应用研究。

## 思考题

1. 食线虫微生物的主要种类有哪些，它们取食线虫的方法有哪些？
2. 简述具有杀线功能的天然活性成分的主要类别。
3. 可用于松材线虫病防治的自然资源有哪些？
4. 植物病原线虫生物防治作用方式有哪些？试举例。

# 第十四章

# 生物农药剂型与标准

随着人类环境保护意识的不断增强,对化学农药和生物农药的优缺点的认知不断加深,生物农药的研发和应用得到日益重视。进入 21 世纪以来,各大农药厂商和科研机构纷纷投入大量人力物力开发高效、安全的生物农药。生物农药在整个农药市场的份额正在逐年上升。

## 第一节　生物农药概述

### 一、生物农药的定义

目前,国际上对于生物农药尚未形成统一的定义,不同国家和地区间以及国际组织对此存在明显的差异。联合国粮食及农业组织和世界卫生组织将生物农药定义为来源于自然界,能够以类似于常规化学农药的方式配制和应用,主要用于短期有害生物控制的物质,如微生物、植物源物质、化学信息素等。经济合作与发展组织(OECD)提出的生物农药定义则包括微生物、信息素、植物提取物和昆虫天敌。美国环境保护局将生物农药定义为从动物、植物、细菌和某些矿物等天然材料中提取出的一类农药,包括生物化学农药、微生物农药和转基因植物农药(Ravensberg,2021)。在我国,《农药登记资料要求》规定,生物农药包括微生物农药、生物化学农药和植物源农药(谭海军,2022)。

从以上定义可以看出,不同国家、地区和国际组织认定的生物农药范畴有所不同(表14-1)。其中,由具生防功能的活体微生物所制的微生物农药被普遍认定为生物农药。而生物化学农药、植物源农药、天敌、转基因生物和农用抗生素则被部分认定为生物农药。为了更全面地理解生物农药的概念,本书从广义的角度将生物农药定义为:利用生物活体(如真菌、细菌、昆虫病毒、转基因生物、天敌等)或生物代谢过程中产生的具有生物活性的可提取物质,用于防治农林作物病虫草鼠害,并可制成上市流通的商品制剂。简单地讲,生物农药是利用生物活体或生物源活性成分制成的控制农林有害生物的农药制剂。与化学农药相比,生物农药更侧重在对有害生物种群的控制而非除灭,这符合生物防治的核心理念。从表 14-1 中可以看出，欧美对生物农药范畴的规定最为严格，类别较少。这可能与他们对生物农药的严格监管和审批有关。

表 14-1 不同国家、地区和国际组织的生物农药范畴

| 国家、地区和国际组织 | 微生物农药 | 生物化学农药 | 植物源农药 | 天敌 | 转基因生物 | 农用抗生素 | 其他 |
| --- | --- | --- | --- | --- | --- | --- | --- |
| 中国① | √ | √ | √ | √ | √ | √ | |
| FAO | √ | √ | | | | | |
| 美国 | √ | √ | √ | | √ | | √ |
| 加拿大 | √ | √ | √ | | | | √ |
| OECD | √ | √ | | √ | | | |
| 欧盟 | √ | | √ | | | | |
| 英国 | √ | √ | √ | | | | √ |
| 俄罗斯 | √ | √ | | √ | | | |
| 巴西 | √ | √ | | √ | | | |
| 墨西哥 | √ | √ | √ | | | | |
| 哥斯达黎加 | | | | | | | |
| 肯尼亚 | √ | √ | | | √ | | |
| 澳大利亚 | √ | √ | √ | √ | | | |
| 日本 | √ | | | | | | |
| 印度 | √ | | √ | √ | | | |
| 菲律宾 | √ | √ | | | | | |
| 越南 | √ | | √ | | | | |
| 马来西亚 | √ | | √ | | | | |

注：①2017 年我国修订了《农药管理条例》，新条例规定天敌昆虫产品不再进行农药产品登记或备案。2020 年 3 月 19 日，农村农业部制定《我国生物农药登记有效成分清单(2020 版)》(征求意见稿)，对于转基因生物由于其可能存在的伦理以及生态风险，不再作为单独的一类生物农药，而是通过基因修饰的微生物类别管理。同理，由于农用抗生素可能存在导致环境微生物耐药性上升的问题，也从新版的生物农药登记目录中暂时移除，以待更进一步研究商榷。

## 二、生物农药的分类

生物农药种类繁多，来源于不同的生物体，大到动植物，小到纳米级的病毒；从生物农药的活性成分来看，有复杂的有机体、结构复杂的蛋白质，也有简单的化合物。为了便于认识、研究和使用生物农药，应根据生物农药的用途、成分和来源等进行分类。

### (一)按生物农药的用途分类

按生物农药的用途分类，常有以下几类：
①杀虫剂。用于控制或消灭害虫的药剂。

②杀菌剂。用于控制或消灭植物病原微生物的药剂。
③除草剂。用于防除杂草和有害植物的药剂。
④杀螨剂。用于防治植食性害螨的药剂。
⑤病毒抑制剂。可以抑制植物病毒的药剂。
⑥杀线虫剂。用于防治农作物线虫病害的药剂。
⑦植物生长调节剂。对植物生长发育有控制、促进或调节作用的药剂。

### (二) 按成分和来源分类

按成分和来源分类，包括微生物农药、天敌、转基因植物、生物化学农药、植物源农药、农用抗生素等（杨峻等，2022）。

**(1) 微生物农药**

我国《农药登记资料要求》对微生物农药的定义为：以细菌、真菌、病毒和原生动物或经过基因修饰的微生物等活体为有效成分的农药。这些微生物农药按照细菌、真菌、病毒、原生动物、基因修饰的微生物，细分为五小类。截至2021年，我国已登记的微生物农药共56种，具体品种清单见表14-2。从表14-2不难看出，以芽孢杆菌属细菌为主的微生物农药占据了相当大的比例，其中包括苏云金芽孢杆菌和枯草芽孢杆菌等。如第三章所述，芽孢杆菌属细菌的一大特点是能够在细胞内形成厚壁的内生孢子（芽孢），这使它们可以有效抵御外界不利环境条件，如干旱、高温等，同时也利于进行农药剂型制备和运输存储。值得注意的是，由于同一菌种下菌株数量繁多，且菌株性状差异明显，微生物农药在登记时需要明确所应用的具体菌株。

表14-2　我国微生物农药登记品种清单

| | 有效成分 | 有效成分学名/英文译名 |
|---|---|---|
| 细菌 | 贝莱斯芽孢杆菌 CGMCCNo. 14384 | *Bacillus velezensis* strain CGMCC No. 14384 |
| | 侧胞短芽孢杆菌 A60 | *Brevibacillus laterosporus* strain A60 |
| | 短稳杆菌 | *Empedobacter brevis* |
| | 多黏类芽孢杆菌 | *Paenibacillus polymyxa* |
| | 多黏类芽孢杆菌 KN-03 | *Paenibacillus polymyxa* strain KN-03 |
| | 地衣芽孢杆菌 | *Bacillus licheniformis* |
| | 海洋芽孢杆菌 | *Bacillus marinus* |
| | 甲基营养型芽孢杆菌 9912 | *Bacillus methylotrophicus* strain 9912 |
| | 甲基营养型芽孢杆菌 LW-6 | *Bacillus methylotrophicus* strain LW-6 |
| | 坚强芽孢杆菌 | *Bacillus firmus* |
| | 解淀粉芽孢杆菌 AT-332 | *Bacillus amyloliquefaciens* strain AT-332 |
| | 解淀粉芽孢杆菌 B1619 | *Bacillus amyloliquefaciens* strain B1619 |
| | 解淀粉芽孢杆菌 B7900 | *Bacillus amyloliquefaciens* strain B7900 |
| | 解淀粉芽孢杆菌 LX-11 | *Bacillus amyloliquefaciens* strain LX-11 |
| | 解淀粉芽孢杆菌 PQ21 | *Bacillus amyloliquefaciens* strain PQ21 |
| | 解淀粉芽孢杆菌 QST713 | *Bacillus amyloliquefaciens* strain QST713 |

(续)

| | 有效成分 | 有效成分学名/英文译名 |
|---|---|---|
| 细菌 | 解淀粉芽孢杆菌 ZY-9-13 | *Bacillus amyloliquefaciens* strain ZY-9-13 |
| | 枯草芽孢杆菌 | *Bacillus subtilis* |
| | 蜡质芽孢杆菌 | *Bacillus cereus* |
| | 球形芽孢杆菌 | *Bacillus sphaericus* serotype H5a5b |
| | 杀线虫芽孢杆菌 B16 | *Bacillus nematocida* strain B16 |
| | 嗜硫小红卵菌 HNI-1 | *Rhodovulum sulfidophilum* strain HNI-1 |
| | 苏云金芽孢杆菌 | *Bacillus thuringiensis* |
| | 苏云金芽孢杆菌 HAN055 | *Bacillus thuringiensis* strain HAN055 |
| | 苏云金芽孢杆菌以色列亚种 | *Bacillus thuringiensis* subsp. *israelensis* H-14 |
| | 荧光假单胞杆菌 | *Pseudomonas fluorescens* |
| | 沼泽红假单胞菌 PSB-S | *Rhodopseudomonas palustris* strain PSB-S |
| 真菌 | 爪哇虫草菌 Ij01 | *Cordyceps javanica* strain Ij01 |
| | 爪哇虫草菌 JS001 | *Cordyceps javanica* strain JS001 |
| | 淡紫拟青霉 | *Paecilomyces lilacinus* |
| | 盾壳霉 ZS-1SB | *Coniothyrium minitans* strain ZS-1SB |
| | 耳霉菌 | *Conidioblous thromboides* |
| | 哈茨木霉 | *Trichoderma harzianum* |
| | 哈茨木霉 LTR-2 | *Trichoderma harzianum* strain LTR-2 |
| | 厚孢轮枝菌 | *Verticillium chlamydosporium* strain ZK7 |
| | 金龟子绿僵菌 | *Metarhizium anisopliae* |
| | 金龟子绿僵菌 CQMa421 | *Metarhizium anisopliae* strain CQMa421 |
| | 木霉菌 | *Trichoderma* sp. |
| | 球孢白僵菌 | *Beauveria bassiana* |
| | 球孢白僵菌 ZJU435 | *Beauveria bassiana* strain ZJU435 |
| | 小盾壳霉 CGMCC8325 | *Coniothyrium minitans* strain CGMCC8325 |
| | 寡雄腐霉菌 | *Pythium oligandrum* |
| 病毒 | 菜青虫颗粒体病毒 | pieris rapaegranulosis virus(PrGV) |
| | 茶尺蠖核型多角体病毒 | ectropisobliquaNPV(EoNPV) |
| | 稻纵卷叶螟颗粒体病毒 | cnaphalocrocis medinalis granulovirus(CnmeGV) |
| | 甘蓝夜蛾核型多角体病毒 | mamestra brassicae nucleopolyhedrovirus(MabrNPV) |
| | 棉铃虫核型多角体病毒 | helicoverpa armigera nucleopolyhedrovirus(HearNPV) |
| | 苜蓿银纹夜蛾核型多角体病毒 | autographa californica multiple nucleopolyhedrovirus(AcMNPV) |
| | 黏虫颗粒体病毒 | pseudaletia unipuncta granulo virus(PuGV) |
| | 松毛虫质型多角体病毒 | dendrolimus punctatus cytoplasmic polyhedrosisvirus(DpCPV) |
| | 甜菜夜蛾核型多角体病毒 | spodoptera exigua nucleopolyhedrovirus(SeNPV) |

(续)

| 有效成分 | | 有效成分学名/英文译名 |
|---|---|---|
| 病毒 | 小菜蛾颗粒体病毒 | plutella xylostella granulovirus(PxGV) |
| | 斜纹夜蛾核型多角体病毒 | spodoptera litura nucleopolyhedrovirus(SpltNPV) |
| | 蟑螂病毒 | periplaneta fuliginosa densovirus(PfDNV) |
| 原生动物 | 蝗虫微孢子虫 | *Nosema locustae* |
| 基因修饰的微生物 | 苏云金芽孢杆菌 G033A | *Bacillus thuringiensis* strain G033A |

**(2) 天敌农药**

天敌农药主要是指利用天敌昆虫进行害虫防治的生物农药。我国在天敌的开发和利用方面已经达到国际领先水平，成为世界上利用赤眼蜂防治害虫面积最广的国家。天敌种类繁多，根据与靶标生物的生态关系，大致可以分为捕食性天敌和寄生性天敌。捕食性天敌主要有蜻蜓目、螳螂目、半翅目、鞘翅目、脉翅目等类群，另外还有一些螨类。寄生性天敌以膜翅目的种类最为丰富，主要有赤眼蜂、蚜茧蜂、肿腿蜂、姬蜂、蚜小蜂等类群。常见的寄生性天敌还有鞘翅目、双翅目和捻翅目等昆虫。天敌昆虫相关内容详见第七章。相较于微生物，天敌的优势在于具有主动搜索害虫的能力。

**(3) 转基因植物农药**

转基因植物是利用分子生物学技术将特定功能的外源基因转入植物细胞，获得抗病虫或耐除草剂等新性状的植株。例如，将苏云金芽孢杆菌(Bt)的内毒素基因转入植物，可以得到抗鳞翅目害虫的转基因植物。目前，Bt 内毒素基因已成功转入棉花、玉米和大豆等多种作物并开始大面积种植。此外，耐除草剂转基因植物近年来也取得了较大进展，其中 *bar* 基因是应用最多的一个耐除草剂基因，已成功用来转化玉米、大豆和油菜等多种作物。其他耐除草剂的基因如耐溴苯腈的 *bxn* 基因和耐氯磺隆的 *csr1* 基因等也成功地用于不同作物的遗传转化。

**(4) 生物化学农药**

生物化学农药是指同时满足下列两个条件的农药：一是对防治对象没有直接毒性，而只有调节生长、干扰交配或引诱等特殊作用；二是天然化合物，如果是人工合成的，其结构应与天然化合物相同（允许异构体比例的差异）。我国《农药登记资料要求》规定生物化学农药主要包括以下 5 类物质（表 14-3）：

①化学信息物质。指由动植物分泌的，能改变同种或不同种受体生物行为的化学物质。通常利用昆虫嗅觉器官对环境中物质的趋向性来干扰害虫正常的取食、交配、产卵等行为，大多应用于虫情监测、诱捕、配合治虫、区域害虫检疫和种类鉴定等。

②天然植物生长调节剂。也归属于植物生物刺激素①，指由植物或微生物产生的，对

---

① 植物生物刺激素(biostimulant)是植物自身合成的天然物质。这些物质可以在极低浓度下对植物生长和发育产生明显的影响。常见的生物刺激素包括激素类别的赤霉素、生长素、细胞分裂素、脱落酸等。这些物质通过与植物内部激素系统相互作用，传递信号并触发一系列生理反应，参与调节植物的生长、发育、开花、果实成熟等过程。

同种或不同种植物的生长发育①具有抑制、刺激等作用或调节植物抗逆境(寒、热、旱、湿、风、病虫害)的化学物质。

③天然昆虫生长调节剂。指在昆虫体内合成，通过调节昆虫的生长发育过程来控制昆虫的生长和繁殖。这些物质可以影响昆虫的蜕皮、化蛹、羽化等发育阶段以及影响昆虫的生殖能力等。目前，关于天然昆虫生长调节剂的研究相对较少。

④天然植物诱抗剂。指能够诱导植物对有害生物侵染产生防御反应，提高其抗性的天然物质。植物不同于动物有完善的免疫系统，但在漫长进化过程中形成了有效的多重免疫屏障功能。因此，诱抗剂可引起植物产生各种免疫分子(如酚类、酶类等)，将侵入体内的病原及时清除，整个过程中没有毒性物质产生，没有直接针对环境中的其他生物。

⑤其他生物化学农药。指除上述以外的其他满足生物化学农药定义的物质。

表14-3 我国生物化学农药登记品种清单

| 农药名称 | | 有效成分中文通用名称 | 有效成分学名/英文译名 |
| --- | --- | --- | --- |
| 化学信息物质 | 草地贪夜蛾性诱剂 | 顺-9-十四碳烯乙酸酯 | 9-tetradecen-1-ol,1-acetate |
| | | 顺-7-十二碳烯乙酸酯 | (Z)-7-dodecenyl acetate |
| | | 顺-11-十六碳烯乙酸酯 | (Z)-11-hexadecenyl acetate |
| | 二化螟性诱剂 | 顺-9-十六碳烯醛 | (Z)-9-hexadecenal |
| | | 顺-13-十八碳烯醛 | (Z)-13-octadecenal |
| | | 顺-11-十六碳烯醛 | 11-hexadecenal |
| | 梨小性迷向素 | 顺-8-十二碳烯醇 | (Z)-8-dodecen-1-ol |
| | | 反-8-十二碳烯乙酸酯 | (E)-8-dodecen-1-ylacetate |
| | | 顺-8-十二碳烯乙酸酯 | (Z)-8-dodecen-1-ylacetate |
| | 绿盲蝽性信息素 | 丁酸-反-2-己烯酯 | (2E)-2-hexen-1-yl butyrate |
| | | 4-氧代-反-2-己烯醛 | (2E)-4-oxo-2-hexenal |
| | 苹果蠹蛾性信息素 | 8,10-十二碳二烯醇 | (8Z,10E)-8,10-dodecadien-1-ol |
| | 斜纹夜蛾诱集性信息素 | 顺9反11-十四碳烯乙酸酯 | (Z,E)-9,11-tetradecadienyl acetate |
| | | 顺9反12-十四碳烯乙酸酯 | (Z,E)-9,12-tetradecadienyl acetate |
| 天然植物生长调节剂 | 苄氨基嘌呤 | 苄氨基嘌呤 | 6-benzylamino-purine |
| | 赤霉酸 | 赤霉酸 | gibberellic acid(GA3) |
| | 赤霉酸 A3 | 赤霉酸 A3 | gibberellic acid(GA3) |
| | 赤霉酸 A4+A7 | 赤霉酸 A4+A7 | gibberellic acid A4,A7 |
| | 二氢卟吩铁 | 二氢卟吩铁 | ironchlorin e6 |
| | 复硝酚钠 | 邻硝基苯酚钠 | sodium nitrophenolate |
| | | 对硝基苯酚钠 | |
| | | 5-硝基邻甲氧基苯酚钠 | |
| | 谷维菌素 | 谷维菌素 | guvermectin |

---

① 包括萌发、生长、开花、受精、坐果、成熟及脱落的过程。

(续)

| 农药名称 | | 有效成分中文通用名称 | 有效成分学名/英文译名 |
|---|---|---|---|
| 天然植物生长调节剂 | 糠氨基嘌呤 | 糠氨基嘌呤 | kinetin |
| | 抗坏血酸 | 抗坏血酸 | vitamin C |
| | 氯化胆碱 | 氯化胆碱 | choline chloride |
| | 尿囊素 | 尿囊素 | allantoin |
| | 三十烷醇 | 三十烷醇 | triacontanol |
| | S-诱抗素 | S-诱抗素 | (+)-abscisic acid |
| | 烯腺嘌呤 | 烯腺嘌呤 | enadenine |
| | 羟烯腺嘌呤 | 羟烯腺嘌呤 | oxyenadenine |
| | 吲哚乙酸 | 吲哚乙酸 | indol-3-ylacetic acid |
| | 吲哚丁酸 | 吲哚丁酸 | 4-indol-3-ylbutyric acid |
| | 芸苔素内酯 | 芸苔素内酯 | brassinolide |
| | 22,23,24-表芸苔素内酯 | 22,23,24-表芸苔素内酯 | 22,23,24-epibrassinolide |
| | 24-表芸苔素内酯 | 24-表芸苔素内酯 | 24-epibrassinolide |
| | 28-表高芸苔素内酯 | 28-表高芸苔素内酯 | 28-epihomobrassinolide |
| | 28-高芸苔素内酯 | 28-高芸苔素内酯 | 28-homobrassinolide |
| | 14-羟基芸苔素甾醇 | 14-羟基芸苔素甾醇 | 14-hydroxylated brassinosteroid |
| 天然昆虫生长调节剂 | S-烯虫酯 | S-烯虫酯 | S-methoprene |
| | 诱虫烯 | 诱虫烯 | muscalure |
| 天然植物诱抗剂 | 氨基寡糖素 | 氨基寡糖素 | oligosaccharins |
| | 超敏蛋白 | 超敏蛋白 | harpin protein |
| | 低聚糖素 | 低聚糖素 | oligosaccharins |
| | 混合脂肪酸 | 混合脂肪酸 | mixedfatty acid |
| | 几丁聚糖 | 几丁聚糖 | chitosan |
| | 几丁寡糖素 | 几丁寡糖素 | chitin oligosaccharide |
| | 极细链格孢激活蛋白 | 极细链格孢激活蛋白 | plantactivator protein |
| | 葡聚烯糖 | 葡聚烯糖 | gluco-oligosaccharide |
| | 酰氨寡糖素 | 酰氨寡糖素 | hetero-chitooligosaccharide |
| | 香菇多糖 | 香菇多糖 | fungous proteoglycan |
| 其他 | 胆钙化醇 | 胆钙化醇 | cholecalciferol |

**(5) 植物源农药**

植物源农药是指有效成分直接来源于植物体的农药。截至 2021 年，我国已登记植物源农药 30 种，品种清单见表 14-4。由于植物源农药的有效成分对昆虫等有害生物产生直接的毒杀效应，在部分国家和地区将其归入化学农药范畴进行管理，并不视其为生物农药。国内植物源农药登记名称一般用植物名称加提取物表示，如果只有一个明确的有效成分，则用该成分的中文通用名称命名。在登记时，需要提供原料植物的相关信息和处理方法等。标志性有效成分是指含量大于10%的成分。原则上不同意对化学农药与植物源农药混配制剂进行登记。

**表14-4 我国植物源农药登记品种清单**

| 农药名称 | 有效成分中文通用名称 | 有效成分学名/英文译名 |
| --- | --- | --- |
| 桉油精 | 桉油精 | eucalyptol |
| 八角茴香油 | 八角茴香油 | *Illiciumverum* oil |
| 白藜芦醇 | 白藜芦醇 | resveratrol |
| 博落回提取物 | 硫酸血根碱 | sanguinarinesulfate (extract of *Macleaya cordata*) |
| 补骨脂种子提取物 | 苯丙烯菌酮 | isobavachalcone (seed extract of *Psoralea corylifolia*) |
| 茶皂素 | 茶皂素 | teasaponin |
| 除虫菊素 | 除虫菊素 | pyrethrins |
| 除虫菊提取物 | 除虫菊素 | pyrethrins (extractof *Pyrethrum cinerariifolium*) |
| $d$-柠檬烯 | $d$-柠檬烯 | $d$-limonene |
| 大黄素甲醚 | 大黄素甲醚 | physcion |
| 大黄根茎提取物 | 大黄素甲醚 | physcion (rhizome extract of *Rheum palmatum*) |
| 虎杖提取物 | 大黄素甲醚 | physcion (extract of *Reynoutria japonica*) |
| 大蒜素 | 大蒜素 | allicin |
| 大蒜提取物 | 大蒜素 | allicin (extract of *Allium sativum*) |
| 丁子香酚 | 丁子香酚 | eugenol |
| 莪术醇 | 莪术醇 | curcumol |
| 互生叶白千层提取物 | 萜烯醇 | terpinen-4-ol (extract of *Melaleuca alternifolia*) |
| 苦皮藤素 | 苦皮藤素 | celangulin |
| 苦皮藤提取物 | 苦皮藤素 | celastrusangulatus (extract of *Celastrus angulatus*) |
| 苦参碱 | 苦参碱 | matrine |
| 苦参提取物 | 苦参碱 | matrine (extract of *Sophora flavescens*) |
| 狼毒素 | 狼毒素 | neochamaejasmin |
| 雷公藤甲素 | 雷公藤甲素 | triptolide |
| 藜芦根茎提取物 | 藜芦胺 | veratramine (rhizome extract of *Veratrum nigrum*) |
| 螺威 | 螺威 | tea-seed distilled saponins (TDS) |
| 蛇床子素 | 蛇床子素 | cnidiadin |
| 香芹酚 | 香芹酚 | carvacrol |
| 牛至提取物 | 香芹酚 | carvacrol (extract of *Origanum vulgare*) |
| 小檗碱 | 小檗碱 | berberine |
| 烟碱 | 烟碱 | nicotine |
| 印楝素 | 印楝素 | azadirachtin |
| 印楝籽提取物 | 印楝素 | azadirachtin (seed extract of *Azadirachta indica*) |
| 异硫氰酸烯丙酯 | 异硫氰酸烯丙酯 | allyl isothiocyanate |

(续)

| 农药名称 | 有效成分中文通用名称 | 有效成分学名/英文译名 |
|---|---|---|
| 银杏果提取物 | 十五烯苯酚酸 | (Z)-2-hydroxy-6-(pentadec-8-en-1-yl)benzoicacid fruit extract of Ginkgo biloba |
| | 十三烷苯酚酸 | 2-hydroxy-6-tridecylbenzoic acid |
| 鱼藤酮 | 鱼藤酮 | rotenone |
| 甾烯醇 | 甾烯醇 | $\beta$-sitosterol |
| $\beta$-羽扇豆球蛋白多肽 | $\beta$-羽扇豆球蛋白多肽 | Banda de Lupinus albus doce (BLAD) |

**(6) 农用抗生素**

农用抗生素是由微生物产生的、用于防治农业有害生物的次生代谢产物。细菌、放线菌和真菌都能产生农用抗生素,其中以放线菌产生的农用抗生素种类最多。农用抗生素是在医用抗生素的基础上研发而来,最早的农用抗生素为链霉素,由此推动了抗生素在农业上的应用。早前,一些由放线菌产生的农用抗生素(如阿维菌素、井冈霉素、春雷霉素和多抗霉素等)是国内生物农药的重要品种。这些抗生素能在极低剂量下起到杀虫抑菌等作用,但特异性不强,作用谱较广,对非靶标生物也构成负面影响,还易引发环境微生物产生耐药性,因此近年来对农用抗生素的相关管理逐渐加强,必须参照化学农药的要求进行登记。

## 三、生物农药的特点

### (一) 生物农药的优点

**(1) 环境友好**

与化学农药相比,生物农药对环境更为友好。它们源于自然,其中的活体生物(如微生物、天敌昆虫等)在环境中本就存在,对环境的负面影响低。生物农药,如生物化学农药、植物源农药等,是生物产生的次生代谢产物,属于天然产物,易于在环境中降解,施用后不易引起残留和生物富集等问题。此外,生物农药对人畜和其他环境生物毒性通常较低。

**(2) 高度的专一性和活性**

生物农药具有高度的专一性,能够更准确地对特定有害生物进行控制。例如,从感病害虫中分离出的昆虫病原真菌、细菌和病毒可以针对性地作用于该种昆虫,有效控制其为害。这种专一性也意味着对非靶标生物的影响较小,有助于降低对生态系统的影响,特别是对天敌的影响较小,不易引发次生灾害。活性高不仅体现在活菌的杀虫毒力上,生防菌产生的活性物质对有害生物的作用效果显著,如农用抗生素中的井冈霉素对水稻纹枯病、小麦纹枯病有特效。

**(3) 靶标害虫不易产生抗药性**

化学农药长期使用后导致的病虫草等有害生物的抗药性问题已日益严重。生物农药的作用成分和作用机理较为复杂,导致有害生物对其抗药性的产生和发展相对缓慢。这是因为活体生物在与植物病原、害虫长期共进化过程中,能够适应有害生物的免疫防御体系。因此,生物农药不易导致有害生物产生抗药性。

**(4) 资源丰富且开发成本低**

凡是对农林有害生物有控制作用的生物或天然产物,均有可能通过各种途径开发成生物农药。自然界中存在着多种多样的生物,为生物农药的开发提供了丰富的资源。这也大大提高了生物农药创制的成功率。通常筛选化学农药的成功率只有 1/20 000,而筛选生物农药的成功率为 1/5 000。此外,利用农副产品生产生物农药可以降低成本,如微生物或微生物源农药一般是利用农副产品发酵而成,成本较低。通过生物工程技术,还可以进一步提高生物农药的产量,降低成本。同时,生物农药登记成本也较化学农药低,生物农药的开发周期仅为化学农药的 1/3,开发费用为化学农药的 1/40。

**(5) 持效性**

这是活体生物农药(微生物农药和天敌)的一大优势。活体生物在环境中具有一定的宿存能力,通过繁衍自身种群可以在相当长时间内发挥控害作用。然而,从商品开发销售的角度来看,这一优点并不利于实现经济效益最大化。因此,在生物农药开发和使用时,往往并不重视这一方面,可能更倾向于化学农药那样一次性消耗的方式。

### (二) 生物农药的缺点

**(1) 药效迟缓且防效不稳定**

与化学农药作用的速效性相比,生物农药对有害生物的作用效果通常较为缓慢。例如,Bt 制剂防治小菜蛾,施药后 1 d 基本不表现防效,往往需要 3 d 才能观察到明显的杀虫效果。真菌类和病毒类微生物农药见效更慢。农用抗生素阿维菌素以及植物源农药印楝素、苦参碱等均在施药 3 d 后才表现明显的防效。此外,生物农药的药效也受到环境条件的影响,如温度、湿度和阳光照射等。在不利的环境条件下,生物农药的效果会降低。由于各地环境条件不同以及年际间的波动,导致生物农药的防效呈现时空不稳定。生物农药的这种缓效性和防效不稳定性,使其在有害生物迅速蔓延时往往无法及时控制危害,这是制约生物农药推广应用的主要原因。

**(2) 防治谱窄和产品数量有限**

生物农药通常具有较强的专一性,只能针对特定有害生物进行控制。因此,与化学农药相比,大多数生物农药的防治谱较窄,无法广泛应用于不同种类的有害生物防治。此外,由于生物农药的专化性,导致其应用市场相对较小,已开发的种类不能覆盖大部分的有害生物,即针对某些区域性的害虫未必有相应的生物农药产品可供选购。

**(3) 产品货架期短和质量稳定性欠缺**

传统化学农药的活性成分绝大多数是有机化合物,性质稳定,在常规条件下可长期储存。而生物农药多以活体生物和天然产物为主要成分,需要特定的温度、湿度等条件才能保持活性,对储存条件要求较为严格。条件不适会导致生物农药的活性迅速下降。因此,与化学农药相比,生物农药的产品货架期相对较短,质量稳定性有所欠缺。

总之,生物农药与化学农药一样,都有各自的优缺点,因此,需要客观理性看待。生物农药尽管环境友好,但不一定低毒,如植物源农药中的某些提纯原药的毒性并不低。生物农药剂型中非有效成分也发生过问题,部分不良企业将高毒农药掺入剂型中,蒙混上市,破坏了生物农药的品牌价值。此外,还应科学地衡量迟效和缓效的问题。农药防效评价长期以有害生物田间种群密度为标准,但需要指出的是,尽管生物农药在短时间内杀虫率较低,但并不是施药后毫无影响,害虫尽管数量上未下降,但取食量和繁殖力会受到明显抑制,从植物保护的角度看,已起到了一定效果。因此,需要强调的是,植物保护的最终目标是保护植物,并不是杀死害虫,需要建立更科学的评价体系来衡量生物农药的应用效果。

## 第二节 生物农药的剂型

农药剂型是指经加工后,具有一定组成及规格、适合生产应用的农药加工形态。未经加工的高纯度农药称为原药,固体称为原粉,液体称为原油。农药加工是指在农药原药中加入适当的助剂,制成便于使用的形态的工艺过程。一种农药可以加工成多种剂型,而一种农药剂型可以制成不同含量和不同用途的产品,这些产品统称农药制剂。商品化的生物农药一般都是以某种剂型的形式销售给用户进行使用。常见的农药剂型包括粉剂、可湿性粉剂、乳油、悬浮剂、水乳剂、微乳剂、水分散粒剂等。不同剂型的农药制剂在使用方法和效果上存在差异,因此需要根据具体的需求和用途选择合适的剂型和制剂(李毅等,2016)。同时,为了确保安全和有效性,使用农药制剂时应遵循相关法律法规的规定和标签说明,并采取适当的防护措施。

### 一、农药剂型加工的作用

#### (一)赋形作用

通过剂型加工可以赋予农药原药特定的稳定形态,便于流通和使用,适应各种应用技术对农药分散体系的要求。

#### (二)稀释作用

农药原药浓度过高不宜直接使用,通过剂型加工加入适当的助剂进行稀释,可使少量高浓度原药在应用中达到理想的分散和防治效果,对作物、动物和环境也更安全。通过剂型加工,可以将高毒农药加工成低毒剂型,从而提高施药者的安全性。例如,高毒农药在施药过程中一般严禁喷雾,通常将其加工成颗粒剂等安全剂型,采用撒施等方式进行施药,以保证施药者的安全。

#### (三)提高生物活性

在剂型加工过程中加入适当的助剂,并通过相应工艺使农药获得特定物理性能和质量规格,使其喷洒到作物和靶标上能够均匀地展布、附着和渗透,起到更好的防治效果。

#### (四)扩大使用方式和用途

一种原药能够加工成不同剂型和制剂,从而扩大使用方式和防治范围。同时,通过剂型加工也可以进行药剂混配,将两种或两种以上的农药加工成混剂使用,提高药效并扩大防治谱。

#### (五)保护作用

生物农药如微生物农药大多具有生命特征,需要保持其生物活性,适当增加保护剂可避免在野外环境下失活,如活性炭能保护病毒和苏云金芽孢杆菌免受太阳紫外线直接照射而失活。

## 二、农药助剂

农药制剂除了核心的有效成分，往往需添加不同种类的助剂来优化剂型。农药助剂(pesticide adjuvants)是指在农药制剂加工或使用过程中添加的用于改善农药理化性质的辅助物质，又称农药辅助剂。农药助剂本身基本无生物活性，但是可以增强农药的防治效果。

### (一)农药助剂的作用

①提高有效成分的分散性。农药加工的首要目的是分散有效成分。这不仅涉及在制剂加工过程中的分散，也包括在实际使用中的分散。为此，通常使用填充剂、分散剂、乳化剂等助剂。

②增加药剂对靶标对象的接触量和渗透性。为确保有效成分能更好地附着在目标上并渗透进去，通常在加工过程中加入润湿剂、渗透剂和展着剂等助剂。

③发挥、延长或提高药效。有些农药应用时须同时使用配套助剂才能保证药效，如某些除草剂需要配套的润湿剂、渗透剂等配合使用。此外，还有稳定剂、增效剂和控制释放助剂等可以进一步提高药效。

④提高药剂安全性。为避免农药在使用时对人畜的伤害和对作物的药害，剂型中会添加一些特殊的助剂。例如，防漂移剂和抗蒸腾剂，能减少农药漂移对邻近作物和人畜的危害；在除草剂中加入安全剂，可以减轻其对作物的药害；在制剂中加入具有特殊臭味的拒食助剂、颜料等，可引起害虫警戒，可减少害虫取食。

### (二)农药助剂的种类

①填充剂(fillers, carriers)。也称填料或载体，是指在加工固态农药制剂时添加的用来调节有效成分含量或改善其物理状态的固态惰性物质。常用的填充剂有高岭土、硅藻土、滑石粉、碳酸钙、白炭黑、坡缕石等。填充剂主要用于粉剂、可湿性粉剂、颗粒剂和水分散粒剂的加工。

②润湿剂(wetting agents)。又称湿展剂，是指可使农药成分快速被水润湿的物质。润湿剂能够显著降低液固界面张力，增加液体对固体表面的接触或润湿与展布。润湿剂主要用于加工可湿性粉剂、水分散粒剂等剂型。常用的润湿剂有皂角、拉开粉、十二烷基苯磺酸钠等。

③分散剂(dispersing agents)。是一类能够阻止固—液分散体系中固体粒子聚集，使其在液相中保持较长时间均匀分散的助剂。分散剂常用于加工可湿性粉剂、水分散粒剂等剂型，可有效防止粉粒絮结块，维持喷洒药液分散体系的稳定，使喷洒过程中药液浓度均匀。常用的分散剂有木质素磺酸钙、萘磺酸钠甲醛缩合物等。

④乳化剂(emulsifier)。能使原来不相溶的两相液体，其中一相似极小的液柱稳定地分散在另一相液体中，形成不透明或半透明乳状液的一类助剂。乳化剂多用于乳油剂、水乳剂等剂型加工。常用的乳化剂有烷基酚聚氧乙烯醚、十二烷基苯磺酸钙等。

⑤渗透剂(penetrating agents)。是一类可以促进农药有效成分进入处理对象(如植物、有害生物内部)的助剂。常用的渗透剂有渗透剂T、脂肪醇聚氧乙烯醚等。

⑥黏着剂(stickers)。提高有效成分在生物体表面的黏着性，增强其在处理对象表面的

持留能力，耐雨水冲刷，延长持效期。常用的黏着剂包括矿物油、树胶等天然黏着剂，以及羧甲基纤维素、聚乙酸乙烯酯等合成黏着剂。

⑦稳定剂(stabilizers)。包括抑制或减缓农药有效成分分解的有效成分稳定剂，如抗氧化剂、抗光解剂等；提高制剂物理稳定性的制剂性能稳定剂，如防治粉粒絮结的抗凝剂、防止微生物农药制剂发生霉变的防霉变剂等。

⑧溶剂(solvents)。用于溶解和稀释农药有效成分、使其便于加工和使用，多用于加工乳油剂。常用的溶剂有芳烃类、脂肪烃类、醇类、酯类、酮类、醚类等。

此外，在农药加工过程中还会用到一些其他的助剂，如增效剂、安全剂、消泡剂、防冻剂、警戒色等。农药助剂的种类随着农药加工和使用技术的需要还在不断发展。

### 三、生物农药的主要剂型

一种农药可加工成何种剂型，不仅取决于原药的理化性质，还应取决于使用上的必要性、安全性和经济上的可行性。生物农药剂型因生物来源种类的不同而异，按"赋形"后的形态来分，生物农药可以分为固体剂型和液体剂型。以下介绍常见的生物农药剂型(徐汉虹，2012)。

#### (一) 粉剂

粉剂(dustable powder，DP)是最早使用的农药加工剂型，是由原药、填充剂和少量其他助剂经混合、粉碎、再混合等工艺过程制成的具有一定细度的粉状制剂。粉剂的有效成分含量通常在10%以下，一般不需要稀释可直接供喷粉使用；也有高浓度粉剂，供拌种、配制毒土使用。常见的产品如球孢白僵菌粉剂。

粉剂的组成通常包括原药和填料，有时为防止粉粒聚结，会适当加入分散剂；为了防止有效成分分解，还会加入稳定剂。此外，有时还会加入少量黏着剂、抗漂移剂等助剂。

粉剂的加工方法有3种。最常用的是直接粉碎法，即按照确定的配方，将农药原药和填料分别进行粉碎，再经混匀而制成产品。第二种方法是母粉法，先用少量填料与原药粉碎混匀制成高浓度粉剂，运输到用药地区再添加填料制成最终产品，以方便运输和降低运输成本。第三种加工方法是浸渍法，即将原药溶于易挥发的溶剂中，再通过喷雾与已经粉碎好的填料混匀，回收溶剂，即得浸渍粉剂。

不同国家粉剂的质量标准见表14-5。

表14-5 不同国家粉剂质量标准

| 国别 | 细度 | | | 水分含量(%) | pH值 |
| --- | --- | --- | --- | --- | --- |
| | 通过筛目 | 筛目直径(μm) | 平均粒径(μm) | | |
| 中国 | 95%通过200目 | 74 | 30 | <1.5 | 5.0~9.0 |
| 日本 | 98%通过300目 | 46 | 10~15 | <1 | 6.0~8.0 |
| 美国 | 98%通过325目 | 44 | 5~12 | <2 | 6.0~8.0 |

影响粉剂药效的因素：

**(1) 有效成分在粉剂中的分布**

喷粉所用粉剂的有效成分含量比较低，因此，有效成分在粉剂中分布是否均匀，对药效、药害等影响极大。

**(2) 有效成分的粉粒细度及超筛目细度粉粒的含量**

粉剂的粉粒细度是影响其药效的关键因素。对于杀虫粉剂，最有效的粒度范围是超筛目细度，即粉粒直径小于 44 μm 的部分，尤其是直径小于 20 μm 的细药粒。当杀虫剂为触杀作用时，这种细度可增加药剂与虫体的接触面积；若为胃毒作用，则易被害虫吞食和吸收，从而充分发挥药效。因此，粉剂细度不仅要看整体通过的筛目号数，而且要关注最有效粒度范围内药粒所占的比例。

**(3) 填料的种类和理化性质**

填料的硬度、相对密度、吸附性、流动性、化学成分和酸碱度等因素都会直接或间接地影响粉剂的药效。硬度大的填料，当附着于虫体时，可随害虫节间活动擦伤角质层，药剂易进入虫体，或造成虫体失水而死亡；相对密度适当的填料可以提高粉剂的沉积性，可用于飞机喷撒的粉剂；吸附性能强的填料可用于熏蒸剂或拌种用的粉剂，利于延长持效期或避免产生药害。良好的填料流动性有助于提高喷粉质量，并间接影响药效。填料的酸碱度和化学成分，对有效成分的分解率有重大影响。过酸或过碱的填料都可能加速有效成分失效。同时填料中含有 $Fe_2O_3$ 和 $Al_2O_3$ 等金属化合物也会使多种农药分解失效。

粉剂的加工相对简单，在农药的发展初期粉剂是最主要的剂型，但随着农药制剂加工的发展，新的剂型不断出现以及粉剂自身容易漂移，造成粉尘污染，危及人畜和环境安全，因此在农药制剂加工发展中，该剂型使用量已大大减少。

### (二) 颗粒剂

颗粒剂(granule, GR)又称粒剂，是由原药、载体和少量其他助剂通过混合、造粒工艺制成的松散颗粒状剂型。颗粒剂的有效成分含量通常为 1%~20%，可以直接撒施使用。颗粒剂是粉剂的派生剂型，既保留了粉剂使用方便、施药工效高的优点，又具有如下的特点：使高毒农药品种低毒化使用；可控制药剂有效成分释放速率，节约用药，延长持效期；减少环境污染，避免杀伤天敌，降低作物产生药害的风险。产孢量有限的生防真菌多采用菌丝颗粒剂进行制备应用。

颗粒剂的分类：

**(1) 按粒径划分**

颗粒剂按粒径可以分为大粒剂、颗粒剂和微粒剂，见表 14-6。

表 14-6 颗粒剂种类与粒径

| 颗粒剂种类 | 筛目(号数) | 粒径(μm) |
| --- | --- | --- |
| 大粒剂 | — | 5 000~9 000 |
| 颗粒剂 | 10~48 | 297~1 680 |
| 微粒剂 | 48~200 | 74~297 |

**（2）按颗粒在水中的解体性划分**

按颗粒剂遇水是否崩解分为两类：一类遇水后颗粒迅速崩解，称为解体性颗粒剂。此类颗粒剂速效性好，持效性差。另一类颗粒剂遇水不崩解，颗粒仍保持原状，称为不解体性颗粒剂。此类颗粒剂有较好的缓释作用，持效期长。

颗粒剂添加的助剂种类主要有：分散剂、黏着剂、吸附剂、稳定剂和溶剂等，有助于改善颗粒剂的物理性质，提高化学稳定性和药效。颗粒剂的加工方法多种多样，常用的有挤压造粒法、包衣造粒法和吸附造粒法等。其中，挤压造粒法是将药剂加到惰性矿土中，通过加水搅拌成药泥，然后挤压成条状，再经过切断、烘干、分级等步骤制成颗粒剂。包衣造粒法是在附着药剂的载体外面进行包衣处理，以控制药剂的释放速率和提高药剂的稳定性。吸附造粒法则是使用吸油率高的载体，通过吸附药剂而制成颗粒剂。此外，还有喷雾干燥或冷成型法、沸腾床法、回转成型法等加工方法，但这些加工成本相对较高。

颗粒剂的质量标准为：有效成分含量必须达到该剂型规定的标准；90%（质量）达到粒度规格标准；颗粒完整率不低于85%；水分含量应低于3%。

### （三）可湿性粉剂

可湿性粉剂（wettable powder，WP）是粉剂的另一种衍生，是生物农药最常用的剂型之一。与粉剂相比，可湿性粉剂更容易被水润湿，并能在水中分散和悬浮，供喷雾使用。可湿性粉剂的有效成分含量通常在10%~50%，也可达80%以上。与粉剂相比，可湿性粉剂对防治对象和保护作物有更好的附着性、更小的漂移、更少的环境污染、更好的药效，同时保留了粉剂加工简单、运输方便的优点。大多数活体微生物农药，都可加工成可湿性粉剂进行销售和使用。

可湿性粉剂由原药、载体、湿润剂、分散剂和少量其他助剂（如稳定剂、警戒色等）组成。加工方法与粉剂类似。若原药为液态，应首先将它与分散剂混合或互溶，再与吸附性强的填料混合，经粉碎达到规定细度，一般只能制成10%以下有效成分含量的可湿性粉剂。若原药为固态，应先将它与一定量添加剂与填料混合，经粗粉碎、细粉碎制成目粉（粒径约5 μm），再与分散剂及初步粉碎的填料混合，经粉碎达到规定细度，混合制成高含量可湿性粉剂。

可湿性粉剂的质量标准为：有效成分含量不低于标明的含量；细度（通过44 μm试验筛）一般要求不低于95%或不低于98%；润湿性以润湿时间计，润湿时间不超过120 s；悬浮率不低于70%；水分含量低于3%；pH值为5.0~9.0；热储稳定性：54℃±2℃储存14 d，有效成分分解率小于10%。

### （四）水分散粒剂

水分散粒剂（water dispersible granule，WG）是生物农药的重要剂型之一，是一种加水后能迅速崩解并分散成悬浮液的粒状制剂。水分散粒剂是可湿性粉剂派生和发展出的剂型，可加水形成分散性良好的悬浮液供喷雾用。水分散粒剂具有一系列的优点。与可湿性粉剂相比，无粉尘污染；与颗粒剂相比，可防治地面害虫和气传病害。水分散粒剂的有效成分含量高，通常为50%~90%，并且稳定性好。此外，水分散粒剂还具有流动性好、计量方便、包装物易处理等优点。

水分散粒剂成分包括原药、载体、润湿剂、分散剂、隔离剂、稳定剂、黏结剂等。其加工方法可以分为干法和湿法两类。干法指的是将原药与各种助剂一起用气流粉碎或超微粉碎制成可湿性粉剂，然后进行造粒。具体方法有转盘造粒、挤压造粒、高速混合造粒、流化床造粒和压缩造粒等。由于造粒方法不同，其制造条件和产品的特征也不同。湿法指的是将原药和助剂以水为介质在砂磨机中研细，制成悬浮剂，然后进行造粒。具体方法有喷雾干燥造粒、流化床干燥造粒、冷冻干燥造粒等。相较而言，干法成本略低于湿法，因此，国内目前较多采用干法生产。不过，水分散粒剂的制剂成本总体高于其他剂型，因此只适合制造高含量制剂。

### (五) 悬浮剂

悬浮剂(suspension concentrate, SC)是一种黏稠、可流动的悬浮液体剂型，可加水形成悬浊液供喷雾使用。悬浮剂有效成分含量为5%~80%，多数为40%~60%。悬浮剂以水为分散介质，因此成本低、环保、安全。由于原药粒径小、悬浮率高，悬浮剂防效优于等量可湿性粉剂。然而，悬浮剂的缺点是储存和使用过程中物理稳定性较差，容易出现分层结块现象。若不能摇匀，则影响施用效果。

悬浮剂由不溶于水的固体原药与润湿分散剂、黏度调节剂、防冻剂和水等组分构成。悬浮剂的加工方法是先将原药、润湿分散剂和少量水混合后研细，再与溶有黏度调节剂、防冻剂和防腐剂的溶液充分混合而成。

悬浮剂的质量标准为：外观为黏稠的流动性悬浮液体；有效成分含量不低于标明的含量；粒径大小范围是 $0.5~5.0~\mu m$，平均粒径小于 $3~\mu m$；悬浮率一般要求在2年储存期内不低于90%；pH值为7.0~9.0；倾倒性合格；黏度一般控制在1 000 mPa/s以下；热储稳定性：54℃±2℃储存14 d，制剂外观、倾倒性、悬浮率、有效成分含量等指标无明显变化或在允许范围内。

### (六) 乳油剂

乳油剂(emulsifiable concentrate, EC)是一种均相透明的油状液体剂型，是农药的基本剂型之一。其有效成分含量为1%~90%，一般为20%~50%。乳油加水可形成稳定的乳状液供喷雾用。乳油的加工过程简单、设备成本低、配制技术易掌握、有效成分含量高、储存稳定性好、使用方便、药效高。然而，乳油剂还存在一些缺点，例如，使用大量有毒、易燃有机溶剂，加工、储运安全性差，使用时气味大，对环境相容性差。乳油剂的发展方向是高浓度乳油、部分替代有机溶剂的水基型制剂等。

乳油剂是兑水使用的，按照乳油注入水中后的物理状态可将其分为3种类型：可溶性乳油、溶胶状乳油和乳浊状乳油。

**(1) 可溶性乳油**

可溶性乳油一般是原药分子质量较小的乳油，当加入水中后，一般能自动分散，呈灰白色或淡蓝色云雾状分散，搅拌后呈透明胶体溶液。在这种情况下，乳油微粒的直径在 $0.1~\mu m$ 以下，而乳油中一部分有效成分呈分子状态溶于水中；另一部分有效成分存在于油珠内。这种乳浊液的稳定性和对受药表面的湿润与展着性都很好。

**(2) 溶胶状乳油**

溶胶状乳油加入水中后，一般呈丝状分散，搅拌后形成半透明淡蓝色胶状乳液，外观有蛋白光，微粒直径为 0.1~1 μm。这种乳油一般稳定性较好。

**(3) 乳浊状乳油**

乳浊状乳油自发乳化性较差，分散不佳，搅拌后形成奶状的乳浊液。微粒直径为 1~10 μm，乳液稳定性不如以上两种。有些乳油入水后呈粗乳状分散，放置即产生浮油或沉淀，微粒直径大于 10 μm，这样的乳液易产生药害或药效不佳，应视为不合格产品。

乳油的质量标准包括外观为单相透明液体，无可见悬浮物和沉淀；有效成分含量不低于标明的含量；自发稳定性合格；乳化稳定性合格；pH 值范围应符合要求；水分含量应符合要求；热储稳定性：54℃±2℃储存 14 d，有效成分分解率小于规定值；冷储稳定性等。

### (七) 水剂

水剂(aqueous solution, AS)是农药原药的水溶液剂型，是有效成分以分子或离子状态分散在水中，需要加水稀释后喷雾使用。水剂由原药、水和防冻剂组成，有时还含有少量润湿剂。水剂中的活性成分均呈分子或离子状态，直径小于 0.001 μm，使制剂容易加工，具有低药害、毒性小、易稀释、使用安全和方便等特点。同时，水剂以水作为溶剂，既可降低原料成本，还可避免因使用有机溶剂而带来易燃、易爆、有毒和污染等安全和环保问题。然而，水剂也存在一些问题，最主要是冬季结冰、水的变质以及有效成分的稳定性，这些均是加工水剂时应考虑的问题。在生物农药中，许多植物源农药都是加工成水剂销售和使用。

### (八) 其他剂型

生物农药还有一些特殊应用剂型，如粉炮、卵卡和蛹卡等，在防治病虫害方面具有独特的效果。例如，白僵菌粉炮内部装有白僵菌菌粉，并配置一根长长的引线。使用时，点燃引线，将粉炮抛到空中，爆炸后菌粉就会四处飞散，附着在害虫身上。卵卡和蛹卡多是由被天敌昆虫产过卵的害虫卵和蛹制成。

## 第三节 我国的生物农药相关标准

生物农药源于自然、资源丰富，对环境相对友好，符合绿色可持续发展理念。近年来，我国生物农药研发热度持续上升，新产品不断涌现，登记步伐明显加快。为鼓励和支持生物农药产业的发展，国家在管理政策上进行重点设计，加快建立和完善生物农药的技术方法标准和评价标准体系等，为生物农药的研发、生产和应用提供了更加明确的指导(袁善奎等, 2018)。同时，国家对生物农药登记评审提供绿色通道，加快了生物农药的登记步伐。这不仅有利于推动生物农药产业的快速发展，也有利于提高我国生物农药产品的国际竞争力。

### 一、产品质量标准

目前，我国已制定生物农药产品质量标准46项(表14-7)。其中，微生物农药类(细菌类、真菌类和病毒类)25项、生物化学农药类9项、农用抗生素类9项、天敌类3项。植物源农药只有有效成分检测方法的标准，尚未发布相关的产品标准。现有标准涉及的生物源农药有效成分种类有限,不到 20 种。因此,为了满足需求,亟须进一步完善各种类生物农药的产品质量标准,以确保生物农药产业持续健康发展。

表 14-7 我国已正式发布的生物农药产品质量相关标准

| 标准类别和编号 | | 标准名称 |
|---|---|---|
| 微生物农药:细菌类 | GB/T 19567.1—2004 | 苏云金芽孢杆菌原粉(母药) |
| | GB/T 19567.2—2004 | 苏云金芽胞杆菌悬浮剂 |
| | GB/T 19567.3—2004 | 苏云金芽胞杆菌可湿性粉剂 |
| | NY/T 4407—2023 | 苏云金杆菌原粉 |
| | NY/T 4409—2023 | 苏云金杆菌可湿性粉剂 |
| | NY/T 4408—2023 | 苏云金杆菌悬浮剂 |
| | NY/T 2293.1—2012 | 细菌微生物农药 枯草芽孢杆菌 第1部分:枯草芽孢杆菌母药 |
| | NY/T 2293.2—2012 | 细菌微生物农药 枯草芽孢杆菌 第1部分:枯草芽孢杆菌可湿性粉剂 |
| | NY/T 2294.1—2012 | 细菌微生物农药 蜡质芽孢杆菌 第1部分:蜡质芽孢杆菌母药 |
| | NY/T 2294.2—2012 | 细菌微生物农药 蜡质芽孢杆菌 第1部分:蜡质芽孢杆菌可湿性粉剂 |
| | NY/T 2296.1—2012 | 细菌微生物农药 荧光假单胞杆菌 第1部分:荧光假单胞杆菌母药 |
| | NY/T 2296.2—2012 | 细菌微生物农药 荧光假单胞杆菌 第2部分:荧光假单胞杆菌可湿性粉剂 |
| 微生物农药:真菌类 | GB/T 21459.1—2008 | 真菌农药母药产品标准编写规范 |
| | GB/T 21459.2—2008 | 真菌农药粉剂产品标准编写规范 |
| | GB/T 21459.3—2008 | 真菌农药可湿性粉剂产品标准编写规范 |
| | GB/T 21459.4—2008 | 真菌农药油悬浮剂产品标准编写规范 |
| | GB/T 21459.5—2008 | 真菌农药饵剂产品标准编写规范 |
| | GB/T 25864—2010 | 球孢白僵菌粉剂 |
| | NY/T 2295.1—2012 | 真菌微生物农药 球孢白僵菌 第1部分:球孢白僵菌母药 |
| | NY/T 2295.2—2012 | 真菌微生物农药 球孢白僵菌 第2部分:球孢白僵菌可湿性粉剂 |
| | NY/T 2888.1—2016 | 真菌微生物农药 木霉菌 第1部分:木霉菌母药 |
| | NY/T 2888.2—2016 | 真菌微生物农药 木霉菌 第2部分:木霉菌可湿性粉剂 |
| | DB44/T 513—2008 | 绿僵菌微生物杀虫剂 |
| 微生物农药:病毒类 | DB42/T 1038—2015 | 棉铃虫核型多角体病毒悬浮剂 |
| | LY/T 2906—2017 | 美国白蛾核型多角体病毒杀虫剂 |
| 生物化学类 | GB 15955—2011 | 赤霉酸原药 |
| | GB 28145—2011 | 赤霉酸可溶粉剂 |
| | GB 28146—2011 | 3%赤霉酸乳油 |
| | HG/T 4922—2016 | 芸苔素乳油 |
| | HG/T 4923—2016 | 芸苔素可溶粉剂 |
| | HG/T 4924—2016 | 芸苔素水剂 |
| | NY/T 2889.1—2016 | 氨基寡糖素 第1部分:氨基寡糖素母药 |
| | NY/T 2889.2—2016 | 氨基寡糖素 第2部分:氨基寡糖素水剂 |
| | HG/T 4926—2016 | 氨基寡糖素原药 |

(续)

| 标准类别和编号 | | 标准名称 |
|---|---|---|
| 农用抗生素类 | GB/T 9553—2017 | 井冈霉素水剂 |
| | GB 19336—2017 | 阿维菌素原药 |
| | GB 19337—2017 | 阿维菌素乳油 |
| | GB/T 34154—2017 | 井冈霉素可溶粉剂 |
| | GB/T 34155—2017 | 井冈霉素原药 |
| | GB/T 34758—2017 | 春雷霉素原药 |
| | GB/T 34761—2017 | 春雷霉素可湿性粉剂 |
| | GB/T 34774—2017 | 春雷霉素水剂 |
| | HG/T 3887—2006 | 阿维菌素·高效氯氰菊酯乳油 |
| 天敌类 | NY/T 1166—2006 | 生物防治用赤眼蜂 |
| | DB21/T 2113—2013 | 松毛虫赤眼蜂质量控制技术规程 |
| | DB/T 44176—2003 | 生物防治用平腹小蜂 |

## 二、药效评价及使用标准

目前，我国已经发布了24项关于生物农药药效评价、使用技术规程及天敌的饲养方法标准，其中微生物农药有8项、植物源农药1项、生物化学农药5项、天敌8项、农用抗生素2项（表14-8）。尽管我国已制定了200多项农药田间药效试验准则，但针对生物农药的相对较少，尤其微生物农药药效评价试验准则尚属空白，完全参照化学农药的药效评价方法和标准不科学、不合理。因此，需要加强生物农药药效评价试验准则的制定工作，以确保生物农药的合理评价和应用。

表14-8 我国生物农药药效评价及使用技术类标准

| | 标准编号 | 标准名称 |
|---|---|---|
| 微生物农药 | DB44/T 512—2008 | 松毛虫质型多角体病毒生产及使用技术规程 |
| | DB42/T 675—2010 | 茶尺蠖核型多角体病毒制剂生产及应用技术规程 |
| | DB22/T 1975.18—2016 | 农药在人参上的使用准则 第18部分：10亿活芽孢/克枯草芽孢杆菌 |
| | DB22/T 1975.19—2016 | 农药在人参上的使用准则 第19部分：1000亿活芽孢/克枯草芽孢杆菌 |
| | DB22/T 1975.20—2016 | 农药在人参上的使用准则 第20部分：哈茨木霉菌 |
| | DB51/T 2267—2016 | 解淀粉芽孢杆菌治疗松烂皮病技术规范 |
| | DB21/T 2268—2014 | 球孢白僵菌质量控制及防治玉米螟技术规程 |
| | DB22/T 2528—2016 | 球孢白僵菌桶混剂机械化防治玉米螟技术规程 |
| 植物源农药 | DB51/T 1961—2015 | 印楝素防治草原害虫技术规范 |

(续)

| | 标准编号 | 标准名称 |
|---|---|---|
| 生物化学农药 | NY/T 3093.1—2017 | 昆虫化学信息物质产品田间药效试验准则 第1部分：昆虫性信息素诱杀农业害虫 |
| | NY/T 3093.2—2017 | 昆虫化学信息物质产品田间药效试验准则 第2部分：昆虫性迷向素防治农业害虫 |
| | NY/T 3093.3—2017 | 昆虫化学信息物质产品田间药效试验准则 第3部分：昆虫性迷向素防治梨小食心虫 |
| | DB64/T 902—2013 | 番茄应用S-诱抗素、寡糖、新奥霉素和棉铃虫病毒杀虫剂技术规程 |
| | DB64/T 903—2013 | 应用S-诱抗素生产无公害水稻技术规程 |
| 天敌 | NY/T 2062.1—2011 | 天敌防治靶标生物田间药效试验准则 第1部分：赤眼蜂防治玉米田玉米螟 |
| | NY/T 2062.2—2012 | 天敌防治靶标生物田间药效试验准则 第2部分：平腹小蜂防治荔枝、龙眼树荔枝蝽 |
| | NY/T 2062.3—2012 | 天敌防治靶标生物田间药效试验准则 第3部分：丽蚜小蜂防治烟粉虱和温室粉虱 |
| | NY/T 2062.4—2016 | 天敌防治靶标生物田间药效试验准则 第4部分：七星瓢虫防治保护地蔬菜蚜虫 |
| | NY/T 2063.1—2011 | 天敌昆虫室内饲养方法准则 第1部分：赤眼蜂室内饲养方法 |
| | NY/T 2063.2—2012 | 天敌昆虫室内饲养方法准则 第2部分：平腹小蜂室内饲养方法 |
| | NY/T 2063.3—2014 | 天敌昆虫室内饲养方法准则 第3部分：丽蚜小蜂室内饲养方法 |
| | NY/T 2063.4—2016 | 天敌昆虫室内饲养方法准则 第4部分：七星瓢虫室内饲养方法 |
| 农用抗生素 | NY/T 1156.18—2013 | 农药室内生物测定试验准则 杀菌剂 第18部分：井冈霉素抑制水稻纹枯病菌试验 E 培养基法 |
| | DB51/T 1679—2013 | 水稻纹枯病菌对井冈霉素抗药性室内测定技术规程 |

## 三、毒理学试验标准

在我国农药登记管理中，对于生物化学、植物源、农用抗生素类生物农药，其毒理学试验方法通常与一般化学农药相同。然而，微生物农药由于在暴露途径、毒性症状及染毒时间和观察指标等方面存在差异，制定了专门的毒理学试验准则（表14-9）。通过专门的毒理学试验，可以更好地了解微生物农药对人和其他动物的潜在危害，从而为农药的合理使用和监管提供科学依据。同时，这些准则的制定也有助于提高我国微生物农药产品的国际竞争力，推动其健康可持续发展。

表14-9　生物农药毒理学试验类标准

| 标准编号 | 标准名称 |
|---|---|
| NY/T 2186.1—2012 | 微生物农药毒理学试验准则 第1部分：急性经口毒性/致病性试验 |
| NY/T 2186.2—2012 | 微生物农药毒理学试验准则 第2部分：急性经呼吸道毒性/致病性试验 |
| NY/T 2186.3—2012 | 微生物农药毒理学试验准则 第3部分：急性注射毒性/致病性试验 |
| NY/T 2186.4—2012 | 微生物农药毒理学试验准则 第4部分：细胞培养试验 |
| NY/T 2186.5—2012 | 微生物农药毒理学试验准则 第5部分：亚慢性毒性/致病性试验 |
| NY/T 2186.6—2012 | 微生物农药毒理学试验准则第6部分：繁殖/生育影响试验 |

## 四、环境安全试验标准

生物化学、植物源、农用抗生素类生物农药的环境毒性试验方法通常与一般化学农药相同。而微生物农药因其独特的特性和作用机制，不适用于化学农药的准则，因此需要制定专门的环境试验准则来评估环境风险。目前，我国已经完成了9项微生物农药环境风险评价试验准则（表14-10），但仍然缺乏微生物农药环境风险评估程序类的标准，需要进一步完善微生物农药环境风险评估的标准和方法，以确保微生物农药的安全使用和环境保护。

表14-10 生物农药环境安全试验类标准

| 标准编号 | 标准名称 |
| --- | --- |
| NY/T 3152.1—2017 | 微生物农药环境风险评价试验准则 第1部分：鸟类毒性试验 |
| NY/T 3152.2—2017 | 微生物农药环境风险评价试验准则 第2部分：蜜蜂毒性试验 |
| NY/T 3152.3—2017 | 微生物农药环境风险评价试验准则 第3部分：家蚕毒性试验 |
| NY/T 3152.4—2017 | 微生物农药环境风险评价试验准则 第4部分：鱼类毒性试验 |
| NY/T 3152.5—2017 | 微生物农药环境风险评价试验准则 第5部分：溞类毒性试验 |
| NY/T 3152.6—2017 | 微生物农药环境风险评价试验准则 第6部分：藻类生长影响试验 |
| NY/T 3278.1—2018 | 微生物农药环境增殖试验准则 第1部分：土壤 |
| NY/T 3278.2—2018 | 微生物农药环境增殖试验准则 第2部分：水 |
| NY/T 3278.3—2018 | 微生物农药环境增殖试验准则 第3部分：植物叶面 |

## 五、农药残留相关标准

大多数生物农药，如微生物农药和部分植物源农药，通常不需要制定残留限量标准，除非毒理学测定表明存在需要关注的毒性。在这种情况下，需要按照《农药登记资料要求》提交农产品中该类物质残留资料。部分生物农药已被明确列入豁免制定食品中最大残留限量的农药名单。目前，我国在作物上与生物农药相关的残留标准有14项，其中生物化学农药有5项、植物源农药5项、农用抗生素4项（表14-11）。这些标准的制定是为了确保生物农药的安全使用，并减少对环境和食品的潜在风险。

表14-11 我国生物源农药残留相关标准

| | 标准编号 | 标准名称 |
| --- | --- | --- |
| 生物化学农药 | GB 23200.21—2016 | 食品安全国家标准水果中赤霉酸残留量的测定液相色谱—质谱/质谱法 |
| | SN 0346—1995 | 出口蔬菜中α-萘乙酸残留量检验方法 |
| | SN/T 4591—2016 | 出口水果蔬菜中脱落酸等60种农药残留量的测定液相色谱—质谱/质谱法 |
| | DB51/T 2384—2017 | 植物及种子（果实）中吲哚乙酸含量的测定 高效液相色谱法 |
| | DB22/T 2598—2016 | 人参中吲哚乙酸和吲哚丁酸的测定 液相色谱—质谱/质谱法 |
| 植物源农药 | GB 23200.73—2016 | 食品安全国家标准食品中鱼藤酮和印楝素残留量的测定液相色谱—质谱/质谱法 |
| | NY/T 3094—2017 | 植物源性农产品中农药残留贮藏稳定性试验准则 |
| | SN/T 0218—2014 | 出口粮谷中天然除虫菊素残留总量的检测方法气相色谱—质谱法 |
| | SN/T 4672—2016 | 进出口棉花中烟碱类农药残留量的液相色谱—质谱/质谱法 |
| | DB45/T 714—2010 | 山豆根中苦参碱的测定高效液相色谱法 |

(续)

| 标准编号 | 标准名称 |
|---|---|
| 农用抗生素 GB 23200.19—2016 | 食品安全国家标准 水果和蔬菜中阿维菌素残留量的测定 液相色谱法 |
| GB 23200.20—2016 | 食品安全国家标准 食品中阿维菌素残留量的测定 液相色谱—质谱/质谱法 |
| GB 23200.74—2016 | 食品安全国家标准 食品中井冈霉素残留量的测定 液相色谱—质谱/质谱法 |
| DB53/T 509—2013 | 烟草及烟草制品 阿维菌素残留量的测定 高效液相色谱法 |

## 复习思考题

1. 什么是生物农药?
2. 生物农药可以分为哪些类别?
3. 生物农药有哪些优点和缺点?
4. 什么是农药剂型,农药剂型加工有什么作用?
5. 生物农药有哪些主要剂型?
6. 我国的生物农药相关标准有哪些类别?

# 第十五章

# 生物农药市场及其未来发展

生物农药具有环境友好、资源丰富等优势，发展前景广阔。早在1994年，我国就将生物农药列入《中国21世纪议程》白皮书，作为未来产业发展的主要领域之一。近年来，国家相关政策导向更加明确与强化，法律法规日趋完善，监管越发规范，生物农药效果的评价趋于理性与客观，这些都为生物农药开拓市场奠定了基础。近年来，通过示范补贴试点等政策的实施，生物化学农药推广使用面积有较大提高，已达2亿亩次，植物源农药和微生物农药的推广使用近1亿亩次。与此同时，我国生物农药企业规模也有了长足发展，成规模企业积极进入新三板，并完善营销策略和企业现代化管理，销售额年均增长率保持在10%以上。研发资金的不断投入也为未来市场的拓展打下了坚实的基础。

## 第一节 生物农药市场现况

### 一、市场需求

生物农药的需求主要源于：

①全球人口数量激增，对农林牧渔等产品的需求也相应增加。由于农业和人工林生态系统单一且脆弱，易发生病虫害，这些农林类产品的规模化生产过程中必不可少需要使用农药，这为生物农药提供了稳定的市场需求。尤其林业系统，侧重于长期经营，更有利于生物防治策略发挥作用。

②传统高毒高残留的化学农药声名狼藉，逐渐退出市场。为防止化学农药滥用，国家提出了"减药增效"[①]的要求，为生物农药的发展提供了广阔空间。欧美国家也提出过类似的行动计划，例如，欧盟在2011—2021年期间实行的"从农场到餐桌"减少农药用量目标的行动，使欧盟境内化学农药的使用量下降了33%。不可否认的是，农药的使用挽回了超过1/3的农林业产出，需理性对待，勿谈"农药"色变。

---

① 2022年国家农业农村部发布《到2025年化学农药减量化行动方案》。

③国内外公众对食品安全和健康越发重视，对绿色食品（国外称为有机食品，对标国内 AA 级绿色食品）需求旺盛。2017 年，绿色食品占食品总需求的 5.5%，销售额超 45 万亿美元①。绿色食品生产严格要求无化学制品的使用，即便化学结构式与天然产物完全一致也不能使用，因此对生物源农药具有巨大的需求。

## 二、国际市场情况

历史上第一种注册的生物农药产品是在美国投入使用的苏云金芽孢杆菌。目前，美国仍是全球最大的生物农药销售市场，约占全球的 33%，年均销售 30 亿~40 亿美元。其中超过一半销售的生物农药种类是生物化学农药②，并以每年 10%~20% 的增速持续扩张，尤其在有机农业生产中的应用占据优势，需要指出的是这些生物农药产品成分必须非人工合成。不过，生物农药在全球农药市场③中的占比仍然不高，在欧洲农药市场占有率也仅为 20%~30%，美国只占 6.5%。生物农药市场占比与不同地区认定的生物农药产品种类和数量也有直接关系。例如，植物源农药由于其对靶标生物具有毒性，欧美地区不认定为生物农药，而归属于化学农药进行管理。

南美洲的巴西得益于地广人稀，适合规模化大农庄经营模式，近年来，生物防治的应用呈指数级增长，生物农药需求年均增长 30%，约是全球平均水平的 2 倍，尤其真菌类杀虫剂占据了主要市场份额。生物制剂如今已成为当地种植者日常生产的刚需。

巴斯夫、拜耳、先正达等跨国农药集团，越发转向生物农药开发，年均投入 5 亿美元进行研发，垄断了全球生物农药销售市场的 75% 以上。从 2016—2025 年市场变化的预测趋势上看，生物杀虫剂和杀菌剂还将获得进一步增长，尤其是生物杀线虫剂增长最快。尽管如此，现有市场调查显示，三大类农药（杀虫剂、杀菌剂、除草剂）和仿生化学农药的占比超过了由天然产物制成的生物农药，尤其是在杀虫剂上表现突出。通过化学合成天然产物制成农药也是新型农药的重要方向，而其根本在于受生物资源的启发，与传统化学农药的作用机理形成了显著差异，因此往往具有低毒等绿色农药的优点，但是否归属生物农药则存在争议。

## 三、国内市场现况

近年来在国家"减药增效"的要求下，国内的农药生产企业中传统农药生产企业数量明显下降，减少了 100~200 家，营收减少，而生物农药企业保持稳定增长，表现强大的韧劲和发展空间。目前，我国生物农药企业研发的有效成分超过百种，农用抗生素的品种更达 5 000 余种。需要指出的是，有效成分的开发由于周期长，通常需要 10~20 年，投入成本高，与国家整体科技和生产实力相关。品种则是在有效成分的基础上加以剂型配置，根据实际应用需要制成不同的应用剂型，它的开发周期在 2~3 年，投入相对较少。生物农药

---

① 数据来源自 the Organic Trade Association (2018), https://www.ota.com/resources/market-analysis.
② 美国环境保护局规定生物化学农药成分对靶标生物不具毒性，否则应归属于化学农药类。
③ 全球农药产量在 2019 年达 $320 \times 10^4$ t，市场价值 759 亿美元，年增长率 6%。

新品种在新登记农药中占比越来越高，2021年已提高至72.7%。但需要指出的是，新的有效成分的数量仍然偏少。由于知识产权存在年限，一旦过了保护期，基于相同有效成分的相似剂型产品往往大量问世，竞争严重内卷，如阿维菌素产品登记数量高达76个。因此，加大具有知识产权的有效成分开发就显得尤为重要。此外，由于农药登记成本和程序烦琐等，很多研发者将生防成分或生物源天然产物作为植物促生剂①的主要成分加以应用（Ellis，2017）。

不同国家地区和国际组织对生物农药的类别有不同规定。早期，我国的生物农药类别包括微生物农药、生物化学农药、植物源农药、天敌、转基因生物以及农用抗生素六大类。2017年我国修订了《农药管理条例》，天敌昆虫产品不再进行农药产品登记或备案。2020年我国制定的《我国生物农药登记有效成分清单》对于转基因生物由于其可能存在的伦理以及生态风险，不再作为单独的一类生物农药。由于农用抗生素存在可能导致环境微生物耐药性上升等风险问题，也从新版的生物农药登记目录中暂时移除，以待更进一步的研究商榷。植物源农药由于其主要成分对害虫等有毒性，对哺乳动物等存在潜在风险，在海外市场中不归为生物农药。

## 第二节　未来发展

未来农林业生产越来越向智能化方向发展，通过信息技术和物联网实时监测作物生产情况，并利用自动化机械和水肥一体化措施进行科学管理，如Vertical Farming Systems，严格遵循有机食品的生产要求，杜绝化学品的使用，需要相应的生物农药产品来防控病虫害发生。同时，针对生物农药目前存在的不足之处，国内外研究者一直在努力完善中，不断提出新的研发思路。

**（1）植物免疫诱抗剂的开发**

基于天然产物的生物化学农药近年来不断有新的产品报道（Lorsbach et al.，2019），例如，爱利思达生命科学公司开发的昆布多糖（laminarin），它来源自类似我们日常食品中裙带菜的一种褐藻。昆布多糖是一种内吸性的植物获得性抗性诱导剂，也就是说植物体可以快速吸收药剂成分并在体内引发免疫抗性。这类物质本身毫无毒性，对其他生物也无影响，主要通过提高植物自身抗病虫水平来达到防治目的，符合生物化学农药的定位。除此之外，部分生防菌和根际微生物本身也可诱导植物抗性，发挥生防功效。

**（2）功能基因及其活性产物挖掘**

随着高通量测序和组学技术的发展，优良生防资源的挖掘已不再停留在菌株筛选，研究者更加重视从浩瀚的生物资源中挖掘可应用的功能基因资源。例如，苏云金芽孢杆菌杀虫晶体蛋白的编码基因数量近来增加明显，同时得益于组学分析，类似功能基因还在其他物种基因组中发现，这大大丰富了该基因家族的资源库。例如，类似Cyt杀虫蛋白的Cyt-

---

① 植物促生剂是指一种物质、微生物或其混合物，当应用于种子、植物、根际、土壤或其他生长介质时，可独立于其营养含量对植物的作用，包括提高营养利用率、吸收或利用效率、对非生物胁迫的耐受性，从而促进植物生长、发育、质量或产量。

Co 分子具有杀线活性，而产生该蛋白的暗孢耳霉本身并非食线虫微生物。这也说明扩大菌种筛选范围可能挖掘新的功能基因及活性产物。这类微生物资源在有机农场和热带雨林地区较为丰富，是比较合适的采集区域。在此基础上，科学家还可以对有效成分的分子结构进行修饰，完善其功能效果。例如，改变分子作用靶标范围等，这有利于专一性较强的生物农药扩大应用范围。

**(3) 生防菌株遗传重组改造**

微生物农药在有害生物防控的成功应用及其商业化程度的提升取决于开发出具有更高功效和/或更低生产成本、更宽活性范围和更强持久性的产品。新功能基因的发现也有利于对原有高效菌株进行遗传改造，提高环境适应性和防效。随着现代分子技术如基因编辑技术的发展成熟，遗传操作在很多生物中成为可能，微生物农药中应用较多的菌种，如芽孢杆菌、白僵菌、绿僵菌都已建成遗传操作体系，研究者可通过敲除基因或过表达关键功能基因，来完善生防菌的品质（Jaiswal et al., 2019）。同时，定向进化和基因工程有望产生活性增强和/或活性范围扩大的新型毒素。这种分子筛选还可以提高发现已知毒素和毒力因子变体的速度，但仍需要使用活昆虫的生物筛选系统来识别新的活性。近年来，基于昆虫毒素受体蛋白的 Cry 毒素增强子的开发引起了越来越多的关注。虽然这些增效剂已被证明可以有效增加毒性，并在某些情况下扩大毒素蛋白的作用范围，但它们在农业系统中的使用还需要进一步的研究。

**(4) 生物合成有效成分**

之前我们提到的天然植物源农药，这类生物农药取自天然，可降解，但成分复杂，制备过程中产生的废弃物过多，而且这些活性成分在植物体内的含量有限，无法控制生产成本。现在通过化合物成分解析，筛选出关键新型化合物，然后结合仿生合成技术能够有效解决这个问题。不同于化学合成的产物需要按化学农药登记标准来操作，通过合成生物学技术①，利用工程菌高效异源表达活性成分开辟了新农药生产模式，对降低生产成本提供了新途径。

**(5) 核酸农药**

利用 RNA 干扰技术可对有害生物所含的特异功能基因表达进行精准调控。靶标基因的 dsRNA 进入生物体内后会被随机剪切成小 RNA，这些小 RNA 作为目标 RNA 链的导航，引发生物体内基因沉默复合体诱导目标 mRNA 的降解或抑制翻译，从而干扰有害生物正常的生长繁殖，实现控害目的。这类新型的核酸农药被誉为农药史上的第三次革命（Kunte et al., 2020）。

早期此类研究最大的问题就是生产成本，RNA 干扰所需制备的 dsRNA 成本较高。得益于生物异源表达系统，dsRNA 的生产成本已大幅下降，大约每克仅需 3~4 元。目前，

---

① 生物合成技术的原理是通过操纵生物体的基因或代谢过程来改变它们的行为或产生的物质。与传统的化学合成方法相比，生物合成技术通常更环保，因为它们不需要使用有害的化学物质或高温高压等极端条件。此外，生物合成技术还可以利用微生物等生物体来生产产品，这比传统的工业生产方法更加高效和可持续。

已有一款 dsRNA 生物农药 Ledprona① 投入市场，通过沉默马铃薯甲虫的编码 PSMB5 蛋白基因来杀虫。dsRNA 的应用方式非常多样，可以提纯 dsRNA 对靶标生物进行喷洒作业，也可以通过病毒等媒介作用于有害生物，现在还有通过纳米材料等载体提高其稳定性，或直接转基因操作让植物体直接表达 dsRNA 来保护植物。例如，拜耳公司表达昆虫 dsRNA 的抗虫玉米 MON87411 获得多个国家的安全证书。核酸型生物农药类型的多样化有利于加速开发，应用前景广阔。

（6）新作用靶标的筛选

dsRNA 干扰的靶标基因如何选取，这是生物农药研究的关键问题。化学农药抗药性的形成往往与其作用靶标亲和力下降有关，如何选取新的关键靶标分子显得尤其重要。靶标分子必然不能是其他环境生物的关键功能基因，不然药剂的使用会有生物安全问题。近年来兴起通过分子互作研究 interactomics 及其他生物信息技术等探索新的靶标分子，揭示活性成分的潜在作用机理。

（7）新剂型的研发

理想的农药使用是特异性针对靶标有害生物，而避免环境中其他生物暴露于农药，同时减轻环境因子对有效成分的负面影响，这就对剂型提出了更高的要求。目前，基于纳米微胶囊的农药智能控制释放技术成为新的研发热点。该技术结合靶标有害生物危害规律来触发释放有效成分，例如，根据病原菌侵入植物过程中会分泌纤维素酶这一特性，制备由纤维素包裹的纳米微胶囊，当病原入侵时被同步触发释放杀菌成分，来起到控害作用。

（8）新昆虫信息素

害虫的取食、交配、产卵等行为与其所处的化学环境密切相关，随着质谱分析的精度越来越成熟，有利于挖掘出新的信息素成分。例如，近年中国农科院团队通过气相色谱质谱法和气相色谱—触角电位联用仪等技术，在棉铃虫②虫卵表面鉴定出 3 个具有生物活性的长链脂肪酸甲酯。实验证实，这 3 种卵表所含的化合物都能够显著引起棉铃虫产卵忌避行为，即阻止棉铃虫在特定区域产卵，从而保护植物。

以上不难看出，新型生物农药开发大多从植物、有害生物、生物农药 3 点出发，大多在微观水平开展深入研究。免疫、功能基因、分子靶标、生物合成、基因编辑、RNA 干扰、化学生态等，这些关键词都来源自大生命科学，因此，将来如若从事这个领域的研究，就必须有扎实的生物科学基本功，同时要关注学科交叉产生新的发展路径。

此外，还要强调一点，在上述几个前沿研究领域，我们国家的相关研究一点都不比国外弱，已达到国际领先水平。2023 年年底，商务部和科技部修订了《中国禁止出口限制出口技术目录》中列出了 14 项生物农药生产技术，包括灭蝗微孢子虫制剂生产工艺、多角体病毒毒种及制剂生产工艺、井冈霉素菌种及生产技术、阿维菌素菌种及生产技术、嘧啶核苷类抗菌素（农抗 120）菌株及生产技术等，说明这些技术已遥遥领先。这些成绩的取得与相关行业的研究者和研究机构密不可分，这里罗列了部分生物农药研发的国家级平台，如

---

① 由美国 GreenLight Biosciences 公司开发，用于对抗马铃薯甲虫的危害。
② 棉铃虫对棉花、玉米、小麦等 300 多种农作物都有严重危害性，具有迁飞距离远、繁殖能力强等特性，对化学杀虫剂易产生抗药性，防治难度大。

国家生物农药工程技术研究中心、微生物农药国家工程研究中心，生物农药与生物防治产业技术创新战略联盟等，工作各有侧重。其中，国家发展改革委批建的生物农药高效制备技术国家地方联合工程实验室，主要进行针对林业有害生物的林药开发工作。例如，以甲维盐为有效成分的松树注干剂，用于林业重大有害生物松材线虫的预防药剂，打一针可保至少3年，可对古树名木的保护发挥了重要作用。

## 复习思考题

1. 试举例介绍未来生物农药发展方向。
2. 查询国际上重要的生物防治学术会议情况。
3. 例举国内外生物防治领域的知名学者。

# 参考文献

丁丽娜, 杨国兴, 2016. 植物抗病机制及信号转导的研究进展[J]. 生物技术通报, 32(10): 109-117.

高萍, 李芳, 郭艳娥, 等, 2017. 丛枝菌根真菌和根瘤菌防控植物真菌病害的研究进展[J]. 草地学报, 25(2): 236-242.

葛米红, 2023. 蔬菜腐霉型猝倒病病原鉴定及新型高效生防菌筛选与应用[D]. 武汉: 华中农业大学.

洪健, 周雪平, 2006. ICTV第八次报告的最新病毒分类系统[J]. 中国病毒学, 21(1): 84-96.

黄云, 2010. 植物病害生物防治学[M]. 北京: 科学出版社.

李毅, 2016. 生物农药[M]. 北京: 科学出版社.

林乃铨, 2010. 害虫生物防治[M]. 北京: 科学出版社.

吕鸿声, 1985. 昆虫病毒与昆虫病毒病[M]. 北京: 科学出版社.

宋嘉伟, 侯盼盼, 费莉玢, 等, 2020. 黄瓜花叶病毒浙江白术分离物全基因组序列测定与分析[J]. 植物病理学报, 50(2): 251-254.

苏秀, 陈莎, 朱诚棋, 等, 2016. 利用深度测序技术鉴定疑似桑花叶卷叶病感病桑树叶片中的相关病毒[J]. 蚕业科学, 42(4): 576-582.

苏秀, 2015. 小RNA深度测序在几种木本植物病毒鉴定中的应用[D]. 杭州: 浙江大学.

谭海军, 2022. 中国生物农药的概述与展望[J]. 世界农药, 44(4): 16-27, 54.

王华, 聂蓓蓓, 包立军, 等, 2021. 生防芽孢杆菌抑真菌机制及其在桑树真菌病害防治中的潜在应用价值[J]. 蚕业科学, 47(2): 186-193.

吴云峰, 2016. 植物病虫害生物防治学[M]. 北京: 中国农业出版社.

徐汉虹, 2012. 生物农药[M]. 北京: 中国农业出版社.

杨峻, 侯燕华, 林荣华, 等, 2022. 我国生物农药登记品种清单式管理初探[J]. 中国生物防治学报, 38(4): 812-820.

余武秀, 申继忠, 2021. 植物病毒病和抗病毒剂[J]. 世界农药, 43(5): 17-24.

袁善奎, 王以燕, 师丽红, 等, 2018. 我国生物源农药标准制定现状及展望[J]. 中国生物防治学报, 34(1): 1-7.

战斌慧, 周雪平, 2018. 高通量测序技术在植物及昆虫病毒检测中的应用[J]. 植物保护, 44(5): 120-126.

张雨良, 黄启星, 郭安平, 等, 2013. 海南番木瓜PRSV和PLDMV病毒发生情况及分子鉴定[J]. 热带作物学报, 34(12): 2436-2441.

赵辉, 贺萍萍, 郭静远, 等, 2017. 应用现代生物技术防治番木瓜RNA病毒研究进展[J]. 分子植物育种, 15(11): 4590-4599.

中华人民共和国农业部, 2017. 农药登记资料要求[Z]. 北京: 中华人民共和国农业部.

周湘, 2010. 蚜虫病原真菌努利虫疠霉菌丝剂型研制及其流行潜能研究[D]. 杭州: 浙江大学.

AHMED A, MUNIR S, HE P, et al., 2020. Biocontrol arsenals of bacterial endophyte: An imminent triumph against clubroot disease [J]. Microbiological Research, 241: 126565.

ALFIKY A, WEISSKOPF L, 2021. Deciphering *Trichoderma*-plant-pathogen interactions for better development of biocontrol applications[J]. Journal of Fungi, 7(1): 61.

BAU H J, CHENG Y H, YU T A, et al., 2004. Field evaluation of transgenic papaya lines carrying the coat protein gene of *Papaya ringspot virus* in Taiwan [J]. Plant Disease, 88(6): 594-599.

BILGRAMI A L, KHAN A, 2022. Plant nematode biopesticides [M]. London: Academic Press.

BOLLMANN-GIOLAI A, MALONE J G, ARORA S, 2022. Diversity, detection and exploitation: Linking soil fungi and plant disease [J]. Current Opinions in Microbiology, 70: 102199.

BORKAR S G, YUMLEMBAM R A, 2016. Bacterial diseases of crop plants [M]. Boca Raton: CRC Press.

BRATANIS E, ANDERSSON T, LOOD R, et al., 2020. Biotechnological potential of *Bdellovibrio* and like organisms and their secreted enzymes [J]. Frontiers in Microbiology, 11: 662.

CHEN Z, SHI Y, WANG D, et al., 2023. Structural insight into *Bacillus thuringiensis* Sip1Ab reveals its similarity to ETX_MTX2 family $\beta$-pore-forming toxin [J]. Pest Management Science, 79(11): 4264-4273.

COLAZZA S, PERI E, CUSUMANO A, 2023. Chemical ecology of floral resources in conservation biological control [J]. Annual Review of Entomology, 68: 13-29.

CRICKMORE N, BERRY C, PANNEERSELVAM S, et al., 2021. A structure-based nomenclature for *Bacillus thuringiensis* and other bacteria-derived pesticidal proteins [J]. Journal of Invertebrate Pathology, 186: 107438.

DAR G H, BHAT R A, MEHMOOD M A, et al., 2021. Microbiota and biofertilizers (Vol 2): Ecofriendly tools for reclamation of degraded soil environs [M]. Cham: Springer Nature.

DONG H, XU X, GAO R, et al., 2022. *Myxococcus xanthus* R31 suppresses tomato bacterial wilt by inhibiting the pathogen *Ralstonia solanacearum* with secreted proteins [J]. Frontiers in Microbiology, 12: 801091.

ELLIS J G, 2017. Can plant microbiome studies lead to effective biocontrol of plant diseases? [J] Molecular Plant-Microbe Interactions, 30(3): 190-193.

EL-MARAGHY S S, TOHAMY A T, HUSSEIN K A, 2021. Plant protection properties of the plant growth-promoting fungi (PGPF): Mechanisms and potentiality [J]. Current Research in Environmental & Applied Mycology, 11(1): 391-415.

EL-SAADONY M T, SAAD A M, SOLIMAN S M, et al., 2022. Plant growth-promoting microorganisms as biocontrol agents of plant diseases: Mechanisms, challenges and future perspectives [J]. Frontiers in Plant Science, 13: 923880.

ESPINOZA-VERGARA G, GARCÍA-SUÁREZ R, VERDUZCO-ROSAS L A, et al., 2023. *Bacillus thuringiensis*: A natural endophytic bacterium found in wild plants [J]. FEMS Microbiology Ecology, 99(6): fiad043.

FAHAD S, SAUD S, WAHID F, et al., 2023. Biofertilizers for sustainable soil management [M]. Boca Raton: CRC Press.

FEI M, GOLS R, HARVEY J A, 2023. The biology and ecology of parasitoid wasps of predatory arthropods [J]. Annual Review of Entomology, 68: 109-128.

FREIMOSER F M, RUEDA-MEJIA M P, TILOCCA B, et al., 2019. Biocontrol yeasts: mechanisms and applications [J]. World Journal of Microbiology & Biotechnology, 35(10): 154.

GÓMEZ-GODÍNEZ L J, AGUIRRE-NOYOLA J L, MARTÍNEZ-ROMERO E, et al., 2023. A look at plant-growth-promoting bacteria [J]. Plants, 12(8): 1668, 1-17.

GOMIS-CEBOLLA J, BERRY C, 2023. *Bacillus thuringiensis* as a biofertilizer in crops and their implications in the control of phytopathogens and insect pests [J]. Pest Management Science, 79(9): 2992-3001.

HERYANTO C, RATNAPPAN R, O'HALLORAN D M, et al., 2022. Culturing and genetically manipulating entomopathogenic nematodes [J]. Journal of Visualized Experiments, 181.

HONG S, SHANG J, SUN Y, et al., 2023. Fungal infection of insects: Molecular insights and prospects [J]. Trends in Microbiology, 32(3): 302-316.

HUAN Y, KONG Q, MOU H, et al., 2020. Antimicrobial peptides: Classification, design, application and research progress in multiple fields [J]. Frontiers in Microbiology, 11: 1-21.

JAISWAL S, SINGH D K, SHUKLA P, 2019. Gene editing and systems biology tools for pesticide bioremediation: A review [J]. Frontiers in Microbiology, 10: 87.

JOGAIAH S, 2021. Biocontrol agents and secondary metabolites [M]. Duxford: Woodhead Publishing.

JONES J T, HAEGEMAN A, DANCHIN E G, et al., 2013. Top 10 plant-parasitic nematodes in molecular plant pathology [J]. Molecular Plant Pathology, 14(9): 946-961.

KANSMAN J T, JARAMILLO J L, ALI J G, et al., 2023. Chemical ecology in conservation biocontrol: New perspectives for plant protection [J]. Trends in Plant Science, 28(10): 1166-1177.

KAUR R, SHROPSHIRE J D, CROSS K L, et al., 2021. Living in the endosymbiotic world of Wolbachia: A centennial review [J]. Cell Host & Microbe, 29(6): 879-893.

KAUSHAL M, PRASAD R, 2021. Microbial biotechnology in crop protection [M]. Heidelberg: Springer Nature.

KIM J G, PARK B K, KIM S U, et al., 2006. Bases of biocontrol: sequence predicts synthesis and mode of action of agrocin 84, the Trojan Horse antibiotic that controls crown gall [J]. Proceedings of the National Academy of Sciences of the United States of America, 103(23): 8846-8851.

KÖHL J, RAVENSBERG W J, 2021. Microbial bioprotectants for plant disease management [M]. Cambridge: Burleigh Dodds Science Publishing.

KORÁNYI D, EGERER M, RUSCH A, et al., 2022. Urbanization hampers biological control of insect pests: A global meta-analysis [J]. Science of the Total Environment, 834: 155396.

KOUL O, 2023. Development and commercialization of biopesticides [M]. London: Academic Press.

KUMARIYA R, GARSA A K, RAJPUT Y S, et al., 2019. Bacteriocins: Classification, synthesis, mechanism of action and resistance development in food spoilage causing bacteria [J]. Microbial Pathogenesis, 128: 171-177.

KUNG Y J, BAU H J, WU Y L, et al., 2009. Generation of transgenic papaya with double resistance to papaya ringspot virus and papaya leaf-distortion mosaic virus [J]. Phytopathology, 99(11): 1312-1320.

KUNTE N, MCGRAW E, BELL S, et al., 2020. Prospects, challenges and current status of RNAi through insect feeding [J]. Pest Management Science, 76(1): 26-41.

LABAUDE S, GRIFFIN C T, 2018. Transmission success of entomopathogenic nematodes used in pest control [J]. Insects, 9(2): 72.

LACEY L A, GRZYWACZ D, SHAPIRO-ILAN D I, et al., 2015. Insect pathogens as biological control agents: Back to the future [J]. Journal of Invertebrate Pathology, 132: 1-41.

LAURING A S, ANDINO R, 2010. Quasispecies theory and the behavior of RNA viruses [J]. PLOS Pathogens, 6(7): e1001005.

LIU X, RUAN L, PENG D, et al., 2014. Thuringiensin: A thermostable secondary metabolite from *Bacillus thuringiensis* with insecticidal activity against a wide range of insects [J]. Toxins, 6(8): 2229-2238.

LORSBACH B A, SPARKS T C, CICCHILLO R M, et al., 2019. Natural products: A strategic lead generation approach in crop protection discovery [J]. Pest Management Science, 75(9): 2301-2309.

MECHORA Š, ŠUNJKA D, 2023. Advances in alternative measures in plant protection [M]. Basel: MDPI Publishing.

NAIR S, MANIMEKALAI R, 2021. Phytoplasma diseases of plants: Molecular diagnostics and way forward [J]. World Journal of Microbiology & Biotechnology, 37(6): 1-20.

NOLLET L, MIR S R, 2023. Biopesticides Handbook [M]. Boca Raton: CRC Press.

OGIER J C, PAGÈS S, FRAYSSINET M, et al., 2020. Entomopathogenic nematode-associated microbiota: From monoxenic paradigm to pathobiome [J]. Microbiome, 8(1): 25.

PANDIT M A, KUMAR J, GULATI S, et al., 2022. Major biological control strategies for plant pathogens [J]. Pathogens, 11: 273.

PESHIN R, DHAWAN A K, 2009. Integrated pest management: Innovation-development process [M]. Dordrecht: Springer.

PROSPERO S, BOTELLA L, SANTINI A, et al., 2021. Biological control of emerging forest diseases: how can we move from dreams to reality? [J]. Forest Ecology & Management, 496: 119377.

RADHAKRISHNAN E K, KUMAR A, ASWANI R, 2022. Biocontrol mechanisms of endophytic microorganisms [M]. London: Academic Press.

RAVENSBERG W J, 2011. A roadmap to the successful development and commercialization of microbial pest control products for control of arthropods [M]. Dordrecht: Springer.

ROUPHAEL Y, COLLA G, 2020. Editorial: Biostimulants in agriculture [J]. Frontiers in Plant Science, 11: article 40.

SEGOLI M, ABRAM P K, ELLERS J, et al., 2023. Trait-based approaches to predicting biological control success: Challenges and prospects [J]. Trends in Ecology & Evolution, 38(9): 802-811.

SHRIVASTAVA N, MAHAJAN S, VARMA A, 2021. Symbiotic soil microorganisms [M]. Cham: Springer Nature.

SINGH U B, SAHU P K, SINGH H V, et al., 2022. Rhizosphere microbes: Biotic stress management [M]. Heidelberg: Springer Nature.

SLACK J, ARIF B M, 2007. The baculoviruses occlusion-derived virus: virion structure and function [J]. Advances in Virus Research, 69: 99-165.

SMITH K M, 1967. Insect virology [M]. New York: Academic Press.

SPATAFORA J W, CHANG Y, BENNY G L, et al., 2016. A phylum-level phylogenetic classification of zygomycete fungi based on genome-scale data [J]. Mycologia, 108(5): 1028-1046.

STEINKRAUS D C, HOLLINGSWORTH R G, SLAYMAKER P H, 1995. Prevalence of *Neozygites fresenii* (Entomophthorales: Neozygitaceae) on cotton aphids (Homoptera: Aphididae) in Arkansas cotton [J]. Environmental Entomology, 24: 465-474.

STEINKRAUS D C, 2006. Factors affecting transmission of fungal pathogens of aphids [J]. Journal of Invertebrate Pathology, 92: 125-131.

STENBERG J A, SUNDH I, BECHER P G, et al., 2021. When is it biological control? A framework of definitions, mechanisms, and classifications [J]. Journal of Pest Science, 94: 665-676.

SU X, ZHOU X, LI Y, et al., 2022. First Report of bean common mosaic virus infecting heavenly bamboo (*Nandina domestica*) in China [J]. Plant Disease, 106(3): 1079.

THAMBUGALA K M, DARANAGAMA D A, PHILLIPS A J L, et al., 2020. Fungi vs. fungi in biocontrol: An overview of fungal antagonists applied against fungal plant pathogens [J]. Frontiers in Cellular & Infection Microbiology, 10: 604923.

THIND B S, 2019. Phytopathogenic bacteria and plant diseases [M]. Boca Raton: CRC Press.

TRONSMO A M, COLLINGE D B, DJURLE A, et al., 2020. Plant pathology and plant diseases [M]. Oxfordshire: CAB Interantional.

TWINING J P, LAWTON C, WHITE A, et al., 2022. Restoring vertebrate predator populations can provide landscape-scale biological control of established invasive vertebrates: Insights from pine marten recovery in Europe [J]. Global Change Biology, 28(18): 5368-5384.

VEGA F, KAYA H, 2012. Insect pathology, second edition [M]. London: Academic Press.

VENBRUX M, CRAUWELS S, REDIERS H, 2023. Current and emerging trends in techniques for plant pathogen detection [J]. Frontiers in Plant Science, 14: 1120968.

VERO S, GARMENDIA G, ALLORI E, et al., 2023. Microbial biopesticides: Diversity, scope, and mechanisms involved in plant disease control [J]. Diversity, 15(3): 457.

WANG B, KANG Q, LU Y, et al., 2012. Unveiling the biosynthetic puzzle of destruxins in *Metarhizium* species [J]. Proceedings of the National Academy of Sciences of the United States of America, 109(4): 1287-1292.

WANG J H, ZHOU X, GUO K, et al., 2018. Transcriptomic insight into pathogenicity-associated factors of *Conidiobolus obscurus*, an obligate aphid-pathogenic fungus belonging to Entomophthoromycota [J]. Pest Management Science, 74(7): 1677-1686.

WANG Y, CHEN S, WANG J, et al., 2020. Characterization of a cytolytic-like gene from the aphid-obligate fungal pathogen *Conidiobolus obscurus* [J]. Journal of Invertebrate Pathology, 173: 107366.

WYLIE S J, LUO H, LI H, et al., 2012. Multiple polyadenylated RNA viruses detected in pooled cultivated and wild plant samples [J]. Archives of Virology, 157(2): 271-284.

YE G, ZHANG L, ZHOU X, 2021. Long noncoding RNAs are potentially involved in the degeneration of virulence in an aphid-obligate pathogen, *Conidiobolus obscurus* (Entomophthoromycotina) [J]. Virulence, 12(1): 1705-1716.

YU Y, GUI Y, LI Z, et al., 2022. Induced systemic resistance for improving plant immunity by beneficial microbes [J]. Plants, 11(3): 386.

ZAVIEZO T, MUÑOZ A E, 2023. Conservation biological control of arthropod pests using native plants [J]. Current Opinion in Insect Science, 56: 101022.

ZHANG L, YANG T, SU X, et al., 2023. Debilitation of *Galleria mellonella* hemocytes using CytCo a cytolytic-like protein derived from the entomopathogen *Conidiobolus obscurus* [J]. Pesticide Biochemistry & Physiology, 193: 105418.

ZHANG L, YANG T, YU W, et al., 2022. Genome-wide study of conidiation-related genes in the aphid-obligate fungal pathogen *Conidiobolus obscurus* (Entomophthoromycotina) [J]. Journal of Fungi, 8(4): 389.

ZHANG M, LIU S, CAO X, et al., 2023. The effects of ectomycorrhizal and saprotrophic fungi on soil nitrogen mineralization differ from those of arbuscular and ericoid mycorrhizal fungi on the eastern Qinghai-Tibetan Plateau [J]. Frontiers in Plant Science, 13, 1069730.

ZHANG X, LI L, KESNER L, et al., 2021. Chemical host-seeking cues of entomopathogenic nematodes [J]. Current Opinion in Insect Science, 44: 72-81.

ZHANG Y, LI S, LI H, et al., 2020. Fungi-nematode interactions: Diversity, ecology, and biocontrol prospects in agriculture [J]. Journal of Fungi, 6(4): 206.

ZHOU X, WANG Y, LI C, et al., 2021. Differential expression pattern of pathogenicity-related genes of *Ralstonia pseudosolanacearum* YQ responding to tissue debris of *Casuarina equisetifolia* [J]. Phytopathology, 111

(11): 1918-1926.

ZHOU X, FENG M G, 2010. Biotic and abiotic regulation of resting spore formation in vivo of obligate aphid pathogen *Pandora nouryi*: Modeling analysis and biological implication [J]. Journal of Invertebrate Pathology, 103(2): 83-88.

ZHOU X, FENG M G, 2009. Sporulation, storage and infectivity of obligate aphid pathogen *Pandora nouryi* grown on novel granules of broomcorn millet and polymer gel [J]. Journal of Applied Microbiology, 107(6): 1847-1856.

ZHOU X, SU X, LIU H, 2016. A floatable formulation and laboratory bioassay of *Pandora delphacis* (Entomophthoromycota: Entomophthorales) for the control of rice pest *Nilaparvata lugens* Stål (Hemiptera: Delphacidae) [J]. Pest Management Science, 72(1): 150-154.

ZHOU X, 2012. Winter prevalence of obligate aphid pathogen *Pandora neoaphidis* mycosis in the host *Myzus persicae* populations in southern China: Modeling description and biocontrol implication [J]. Brazilian Journal of Microbiology, 43(1): 325-331.